作 者 简 介

李星，1964年生，博士，教授，上海交通大学博士生导师，宁夏大学副校长，中国数学文摘副主编，第十一届中国数学会副理事长，万千人计划中的"百千万工程领军人才"，国家"百千万人才工程"一、二层次人选．曾获德国DAAD-K.C.Wong奖学金留学柏林自由大学并获博士学位，英国皇家学会皇家奖学金留学巴斯大学，国家留学基金委奖学金留学美国哈佛大学．研究方向：复分析在弹性理论、断裂力学中的应用．目前主要致力于新型复合材料断裂的积分方程方法研究．主持完成6项国家自然科学基金资助项目，发表学术论文90余篇，在德国Shaker Verlag 出版专著一部．曾获国务院政府特殊津贴，"全国五一劳动奖章"，"全国先进工作者"称号，"留学回国人员成就奖"等．

大学数学科学丛书　24

积 分 方 程

李　星　编著

科学出版社

北　京

内 容 简 介

本书对积分方程与代数方程、常微分方程、偏微分方程以及解析函数边值问题的联系作了清晰的介绍,以通俗易懂的写作方式详细介绍了各种第一类、第二类 Fredholm 型、Volterra 型线性积分方程和 Cauchy 核(非周期核)及 Hilbert 核(单周期核)奇异积分方程的实用解法,尤其是以数值算例等详尽说明了数值解法的过程,也介绍了第三类积分方程的解法;介绍了积分方程组、积分微分方程和对偶积分方程以及非线性积分方程的常用有效的解法;特别地,双周期核和双准周期核——Weierstrass 核奇异积分方程的类型以及对偶积分方程的数值解法、超奇异积分方程和超奇异积分微分方程的简明解析解法等是全新的内容.

本书可以作为应用数学、计算数学、力学、材料、化学、生物、经济、工程学科等专业本科生的选修课教材和研究生的专业基础课教材,也可作为数学、物理、航空航天等工程领域的科研人员和工程技术人员的参考书和工具书.

图书在版编目(CIP)数据

积分方程/李星 编著. —北京: 科学出版社, 2008
(大学数学科学丛书; 24)
ISBN 978-7-03-023071-3

I. 积… II. 李… III. 积分方程-高等学校-教材 IV. O175.5

中国版本图书馆 CIP 数据核字(2008) 第 149351 号

责任编辑: 张 扬 房 阳/责任校对: 朱光光
责任印制: 徐晓晨/封面设计: 王 浩

科 学 出 版 社 出版
北京东黄城根北街 16 号
邮政编码: 100717
http://www.sciencep.com

北京中石油彩色印刷有限责任公司 印刷
科学出版社发行 各地新华书店经销
*
2008 年 10 月第 一 版 开本: B5(720×1000)
2021 年 7 月第七次印刷 印张: 22 3/4
字数: 429 000
定价: 99.00 元
(如有印装质量问题,我社负责调换)

《大学数学科学丛书》序

按照恩格斯的说法，数学是研究现实世界中数量关系和空间形式的科学．从恩格斯那时到现在，尽管数学的内涵已经大大拓展了，人们对现实世界中的数量关系和空间形式的认识和理解已今非昔比，数学科学已构成包括纯粹数学及应用数学内含的众多分支学科和许多新兴交叉学科的庞大的科学体系，但恩格斯的这一说法仍然是对数学的一个中肯而又相对来说易于为公众了解和接受的概括，科学地反映了数学这一学科的内涵．正由于忽略了物质的具体形态和属性、纯粹从数量关系和空间形式的角度来研究现实世界，数学表现出高度抽象性和应用广泛性的特点，具有特殊的公共基础地位，其重要性得到普遍的认同．

整个数学的发展史是和人类物质文明和精神文明的发展史交融在一起的．作为一种先进的文化，数学不仅在人类文明的进程中一直起着积极的推动作用，而且是人类文明的一个重要的支柱．数学教育对于启迪心智、增进素质、提高全人类文明程度的必要性和重要性已得到空前普遍的重视．数学教育本质是一种素质教育；学习数学，不仅要学到许多重要的数学概念、方法和结论，更要着重领会数学的精神实质和思想方法．在大学学习高等数学的阶段，更应该自觉地去意识并努力体现这一点．

作为面向大学本科生和研究生以及有关教师的教材，教学参考书或课外读物的系列，本丛书将努力贯彻加强基础、面向前沿、突出思想、关注应用和方便阅读的原则，力求为各专业的大学本科生或研究生（包括硕士生及博士生）走近数学科学、理解数学科学以及应用数学科学提供必要的指引和有力的帮助，并欢迎其中相当一些能被广大学校选用为教材，相信并希望在各方面的支持及帮助下，本丛书将会愈出愈好．

李大潜

2003 年 12 月 27 日

前　言

　　积分方程作为一种重要的数学工具具有三个特点: 第一, 具有特定初始条件的微分方程初值问题或具有特定边界条件的微分方程边值问题可以转化为单一的积分方程, 其辅助条件自动满足, 因而其形式简洁统一, 且利用积分形式讨论问题解的存在性、唯一性等十分方便, 结果形式紧凑; 第二, 通常微分方程或其相应的积分方程在大多数情况下没有精确解或封闭解, 只好用数值近似或逼近计算来求其近似数值解, 此时积分形式更适合数值计算和计算机实现, 且一般情况下数值积分引起的相对误差较小, 所得结果较理想; 第三, 将区域上的微分方程转化为积分方程后维数降低, 计算量大大减小. 例如, 两个独立变量的偏微分方程边值问题 (还要满足一定的边界条件) 可以转化为只含一个变量的未知函数的积分方程. 积分方程已被广泛应用于科学和技术的几乎所有分支, 尤其在空气动力学、弹性力学、断裂力学、热力学、热弹性、电磁学、电子工程、振动理论、电动力学、流体力学、生物力学、辐射学、地球物理勘探、中子迁移理论、色散理论、离子物理、量子场理论、自动控制理论、博弈论以及医药学和经济学中具有广泛应用, 特别是随着计算机科学和技术的发展, 积分方程的应用范围越来越广泛.

　　Kline(克莱茵) 在其著作《古今数学思想》中认为第一个清醒认识到应用积分方程并求解者是 Abel (阿贝尔). Abel 分别于 1823 年和 1826 年发表了两篇有关积分方程的文章, 但直到 1888 年 du Bois-Raymond 才首次提出 "积分方程" 的名称. 一般认为, 积分方程这一学科的基础是由 Fredholm(他关于积分方程的重要工作主要是在 1900~1903 年间完成) 和 Volterra(他关于积分方程的重要工作主要是在 1884~1896 年间完成) 奠定的. 后来, 德国科学家 D. Hilbert (1862~1943) 和 E. Schmidt(1876~1959) 等对积分方程的基本理论也作出了重要的贡献. Hilbert 是当时世界的领头数学家, 在代数、不变式和几何基础方面完成了宏伟的工作. 1901 年瑞典出版了 Erik Holmgreen 的一本关于积分方程的讲义, 引起了 Hilbert 极大的兴趣. 他把注意力转到积分方程上来, 正是由于他对积分方程的看重, 使这门学科在相当长的一段时间内成了一种世界性的狂热, 出现了大量的文献. 后继者们还将积分方程理论推广到非线性积分方程. 20 世纪中叶, 由于前苏联科学院院士 N.I.Muskhelishvili 等的杰出工作, 奇异积分方程理论的研究与应用迅速发展, 其未知函数的二次或高次或更为复杂的形式出现. 近些年来, 随着计算机科学的发展, 积分方程和奇异积分方程的数值解法及应用又一次成为一个受人关注的热门课题.

　　我国自 20 世纪 80 年代中期至今已出版了数本积分方程的书, 影响较好, 尤其是近年来力学、新材料、电子工程、化学、生物、经济和工程学科等领域的研究生和科研工作者及工程技术人员越来越多地使用积分方程为工具解决力学或实际工程问题, 但国内最新的除了路见可、钟寿国 1990 年编著的《积分方程论》于 2008 年出了修订本外, 其他都是 16 年前出版的. 随着近些年来积分方程理论和求解方法及新领域的应用, 亟需一本较为全面的, 吸纳了新方法、新内容、新结构体系和面向新读者对象的积分方程出版, 本书的编著就是围绕这样一个宗旨. 作者自 2002 年开始编著, 边使用边修改, 作为应用数学专业硕士研究生的专业基础课教材已使用 6 届, 特别是 2007~2008 年作者在哈佛大学作高级研究学者的半年中借助哈佛大学丰富的资料和高水平的学术队伍, 深入思考书稿内容, 仔细安排结构体系, 多次修改逐步完善.

本书内容包括: 积分方程分类; 积分方程与代数方程、常微分方程以及偏微分方程的联系; 第一类、第二类 Fredholm 型、Volterra 型线性积分方程和 Cauchy 核 (非周期核) 及 Hilbert 核 (单周期核) 奇异积分方程的实用解法; 第三类积分方程、积分方程组、积分微分方程和对偶积分方程以及非线性积分方程的常用有效的解法.

第 1 章分类包括了迄今为止发展起来的几乎所有类型的积分方程, 如第三类积分方程在国内出版的积分方程教材中未见介绍, 特别是双周期核和双准周期核——Weierstrass 核奇异积分方程的类型在国内国外出版的积分方程教材中从未介绍过, 相比国内外已出版的积分方程教材, 没有一本如此全面的分类, 读者可以对积分方程从古至今的整个概貌有直观的了解. 第 2 章专门就积分方程与代数方程、常微分方程以及偏微分方程的联系作了清晰的介绍, 这在已有的其他积分方程教材中未有介绍过. 第 3 章试图将各种第二类 Fredholm 积分方程及其解法尽纳其中, 形成较为完整的结构, 不再单独设章讨论其特殊类型, 如其他教材要么将退化核积分方程单独一章, 要么将对称核积分方程单独一章等. 第 4 章也以较为完整的体系介绍了第二类 Volterra 积分方程及其解法; 这种分明的结构体系与国内外其他教材不同. 第一类积分方程在一般的教材中只是简单介绍, 本书将第一类 Fredholm 积分方程、第一类 Volterra 积分方程的一些实用解法较为全面地统一在第 5 章 (这在结构上也与其他教材不同). 另外, 本书第 7 章、第 9 章和第 10 章分别对对偶积分方程、奇异积分方程和非线性积分方程以较大篇幅尽可能全地系统、详细介绍目前的解法, 其他教材只是简单介绍, 很少给出实用解法.

作者为了使本书的读者对象更为广泛, 特别要注重不是数学专业的其他理工专业的研究生、科研工作者和工程技术人员能够容易掌握和使用, 所以本书更加注重实用求解方法的介绍, 数学理论的严紧证明可参考路见可、钟寿国编著的《积分方程论》等. 因此本书写作特点是以通俗易懂的写作方式 (这也是作者在哈佛作高级研究学者时体会和领悟的哈佛的学术传统之一) 详细介绍了各种第一类、第二类

Fredholm 型、Volterra 型线性积分方程和 Cauchy 核 (非周期核) 及 Hilbert 核 (单周期核) 奇异积分方程的实用解法, 尤其是以数值算例等详尽说明了数值解法的过程, 也介绍了第三类积分方程的解法; 介绍了积分方程组、积分微分方程和对偶积分方程以及非线性积分方程的常用有效的解法; 特别地, 对偶积分方程的数值解法、超奇异积分方程和超奇异积分微分方程的简明解析解法等是全新的内容, 是作者近年发表的研究成果.

感谢各位师长、同行和同事的鼓励及帮助, 特别是哈佛大学锁志刚院士在我半年的访问期间提供了宽松、自由和学术氛围浓厚的良好环境; 感谢曾试用过本书的应用数学系和基础数学系的 6 届研究生, 他们的意见和建议对本书的形成起了积极的作用; 感谢国家自然科学基金 (10661009) 和 973 计划前期研究专项 (2008CB617613) 的慷慨资助; 感谢科学出版社张扬编辑的热情联系和大力帮助.

最后, 作者希望本书能对应用数学、计算数学、力学、材料、化学、生物、经济、工程学科专业等的研究生、本科生和相关领域的科研人员和工程技术人员有所帮助和裨益.

李　星

2008 年 5 月 17 日于哈佛大学工程与应用科学学院

目　　录

第1章 积分方程分类

1.1 积分方程历史简介

积分方程是线性代数和近代泛函分析的先驱, 是一门古老而又有强大生命力的学科. 早在 1782 年, Laplace(拉普拉斯) 就运用了积分变换

$$f(x) = \int_0^\infty \mathrm{e}^{-xy} \phi(y) \mathrm{d}y \tag{1.1.1}$$

求解线性差分方程和微分方程. 1822 年, Fourier (傅里叶) 在求解热传导问题的过程中发现了两对反演公式

$$f(x) = \sqrt{\frac{2}{\pi}} \int_0^\infty \sin xy \phi(y) \mathrm{d}y, \tag{1.1.2}$$

$$\phi(y) = \sqrt{\frac{2}{\pi}} \int_0^\infty \sin xy f(x) \mathrm{d}x \tag{1.1.3}$$

和

$$f(x) = \sqrt{\frac{2}{\pi}} \int_0^\infty \cos xy \phi(y) \mathrm{d}y, \tag{1.1.4}$$

$$\phi(y) = \sqrt{\frac{2}{\pi}} \int_0^\infty \cos xy f(x) \mathrm{d}x. \tag{1.1.5}$$

如果将 $f(x)$ 看作已知函数, $\phi(y)$ 为未知函数, 那么 (1.1.3), (1.1.5) 便分别是积分方程 (1.1.2), (1.1.4) 的解.

Kline(克莱茵) 在其著作《古今数学思想》中认为第一个清醒认识到应用积分方程并求解的人是 Abel (阿贝尔). Abel 分别于 1823 年和 1826 年发表了两篇有关积分方程的文章 (N.H.Abel, Oeuvres completes, 1, 11~27 and 97~101, Johnson Reprint Corporation, New York, 1973), 考虑了一种推广的所谓等时摆问题, 建立了关于未知函数 $s(y)$ 的积分方程

$$t(h) = \frac{1}{\sqrt{2g}} \int_0^h \frac{s'(y) \mathrm{d}y}{\sqrt{h-y}}, \tag{1.1.6}$$

其中, g 是已知常数, 并求得其解为

$$s(y) = \frac{\sqrt{2g}}{\pi} \int_0^y \frac{t(\zeta) \mathrm{d}\zeta}{\sqrt{y-\zeta}} \tag{1.1.7}$$

以及研究了后来以其名命名的 Abel 方程

$$f(x) = \int_a^x \frac{\phi(y)\mathrm{d}y}{(x-y)^\alpha}, \quad 0 < \alpha < 1, \tag{1.1.8}$$

其中, $f(x)$ 是一个连续函数且 $f(a) = 0$, 并给出了其解为

$$\phi(y) = \frac{\sin(\pi\alpha)}{\pi} \frac{\mathrm{d}}{\mathrm{d}y} \left[\int_a^y \frac{f(x)\mathrm{d}x}{(y-x)^{1-\alpha}} \right]. \tag{1.1.9}$$

1826 年, Poisson(泊松) 在研究磁场理论时获得了一类积分方程

$$\phi(x) = f(x) + \lambda \int_0^x K(x-s)\phi(s)\mathrm{d}s, \tag{1.1.10}$$

其中, $\phi(x)$ 是未知函数, $f(x), K(x-s)$ 是已知函数, λ 是参数. 他将未知函数 $\phi(s)$ 展开为关于参数 λ 的幂级数, 从而求得上述积分方程的解. 但他没有证明该级数的收敛性. 1837 年, Liouville (刘维尔) 完成了该级数收敛性的证明. 意大利数学家 Vito Volterra (1860~1940) 在 1884 年研究球面段上电荷分布问题时就遇到积分方程, 然而直到 1896 年他才认真研究了下列方程:

$$\int_a^x K(x,s)\phi(s)\mathrm{d}s = f(x) \tag{1.1.11}$$

和

$$\phi(x) = \int_a^x K(x,s)\phi(s)\mathrm{d}s + f(x), \tag{1.1.12}$$

并得到了 (1.1.12) 的解

$$\phi(x) = f(x) + \int_a^x R(x,s)f(s)\mathrm{d}s, \tag{1.1.13}$$

其中, 预解核

$$R(x,s) = \sum_{m=0}^\infty K_{m+1}(x,s). \tag{1.1.14}$$

叠核 K_m 递归定义为

$$\begin{cases} K_1(x,s) = K(x,s), \\ K_{m+1}(x,s) = \int_a^x K(x,y) K_m(y,s)\mathrm{d}y, \quad m = 1,2,\cdots. \end{cases}$$

直到 1888 年, du Bois-Raymond 才首次提出 "积分方程" 的名称 [Jerri,1985].

更一般的一类积分方程, 即 Fredholm 方程

$$\phi(x) = f(x) + \int_a^b K(x,s)\phi(s)\mathrm{d}s \tag{1.1.15}$$

是瑞典数学家 Erik Ivar Fredholm (1866~1927) 于 1900 年首次研究解决的. Fredholm 方程与 Volterra 方程的主要区别在于积分限. 前者的积分限为常数, 后者的积分上 (下) 限为变数. 事实上, 一般认为 Volterra 和 Fredholm 是积分方程的奠基者, Hilbert, Schmidt 和 Muskhelishvili 等学者对积分方程的理论和应用作出了重要贡献.

1.2　积分方程的分类

本书强调积分方程的分类, 目的是能够使读者对积分方程的全貌有一个较全面的了解.

通常把积分号下含有未知函数的方程称为**积分方程**. 例如, 含一个未知函数的积分方程的一般形式为

$$a(x)\phi(x) = \lambda \int_a^b K(x,s)F\left[\phi(s)\right]\mathrm{d}s + f(x), \quad a \leqslant x \leqslant b, \tag{1.2.1}$$

其中, $a(x)$, $K(x,s)$ 和 $f(x)$ 为已知函数, a,b 为常数, $\phi(x)$ 是未知函数, $F\left[\phi(s)\right]$ 是 $\phi(s)$ 的已知泛函, $K(x,s)$ 称为积分方程的核, $f(x)$ 称为自由项, λ 是参数.

如果自变量的个数多于一个, 则称为**多维积分方程**. 例如, 包含二元未知函数 $\phi(x,y)$ 的方程

$$\phi(x,y) = \int_G K(x,y,\xi,\eta)\phi(\xi,\eta)\mathrm{d}\xi\mathrm{d}\eta + f(x,y)$$

就是一个二维积分方程, 其中, G 为平面上的一个区域. 上述方程在复平面区域 G 上, 可简写为

$$\phi(P) = \int_G K(P,Q)\phi(Q)\mathrm{d}Q + f(P),$$

其中, $P \in G, Q \in G$.

虽然在许多实际问题中, 如飞机模型设计, 需要求解多维积分方程, 但由于求解单变量的积分方程的技术原则上可以推广应用于多维方程, 因而人们一般主要详细讨论单变量一维积分方程. 本书将讨论的是一维积分方程. 一般情况下, 积分方程可以分为线性、非线性, 即

若方程 (1.2.1) 中的 $F[\phi(s)]$ 是 $\phi(s)$ 的线性泛函时, (1.2.1) 被称为**线性积分方程**, 其一般形式为

$$a(x)\phi(x) = \lambda \int_a^b K(x,s)\phi(s)\mathrm{d}s + f(x). \tag{1.2.2}$$

否则, 即 $F[\phi(s)]$ 是 $\phi(s)$ 的非线性泛函时, (1.2.1) 称为**非线性积分方程**.

事实上, 线性积分方程就是在积分号下出现的未知函数仅为一次幂.

1.2.1   线性积分方程分类

对于线性积分方程可以进一步分类. 首先按积分限可分为 Fredholm 积分方程和 Volterra 积分方程, 即

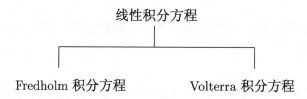

若方程 (1.2.2) 中积分限都是常数, 则称为 **Fredholm方程**; 若积分中有一个是变量, 则称为 **Volterra 方程**.

其次, 按形式可以分为第一类、第二类和第三类积分方程, 即

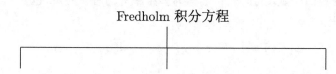

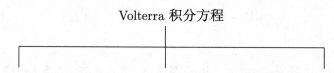

若未知函数仅出现在积分号内, 不出现在积分号外, 则称为第一类方程. 例如,
第一类 Fredholm 方程

$$\lambda \int_a^b K(x,s)\phi(s)\mathrm{d}s + f(x) = 0. \tag{1.2.3}$$

第一类 Volterra 方程

$$\lambda \int_a^x K(x,s)\phi(s)\mathrm{d}s + f(x) = 0. \tag{1.2.4}$$

若未知函数既出现在积分号内, 又出现在积分号外, 则称为第二类方程. 例如,

第二类 Fredholm 方程

$$\phi(x) = \lambda \int_a^b K(x,s)\,\phi(s)\,\mathrm{d}s + f(x). \tag{1.2.5}$$

第二类 Volterra 方程

$$\phi(x) = \lambda \int_a^x K(x,s)\,\phi(s)\,\mathrm{d}s + f(x). \tag{1.2.6}$$

第三类 Fredholm 方程

$$a(x)\,\phi(x) = \lambda \int_a^b K(x,s)\phi(s)\,\mathrm{d}s + f(x), \tag{1.2.7}$$

其中, $a(x)$ 在区间 $[a,b]$ 上至少有一个零点.

类似地, 方程 (1.2.7) 中积分上限或下限换成变量时, 便成为第三类 Volterra 方程.

Fredholm 积分方程按核的性质可分类为

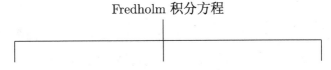

当 $K(x,s)$ 是二元连续函数或平方可积函数, 即 $K(x,s) \in L_2$ 时, 称 $K(x,s)$ 为 Fredholm 核. 以此 $K(x,s)$ 为核的 Fredholm 积分方程称为 **Fredholm 核积分方程**.

例 1.2.1 积分方程

$$\phi(x) - \lambda \int_0^1 xs(s-x)\phi(s)\,\mathrm{d}s = f(x)$$

为 Fredholm 核积分方程.

因为核 $k(x,s) = xs(s-x)$ 在 $0 \leqslant x \leqslant 0 \leqslant s \leqslant 1$ 内连续.

例 1.2.2 积分方程

$$\phi(x) - \int_0^1 \ln|x-s|\,\phi(s)\,\mathrm{d}s = f(x)$$

也是 Fredholm 核积分方程.

因为核虽然在 $x = s$ 处不连续, 但 $\int_0^1 \int_0^1 \ln^2 |x-s|\,\mathrm{d}s$ 是一有限值.

当 Fredholm 型积分方程的积分限为 $\pm\infty$, 核是自变量之差的函数时, 称为**卷积型 Fredholm 方程**. 例如,

$$\phi\left(x\right) = \int_{-\infty}^{+\infty} K\left(x-t\right)\phi\left(t\right)\mathrm{d}t + f\left(x\right), \quad x \in (-\infty, +\infty)$$

是**第二类卷积型 Fredholm 积分方程**, 其中, $f\left(x\right) \in L_2\left(-\infty, +\infty\right)$, $K\left(x\right) \in L_2(-\infty, +\infty)$.

$$\int_{-\infty}^{+\infty} K\left(x-t\right)\phi\left(t\right)\mathrm{d}t = f\left(x\right), \quad x \in (-\infty, +\infty)$$

是**第一类卷积型 Fredholm 积分方程**.

类似地, 有**第二类卷积型 Volterra 积分方程**

$$\phi\left(x\right) = \int_0^x K\left(x-t\right)\phi\left(t\right)\mathrm{d}t + f\left(x\right), \quad x \in (-\infty, +\infty)$$

和**第一类卷积型 Volterra 积分方程**

$$\int_0^x K\left(x-t\right)\phi\left(t\right)\mathrm{d}t = f\left(x\right), \quad x \in (-\infty, +\infty).$$

当核 $K\left(x,s\right) = \dfrac{K_0\left(x,s\right)}{|x-s|^\alpha}$, $0 < \alpha < 1$, 其中, $K_0\left(x,s\right)$ 为有界函数, 则称 $K\left(x,s\right)$ 为**弱奇性核**. 具有弱奇性核的积分方程称为**弱奇性核积分方程**.

例 1.2.3   方程

$$\phi\left(x\right) - \lambda \int_0^a K\left(x,s\right)\phi\left(s\right)\mathrm{d}s = f\left(x\right), \quad \alpha > 0,$$

其中,

$$K(x,s) = \begin{cases} \dfrac{1}{(x-s)^\alpha}, 0 < \alpha < 1 & 0 \leqslant s < x, \\ 0, & x \leqslant s \leqslant a. \end{cases}$$

该方程也可写成等价形式

$$\phi\left(x\right) - \lambda \int_0^x \frac{\phi\left(s\right)}{(x-s)^\alpha}\mathrm{d}s = f\left(x\right).$$

当 $0 < \alpha < \dfrac{1}{2}$ 时, 方程既是弱奇性核方程, 又是 Fredholm 核积分方程. 因为

$$\int_0^a \int_0^a K^2\left(x,s\right)\mathrm{d}x\mathrm{d}s = \int_0^a \mathrm{d}x \int_0^a \frac{\mathrm{d}s}{(x-s)^{2\alpha}} = \frac{2a^{2-2\alpha}}{(1-2\alpha)(2-2\alpha)}$$

是一有限值.

当 $K(x,s)$ 出现一阶或高于一阶奇异性时, 称为**奇异核**.

若 $K(x,s) = \dfrac{K_0(x,s)}{x-s}$, 其中, $K_0(x,s)$ 关于 x,s 的偏导数存在, 此时

$$\int_a^b K(x,s)\phi(s)\,\mathrm{d}s = \int_a^b \frac{K_0(x,s)}{x-s}\phi(s)\,\mathrm{d}s$$

在通常意义下是发散的, 但在 **Cauchy 主值积分**定义下收敛, 即极限

$$\lim_{\varepsilon \to o}\left[\int_a^{x-\varepsilon} K(x,s)\phi(s)\,\mathrm{d}s + \int_{x+\varepsilon}^b K(x,s)\phi(s)\,\mathrm{d}s\right]$$

存在, 则称 $K(x,s)$ 为 **Cauchy 核**.

例 1.2.4　Cauchy 核奇异积分方程

$$A(x)\phi(x) + \frac{B(x)}{\pi\mathrm{i}}\int_a^b \frac{\phi(s)}{s-x}\,\mathrm{d}s + \int_a^b K(x,s)\phi(s)\,\mathrm{d}s = f(x).$$

例 1.2.5　当 Cauchy 奇性核 $K(x,s) = \cot\left(\dfrac{x-s}{a}\right), a > 0$ 时, 称为 **Hilbert 核**, 它是一类单周期核. 方程

$$A(x)\phi(x) + \frac{B(x)}{\pi\mathrm{i}}\int_a^b \phi(s)\cot\left(\frac{x-s}{a}\right)\,\mathrm{d}s = f(x)$$

称为 **Hilbert 核奇异积分方程**, 它也是**单周期核的奇异积分方程**.

当 $K(x,s) = \csc(x-s)$ 时, 也是一类单周期核.

当 $K(x,s) = \zeta(x-s)$ 时, 称为 **Weierstrass ζ 核**, 它是一类加法双准周期核. 方程

$$A(x)\phi(x) + \frac{B(x)}{\pi\mathrm{i}}\int_a^b \phi(s)\zeta(x-s)\,\mathrm{d}s = f(x)$$

称为 Weierstass ζ 核奇异积分方程, 也称为**双准周期核奇异积分方程**, 其中,

$$\zeta(z) = \frac{1}{z} + \sum_{m,n}{}'\left(\frac{1}{z-\Omega_{nm}} + \frac{1}{\Omega_{mn}} - \frac{z}{\Omega_{mn}^2}\right)$$

是 Weierstrass ζ 函数, 它具有性质

$$\zeta(z+2\omega_k) = \zeta(z) + 2\eta_k, \quad k = 1,2,$$

即 $\zeta(z)$ 是一个加法双准周期函数. 这里 $2\omega_1, 2\omega_2$ 为两个基本周期, 满足 $\mathrm{Im}\dfrac{\omega_2}{\omega_1} \neq 0$, $\eta_k = \zeta(\omega_k)(k=1,2)$ 是常数, $\Omega_{mn} = 2m\omega_1 + 2n\omega_2$, $\sum'$ 表示除对 m,n 同时为零的项外的一切 $m,n = 0, \pm1, \pm2, \cdots$ 的项相加.

当 $K(x,s) = \zeta(x-s) - \zeta(x)$ 时, 称为**双周期核**. 这是因为

$$[\zeta(z-s+2\omega_k) - \zeta(z+2\omega_k)] - [\zeta(z-s) - \zeta(z)] = 0,$$

故方程

$$A(x)\phi(x) + \frac{B(x)}{2\pi i}\int_a^b \phi(x)[\zeta(x-s) - \zeta(x)]\,\mathrm{d}s = f(x)$$

称为**双周期核奇异积分方程**.

把上述积分区间开口弧段改为封闭可求长曲线时, 又得到一组闭曲线上的奇异积分方程.

当系数 $A(x) \pm B(x) \neq 0$ 时称为**正则型的**, 否则称为**非正则型的**.

综上有

$$K(x,s) = \frac{1}{x-s} \quad \csc(x-s),\cot\left(\frac{x-s}{a}\right) \quad \zeta(x-s) \quad \zeta(x-s) - \zeta(x)$$

奇异积分方程除了上述 Cauchy 奇性核的方程外, 还包括积分限为无限的积分方程, 如 Wiener-Hopf **方程**

$$\phi(x) = \int_0^\infty k(x-s)\phi(s)\,\mathrm{d}s + f(x)$$

以及**带位移的奇异积分方程**.

例 1.2.6   带 Careleman 位移的奇异积分方程

$$a(t)\phi(t) + b(t)\phi[\alpha(t)] + \frac{c(t)}{\pi i}\int_\Gamma \frac{\phi(\tau)}{\tau - t}\mathrm{d}\tau + \frac{d(t)}{\pi i}\int_\Gamma \frac{\phi(\tau)}{\tau - \alpha(t)}\mathrm{d}\tau$$

$$+ \int_\Gamma K(t,\tau)\phi(\tau)\,\mathrm{d}\tau = g(t),$$

其中, $\alpha(t) = \dfrac{at+\gamma b}{bt+\gamma\overline{a}}, |a|^2 - |b|^2 = \gamma$ 是把单位圆 Γ 变换到它自身的线性分式变换. 当 $\gamma = +1$ 或 $\gamma = -1$ 时称 $\alpha(t)$ 是正位移或反位移. 所谓 Careleman 位移就是在 Γ 上满足 Careleman 条件

$$\alpha[\alpha(t)] \equiv t \qquad\qquad\qquad (K_2)$$

的位移.

例 1.2.7 由位移迭代产生的有限循环群情形下的带 Careleman 位移的奇异积分方程

$$\sum_{k=0}^{n-1}\left\{a_k(t)\phi[\alpha_k(t)]+\frac{b_k(t)}{\pi i}\int_\Gamma\frac{\phi(\tau)}{\tau-a_k(t)}\mathrm{d}\tau\right\}+\int_\Gamma K(t,\tau)\phi(\tau)\mathrm{d}\tau=g(t),$$

其中, 假设 $\alpha_k(t)$ 满足条件

$$\alpha_n(t)\equiv t \qquad\qquad (K_n)$$

且 $\alpha_k(t)\neq t,\ 1\leqslant k\leqslant n-1,n$ 为大于等于 2 的自然数, $\alpha_k(t)=\alpha[\alpha_{k-1}(t)],\alpha_0(t)\equiv t$.

例 1.2.8 带 Careleman 位移和未知函数复共轭值的奇异积分方程

$$\sum_{k=0}^{n-1}\left\{a_k(t)\phi[\alpha_k(t)]+b_k(t)\overline{\phi[\alpha_k(t)]}+\frac{c_k(t)}{\pi i}\int_\Gamma\frac{\phi(\tau)}{\tau-\alpha_k(t)}\mathrm{d}\tau\right.$$

$$\left.+d_k(t)\overline{\frac{1}{\pi i}\int_\Gamma\frac{\phi(\tau)}{\tau-\alpha_k(t)}\mathrm{d}\tau}\right\}+\int_\Gamma K_1(t,\tau)\phi(\tau)\mathrm{d}\tau+\int_\Gamma\overline{K_2(t,\tau)\phi(\tau)\mathrm{d}\tau}=g(t),$$

其中, 如果 $\alpha(t)$ 是正位移则满足条件 $(K_n),n\geqslant0$; 如果 $\alpha(t)$ 是反位移, 则满足条件 (K_2).

还有一类在实际应用中起着重要作用的所谓的**带平移的奇异积分方程**(路见可, 1989), 如

(1) $a\phi(t)+\dfrac{b}{\pi i}\displaystyle\int_L\dfrac{\phi(\tau)}{\tau-t}\mathrm{d}\tau+\dfrac{c}{\pi i}\int_L\dfrac{\phi(\tau)}{\tau-t+\alpha}\mathrm{d}\tau=f(t),\quad t\in L,$

其中, $a,b,c,\alpha\neq0$ 均为 (复) 常数, L 为光滑封闭曲线.

(2) $a\phi(t)+\dfrac{b}{\pi i}\displaystyle\int_{-\infty}^{+\infty}\dfrac{\phi(\tau)}{\tau-t}\mathrm{d}\tau+\dfrac{c}{\pi i}\int_{-\infty}^{+\infty}\dfrac{\phi(\tau)}{\tau-t+\alpha}\mathrm{d}\tau=f(t),\quad t\in(-\infty,+\infty)$

以及带两个平移的方程, 即一个向下位移和一个向上位移, 或两个都是向下 (或向上) 位移, 如前者.

(3)

$$a\phi(t)+\frac{b}{\pi i}\int_{-\infty}^{+\infty}\frac{\phi(\tau)}{\tau-t}\mathrm{d}\tau+\frac{c}{\pi i}\int_{-\infty}^{+\infty}\frac{\phi(\tau)}{\tau-t+\alpha}\mathrm{d}\tau+\frac{d}{\pi i}\int_{-\infty}^{+\infty}\frac{\phi(\tau)}{\tau-t-\beta}\mathrm{d}\tau=f(t),$$

其中, α 为向下位移, β 为向上位移.

(4)

$$a\phi(t)+\frac{b}{\pi i}\int_{-\infty}^{+\infty}\frac{\phi(\tau)}{\tau-t}\mathrm{d}\tau+\frac{c}{\pi i}\int_{-\infty}^{+\infty}\frac{\phi(\tau)}{\tau-t+\alpha}\mathrm{d}\tau+\frac{d}{\pi i}\int_{-\infty}^{+\infty}\frac{\phi(\tau)}{(\tau-t-\alpha)^2}\mathrm{d}\tau=f(t),$$

$$\mathrm{Im}\,\alpha\in(0,+\infty).$$

更一般地, 如在力学中的裂纹问题中遇到的方程

$$\frac{b}{\pi i}\int_{-\infty}^{+\infty}\frac{\phi(\tau)}{\tau-t}\mathrm{d}\tau + \sum_{k,j=1}^{n}\frac{c_{kj}}{2\pi i}\int_{-\infty}^{+\infty}\frac{\phi(\tau)}{(\tau-t-\alpha_j)^k}\mathrm{d}\tau + \sum_{k,j=1}^{n}\frac{d_{kj}}{2\pi i}\int_{-\infty}^{+\infty}\frac{\phi(\tau)}{(\tau-t-\beta_j)^k}\mathrm{d}\tau$$

$$= f(t), \quad t\in(-\infty,+\infty),$$

其中, $c_{kj}, d_{kj}, \alpha_j, \beta_j$ 是给定的常数,

$$\mathrm{Im}\alpha_j\in(0,+\infty), \quad \mathrm{Im}\beta_j\in(-\infty,0), \quad j=1,2,\cdots,n.$$

上述各方程当 $a^2-b^2\neq0$ 时称为正则型的, 否则为非正则型的.

断裂力学中的裂纹问题在用积分变换处理后, 往往化为求解**对偶积分方程**

$$\begin{cases} \displaystyle\int_a^b\phi(t)C(t)K(x,t)\mathrm{d}t=f(x), & a\leqslant x<c, \\ \displaystyle\int_a^b\phi(t)K(x,t)\mathrm{d}t=g(x), & c<x\leqslant b. \end{cases}$$

例 1.2.9　一类在数学物理边值问题中常出现的对偶积分方程

$$\begin{cases} \displaystyle\int_0^\infty t^\alpha f(t)J_\nu(xt)\mathrm{d}t=g(x), & 0<x<1, \\ \displaystyle\int_0^\infty f(t)J_\nu(xt)\mathrm{d}t=0, & x>1, \end{cases}$$

其中, $J_\nu(xt)$ 是第一类 ν 阶 Bessel 函数, α, ν 都是实常数, $g(x)$ 是已知函数, $f(t)$ 是待定函数.

类似地, 当奇异积分方程的核具有高于一阶奇异性时, 称为**超奇异积分方程**, 如一类 Prandtl 方程是二阶超奇异方程 (Chakrabarti, et al., 1997)

$$\phi(x)-\frac{\alpha(1-x^2)^{1/2}}{\pi}\int_{-1}^{1}\frac{\phi(t)\,\mathrm{d}t}{(t-x)^2}=f(x), \quad -1<x<1,$$

其中, $\phi(\pm1)=0, f(x)=\left(\dfrac{2K\pi}{\beta}\right)(1-x^2)^{1/2}, \alpha>0, \beta>0$ 和 K 都是已知常数.

以及一类二阶周期超奇异积分方程 (Li, 2000)

$$\phi(x)+\frac{h(x)}{\pi i}\int_{-1}^{1}\phi(t)\cot^2(t-x)\mathrm{d}t=f(x), \quad -1<x<1,$$

其中, $f(x)$ 是一个已知的满足 Hölder 条件的以 π 为周期的周期函数, $h(x)$ 是一个周期分区全纯函数 $h(z)=X(z)(c_0\tan z+c_1)$ 的正边值, 而

$$X(z)=(\tan z+\tan 1)^{-1/2}(\tan z-\tan 1)^{-1/2}.$$

例 1.2.10 方程 (Li, 2000)

$$\phi(x) + \frac{(x-a)^{1/2}(x-b)^{1/2}}{\pi \mathrm{i}} \int_a^b \frac{\phi(t)}{(t-x)^{n+1}}\mathrm{d}t = f(x), \quad x \in (a,b), n = 1, 2, \cdots$$

是一类 $n+1$ 阶超奇异积分方程.

上述方程中的超奇异积分在通常意义下发散, 甚至在 Cauchy 主值意义下一般也是无意义的. 应该是在 Hadamard 主值意义下理解, 即

$$\int_a^b \frac{\phi(t)}{(t-x)^{n+1}}\mathrm{d}t = \frac{1}{n!}\int_a^b \frac{\phi^{(n)}(t)}{(t-x)}\mathrm{d}t + \sum_{j=0}^{n-1}\frac{1}{n\cdots(n-j)}\left\{\frac{\phi^{(j)}(a)}{(a-x)^{a-j}} - \frac{\phi^{(j)}(b)}{(b-x)^{n-j}}\right\},$$

$$x \in (a,b).$$

超奇异积分的定义也被推广到了复平面封闭曲线上 (路见可,1977).

此外, 在数学物理应用问题中常遇到**积分–微分方程**, 即未知函数既出现在微分号下, 又出现在积分号下的方程.

例 1.2.11 积分–微分方程 (Chakrabarti, et al., 1999)

$$2\frac{\mathrm{d}\phi(x)}{\mathrm{d}x} - \lambda\int_{-1}^1 \frac{\phi(t)}{x-t}\mathrm{d}t = f(x), \quad -1 < x < 1, \lambda > 0,$$

其中, $\phi(\pm 1) = 0, f(x) = -\dfrac{x}{2}$.

更一般的例子 (Li, 2003) 为

$$\frac{\mathrm{d}^{n+k}\phi(x)}{\mathrm{d}x^{n+k}} + \frac{\omega(x)}{\pi \mathrm{i}}\int_a^b \frac{\phi(t)}{(t-x)^{n+1}}\mathrm{d}t = f(x), \quad x \in (a,b),$$

其中,

$$\phi^{(j)}(a) = \phi^{(j)}(b) = 0, \quad j = 0, 1, \cdots, n-1, \quad \omega(x) = (x-a)^{1/2}(x-b)^{1/2},$$

其中, n, k 分别是自然数.

例 1.2.12 原子扩散理论中经常遇到的一类微分积分方程

$$\left(\frac{\mathrm{d}^2}{\mathrm{d}r^2} + k_i^2\right)F_i(r) = \sum_{j=1}^n V_{ij}(r)F_j(r) + \sum_{j=1}^n \int_0^\infty K_{ij}(r,r')F_j(r')\mathrm{d}r',$$

其中, $i = 1, 2, \cdots, n$, $V_{ij}(r)$, $K_{ij}(r,r')$ 是变量 r, r' 的已知函数, k_i 是常数, $F_i(r)$ 有附加条件

(1) 对所有 i, $F_i(0) = 0$;

(2) 当 $r \to \infty$ 时, $F_1(r) \sim \sin k_1 r + \alpha \cos k_1 r$;

(3) 当 $r \to \infty$ 时, 对所有的 $i(i \neq 1$ 除外$)$, $F_1(r) \sim \beta_i \exp(ik_i r)$.

通常情况下, 一般的 Fredholm 型积分–微分方程可写为

$$a_0(x)\phi(x) + a_1\phi'(x) + \cdots + a_n(x)\phi^{(n)}(x) + \int_0^a K(x,t)\phi(t)\,\mathrm{d}t = f(x).$$

一般的 Volterra 型积分–微分方程只需在上方程中将积分上限 b 换为 x 即可.

偏微分积分方程在物理学的扩散理论、传导和运输等问题中经常出现, 如

例 1.2.13   偏微分积分方程

$$\mu \frac{\partial \psi(t,\mu)}{\partial t} = \psi(t,\mu) - \frac{1}{2}\int_{-1}^1 \psi(t,\nu)\mathrm{d}\nu - \mathrm{e}^t,$$

其中, $0 \leqslant t \leqslant 1, |\mu| \leqslant 1$. 边界条件为当 $\mu < 0$ 时 $\psi(0,\mu) = 0$; 当 $\mu > 0$ 时 $\psi(1,\mu) = 0$.

例 1.2.14   偏微分积分方程

$$\left(\frac{1}{v}\frac{\partial}{\partial t} + \mu \frac{\partial}{\partial z} + \sigma \right)\psi(z,\mu,t) = 0,$$

当 $\mu < 0$ 时 $z = a$; 当 $\mu > 0$ 时 $z = -a$.

例 1.2.15   核碰撞问题中经常遇到的一类微分积分方程

$$(\nabla_r^2 + k^2)f(r) = U(r)f(r) + \int K(r,r')f(r')\mathrm{d}r',$$

其中, k^2 是相应于核碰撞的动能的量, $U(r)$ 是关于核粒子交换的交互作用所产生的平均势能.

例 1.2.16   二阶抛物偏微分积分方程

$$\frac{\partial^2 \psi(x,t)}{\partial x^2} = F\left(x,t,\psi,\frac{\partial \psi}{\partial x},\frac{\partial \psi}{\partial t},v(x,t) \right),$$

$$v(x,t) = \int_0^t k\left(s,t,\tau,\psi(x,\tau),\frac{\partial}{\partial x}\psi(x,\tau) \right)\mathrm{d}\tau,$$

其中, $\left(\dfrac{\partial}{\partial u_3} \right)F(x,t,u_1,u_2,u_3,u_4) \geqslant \rho > 0$.

例 1.2.17   二阶双曲偏微分积分方程

$$\frac{\partial^2 \psi(x,t)}{\partial t^2} - a(x,t)\frac{\partial^2 \psi(x,t)}{\partial x^2} = F\left(x,t,\psi,\frac{\partial \psi}{\partial x},\frac{\partial \psi}{\partial t},v(x,t) \right),$$

$$v(x,t) = \int_0^t k\left(s,t,\tau,\psi(x,\tau),\frac{\partial}{\partial x}\psi(x,\tau) \right)\mathrm{d}\tau,$$

其中, $\left(\dfrac{\partial}{\partial u_3} \right)F(x,t,u_1,u_2,u_3,u_4) \geqslant \rho > 0$.

当核为 $K(x-t)$, 即具有卷积性时称为**卷积型积分方程**, 见表 1.1.

当 $K(x-t)$ 具有奇异性时称为**卷积型奇异积分方程**, 见表 1.2.

表 1.1　卷积型积分方程

方程名	方程形式
Wiener-Hopf	$\phi(x) = \displaystyle\int_0^\infty K(x-s)\phi(s)\mathrm{d}s + f(x)$
Renewal	$\phi(x) = \displaystyle\int_a^x K(x-s)\phi(s)\,\mathrm{d}s + f(x)$
Abel	$\displaystyle\int_a^x \frac{\phi(s)}{(x-s)^\alpha}\mathrm{d}s = f(x), \quad 0 < \alpha < 1$

表 1.2　卷积型奇异积分方程

方程名	方程形式
带一个卷积核的奇异积分方程	$a\phi(t) + \dfrac{b}{\pi\mathrm{i}}\displaystyle\int_{-\infty}^{+\infty}\frac{\phi(\tau)}{\tau-t}\mathrm{d}\tau + \frac{1}{\sqrt{2\pi}}\int_{-\infty}^{+\infty}K(t-\tau)\phi(\tau)\,\mathrm{d}\tau$ $= g(t), \quad b \neq 0, t \in (-\infty, +\infty)$
带两个卷积核的奇异积分方程	$a\phi(t) + \dfrac{b}{\pi\mathrm{i}}\displaystyle\int_{-\infty}^{+\infty}\frac{\phi(\tau)}{\tau-t}\mathrm{d}\tau + \frac{1}{\sqrt{2\pi}}\int_0^{+\infty}K_1(t-\tau)\phi(\tau)\,\mathrm{d}\tau$ $+\dfrac{1}{\sqrt{2\pi}}\displaystyle\int_{-\infty}^0 K_2(t-\tau)\phi(\tau)\,\mathrm{d}\tau = g(t),$ $b \neq 0, t \in (-\infty, +\infty)$
Wiener-Hopf 型奇异积分方程	$a\phi(t) + \dfrac{b}{\pi\mathrm{i}}\displaystyle\int_0^{+\infty}\frac{\phi(\tau)}{\tau-t}\mathrm{d}\tau + \frac{1}{\sqrt{2\pi}}\int_0^{+\infty}K(t-\tau)\phi(\tau)\,\mathrm{d}\tau$ $= g(t), \quad b \neq 0, t \in (0, +\infty)$

边界积分方程 是偏微分方程的积分方程的再形成, 主要被广泛应用于求解椭圆偏微分方程的边值问题. 例如, 求解偏微分方程边值问题

$$\Delta u(P) = 0, \quad P \in D,$$

$$u(P) = g(P), \quad P \in \Gamma,$$

其中, D 是 $\mathbf{R}^3$ 中的有界非空区域, Γ 是区域 D 的边界.

u 可由单层位势表示为

$$u(P) = \int_\Gamma \frac{\rho(Q)}{|P-Q|}\mathrm{d}Q, \quad P \in D,$$

其中, $|P-Q|$ 表示点 P 和点 Q 之间通常的欧几里得距离, 未知函数 $\rho(Q)$ 称为单层密度函数. 由边界条件立得边界积分方程

$$\int_\Gamma \frac{\rho(Q)}{|P-Q|}\mathrm{d}Q = g(P), \quad P \in \Gamma.$$

边界积分方程可以是第一类、第二类 Fredholm 积分方程, 也可以是 Cauchy 奇异积分方程或是它们的变形. 利用边界积分方程再形成求解偏微分方程的方法叫**边界积分方程法**.

1.2.2　积分方程组的分类

1. Fredholm **积分方程组**

Fredholm 积分方程组

$$\phi_i\left(x\right) = \lambda \sum_{j=1}^{n} \int_a^b K_{ij}\left(x,s\right)\phi_j\left(s\right)\mathrm{d}s + f_i\left(x\right), \quad i = 1, 2, \cdots, n, \tag{1.2.8}$$

其中, $K_{ij}(x,s)$ 和 $f_i(x)$, $i = 1, 2, \cdots, n$ 是平方可积的已知函数, $\phi_1(x), \phi_2(x), \cdots, \phi_n(x)$ 是未知函数. 如果记

$$\boldsymbol{\phi}(x) = \begin{pmatrix} \phi_1(x) \\ \phi_2(x) \\ \vdots \\ \phi_n(x) \end{pmatrix}, \quad \boldsymbol{f}(x) = \begin{pmatrix} f_1(x) \\ f_2(x) \\ \vdots \\ f_n(x) \end{pmatrix},$$

$$\boldsymbol{K}(x,s) = \begin{pmatrix} K_{11}(x,s) & K_{12}(x,s) & \cdots & K_{1n}(x,s) \\ K_{21}(x,s) & K_{22}(x,s) & \cdots & K_{2n}(x,s) \\ \vdots & \vdots & & \vdots \\ K_{n1}(x,s) & K_{n2}(x,s) & \cdots & K_{nn}(x,s) \end{pmatrix},$$

则积分方程组 (1.2.8) 可记为向量形式

$$\boldsymbol{\phi}(x) - \lambda \int_a^b \boldsymbol{K}(x,s)\boldsymbol{\phi}(s)\mathrm{d}s = \boldsymbol{f}(x). \tag{1.2.9}$$

矩阵 $\boldsymbol{K}(x,s)$ 和向量 $\boldsymbol{f}(x)$ 分别称为向量方程 (1.2.9) 或方程组 (1.2.8) 的核和自由项.

向量方程 (1.2.9) 与含一个未知函数的 Fredholm 积分方程具有相同的形式. 事实上, 它的理论与 Fredholm 方程的理论相平行.

2. Volterra **积分方程组**

Volterra 积分方程组

$$\phi_i\left(x\right) - \lambda \sum_{j=1}^{n} \int_a^x K_{ij}\left(x,s\right)\phi_j\left(s\right)\mathrm{d}s + f_i\left(x\right), \quad i = 1, 2, \cdots, n \tag{1.2.10}$$

可类似地记为向量形式

$$\boldsymbol{\phi}(x) - \lambda \int_a^x \boldsymbol{K}(x,s)\boldsymbol{\phi}(s)\mathrm{d}s = \boldsymbol{f}(x).$$

3. 卷积型积分方程组

卷积型 Fredholm 积分方程组

$$\phi_i(x) = \sum_{j=1}^{n} \int_a^b K_{ij}(x-s)\,\phi_j(s)\,\mathrm{d}s + f_i(x), \quad i = 1, 2, \cdots, n. \tag{1.2.11}$$

卷积型 Volterra 积分方程组

$$\phi_i(x) = \sum_{j=1}^{n} \int_a^x K_{ij}(x-s)\,\phi_j(s)\,\mathrm{d}s + f_i(x), \quad i = 1, 2, \cdots, n. \tag{1.2.12}$$

卷积型 Fredholm 积分微分方程组

$$\phi^{(n)}(x) + a_1(x)\phi^{(n-1)}(x) + \cdots + a_n(x)\phi(x) + \sum_{j=0}^{m} \int_a^x K_j(x-s)\,\phi^{(j)}(s)\,\mathrm{d}s = f(x), \tag{1.2.13}$$

其中, $\phi^{(0)}(x) = \phi(x)$, $\phi^{(j)}(x)$ 是 $\phi(x)$ 的 j 阶导函数, $a_i(x)$, $i = 1, 2, \cdots, n$, $K_j(x)$, $j = 0, 1, 2, \cdots, m$, $f(x)$ 为已知函数.

4. 对偶积分方程组

对偶积分方程组

$$\begin{cases} \displaystyle\int_0^\infty t^{\alpha_j} \sum_{k=1}^{n} a'_{jk} f_k(t) J_{\nu_j}(xt)\mathrm{d}t = g_j(x), & 0 < x < 1, \\[4mm] \displaystyle\int_0^\infty \sum_{k=1}^{n} a_{jk} f_k(t) J_{\nu_j}(xt)\mathrm{d}t = 0, & x > 1, \end{cases} \quad j = 1, 2, \cdots, n, \tag{1.2.14}$$

其中, a'_{jk}, a_{jk} 是已知常数, $J_{\nu_j}(xt)$ 是第一类 ν 阶 Bessel 函数, α_j, ν_j 都是实常数.

5. 奇异积分方程组

Cauchy 核奇异积分方程组

$$\sum_{j=1}^{n} \left\{ a_{ij}(x)\phi_j(x) + \frac{b_{ij}(x)}{\pi \mathrm{i}} \int_L \frac{\phi_j(s)}{s-x}\mathrm{d}t + \int_L K_{ij}(s,x)\,\phi_j(s)\,\mathrm{d}s \right\} = f_i(x), \quad i = 1, 2, \cdots, n \tag{1.2.15}$$

写成向量形式

$$\boldsymbol{a}(x)\boldsymbol{\phi}(x) + \frac{\boldsymbol{b}(x)}{\pi \mathrm{i}} \int_L \frac{\boldsymbol{\phi}(s)}{s-x}\mathrm{d}t + \int_L \boldsymbol{K}(s,x)\,\boldsymbol{\phi}(s)\,\mathrm{d}s = \boldsymbol{f}(x),$$

其中, $\boldsymbol{a}(x), \boldsymbol{b}(x), \boldsymbol{K}(s,x)$ 为 n 阶方阵, $\boldsymbol{f}(x), \boldsymbol{\phi}(x)$ 为 n 维向量.

如果 $\boldsymbol{a}(x) \pm \boldsymbol{b}(x)$ 在 L 上为非奇异方阵, 即 $\det(\boldsymbol{a} \pm \boldsymbol{b}) \neq 0$, 则称为正则型奇异积分方程组, 否则称为非正则型奇异积分方程组.

类似地, 还有 Hilbert 核奇异积分方程组

$$\sum_{j=1}^{n}\left\{a_{ij}(x)\phi_j(x)+\frac{b_{ij}(x)}{\pi\mathrm{i}}\int_L\phi_j(s)\cot\frac{s-x}{2}\mathrm{d}s+\int_0^{2\pi}K_{ij}(s,x)\phi_j(s)\,\mathrm{d}s\right\}$$

$$=f_i(x),\quad i=1,2,\cdots,n$$

等.

1.2.3　非线性积分方程的分类

对于非线性积分方程也有类似于线性积分方程的分类, 这里不再叙述. 仅列举一些经典的非线性积分方程, 见表 1.3.

表 1.3

方程名	方程形式
Urysohn 第一类方程	$\displaystyle\int_b^a F(t,s,\phi(s))\mathrm{d}s=f(t)$
Urysohn 第二类方程	$\displaystyle\phi(t)=\int_a^b F(t,s,\phi(s))\mathrm{d}s+f(t)$
Urysohn-Volterra 方程	$\displaystyle\phi(t)=\int_a^t F(t,s,\phi(s))\mathrm{d}s+f(t)$
Hammerstein 方程	$\displaystyle\phi(t)=\int_a^b K(t,s)f(s,\phi(s))\,\mathrm{d}s+f(t)$
Hammerstein-Volterra 第一类方程	$\displaystyle\int_a^t K(t,s)f(s,\phi(s))\,\mathrm{d}s=f(t)$
Hammerstein-Volterra 第二类方程	$\displaystyle\phi(t)=\int_a^t K(t,s)f(s,\phi(s))\,\mathrm{d}s+f(t)$
非线性 Cauchy 奇异方程	$\displaystyle A(t)\phi(t)+B(t)\int_\Gamma\frac{\phi(s)}{s-t}\mathrm{d}s+\int_\Gamma F(t,s,\phi(s))\mathrm{d}s=f(t)$
Chandrasekhar-H 方程	$\displaystyle 1+\lambda\int_a^b\frac{t\phi(t)\,\phi(s)}{t+s}\mathrm{d}s=f(t)$

表 1.3 中 Γ 是复平面上开口弧段或可求长封闭光滑曲线.

1.3　积分方程模型实例

本节列出一些在科学实践中建立的各种各样的积分方程模型和具体实例.

1.3.1 人口预测模型

$$n(t) = n_0 f(t) + k \int_0^t f(t-\tau) n(\tau) \, \mathrm{d}\tau, \tag{1.3.1}$$

其中, $n(t)$ 是时刻 t 时人口数, n_0 是在时刻 $t=0$ 时的人口数, $f(t)$ 是生存曲线, 即 $t=0$ 时刻 $f(t)$ 为 1, 随着年龄增长, 由于生病、意外事故等 $f(t)$ 发生变化 (逐步减少), 见图 1.1.

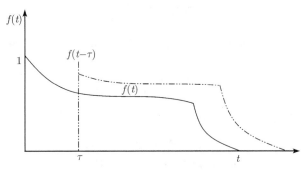

图 1.1 人口生存曲线

时刻 t 健在的人口数记为 $n_s(t)$, 则

$$n_s(t) = n_0 f(t). \tag{1.3.2}$$

当然,

$$n_s(0) = n_0 f(0) = n_0.$$

一般情况下, 人口由于新生小孩的出生而增加, 设新生小孩的平均出生率为 $r(t)$, 则在 t_i 时刻的特定时间段 $\Delta_i \tau_i$ 增加健在的新生小孩数为 $r(\tau_i) \Delta_i \tau$, 由图 1.1 这些新生小孩到时刻 t 实际增加数为

$$f(t-\tau_i) r(\tau_i) \Delta_i \tau.$$

如果这个过程在 $(0,t)$ 的 m 个子区间上重复, 则得部分和

$$b_m(t) = \sum_{i=1}^m f(t-\tau_i) r(\tau_i) \Delta_i \tau, \tag{1.3.3}$$

取极限得新生人口增长数为

$$b(t) = \int_0^t f(t-\tau) r(\tau) \mathrm{d}\tau. \tag{1.3.4}$$

于是在时刻 t 时的总人口数为

$$n(t) = n_s(t) + b(t)$$

$$= n_0 f(t) + \int_0^t f(t-\tau) r(\tau)\mathrm{d}\tau. \tag{1.3.5}$$

有理由设出生率 $r(t)$ 与人口数 $n(t)$ 成比例, 即

$$r(t) = kn(t), \tag{1.3.6}$$

k 为比例系数. 于是得到关于时刻 t 时人口数的 Volterra 积分方程

$$n(t) = n_0 f(t) + k \int_0^t f(t-\tau) r(\tau)\mathrm{d}\tau. \tag{1.3.7}$$

1.3.2   生物种群生态模型

假设两种生物种群在时刻 t 的数量分别为 $n_1(t), n_2(t)$. 不妨设第一种群数独立时, 即不受第二种群影响时增加, 设变化率的系数为 $k_1(k_1 > 0)$, 即

$$\frac{\mathrm{d}n_1}{\mathrm{d}t} = k_1 n_1(t), \quad k_1 > 0.$$

第二种群数独立时, 即不受第一种群影响时减少, 设变化率系数为 $-k_2(k_2 > 0)$, 即

$$\frac{\mathrm{d}n_2}{\mathrm{d}t} = -k_2 n_2(t), \quad k_2 > 0.$$

现在假设第一种群是被捕食的, 第二种群是捕食第一种群的, 将它们放在一起就会影响两个种群的变化率. 被捕食者将放慢增长, 捕食者将放慢减少. 为了建立其数学模型, 将相互影响后的变化率系数 k_1 记为 k_1', $-k_2$ 记为 $-k_2'$, 则

$$k_1' = k_1 - \gamma_1 n_2(t),$$

其中, γ_1 是依赖于第一种群的比例常数.

但是 k_1 实际的减少不仅是由于第二种群 $n_2(t)$ 在时刻 t 的存在, 而且也由于时刻 t 以前的在 $t - T_0 < \tau < t$ 的整个时间段所有第二种群 $n_2(\tau)$ 的存在, 其中, T_0 是两个种群限定的遗传期. 如果除了存在 γ_1 因子外, 在 t 以前对 k_1 的减少率记为 $f_1(\tau)$, 若 $t - T_0 < \tau < t$, 则 k_1 在时刻 t 处的减少由于在时间段 $\Delta\tau$ 的减少为 $-f_1(t-\tau) n_2(\tau) \Delta\tau$, 其中, 用 $f_1(t-\tau)$ 是由于种群在 t 以前时刻 $t-\tau$ 处的抵抗 $n_2(\tau)$.

$$t - T_0 < \tau < t,$$

$$\delta_{k_1} = -\int_{t-T_0}^{t} f_1(t-\tau) n_2(\tau) \, \mathrm{d}\tau. \tag{1.3.8}$$

于是第一种群最后有效的增加变化率系数为

$$k_{1\text{eff}} = k_1 - \gamma_1 n_2(t) - \int_{t-T_0}^{t} f_1(t-\tau) n_2(\tau) \, \mathrm{d}\tau. \tag{1.3.9}$$

同理, 第二种群最后有效的减少变化率系数为

$$-k_{2\text{eff}} = -k_2 + \gamma_2 n_2(t) + \int_{t-T_0}^{t} f_2(t-\tau) n_1(\tau) \, \mathrm{d}\tau. \tag{1.3.10}$$

最终

$$\frac{\mathrm{d}n_1}{\mathrm{d}t} = n_1(t) \left[k_1 - \gamma_1 n_2(t) - \int_{t-T_0}^{t} f_1(t-\tau) n_2(\tau) \, \mathrm{d}\tau \right], \tag{1.3.11}$$

$$\frac{\mathrm{d}n_2}{\mathrm{d}t} = n_2(t) \left[-k_2 + \gamma_2 n_1(t) + \int_{t-T_0}^{t} f_2(t-\tau) n_1(\tau) \, \mathrm{d}\tau \right]. \tag{1.3.12}$$

这是一组非线性的积分微分方程组.

1.3.3 神经脉冲的传播

知道当神经的一个区域兴奋时, 相对于未兴奋的区域变为负电, 因此会产生电流. 这种神经电流的传导或神经脉冲的数学模型可以是一个积分方程. 如果从时刻 $t = t_1$ 开始兴奋扩散传播, 则其传播的距离 $u(t)$ 可以被下列积分方程控制:

$$he^{au(t)+kt} = \frac{hKI}{KI - kh} + KI \int_{t_1}^{t} e^{au(\tau)+k\tau} \mathrm{d}\tau$$

$$= KI \left(\int_{t_1}^{t} e^{au(\tau)+k\tau} \mathrm{d}\tau + \frac{h}{KI - kh} \right), \tag{1.3.13}$$

其中, K, k 是常数, I 是紧邻兴奋区域的生物电流, a 是电流变化率, h 是关于离子集中的一个量.

该方程是一个关于未知函数 (脉冲传播距离) 的非线性积分方程.

当然积分方程 (1.3.13) 可变形为

$$h\phi(t) = KI \int_{t_1}^{t} \phi(\tau) \mathrm{d}\tau + \frac{hKI}{KI - kh}.$$

该方程的推导参见文献 (Rashevsky, 1960).

1.3.4   烟雾过滤(Kamkin, 1957)

香烟的烟雾的吸收或过滤问题也可用积分方程建立其数学模型.

当香烟点燃后, 在时刻 t 距离 x(从 $t=0$ 着火的原始位置量起) 处某种烟草成分每单位长度的沉淀重量为 $w(x,t)$, 则其模型为

$$w(x,t) = w(x,0) + abve^{-bx} \int_0^t w(v\tau,\tau) e^{-bv} d\tau, \quad x = vt, \tag{1.3.14}$$

其中, $w(x,0)$ 是燃烧前在位置 x 处的 $w(x,t)$ 的初始值, a 是常数, b 是吸收系数, v 是燃烧的速度.

1.3.5   交通运输(Green, 1969)

设 $F(t)$ 是等待少于时间 t 而在繁忙交通运输中找到 $T(t \geqslant T)$ 的时间间隔以便过街的概率, 则该交通运输模型也是一个积分方程

$$F(t) = \rho(T) + \int_0^T F(t-T)\rho(\tau) d\tau, \quad t \geqslant T,$$

其中, $\rho(t)$ 是概率密度, 当 $t < T$ 时, $F(t) = 0$.

1.3.6   转动轴的小偏转

考虑一长为 l 的轴以角速度 ω 绕 x 轴动, 当它受到小的干扰就会发生偏转, 见图 1.2.

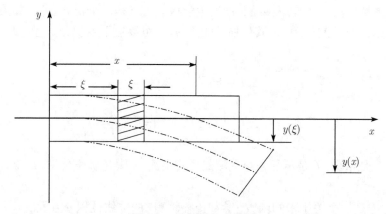

图 1.2   转动轴的小偏转

为了建立以偏转 $y(x)$ 为未知函数的数学模型, 假设知道位移函数 $F(x,\xi)$, 该函数给出当一个单位力作用在不同于 x 点的 $x = \xi$ 处时点 x 处沿 y 方向的位移. 为了知道轴上长为 $\Delta\xi$ 的一段上的力对位移 $y(x)$ 的影响, 应该知道这段转动轴的离心力, 其质量为 $\Delta m = \rho(\xi)\Delta\xi$($\rho$ 为轴材料的密度), 半径 $r = y(\xi)$, 角速度为 ω.

所以离心力为 $\Delta m\omega^2 r = \rho\Delta\xi\omega^2 y(\xi)$. 按照 $F(x,\xi)$ 的定义, ξ 附近的 $\Delta\xi$ 段的离心力引起的位移为 $\Delta y(x) = F(x,\xi)\rho\Delta\xi\omega^2 y(\xi)$. 于是沿着轴的 $(0,l)$ 整段求和, 取极限得

$$y(x) = \omega^2 \int_0^l F(x,\xi)\rho(\xi)y(\xi)\mathrm{d}\xi. \tag{1.3.15}$$

这是一个关于轴偏转函数 $y(x)$ 的齐次 Fredholm 积分方程.

1.3.7 传输信号的最优形状(Thomas, 1969)

有限频率波长为 a 的传输信号的形状函数 $s(t)$ 满足下列积分方程:

$$\lambda s(t) = \int_{-1}^1 \frac{\sin a(t-\tau)}{\pi(t-\tau)} s(\tau)\,\mathrm{d}\tau \tag{1.3.16}$$

时可保证在信号传输过程中使能量消耗最小, 其中, 参数 λ 叫特征值.

1.3.8 Bernoulli 的几何问题

如图 1.3, 曲线 $y = f(x)$ 所围阴影部分的面积 A 一定是长为 x_0, 宽为 $f(x_0)$ 的矩形面积的若干分之一.

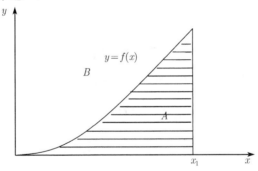

图 1.3 曲线所围面积

因为阴影部分的面积为 $\int_0^{x_0} f(x)\,\mathrm{d}x$, 则得

$$kx_0 f(x_0) = \int_0^{x_0} f(x)\,\mathrm{d}x. \tag{1.3.17}$$

这是关于未知函数 f 的积分方程.

例 1.3.1 对于上述问题, 检验抛物线 $y = x^2$ 下方所围阴影的面积是否恰好是矩形面积的 $\frac{1}{3}$?

将 $k = \frac{1}{3}, f(x_0) = x_0^2$ 代入方程 (1.3.17) 左端得 $\frac{1}{3}x_0 x_0^2$, 将 $f(x) = x^2$ 代入方程 (1.3.17) 右端得 $\int_0^{x_0} x^2\mathrm{d}x = \frac{1}{3}x_0 x_0^2$. 于是左右两端相等.

1.3.9　带电圆板的对偶积分方程模型

当单位圆盒内部 $(0 \leqslant r < 1)$ 保持常电势 u_0 的条件下, 带电圆板电势的积分表示为

$$\int_0^\infty \rho^2 A(\rho) J_0(r\rho) \,\mathrm{d}\rho = u_0, \quad 0 \leqslant r < 1. \tag{1.3.18}$$

同时, 单位圆外部关于平面 $z = 0$ 对称的电势的积分表示为

$$\int_0^\infty \rho^2 A(\rho) J_0(r\rho) \,\mathrm{d}\rho = 0, \quad r > 1, \tag{1.3.19}$$

其中, $J_0(x)$ 是 n 阶第一类 Bessel 函数 $J_n(x)$ 的特别情况, 即零阶第一类 Bessel 函数 (Bessel 微分方程 $x^2 f'' + x f' + (x^2 - n^2)f = 0$ 在 $x = 0$ 处有界的两个特解之一). 方程 (1.3.18), (1.3.19) 联立形成整个平面的一对积分方程

$$\begin{cases} \displaystyle\int_0^\infty \rho A(\rho) J_0(r\rho) \,\mathrm{d}\rho = a_0, & 0 \leqslant r < 1, \\ \displaystyle\int_0^\infty \rho^2 A(\rho) J_0(r\rho) \,\mathrm{d}\rho = 0, & r > 1, \end{cases}$$

通常称其为对偶积分方程.

第 1 章习题

1. 验证 $\phi(x) = x$ 是下列第一类 Fredholm 积分方程的解:

$$\int_0^\infty \mathrm{e}^{-tx} \phi(x) \mathrm{d}x = \frac{1}{t^2}.$$

2. 验证 $\phi(x) = \dfrac{1}{\pi\sqrt{x}}$ 是下列第一类 Volterra 积分方程的解:

$$\int_0^x \frac{\phi(t)}{\sqrt{x-t}} \mathrm{d}t = 1.$$

3. 验证 $\phi(x) = \dfrac{2\lambda\pi}{1 + 2\lambda^2\pi^2}(\lambda\pi x - 4\lambda\pi\sin x + \cos x) + x$ 是下列第二类 Fredholm 积分方程的解:

$$\phi(x) - \lambda \int_{-\pi}^\pi (x\cos t + t^2 \sin x + \cos x \sin t)\phi(t)\mathrm{d}t = x, \quad -\pi \leqslant x \leqslant \pi.$$

4. 验证 $\phi(x) = x\mathrm{e}^x$ 是下列第二类 Volterra 积分方程的解:

$$\phi(x) - 2\int_0^x \cos(x-t)\phi(t)\mathrm{d}t = \sin x.$$

5. 验证

$$\phi_1(x) = \left(\frac{\cos 2a}{2a} - \frac{\sin 2a}{4a^2}\right)\left(1 + \frac{\sin 2a}{2a}\right)^{-1}\cos ax + x\sin ax,$$

$$\phi_2(x) = \left(\frac{\cos 2a}{2a} - \frac{\sin 2a}{4a^2}\right)\left(1 - \frac{\sin 2a}{2a}\right)^{-1}\sin ax + x\cos ax$$

都是下列积分方程的解:

$$\int_{-1}^{1}\phi(t)\cos a(x-t)\mathrm{d}t = 0,$$

即该方程存在两个不同的解.

6. 验证 $\phi(x) = 6(1 - \lambda x)$ 是下列方程的解:

$$\int_{0}^{x}\mathrm{e}^{\lambda(x-t)}\phi(t)\mathrm{d}t = Ax.$$

7. 验证 $\phi(x) = \dfrac{1}{x}\dfrac{\mathrm{d}}{\mathrm{d}x}\left[x^{-n}\displaystyle\int_{a}^{x}\left(\dfrac{3}{4}t^{n+1} + a^4 t^{n-3}\right)\mathrm{d}t\right]$ 是下列积分方程的解:

$$\phi(x) + x^{-3}\int_{a}^{x}t[2nx + (1-n)t]\phi(t)\mathrm{d}t = 1.$$

8. 验证 $\phi(x) - \lambda\displaystyle\int_{a}^{x}\dfrac{x+b}{t+b}\phi(t)\mathrm{d}t = f(x)$ 有解

$$\phi(x) = f(x) + \lambda\int_{a}^{x}\frac{x+b}{t+b}\mathrm{e}^{\lambda(x-t)}f(t)\mathrm{d}t.$$

9. 验证 $\phi(x) = \pm\dfrac{A}{\sqrt{\pi x}}\mathrm{e}^{\lambda x}$ 是下列非线性第一类 Volterra 积分方程的解:

$$\int_{0}^{x}\phi(t)\phi(x-t)\mathrm{d}t = A^2\mathrm{e}^{\lambda x}.$$

10. 验证 $\phi(x) = B\mathrm{e}^{\lambda x}$ 是下列非线性第二类 Volterra 积分方程的解:

$$\phi(x) + A\int_{0}^{x}\phi(t)\phi(x-t)\mathrm{d}t = (AB^2 x + B)\mathrm{e}^{\lambda x}.$$

11. 验证 $\phi(x) = \pm\sqrt{\dfrac{A\beta}{\mathrm{e}^{\beta} - 1}}\mathrm{e}^{\beta x}$ 是下列非线性第一类 Fredholm 积分方程的解:

$$\int_{0}^{1}\phi(x)\phi(t)\mathrm{d}t = A\mathrm{e}^{\beta x}, \quad A > 0.$$

12. 验证除了平凡解 $\phi_1(x) = 0$ 外, $\phi_2(x) = \dfrac{2\lambda + \mu}{A\left[\mathrm{e}^{-(2\lambda+\mu)b} - \mathrm{e}^{-(2\lambda+\mu)a}\right]}\mathrm{e}^{-\lambda x}$ 是下列非线性第二类 Fredholm 积分方程的解:

$$\phi(x) + A\int_{a}^{b}\mathrm{e}^{-\lambda x - \mu t}\phi^2(t)\mathrm{d}t = 0.$$

13. 验证

$$\phi_1(x) = \frac{1}{\pi^2\sqrt{(x-a)(b-x)}}\left[\int_{a}^{b}\frac{\sqrt{(t-a)(b-t)}}{x-t}\mathrm{d}t + \pi c\right], \quad a < x < b$$

或
$$\phi_2(x) = \frac{x-(a+b)/c}{\pi\sqrt{(x-a)(b-x)}} + \frac{c}{\pi\sqrt{(x-a)(b-x)}}, \quad a < x < b,$$

即下列第一类 Cauchy 奇异积分方程的解

$$\int_a^b \frac{\phi(t)\mathrm{d}t}{t-x} = 1, \quad a < x < b.$$

14. 验证

$$\phi_1(x) = -\frac{f(x)}{1+\pi^2\lambda^2} + \frac{\lambda}{(1+\pi^2\lambda^2)x^{1-\alpha}(1-x)^{\alpha}} \int_0^1 \frac{(1-t)^{\alpha}t^{1-a}f(t)}{t-x}\mathrm{d}t$$

$$+ \frac{c}{x^{1-\alpha}(1-x)^{\alpha}\sqrt{1+\pi^2\lambda^2}}, \quad 0 < x < 1$$

是下列第二类 Cauchy 型奇异积分方程的解：

$$\phi(x) - \lambda \int_0^1 \frac{\phi(t)}{t-x}\mathrm{d}t = f(x), \quad 0 < x < 1.$$

第2章　积分方程与代数方程及微分方程的联系

2.1　线性积分方程与线性代数方程组的联系

考虑第二类线性 Fredholm 型积分方程

$$\phi(x) = \int_a^b K(x,s)\phi(s)\,\mathrm{d}s + f(x). \tag{2.1.1}$$

把区间 (a,b) n 等分, 每部分区间长为 $\dfrac{b-a}{n} = \Delta s = \Delta x$. 设

$$K(a+p\Delta x, a+q\Delta s) = K_{pq}, \quad p,q = 1,2,\cdots,n,$$
$$\phi(a+p\Delta x) = \phi_p, \quad p = 1,2,\cdots,n,$$
$$f(a+p\Delta x) = f_p, \quad p = 1,2,\cdots,n.$$

积分方程 (2.1.1) 中的积分可由代数和 $\displaystyle\sum_{q=1}^{n} K_{pq}\phi_q\Delta s$ 代替得到一组线性代数程

$$\phi_p = \sum_{q=1}^{n} K_{pq}\phi_q\Delta s + f_p, \quad p = 1,2,\cdots,n \tag{2.1.2}$$

来近似代替积分方程 (2.1.1), 其中, $K_{pq}, f_p, \Delta s$ 为已知数, 而 ϕ_p 为未知数. 根据线性代数方程的基础知识可知方程组 (2.1.2) 的系数行列式

$$K = \begin{vmatrix} 1 - k_{11}\Delta s & -k_{12}\Delta s & \cdots & -k_{1n}\Delta s \\ -k_{21}\Delta s & 1 - k_{22}\Delta s & \cdots & -k_{2n}\Delta s \\ \vdots & \vdots & & \vdots \\ -k_{n1}\Delta s & -k_{n2}\Delta s & \cdots & 1 - k_{nn}\Delta s \end{vmatrix} \tag{2.1.3}$$

是否等于零直接关系到方程 (2.1.2) 的解的存在与否.

若 $K \neq 0$, 则于任意给定的 f_p $(p = 1,2,\cdots,n)$, 方程组 (2.1.2) 总有解且解唯一. 与此同时, 其转置方程组

$$\psi_p = \sum_{q=1}^{n} K_{pq}\psi_q\Delta s + f_p^*, \quad p = 1,2,\cdots,n \tag{2.1.4}$$

对任意的 f_p^* 也都有解且解也唯一.

若 $K = 0$, 则对于任意给定的 f_p, 方程组 (2.1.2) 一般情况下无解. 但是其对应的齐次方程组就总有非平凡解, 即不只有零解.

综上, 要么方程组 (2.1.2) 不论其右端的 f_p $(p = 1, 2, \cdots, n)$ 取何值总有解且解唯一; 要么相应的齐次方程组至少有一组非平凡解, 即有无穷多解.

当方程组 (2.1.2) 有解且解唯一时, 其转置方程组也有解且解唯一. 否则, 对应 (2.1.2) 的齐次方程组

$$\phi_p - \sum_{q=1}^n K_{pq}\phi_q \Delta s = 0, \quad p = 1, 2, \cdots, n \tag{2.1.5}$$

与其转置齐次方程组

$$\psi_p - \sum_{q=1}^n K_{pq}\psi_q \Delta s = 0, \quad p = 1, 2, \cdots, n \tag{2.1.6}$$

有同样多线性无关的解; 其线性无关的解的个数等于 $n - r$, 其中, r 是方程组的系数矩阵的秩.

下面讨论当 $K = 0$ 时, 非齐次方程组 (2.1.2) 有解的充分必要条件. 设 $\psi_p(p = 1, 2, \cdots, n)$ 是方程组 (2.1.6) 的一组非平凡解. 以 ψ_p 乘方程组 (2.1.2) 的第 p 个方程, 然后把得到的这些方程相加得到

$$\sum_{p=1}^n \phi_p\psi_p - \sum_{p,q=1}^n K_{pq}\phi_q\psi_p\Delta s = \sum_{p=1}^n f_p\psi_p,$$

即

$$\sum_{p=1}^n \phi_p\left(\psi_p - \sum_{q=1}^n K_{qp}\psi_q\Delta s\right) = \sum_{p=1}^n f_p\psi_p.$$

由 (2.1.6) 知应有

$$\sum_{p=1}^n f_p\psi_p = 0. \tag{2.1.7}$$

这便是必要条件. 现证明条件 (2.1.7) 也为充分条件. 而方程组 (2.1.2) 在 $K = 0$ 时有解的充分条件是矩阵

$$\begin{pmatrix} 1 - K_{11}\Delta s & -K_{12}\Delta s & \cdots & -K_{1n}\Delta s & f_1 \\ -K_{21}\Delta s & 1 - K_{22}\Delta s & \cdots & -K_{2n}\Delta s & f_2 \\ \vdots & \vdots & & \vdots & \vdots \\ -K_{n1}\Delta s & -K_{n2}\Delta s & \cdots & 1 - K_{nn}\Delta s & f_n \end{pmatrix} \tag{2.1.8}$$

的秩和 (2.1.2) 的系数矩阵

$$
\begin{pmatrix}
1-K_{11}\Delta s & -K_{12}\Delta s & \cdots & -K_{1n}\Delta s \\
-K_{21}\Delta s & 1-K_{22}\Delta s & \cdots & -K_{2n}\Delta s \\
\vdots & \vdots & & \vdots \\
-K_{n1}\Delta s & -K_{n2}\Delta s & \cdots & 1-K_{nn}\Delta s
\end{pmatrix}
\tag{2.1.9}
$$

的秩相等.

为此, 只需证明矩阵 (2.1.8) 的任 $(r+1)$ 阶行列式等于零. 事实上, 只需证明包含 (2.1.8) 最后一列元素的 $r+1$ 行列式等于零即可. 把这样的行列式 D_{r+1} 按元素 f_k 展开, 由条件 (2.1.7) 即知这样的行列式等于零. 故 (2.1.1) 为充分条件.

是否当 $\Delta s \to 0$ 时, $\sum\limits_{q=1}^{n} K_{pq}\phi_q\Delta s$ 能够趋于 $\int_a^b K(x,s)\phi(s)\mathrm{d}s$? 进而方程组 (2.1.2) 的解趋于积分方程 (2.1.1) 的解? 事实上, 当核 $K(x,s)$ 满足一定的条件时, 的确会是这样的, 但这里不证明. 相应于关于代数方程组 (2.1.2) 的定理, 对于积分方程 (2.1.1) 也有类似的定理, 即 Fredholm 定理.

定理 2.1.1(Fredholm 选择定理) 第二类 Fredholm 积分方程 (2.1.1), 要么对于所有的函数 $f(x)$ 都有解且解唯一; 要么相应的齐次方程至少有一个非平凡解, 即至少有一个不恒等于零的解.

定理 2.1.2 方程 (2.1.1) 有唯一解时, 其转置方程

$$
y^*(x) = \int_a^b K(s,x)y^*(s)\mathrm{d}s + f^*(x)
\tag{2.1.10}
$$

也有唯一解. 相应于 (2.1.1) 的齐次方程及其转置方程都有有限个互相线性无关的解, 且线性无关的解的个数也相同.

定理 2.1.3 当相应 (2.1.1) 的齐次方程至少有一个非平凡解时, 非齐次方程 (2.1.1) 有解的充要条件是其齐次转置方程的每一个解都满足可解条件

$$
\int_a^b f(x)y^*(x)\mathrm{d}x = 0.
\tag{2.1.11}
$$

事实上, 此时方程 (2.1.1) 有无穷多个解.

在实际应用中, Fredholm 选择定理起着特别重要的作用. 对许多实际问题, 往往企图直接证明方程 (2.1.1) 解的存在唯一性相当困难, 但借助 Fredholm 选择定理, 只需证明其相应的齐次方程或其转置齐次方程只有平凡解即可.

2.2 积分方程与微分方程的联系

尽管积分方程的出现并不比微分方程的出现迟多少, 但是真正形成积分方程的

理论是在 19 世纪末, 20 世纪初. 积分方程与微分方程有密切的联系, 有时微分方程的问题化为积分方程来处理更为有利. 因为对线性算子而言, 在一定条件下, 积分算子比微分算子在某些方面具有更好的特性.

2.2.1　积分方程与常微分方程的联系

通常, 微分方程的初值问题可转化为 Volterra 积分方程.

例 2.2.1　一阶常微分方程的初值问题: 当 $f(x,y)$ 满足适当的连续条件, 初值问题

$$\begin{cases} \dfrac{\mathrm{d}y(x)}{\mathrm{d}x} = f(x,y), \\ y(0) = C_0 \end{cases} \tag{2.2.1}$$

的解满足方程

$$y(x) = C_0 + \int_0^x f(u, y(u))\,\mathrm{d}u. \tag{2.2.2}$$

(2.2.2) 是关于未知函数 $y(x)$ 的一个积分方程. 若 $f(x,y)$ 关于 y 是线性的, 则方程是线性 Volterra 积分方程; 否则是非线性 Volterra 积分方程. 类似地, n 阶微分方程

$$y^{(n)} = f\left(x, y, y', \cdots, y^{(n-1)}\right)$$

满足条件

$$y(x_0) = C_0, \quad y'(x_0) = C_1, \quad \cdots, \quad y^{(n-1)}(x_0) = C_{n-1}$$

的定解问题可转化为等价的 Volterra 积分方程组.

例 2.2.2　n 阶线性微分方程的初值问题: 系数 $a_i(x)$ $(i=1,2,\cdots,n)$ 连续的 n 阶常微分方程

$$\frac{\mathrm{d}^n y}{\mathrm{d}x^n} + a_1(x)\frac{\mathrm{d}^{n-1}y}{\mathrm{d}x^{n-1}} + \cdots + a_n(x)y = f(x)$$

满足初始条件

$$y(0) = C_0, \quad y'(0) = C_1, \quad \cdots, \quad y^{(n-1)}(0) = C_{n-1}$$

的定解问题, 可化为求解第二类 Volterra 积分方程.

以二阶微分方程为例

$$\begin{cases} \dfrac{\mathrm{d}^2 y}{\mathrm{d}x^2} + a_1(x)\dfrac{\mathrm{d}y}{\mathrm{d}x} + a_2(x)y = f(x), \\ y(0) = C_0, \quad y'(0) = C_1. \end{cases}$$

令 $\dfrac{\mathrm{d}^2 y}{\mathrm{d}x^2} = \phi(x)$, 考虑到上述初始条件, 便得到

$$\frac{\mathrm{d}y}{\mathrm{d}x} = \int_0^x \phi(t)\,\mathrm{d}t + C_1,$$

进而

$$y = \int_0^x \left(\int_0^u \phi(t)\,\mathrm{d}t + C_1 \right) \mathrm{d}u + C_0 = \int_0^x \mathrm{d}t \int_t^x \phi(t)\,\mathrm{d}u + C_1 x + C_0$$

$$= \int_0^x (x-t)\phi(t)\,\mathrm{d}t + C_1 x + C_0.$$

于是上述常微分方程的定解问题转化为第二类 Volterra 积分方程

$$\phi(x) = \int_0^x K(x,t)\phi(t)\,\mathrm{d}t + F(x),$$

其中,

$$K(x,t) = a_2(x)(t-x) - a_1(x),$$

$$F(x) = f(x) - C_1 a_1(x) - C_1 x a_2(x) - C_0 a_2(x).$$

类似地, 对于 n 阶微分方程的初值问题, 利用公式

$$\int_{x_0}^x \mathrm{d}x \int_{x_0}^x \mathrm{d}x \cdots \int_{x_0}^x f(x)\mathrm{d}x = \frac{1}{(n-1)!} \int_{x_0}^x (x-u)^{n-1} f(u)\,\mathrm{d}u$$

也可化为等价的第二类 Volterra 积分方程.

例如, 对于下列定解问题:

$$\begin{cases} y''' - 2xy = 0, \\ y(0) = \dfrac{1}{2}, \quad y'(0) = y''(0) = 1. \end{cases}$$

令 $y''' = \phi(x)$, 考虑到初值条件得

$$y'' = \int_0^x \phi(t)\,\mathrm{d}t + 1, \quad y' = \int_0^x (x-t)\phi(t)\,\mathrm{d}t + x + 1,$$

$$y = \frac{1}{2}\int_0^x (x-t)^2 \phi(t)\,\mathrm{d}t + \frac{1}{2}x^2 + x + \frac{1}{2}.$$

于是得到等价的第二类 Volterra 积分方程

$$\phi(x) = x\int_0^x (x-t)^2 \phi(t)\,\mathrm{d}t + x^3 + 2x^2 + x.$$

例 2.2.3　　n 阶线性常系数微分方程的初值问题, 运用上述方法, 初值问题

$$\begin{cases} \dfrac{\mathrm{d}^n y}{\mathrm{d}x^n} + a_1 \dfrac{\mathrm{d}^{n-1} y}{\mathrm{d}x^{n-1}} + \cdots + a_n y = f(x), \\ y(x_0) = C_0, \quad y'(x_0) = C_1, \quad \cdots, \quad y^{(n-1)}(x_0) = C_{n-1} \end{cases}$$

可化为第二类 Volterra 卷积型积分方程

$$\phi(x) = \int_{x_0}^{x} K(x,t)\,\phi(t)\,\mathrm{d}t + F(x),$$

其中,

$$K(x,t) = -\sum_{k=1}^{n} a_k \frac{(x-t)^{k-1}}{(k-1)!},$$

$$F(x) = f(x) - a_1(x)\,C_{n-1} - a_2(x)\,[C_{n-1}x + C_{n-2}] - \cdots$$
$$- a_n(x)\left[C_{n-1}\frac{x^{n-1}}{(n-1)!} + C_{n-2}\frac{x^{n-2}}{(n-2)!} + \cdots + C_1 x + C_0\right].$$

常微分方程的边值问题可化为第二类 Fredholm 积分方程.

例 2.2.4　　对于边值问题

$$\begin{cases} \dfrac{\mathrm{d}^2 y}{\mathrm{d}x^2} + \lambda y = 0, \\ y(0) = y(1) = 0. \end{cases}$$

令 $\dfrac{\mathrm{d}^2 y}{\mathrm{d}x^2} = \phi(x)$, 则

$$\frac{\mathrm{d}y}{\mathrm{d}x} = \int_0^x \phi(u)\,\mathrm{d}u + c_1,$$

进一步有

$$y(x) = \int_0^x \mathrm{d}v \int_0^v \phi(u)\,\mathrm{d}u + c_1 x + c_2.$$

交换积分次序便得

$$y(x) = \int_0^x \phi(u)\,\mathrm{d}u \int_u^x \mathrm{d}v + c_1 x + c_2 = \int_0^x (x-u)\,\phi(u)\,\mathrm{d}u + c_1 x + c_2.$$

由边界条件知

$$c_2 = 0, \quad c_1 = -\int_0^1 (1-u)\,\phi(u)\,\mathrm{d}u.$$

于是

$$y(x) = \int_0^x (x-u)\,\phi(u)\,\mathrm{d}u - \int_0^1 x(1-u)\,\phi(u)\,\mathrm{d}u$$

或写为

$$y(x) = -\left[\int_0^x u(1-x)\,\phi(u)\,\mathrm{d}u + \int_x^1 x(1-u)\,\phi(u)\,\mathrm{d}u\right],$$

代入原方程得第二类 Fredholm 积分方程

$$\phi(x) = \lambda \int_0^1 K(x,u)\,\phi(u)\,\mathrm{d}u, \tag{2.2.3}$$

核

$$K(x,u) = \begin{cases} u(1-x), & 0 \leqslant u \leqslant x, \\ x(1-u), & x \leqslant u \leqslant 1 \end{cases}$$

恰好是原方程的 Green 函数, 并满足对称性. 因此 (2.2.3) 是对称核积分方程.

反过来, 有时可利用微分方程与积分方程的联系, 把某些特殊的第一类或第二类 Volterra 积分方程化为对应的微分方程的定解问题, 容易求得其解.

例 2.2.5 求解第一类 Volterra 积分方程

$$\int_0^x \mathrm{e}^{x-t}\phi(t)\,\mathrm{d}t = x.$$

解 令

$$y(x) = \int_0^x \mathrm{e}^{-t}\phi(t)\,\mathrm{d}t. \tag{2.2.4}$$

于是得到

$$y(x)\,\mathrm{e}^x = x,$$

即

$$y(x) = x\mathrm{e}^{-x}. \tag{2.2.5}$$

式 (2.2.4) 两端对 x 求导得

$$y'(x) = \mathrm{e}^{-x}\phi(x),$$

而 (2.2.5) 两端对 x 求导得

$$y'(x) = (1-x)\,\mathrm{e}^{-x}.$$

由上两式立得原积分方程的解

$$\phi(x) = 1 - x.$$

例 2.2.6 求解第二类 Volterra 积分方程

$$\phi(x) = \int_0^x \phi(t)\,\mathrm{d}t + \mathrm{e}^x. \tag{2.2.6}$$

解　令 $y(x) = \displaystyle\int_0^x \phi(t)\,\mathrm{d}t$. 于是 $y(0) = 0$ 且

$$\phi(x) = y(x) + \mathrm{e}^x. \tag{2.2.7}$$

式 (2.2.6) 两端对 x 求导得

$$\phi'(x) = \phi(x) + \mathrm{e}^x, \tag{2.2.8}$$

式 (2.2.7) 两端对 x 求导得

$$\phi'(x) = y'(x) + \mathrm{e}^x. \tag{2.2.9}$$

由 (2.2.7)~(2.2.9) 得

$$y'(x) = \phi(x) = y(x) + \mathrm{e}^x.$$

这样, 原积分方程化为常微分方程的定解问题

$$\begin{cases} y'(x) - y(x) = \mathrm{e}^x, \\ y(0) = 0, \end{cases}$$

解得

$$y = x\mathrm{e}^x.$$

于是得

$$\phi(x) = x\mathrm{e}^x + \mathrm{e}^x = (x+1)\,\mathrm{e}^x.$$

2.2.2　积分方程与偏微分方程的联系

例 2.2.7　数学物理方程中的一类一维的热传导 Cauchy 问题

$$\begin{cases} \dfrac{\partial u}{\partial t} = a^2 \dfrac{\partial^2 u}{\partial x^2}, \\ u(x,0) = f(x), \end{cases} \tag{2.2.10}$$

其中, $f(x)$ 为给定的函数, $u(x,t)$ 为未知确定的热函数.

如果在 $t = 0$ 时刻不给定函数 $f(x)$, 而在某一时刻 t 给定热函数 $u(x,t)$ 的值, 则问题转变为求解 $f(x)$. 在数学物理方程中知道, 原问题 (2.2.10) 的解为

$$u(x,t) = \frac{1}{2a\sqrt{\pi t}} \int_{-\infty}^{+\infty} f(\tau)\,\mathrm{e}^{\frac{-(x-\tau)^2}{4a^2 t}}\,\mathrm{d}\tau.$$

于是求解 $f(x)$ 的问题转化为求解第一类积分方程

$$\int_{-\infty}^{+\infty} f(\tau)\,\mathrm{e}^{\frac{-(x-\tau)^2}{4a^2 t}}\,\mathrm{d}\tau = 2a\sqrt{\pi t}\,u.$$

再例如, 空气动力学中要确定绕某一形状的飞船的气流时, 为计算可以产生给定流线形状的源, 可将原偏微分方程转化为积分方程

$$\iiint\limits_{\Omega} \frac{\mu(\tau,\varsigma,\eta)}{4\pi\sqrt{(x-\tau)^2+(y-\varsigma)^2+(z-\eta)^2}} \mathrm{d}\tau\mathrm{d}\varsigma\mathrm{d}\eta = u(x,y,z),$$

其中, $\mu(x,y,z)$ 为要求解的源函数, (x,y,z) 为已知区域 Ω 中的已知点, $u(x,y,z)$ 为已知函数.

对于椭圆型偏微分方程边值问题, 利用位势理论可以将其化为积分方程. 只需将未知函数表示为以新未知函数为密度的单层位势或双层位势, 且使该位势满足边值条件. 这样就能得到以新未知函数为密度函数的 Fredholm 积分方程.

首先给出位势的定义.

假设 L 是平面上一条封闭的李雅普诺夫曲线, D 为以 L 为边界的平面有限区域. 记 P 为边界 L 上的点, M 为区域 D 内的点, r_{MP} 是 M 点到边界上点 P 的距离.

定义 2.2.1 设 $\rho(P)$ 是边界 L 上定义的连续函数, 则称点 M 的函数

$$u(M) = \int_L \rho(P) \ln \frac{1}{r_{MP}} \mathrm{d}l_P \qquad (2.2.11)$$

为**单层位势**. 所谓**双层位势**是指点 M 的函数

$$u(M) = \int_L \rho(P) \frac{\partial \ln \dfrac{1}{r_{MP}}}{\partial \boldsymbol{n}_P} \mathrm{d}l_P, \qquad (2.2.12)$$

其中, $\boldsymbol{n}_p$ 为 L 在 P 点的外法线方向. $\rho(P)$ 称为相应位势的密度.

对于双层位势, 注意到

$$\frac{\partial\left(\ln\dfrac{1}{\boldsymbol{r}_{MP}}\right)}{\partial \boldsymbol{n}_P} = \frac{\partial\left(\ln\dfrac{1}{\boldsymbol{r}_{MP}}\right)}{\partial \boldsymbol{r}_{MP}} \cdot \frac{\partial \boldsymbol{r}_{MP}}{\partial \boldsymbol{n}_P} = -\frac{1}{\boldsymbol{r}_{MP}} \cdot \mathrm{grad}\boldsymbol{r}_{MP} \cdot \boldsymbol{n}_p^{\circ},$$

其中, $\boldsymbol{n}_p^{\circ}$ 是曲线 L 在 P 点的外法线方向单位矢量, 而 $\mathrm{grad}\boldsymbol{r}_{MP} = \boldsymbol{r}_{MP}^{\circ}$ 是 $\boldsymbol{r}_{MP}$ 方向上的单位矢量, 故

$$\frac{\partial\left(\ln\dfrac{1}{\boldsymbol{r}_{MP}}\right)}{\partial \boldsymbol{n}_P} = -\frac{1}{\boldsymbol{r}_{MP}} \cos(\boldsymbol{r}_{MP}, \boldsymbol{n}_P).$$

因此可得到双层位势的另一种表达式

$$u(M) = -\int_L \frac{\rho(P)\cos(\boldsymbol{r}_{MP}, \boldsymbol{n}_P)}{\boldsymbol{r}_{MP}} \mathrm{d}l_P. \qquad (2.2.13)$$

对于具有单位密度的双层位势成立高斯 (Gauss) 定理

$$\int_L \frac{\partial \left(\ln \dfrac{1}{r_{MP}}\right)}{\partial n_P} \mathrm{d}l_P = -\int_L \frac{\cos\left(r_{MP}, n_P\right)}{r_{MP}} \mathrm{d}l_p = \begin{cases} -2\pi, & P \in D, \\ -\pi, & P \in L, \\ 0, & P \notin D \cup L. \end{cases} \tag{2.2.14}$$

例 2.2.8   考虑确定在以 L 为边界的平面有限区域 D 内的 Laplace 方程

$$u_{xx} + u_{yy} = 0, \quad (x, y) \in D$$

适合边界条件

$$u|_L = f(t), \quad t \in L$$

的 Dirichlet 内问题的求解问题.

解   可以将其解 u 表示成以 $\rho(P)$ 为密度的单层位势,

$$u(M) = \int_L \rho(P) \ln \frac{1}{r_{MP}} \mathrm{d}l_P.$$

令 M 趋近于边界 L 上的点 P_1, 就得到确定未知密度 $\rho(P)$ 的第一类 Fredholm 积分方程

$$f(M) = \int_L \rho(P) \ln \frac{1}{r_{MP}} \mathrm{d}l_P. \tag{2.2.15}$$

像 Volterra, Neumann 和 Poincaré 一样, 也可将解 u 表示为双层位势, 再令点 M 趋近于边界 L 上的点 P_1, 就得到以未知密度 $\rho(P)$ 为密度函数的第二类 Fredholm 积分方程

$$f(M) = \pi\rho(M) - \int_L \rho(P) \frac{\partial \ln \dfrac{1}{r_{MP}}}{\partial n_p} \mathrm{d}l_P$$

或

$$\rho(M) - \frac{1}{\pi} \int_L \frac{\rho(P) \cos\left(r_{MP}, n_P\right)}{r_{MP}} \mathrm{d}l_P = \frac{f(M)}{\pi}. \tag{2.2.16}$$

如果假设 D 是圆域

$$x^2 + y^2 < R^2,$$

$$2R \cos\left(r_{MP}, n_P\right) = -2R \cos\phi = -r_{PM}.$$

故积分方程 (2.2.15) 可写成

$$\rho(M) + \frac{1}{2\pi R} \int_L \rho(P) \mathrm{d}l_P = \frac{f(M)}{\pi}, \tag{2.2.17}$$

这是一个退化核的积分方程. 由 2.1 节方法, 令

$$\int_L \rho\,(P)\,\mathrm{d}l_P = C.$$

于是

$$\rho\,(M) = \frac{f\,(M)}{\pi} - \frac{1}{2\pi R}C.$$

令 $M \to P$, 两边积分得

$$\int_L \rho\,(P)\,\mathrm{d}l_P = \frac{1}{\pi}\int_L f\,(P)\,\mathrm{d}l_P - C,$$

即

$$C = \frac{1}{\pi}\int_L f\,(P)\,\mathrm{d}l_P - C.$$

故

$$C = \frac{1}{2\pi}\int_L f\,(P)\,\mathrm{d}l_P.$$

从而得到积分方程 (2.2.17) 的解

$$\rho\,(M) = \frac{f\,(M)}{\pi} - \frac{1}{4\pi^2 R}\int_L f\,(P)\,\mathrm{d}l_P.$$

第 2 章习题

1. 化 Bessel 方程 $x^2\dfrac{\mathrm{d}^2 y}{\mathrm{d}x^2} + x\dfrac{\mathrm{d}y}{\mathrm{d}x} + (\lambda x^2 - 1)y = 0, 0 \leqslant x \leqslant 1$ 在端点条件 $y(0) = 0, y(1) = 0$ 下为 Fredholm 积分方程.

2. 将从 Schrödinger 波方程导出的微分方程 $\dfrac{\mathrm{d}^2 y}{\mathrm{d}x^2} - K^2 y + V_0\dfrac{\mathrm{e}^{-x}}{x}y = 0$ 在边界条件 $y(0) = y(\infty) = 0$ 下转化为 Fredholm 积分方程.

3. 将下列边值问题转化为积分方程:

(1) $y'' + y = 0, y(0) = 0, y'(1) = 1$;

(2) $y'' + y = x, y'(0) = y'(1) = 0$;

(3) $y'' + y = x, y(0) = 1, y'(1) = 0$;

(4) $y'' + \left(\dfrac{y'}{2x}\right) + \lambda x^{1/2} = 0, y(0) = y(1) = 0$;

(5) $y'' - y = f(x), y(0) = y(1) = 0$.

4. 将微分方程 $y'' + \{p(x) - \eta^2\}y = 0$ 转化为 Fredholm 积分方程, 其中, η 为已知正常数, 端点条件 $y(0) = 0$; 当 $x = x_0$ 时 $y'/y = -\eta$.

5. 将初值问题 $y'' + \lambda x^2 y = 0, y'(0) = y(0) = 0$ 转化为 Volterra 积分方程.

6. 找到一个微分方程边值问题与下列 Fredholm 积分方程等价:

$$y(x) = \lambda\int_{-1}^{1}(1 - |x - t|)y(t)\mathrm{d}t.$$

7. 找到一个微分方程的定解问题与下列 Volterra 积分方程等价:

$$\int_0^x \mathrm{e}^{x+1} y(t)\mathrm{d}t = x.$$

8. 验证 $y(x) = -\displaystyle\int_0^x (x-t)y(t)\mathrm{d}t + \cos x - x - 1$ 是下列微分方程初值问题的解:

$$\frac{\mathrm{d}^2 y}{\mathrm{d}x^2} + y = -\cos x, \quad y(0) = 0, y'(0) = -1.$$

9. 证明下列 Volterra 积分方程的解:

$$\phi(x) = \mathrm{e}^{-x} + \frac{3}{16}\int_x^\infty \frac{\sinh(x-t)}{t^2}\phi(t)\mathrm{d}t \text{ 和 } \phi(x) = \mathrm{e}^x + \frac{3}{32}\int_x^\infty \frac{\mathrm{e}^{x-t}}{t^2}\phi(t)\mathrm{d}t + \frac{3}{32}\int_1^x \frac{\mathrm{e}^{x-t}}{t^2}\phi(t)\mathrm{d}t$$

也是微分方程 $\phi''(x) - \phi(x) = \dfrac{-3}{16x^2}\phi(x)$ 的解.

第 3 章　Fredholm 积分方程的常用解法

一般情况下, 积分方程很难求得其显式解, 只有在某些特殊情况下才能求得其显式解. 因此, 不得不采取各种逼近方法或近似解法. 本章主要介绍几种常用的求解 Fredholm 积分方程的方法.

3.1　有限差分逼近法

2.1 节所述方法称为**有限差分逼近法**, 它是一个简单直观的逼近方法. 这里仅举例说明.

例 3.1.1　利用有限差分逼近法求解积分方程

$$\phi(x) + \int_0^1 x(e^{xs} - 1)\phi(s)\mathrm{d}s = e^x - x \tag{3.1.1}$$

的解.

解　直接利用 2.1 节所述方法经过编程计算, 并对结点数为 $3, \cdots, 9$ 时的近似数值解与方程的精确解 $\phi(x) = 1$ 进行比较, 见表 3.1.

表 3.1　例 3.1.1 的近似解与精确解的比较

结点数	3	4	5	6	7	8	9
近似解	0.9995775	0.9992276	0.9987581	0.9981600	0.9974223	0.9965339	0.9954835
精确解	1.0000000	1.0000000	1.0000000	1.0000000	1.0000000	1.0000000	1.0000000

3.2　逐次逼近法及解核

逐次逼近法是求解代数方程、超越方程、微分方程的一种基本的数值逼近方法. 同时也是求解积分方程逼近解的有利工具. 对于参数 λ 的绝对值充分小的一致连续核的积分方程, 可以利用展开成参数 λ 的幂级数的方法求得其唯一解.

下面说明逐次逼近法的由来. 引进一些较常用的记号, 当 $a \leqslant x, y \leqslant b$ 时, $K_1(x, y), K_2(x, y)$ 都是关于 x, y 的一致连续函数, 记

$$K_2 \cdot K_1 = \int_a^b K_2(x, s)K_1(s, y)\mathrm{d}s, \tag{3.2.1}$$

则 $K_2 \cdot K_1$ 是关于 x, y 的一致连续函数, 事实上,

$$\left| \int_a^b K_2(x_1, s) K_1(s, y_1) \mathrm{d}s - \int_a^b K_2(x_2, s) K_1(s, y_2) \mathrm{d}s \right|$$

$$\leqslant \left| \int_a^b K_2(x_1, s) \left[K_1(s, y_1) - K_2(s, y_2) \right] \mathrm{d}s \right| + \left| \int_a^b K_1(s, y_2) \left[K_2(x_1, s) - K_2(x_2, s) \right] \mathrm{d}s \right|.$$

若设当 $a \leqslant x, y \leqslant b$ 时, $K_1(x, y), K_2(x, y)$ 的绝对值的上界不大于 M, 由于 $K_1(x, y), K_2(x, y)$ 的一致连续性, 对任给的 $\varepsilon > 0$, 总需找到 $\eta > 0$, 使得在 x_1, x_2 两点间与 y_1, y_2 两点间的距离都小于 η 时, 有

$$|K_2(x_1, s) - K_2(x_2, s)| < \frac{\varepsilon}{2(b-a)M},$$

$$|K_1(s, y_1) - K_1(s, y_2)| < \frac{\varepsilon}{2(b-a)M}.$$

故式 (3.2.1) 右端小于 ε, 即 $K_2 \cdot K_1$ 是关于 x, y 的一致连续函数. 一般情况下,

$$K_2 \cdot K_1 \neq K_1 \cdot K_2.$$

下面证明积分方程

$$\phi(x) = \lambda \int_a^b K(x, s) \phi(s) \mathrm{d}s + f(x) \tag{3.2.2}$$

当 $K(x, s)$, $f(x)$ 是相应区间上的一致连续函数, 参数 λ 的值充分小时, 恒有唯一解.

将未知函数 $\phi(x)$ 展开成参数 λ 的无穷级数, 即

$$\phi(x) = \varphi_0(x) + \lambda \varphi_1(x) + \lambda^2 \varphi_2(x) + \cdots. \tag{3.2.3}$$

将该级数形式代入 (3.2.2) 得

$$\varphi_0(x) + \lambda \varphi_1(x) + \lambda^2 \varphi_2(x) + \cdots$$
$$= \lambda \int_a^b K(x, s) \left[\varphi_0(s) + \lambda \varphi_1(s) + \lambda^2 \varphi_2(s) + \cdots \right] \mathrm{d}y + f(x). \tag{3.2.4}$$

比较 λ 的同幂项的系数就得到

$$\varphi_0(x) = f(x),$$
$$\varphi_1(x) = \int_a^b K(x, s) f(s) \mathrm{d}s,$$
$$\varphi_2(x) = \int_a^b \int_a^b K(x, s_1) K(s_1, s_2) f(s_2) \mathrm{d}s_1 \mathrm{d}s_2, \tag{3.2.5}$$
$$\varphi_k(x) = \int_a^b \cdots \int_a^b K(x, sy) K(s_1, s_2) \cdots K(s_{k-1}, s_k) f(s_k) \mathrm{d}s_1 \mathrm{d}s_2 \cdots \mathrm{d}s_k$$

或

$$\varphi_k(x) = \int_a^b K^{(k)}(x,s)f(s)\mathrm{d}s, \quad k = 1, 2, 3, \cdots,\tag{3.2.6}$$

其中,

$$K^{(k)} = \int_a^b \cdots \int_a^b K(x,s_1)K(s_1,s_2)\cdots K(s_{k-1},s)\mathrm{d}s_1\cdots\mathrm{d}s_{k-1}, \quad k = 2, 3, \cdots,\tag{3.2.7}$$

$$K^{(1)}(x,s) = K(x,s),$$

$$K^{(k)} = \int_a^b K(x,t)K^{(k-1)}(t,s)\mathrm{d}t \text{ 叫做核 } K(x,s) \text{ 的 } k \text{ 次叠核}.$$

由于 $K(x,s)$ 一致连续, 故有

$$\left|K^{(1)}(x,s)\right| = |K(x,s)| \leqslant M,$$

$$\left|K^{(2)}(x,s)\right| \leqslant \int_a^b |K(x,t)K(t,s)|\,\mathrm{d}t \leqslant M^2(b-a),$$

$$\vdots$$

$$\left|K^{(k)}(x,s)\right| \leqslant \int_a^b \left|K(x,t)K^{(k-1)}(t,s)\right|\mathrm{d}t \leqslant M^k(b-a)^{k-1}.$$

所以

$$\left|\int_a^b K^{(k)}(x,s)f(s)\mathrm{d}s\right| \leqslant M^k(b-a)^{k-1}\int_a^b |f(s)|\,\mathrm{d}s \leqslant M^k(b-a)^k F.$$

由公式 (3.2.6) 得到

$$|\varphi_k(x)| \leqslant M^k(b-a)^k F,$$

其中, F 是 $|f(x)|$ 的上界. 因此, 数项级数 $\sum\limits_{k=1}^{\infty} |\lambda|^k M^k(b-a)^k F$ 是级数 (3.2.3) 的强级数, 所以如果 $|\lambda| < \dfrac{1}{M(b-a)}$, 则级数 (3.2.3) 便是 λ 在 $[a,b]$ 内的绝对值一致收敛的级数. 由于该级数的每一项都是连续的, 故其和函数 $\varphi(x)$ 也是连续函数. 由于 (3.2.3) 一致收敛, 故可逐次积分, 因此由 (3.2.3) 所确定的函数 $\varphi(x)$ 是积分方程 (3.2.2) 的解.

对于更一般的情况, 假设核的平方绝对值对于积分变量的单积分是一有界函数, $\int_a^b |K^2(x,s)|\mathrm{d}s < C_1^2, C_1$ 为常数. 同时自由项平方的绝对值的积分也是有限的, $\int_a^b |f(x)^2|\mathrm{d}x = D^2, D$ 为常数, 则上述结论仍然成立.

　　现在叙述通常情况下利用逐次逼近法求解积分方程的步骤. 对于积分方程 (3.2.2), 取其自由项为零次近似解,

$$\phi_0(x) = f(x),$$

将零次近似解 $\phi_0(x)$ 代入方程 (3.2.2) 的右端, 把所得结果作为一次近似解

$$\phi_1(x) = f(x) + \lambda \int_a^b K(x,s)\phi_0(s)\mathrm{d}s.$$

再将该近似解代入方程 (3.2.2) 的右端, 并把所得结果作为二次近似解

$$\phi_2(x) = f(x) + \lambda \int_a^b K(x,s)\phi_1(s)\mathrm{d}s.$$

依次类推, 若得到 n 次近似解 $\phi_n(x)$ 则将其代入 (3.2.2) 的右边, 取所得结果为 $n+1$ 次近似解

$$\phi_{n+1}(x) = f(x) + \lambda \int_a^b K(x,s)\phi_n(x)\mathrm{d}s. \tag{3.2.8}$$

　　于是 (3.2.8) 就成为逐次逼近法的递推公式. 若逐次逼近法的这一列近似解 $\phi_0(x), \phi_1(x), \phi_2(x), \cdots, \phi_n(x), \cdots$ 一致收敛于一极限, 则这个极限就是方程 (3.2.2) 的解. 若极限不存在, 则逐次逼近法便失去了效用, 需用其他方法求解或讨论其解的存在性等.

　　由递推公式 (3.2.8) 知

$$\phi_1(x) = f(x) + \lambda \int_a^b K(x,s)f(s)\mathrm{d}s,$$

$$\phi_2(x) = f(x) + \lambda \int_a^b K(x,s)\phi_1(x)\mathrm{d}s$$

$$= f(x) + \lambda \int_a^b K(x,s)f(s)\mathrm{d}s + \lambda^2 \int_a^b K(x,s)\mathrm{d}t \int_a^b K(t,s)f(s)\mathrm{d}s,$$

其中, 已令 $K(x,s) = K^{(1)}(x,s)$, 由已知条件得上式右端第二个积分可交换积分次序. 于是

$$\phi_2(x) = f(x) + \lambda \int_a^b K(x,s)f(s)\mathrm{d}s + \lambda^2 \int_a^b K^{(2)}(x,s)f(s)\mathrm{d}s,$$

其中, 已令 $K^{(2)}(x,s) = \int_a^b K(x,t)K(t,s)\mathrm{d}t$. 类似地,

$$\phi_3(x) = f(x) + \lambda \int_a^b K(x,s)f(s)\mathrm{d}s + \lambda^2 \int_a^b K^{(2)}(x,s)f(s)\mathrm{d}s + \lambda^3 \int_a^b K^{(3)}(x,s)f(s)\mathrm{d}s.$$

依次类推, 一般地, 可得 n 次近似解的表达式

$$\phi_n(x) = f(x) + \sum_{k=1}^{n} \lambda^k \int_a^b K^{(k)}(x,s) f(s) \mathrm{d}s.$$

设近似解序列是收敛的, 即当 $n \to \infty$ 时, $\phi_n(x)$ 趋于一极限, 则该极限为积分方程 (3.2.2) 的解, 这个解是一无穷级数形式

$$\tilde{\phi}(x) = f(x) + \sum_{k=1}^{\infty} \lambda^k \int_a^b K^{(k)}(x,s) f(s) \mathrm{d}s. \tag{3.2.9}$$

由前面讨论知当 $|\lambda| < \dfrac{1}{M(b-a)}$ 时, 级数 (3.2.9) 的确一致收敛, 于是方程 (3.2.2) 有形如 (3.2.9) 的解.

现证明其解的唯一性, 即此时有且仅有一个解.

假如不是这样, 设 $\tilde{\phi}_1(x), \tilde{\phi}_2(x)$ 是方程 (3.2.2) 的两个解, 则

$$\tilde{\phi}_1(x) - \lambda \int_a^b K(x,s) \tilde{\phi}_1(s) \mathrm{d}s = f(x),$$

$$\tilde{\phi}_2(x) - \lambda \int_a^b K(x,s) \tilde{\phi}_2(s) \mathrm{d}s = f(x).$$

将这两式相减且令

$$\omega(x) = \tilde{\phi}_1(x) - \tilde{\phi}_2(x),$$

则得

$$\omega(x) = \lambda \int_a^b K(x,s) \omega(s) \mathrm{d}s.$$

应用柯西布尼亚柯夫斯基–施瓦茨不等式

$$\left| \omega^2(x) \right| \leqslant |\lambda|^2 \int_a^b \left| K^2(x,s) \right| \mathrm{d}s \int_a^b \left| \omega^2(s) \right| \mathrm{d}s,$$

两边对变量 x 取积分, 则有

$$\int_a^b \left| \omega^2(x) \right| \mathrm{d}x \leqslant |\lambda|^2 \int_a^b \int_a^b \left| K^2(x,s) \right| \mathrm{d}x \mathrm{d}s \int_a^b \left| \omega^2(s) \right| \mathrm{d}s$$

或

$$\left(1 - |\lambda|^2 M^2 (b-a)^2 \right) \int_a^b \left| \omega^2(s) \right| \mathrm{d}s \leqslant 0.$$

左边第一个因子必为正值且第二个因子不为负, 故必须

$$\int_a^b \left| \omega^2(s) \right| \mathrm{d}s = 0,$$

从而
$$\omega(x) \equiv 0,$$
即
$$\tilde{\phi}_1(x) = \tilde{\phi}_2(x).$$

于是得到定理 3.2.1.

定理 3.2.1　若 $K(x,y)$, $f(x)$ 是相应区间上的一致连续函数, 当 $|\lambda| < \dfrac{1}{M(b-a)}$ 时, 逐次逼近的近似解序列是一致收敛的, 于是方程 (3.2.2) 有形如 (3.2.9) 的解, 且这个解是唯一的.

一般地, 可类似证明

定理 3.2.2　若 $\displaystyle\int_a^b |K^2(x,s)| \mathrm{d}s \leqslant C_1$, $B^2 = \displaystyle\int_a^b \int_a^b |K^2(x,s)| \mathrm{d}x \mathrm{d}s$, $\displaystyle\int_a^b |f(x)^2| \mathrm{d}x = D^2$, 则当 $|\lambda| < \dfrac{1}{B}$ 时, 逐次逼近的近似解序列是一致收敛的, 于是方程 (3.2.2) 有形如 (3.2.9) 的解, 且这个解是唯一的.

若在级数 (3.2.9) 中取有限项, 如取至 λ 的 n 次乘幂为止, 不难看出所产生的误差不超过
$$D\sqrt{C_1} \frac{|\lambda|^{n+1} B^n}{1 - |\lambda| B}.$$

如果设
$$R(x,s;\lambda) = \sum_{k=1}^{\infty} \lambda^{k-1} K^{(k)}(x,s), \tag{3.2.10}$$

则级数 (3.2.9) 可写为
$$\begin{aligned}
\tilde{\phi}(x) &= f(x) + \lambda \int_a^b \sum_{k=1}^{\infty} \lambda^{k-1} K^{(k)}(x,s) f(s) \mathrm{d}s \\
&= f(x) + \lambda \int_a^b R(x,s;\lambda) f(s) \mathrm{d}s,
\end{aligned} \tag{3.2.11}$$

函数 $R(x,s;\lambda)$ 称为方程 (3.2.2) 的**解核**.

定理 3.2.3　如果方程 (3.2.2) 的解核存在, 则解核一定唯一.

证明　取定 $\lambda = \lambda_0$, 假设方程 (3.2.2) 的解核不唯一, 则至少有两个不同的解核, 记为 $R_1(x,s;\lambda_0)$, $R_2(x,s;\lambda_0)$, 它们都应该满足 (3.2.11) 且由解的存在唯一性知
$$f(x) + \lambda_0 \int_a^b R_1(x,s;\lambda_0) f(s) \mathrm{d}s = f(x) + \lambda_0 \int_a^b R_2(x,s;\lambda_0) f(s) \mathrm{d}s.$$

于是
$$\int_a^b [R_1(x,s;\lambda_0) - R_2(x,s;\lambda_0)] f(s) \mathrm{d}s = 0.$$

由于 $f(s)$ 的任意性, 如取定

$$f(s) = \overline{R_1(x, s; \lambda_0)} - \overline{R_2(x, s; \lambda_0)},$$

则有

$$\int_a^b |R_1(x, s; \lambda_0) - R_2(x, s; \lambda_0)|^2 \mathrm{d}s = 0.$$

于是

$$R_1(x, s; \lambda_0) - R_2(x, s; \lambda_0) = 0,$$

这与假设矛盾.

例 3.2.1　求解积分方程

$$\phi(x) - 0.5 \int_0^1 xs\phi(s)\mathrm{d}s = \frac{5}{6}x \tag{3.2.12}$$

的解.

解　此时 $a = 0, b = 1, |K(x, s)| = |xs| \leqslant 1$. 取 $M = 1, \lambda = 0.5$, 则

$$|\lambda| < \frac{1}{M(b-a)} = 1.$$

因此方程 (3.2.12) 的解存在且唯一. 取

$$\phi_0(x) = \frac{5}{6}x,$$

$$\phi_1(x) = \frac{5}{6}x + \lambda \int_0^1 xs\phi_0(s)\mathrm{d}s = \frac{5}{6} \cdot \frac{1}{3}x,$$

$$\phi_2(x) = \frac{5}{6}x + \lambda \int_0^1 xs\phi_1(s)\mathrm{d}s = \frac{5}{6}\left(\frac{1}{3}\right)^2 x,$$

$$\cdots\cdots$$

$$\phi_n(x) = \frac{5}{6}x + \lambda \int_0^1 xs\phi_{n-1}(s)\mathrm{d}s = \frac{5}{6}\left(\frac{1}{3}\right)^n x.$$

故由 (3.2.9) 式知

$$\tilde{\phi}(x) = \frac{5}{6}x + 0.5\left[\frac{5}{6}\left(\frac{1}{3}\right)\right]x + 0.5^2\left[\frac{5}{6}\left(\frac{1}{3}\right)^2\right]x + \cdots + 0.5^n\left[\frac{5}{6}\left(\frac{1}{3}\right)^n\right]x + \cdots = x.$$

于是方程 (3.2.12) 的解为

$$\phi(x) = x.$$

例 3.2.2　求解积分方程

$$\phi(x) - 0.1 \int_0^1 K(x, s)\phi(s)\mathrm{d}s = 1$$

的近似解, 其中,

$$K\left(x,s\right) = \begin{cases} x, & 0 \leqslant x \leqslant s, \\ s, & s \leqslant x \leqslant 1. \end{cases}$$

解　$\lambda = 0.1, B = \dfrac{1}{\sqrt{6}}, C_1 = \dfrac{1}{3}$, 故近似解序列是一致收敛的. 另外 $D = 1$, 求其仅保留前 3 项的近似解, 则所发生的误差小于

$$\frac{1}{\sqrt{3}} \frac{(0.1)^3 \times 1/6}{1 - 0.1/\sqrt{6}} \approx 0.0001,$$

有

$$\phi_0\left(x\right) = 1,$$

$$\phi_1\left(x\right) = 1 + \frac{x}{10} - \frac{x^2}{20},$$

$$\phi_2\left(x\right) = 1 + \frac{131}{3000}x - \frac{101}{200}x^2 - \frac{x^3}{6000} + \frac{x^4}{24000},$$

即取近似解 $\phi\left(x\right) = \phi_2\left(x\right)$, 则所产生误差小于 0.0001.

例 3.2.3　求解积分方程

$$\phi\left(x\right) - \lambda \int_0^1 xs\phi\left(s\right)\mathrm{d}s = f(x) \tag{3.2.13}$$

的解核并求解.

解　由方程的核知

$$K^{(1)}(x,s) = K(x,s) = xs,$$

$$K^{(2)}(x,s) = \int_0^1 K(x,t)K(t,s)\mathrm{d}t = \frac{1}{3}xs,$$

$$\cdots\cdots$$

$$K^{(n)}(x,s) = \left(\frac{1}{3}\right)^{n-1} xs.$$

所以解核为

$$R(x,s;\lambda) = \sum_{k=1}^{\infty} \lambda^{k-1} K^{(k)}(x,s) = xs \sum_{k=1}^{\infty} \left(\frac{\lambda}{3}\right)^{k-1} = \frac{3xs}{3 - \lambda}, \quad |\lambda| < 3.$$

于是由 (3.2.1) 得方程的解

$$\phi(x) = f(x) + \lambda \int_0^1 R(x,s;\lambda)f(s)\mathrm{d}s = f(x) + \lambda \int_0^1 \frac{3xs}{3 - \lambda}f(s)\mathrm{d}s.$$

特别取 $f(x) = x$ 时,

$$\phi(x) = \frac{3x}{3 - \lambda}.$$

例 3.2.4 求解积分方程

$$\phi(x) = 1 + \lambda \int_0^1 (x + t)\phi(t)\mathrm{d}t.$$

解 取 $\phi_0(x) = 1$,

$$\phi_1(x) = 1 + \lambda \int_0^1 (x + t)\mathrm{d}t = 1 + \lambda\left(x + \frac{1}{2}\right),$$

$$\phi_2(x) = 1 + \lambda \int_0^1 (x + t)\left[2t + \lambda\left(t + \frac{1}{2}\right)\right]\mathrm{d}t$$

$$= 1 + \lambda\left(x + \frac{2}{3}\right) + \lambda^2\left(x + \frac{7}{12}\right),$$

$$\phi_3(x) = 1 + \lambda \int_0^1 (x + t)\left[2t + \lambda\left(t + \frac{2}{3}\right) + \lambda^2\left(t + \frac{7}{12}\right)\right]\mathrm{d}t$$

$$= 1 + \lambda\left(x + \frac{2}{3}\right) + \lambda^2\left(\frac{7}{6}x + \frac{2}{3}\right) + \lambda^3\left(\frac{13}{12}x + \frac{5}{8}\right),$$

$$\cdots\cdots$$

由 (3.1.9) 得近似解

$$\widetilde{\phi}(x) = \frac{12(2 - \lambda)x + 8\lambda}{12 - 12\lambda - \lambda^2}.$$

例 3.2.5 求解积分方程

$$\phi(x) = 1 + \lambda \int_0^\pi \sin(x + t)\phi(t)\mathrm{d}t.$$

解 $k^{(1)}(x, t) = k(x, t) = \sin(x + t)$,

$$k^{(2)}(x, t) = \int_0^\pi \sin(x + s)\sin(s + t)\mathrm{d}s$$

$$= \frac{\pi}{2}\cos(x - t),$$

$$k^{(3)}(x, t) = \frac{\pi}{2}\int_0^1 \sin(x + s)\cos(s - t)\mathrm{d}s$$

$$= \left(\frac{\pi}{2}\right)^2 \sin(x + t).$$

类似地,

$$k^{(4)}(x, t) = \left(\frac{\pi}{2}\right)^3 \cos(x - t),$$

$$k^{(5)}(x,t) = \left(\frac{\pi}{2}\right)^4 \sin(x+t),$$

$$k^{(6)}(x,t) = \left(\frac{\pi}{2}\right)^5 \cos(x-t),$$

$$\cdots\cdots$$

故可得原方程的解

$$\phi(x) = 1 + 2\lambda \cos x \left[1 + \left(\frac{\pi}{2}\right)^2 \lambda^2 + \left(\frac{\pi}{2}\right)^4 \lambda^4 + \cdots\right]$$
$$+ \lambda^2 \pi \sin x \left[1 + \left(\frac{\pi}{2}\right)^2 \lambda^2 + \left(\frac{\pi}{2}\right)^4 \lambda^4 + \cdots\right],$$

即

$$\phi(x) = 1 + \frac{4\left(2\lambda \cos x + \lambda^2 \pi \sin x\right)}{4 - \lambda^2 \pi^2}.$$

例 3.2.6　求解积分方程

$$\phi(x) = f(x) + \lambda \int_0^1 x \mathrm{e}^t \phi(t)\,\mathrm{d}t.$$

解　由于

$$K^{(1)}(x,t) = K(x,t) = x\mathrm{e}^t,$$

$$K^{(2)}(x,t) = \int_0^1 K(x,s)\,K^{(1)}(s,t)\,\mathrm{d}s = x\mathrm{e}^t,$$

$$K^{(3)}(x,t) = \int_0^1 K(x,s)K^{(2)}(s,t)\,\mathrm{d}s = x\mathrm{e}^t,$$

$$\cdots\cdots$$

$$K^{(i)}(x,t) = x\mathrm{e}^t.$$

故可得

$$\phi(x) = f(x) + x \sum_{i=1}^{\infty} \lambda^i \int_0^1 \mathrm{e}^t f(t)\,\mathrm{d}t,$$

当 $|\lambda| < \dfrac{1}{B} = \sqrt{\dfrac{6}{\mathrm{e}^2 - 1}} \approx 0.97$ 时, 上述级数收敛. 从而

$$\phi(x) = f(x) + \int_0^1 \left(\sum_{i=1}^{\infty} \lambda^i x \mathrm{e}^t\right) f(t)\,\mathrm{d}t$$

$$= f(x) + x \int_0^1 \left(\sum_{i=1}^{\infty} \lambda^i\right) \mathrm{e}^t f(t)\,\mathrm{d}t$$

$$= f(x) + \frac{\lambda}{1-\lambda} \int_0^1 x \mathrm{e}^t f(t)\,\mathrm{d}t.$$

3.3 泛函修正平均法

由于逐次逼近法收敛速度缓慢, 应用范围不够广泛. 因而一种收敛速度较快, 应用更广的方法 — 修正泛函解法应运而生. 该方法的优越性是在其迭代格式中添加一个所谓的修正泛函, 加速迭代过程, 提高收敛速度.

例如, 在 $L_2[a,b]$ 空间内讨论第二类 Fredholm 方程

$$\phi(x) = f(x) + \lambda \int_a^b K(x,y)\phi(y)\,\mathrm{d}y,$$

其中, $K(x,y)$, $f(x)$ 都是平方可积的已知函数.

所谓泛函修正平均解法就是在逐次逼近法的迭代格式中添加一个修正泛函 α_n

$$\alpha_n = \frac{1}{b-a}\int_a^b \delta_n(x)\,\mathrm{d}x,$$

其中, $\delta_n(x) = \phi_n(x) - \phi_{n-1}(x)$, $n = 1,2,\cdots$.

下面说明其迭代的具体过程. 任取 $\phi_0(x) \in L_2[a,b]$ 作为初始逼近解, 其迭代格式为

$$\phi_n(x) = f(x) + \lambda \int_a^b K(x,y)[\phi_{n-1}(y) + \alpha_n]\,\mathrm{d}y. \tag{3.3.1}$$

该迭代格式与逐次逼近法的迭代格式比较仅是右端积分号下方括号内多了一项修正泛函 α_n.

考虑到迭代公式 (3.3.1), 修正泛函

$$\begin{aligned}
\alpha_n &= \frac{1}{b-a}\int_a^b \delta_n(x)\,\mathrm{d}x \\
&= \frac{1}{b-a}\int_s^b [\phi_n(x) - \phi_{n-1}(x)]\,\mathrm{d}x \\
&= \frac{1}{b-a}\int_a^b \left\{ \lambda \int_a^b K(x,y)[\delta_{n-1}(y) - \alpha_{n-1} + \alpha_n]\,\mathrm{d}y \right\}\mathrm{d}x,
\end{aligned}$$

整理得

$$\alpha_n = \frac{\lambda}{C(\lambda)}\int_a^b\int_a^b K(x,y)[\delta_{n-1}(y) - \alpha_{n-1}]\,\mathrm{d}y\mathrm{d}x, \tag{3.3.2}$$

其中,

$$C(\lambda) = (b-a) - \lambda \int_a^b\int_a^b K(x,y)\mathrm{d}x\mathrm{d}y. \tag{3.3.3}$$

通常规定

$$\alpha_0 = 0, \quad \delta_0(x) = \phi_0(x).$$

若 $\alpha_n \equiv 0$, 则迭代格式 (3.3.1) 就是逐次逼近法的迭代格式, 即逐次逼近法是泛函修正平均法的特殊情况.

例 3.3.1   用泛函修正平均解求解积分方程

$$\phi(x) = \frac{22}{75}\sqrt{x} + \frac{1}{10}\int_0^1 \sqrt{x}\,(x+y)\,\phi(y)\,\mathrm{d}y.$$

解   取方程的自由项为零次近似解

$$\phi_0(x) = \frac{22}{75}\sqrt{x},$$

由于 $\lambda = \dfrac{1}{10}$, 于是由 (3.3.3) 得

$$C(\lambda) = 1 - \frac{1}{10}\int_0^1\int_0^1 \sqrt{x}\,(y+10)\,\mathrm{d}x\mathrm{d}y = 0.3.$$

故由 (3.3.2) 求得第 1 次修正值

$$\alpha_1 = \frac{1}{0.3}\cdot\frac{1}{10}\int_0^1\int_0^1 \sqrt{x}\,(y+10)\,\frac{22}{75}\sqrt{y}\,\mathrm{d}x\mathrm{d}y = \frac{4664}{10125}.$$

代入 (3.3.1), 可得方程的一次近似解

$$\phi_1(x) = \frac{22}{75}\sqrt{x} + \frac{1}{10}\int_0^1 \sqrt{x}\,(y+10)\left(\frac{22}{75}\sqrt{y} + \frac{4664}{10125}\right)\mathrm{d}y \approx 0.9843\sqrt{x}.$$

于是

$$\delta_1(x) = \phi_1(x) - \phi_0(x) = \left(0.9843 - \frac{22}{75}\right)\sqrt{x} \approx 0.6910\sqrt{x}.$$

代入 (3.3.2) 可得到第 2 次修正值

$$\alpha_2 = \frac{1}{0.3}\cdot\frac{1}{10}\int_0^1\int_0^1 \sqrt{x}\,(y+10)\left(0.6910\sqrt{y} - \frac{4664}{10125}\right)\mathrm{d}y\mathrm{d}x \approx 0.0103.$$

代入 (3.3.1), 可得方程的二次近似解

$$\phi_2(x) = \frac{22}{75}\sqrt{x} + \frac{1}{10}\int_0^1 \sqrt{x}\,(y+10)\,(0.9843\sqrt{y} - 0.0103)\,\mathrm{d}y \approx 0.9997\sqrt{x}.$$

依次类推, 可得

$$\delta_2(x) = 0.0154\sqrt{x}, \quad \alpha_3 = 1.5037\times 10^{-4},$$

从而方程的第 3 次近似解为

$$\phi_3(x) = \frac{22}{75}\sqrt{x} + \frac{1}{10}\int_0^1 \sqrt{x}\,(y+10)\,(0.9997\sqrt{y} + 1.5037\times 10^{-4})\,\mathrm{d}y \approx 0.99995\sqrt{x}.$$

对于上述例子, 使用泛函修正迭代解法, 第二次的近似值比逐次逼近法的第 13 次近似值还要精确, 相对误差只有 0.03%, 从而也大大减少了计算量, 第 3, 4 近似解的相对误差仅为 0.005%, 即第 3 次比第 2 次近似解的相对误差提高了 5 倍.

由此可见, 用泛函修正迭代解法, 得到的 $\phi_n(x)$ 序列的收敛速度较之逼近解法要快得多, 精度也高得多.

3.4 Fredholm 积分方程退化核解法

在某些特殊情况下, 线性 Fredholm 积分方程可直接化为等价的线性代数方程组. 例如,

退化核的第二类 Fredholm 积分方程

$$\phi(x) - \lambda \int_a^b K(x,s)\phi(s)\,\mathrm{d}s = f(x), \tag{3.4.1}$$

其中, 核

$$K(x,s) = \sum_{j=1}^n a_j(x) b_j(s) \tag{3.4.2}$$

称为退化核.

假设 $a_j(x), b_j(x) \in L_2[a,b]$ 且函数组 $\{a_j(x)\}\,(j=1,\cdots,n)$ 是互相线性无关的, $\{b_j(x)\}\,(j=1,\cdots,n)$ 也是互相线性无关的. 否则, 只需改变 (3.9.2) 式的项数 n. 因为假如有常数 $c_1, c_2, \cdots, c_n$ 使 $c_1a_1(x) + c_2a_2(x) + \cdots + c_na_n(x) \equiv 0$, 若 $a_1(x), a_2(x), \cdots, a_n(x)$ 线性相关, 则必有 $c_1, c_2, \cdots c_n$ 中至少一个不为零. 不妨设 $c_n \neq 0$, 则有

$$a_n(x) = c_1^* a_1(x) + \cdots + c_{n-1}^* a_{n-1}(x),$$

将其代入 (3.4.2) 得

$$K(x,s) = \sum_{j=1}^{n-1} a_j(x) b_j(s) + \sum_{j=1}^{n-1} c_j^* a_j(x) b_n(s) = \sum_{j=1}^{n-1} a_j(x)\left[b_j(s) + c_j^* b_n(s)\right]$$
$$= \sum_{j=1}^{n-1} a_j(x) b_j^*(s).$$

于是核 $K(x,s)$ 就可表成少于 n 个含 x 的函数与含 y 的函数之积的和. 如果 $a_j(x)$ 或 $b_j^*(s)\,(j=1,\cdots,n-1)$ 还是线性相关的, 就还可以再减低求和的数目等.

将 (3.4.2) 代入 (3.4.1) 得

$$\phi(x) - \lambda \sum_{j=1}^n a_j(x) \int_a^b b_j(s)\phi(s)\,\mathrm{d}s = f(x). \tag{3.4.3}$$

记

$$\int_a^b b_j(s)\phi(s)\,\mathrm{d}s = C_j, \quad j = 1,\cdots,n,$$

以 $b_i(x)(i=1,\cdots,n)$ 乘以方程 (3.4.3) 的两端并沿 $[a,b]$ 积分得

$$C_j - \lambda\sum_{j=1}^n a_{ij}C_j = f_i, \quad i = 1,2\cdots,n, \tag{3.4.4}$$

其中,

$$a_{ij} = \int_a^b a_j(x)b_i(x)\,\mathrm{d}x, \quad f_i = \int_a^b f(x)b_i(x)\,\mathrm{d}x.$$

于是 (3.4.4) 构成关于未知数 $C_j(j=1,\cdots,n)$ 的线性代数方程组.

当且仅当

$$D(\lambda) = |\boldsymbol{I} - \lambda\boldsymbol{A}| = \begin{vmatrix} 1-\lambda a_{11} & -\lambda a_{12} & \cdots & -\lambda a_{1n} \\ -\lambda a_{21} & 1-\lambda a_{22} & \cdots & -\lambda a_{2n} \\ \vdots & \vdots & \vdots & \vdots \\ -\lambda a_{n1} & -\lambda a_{n2} & \cdots & 1-\lambda a_{nn} \end{vmatrix} \neq 0$$

时, 方程组 (3.4.4) 的解存在且唯一, 其中, 矩阵 $\boldsymbol{A} = (a_{ij})$, $\boldsymbol{I}$ 为单位矩阵. $D(\lambda)$ 称为 Fredholm 行列式.

当 C_j 确定后, 由积分方程 (3.4.3) 知其解可表为

$$\phi(x) = f(x) + \lambda\sum_{j=1}^n C_j a_j(x). \tag{3.4.5}$$

事实上, 利用 Gramer 法则求解 (3.4.4), 若记

$$D(x,t,\lambda) = \begin{vmatrix} 0 & -a_1(x) & -a_2(x) & \cdots & -a_n(x) \\ b_1(t) & 1-\lambda a_{11} & -\lambda a_{12} & \cdots & -\lambda a_{1n} \\ \vdots & \vdots & \vdots & \vdots & \vdots \\ b_n(t) & -\lambda a_{n1} & -\lambda a_{n2} & \cdots & 1-\lambda a_{nn} \end{vmatrix},$$

则

$$\phi(x) = f(x) + \frac{\lambda}{D(\lambda)}\int_a^b D(x,t,\lambda)f(t)\,\mathrm{d}t = f(x) + \lambda\int_a^b \frac{D(x,t,\lambda)}{D(\lambda)}f(t)\,\mathrm{d}t.$$

由于 $D(\lambda) = |\boldsymbol{I} - \lambda\boldsymbol{A}|$ 是一个 n 次多项式, 由代数基本定理知, 最多只有 λ 的 n 个值满足 $D(\lambda) = 0$, 即最多只有 λ 的 n 个值使得方程 (3.4.4) 进而方程 (3.4.3)

没有唯一解, 即或无解, 或有无穷多个解. 将这些 λ 的值称为积分方程的**特征值**, 与它对应的齐次积分方程的任何一个非平凡解就是积分方程的**特征函数**.

在这种情况下, 考虑与方程 (3.4.3) 相应的共轭齐次方程

$$\psi(x) - \overline{\lambda} \sum_{j=1}^{n} \overline{b_j(x)} \int_a^b \overline{a_j(s)} \psi(s)\,\mathrm{d}s = 0. \tag{3.4.6}$$

类似地, 该方程可化为 n 阶线性代数方程组

$$\omega_i - \overline{\lambda} \sum_{j=1}^{n} \overline{a_{ji}} \omega_j = 0, \quad i = 1, 2, \cdots, n, \tag{3.4.7}$$

其中,

$$\omega_i = \int_a^b \overline{a_i(x)} \psi(x)\,\mathrm{d}x.$$

方程组 (3.4.7) 除平凡解外, $\psi(x) = \overline{\lambda} \sum_{j=1}^{n} \omega_j \overline{b_j(x)}$ 也是其一个解.

根据 Fredholm 选择定理, 方程 (3.4.4) 仅对满足

$$\sum_{i=1}^{n} f_i \overline{\omega_i} = 0 \tag{3.4.8}$$

的 f_i 才有 (不唯一) 解.

考虑内积

$$\langle f, \psi \rangle = \int_a^b f(x) \overline{\psi(x)}\mathrm{d}x = \lambda \sum_{j=1}^{n} \overline{\omega_j} \int_a^b f(x) b_j(x)\mathrm{d}x = \lambda \sum_{j=1}^{n} f_j \overline{\omega_j}.$$

根据 (3.4.8),

$$\langle f, \psi \rangle = 0. \tag{3.4.9}$$

当 $D(\lambda) = |\boldsymbol{I} - \lambda \boldsymbol{A}| = 0$ 时, 方程 (3.4.4) 仅对满足 (3.4.9) 的 $f(x)$ 才有 (不唯一) 解.

例 3.4.1 求解积分方程:

$$\phi(x) - \lambda \int_0^1 (x+t)\phi(t)\,\mathrm{d}t = f(x). \tag{3.4.10}$$

解 其解具有以下形式:

$$\phi(x) = f(x) + \lambda(C_1 x + C_2), \tag{3.4.11}$$

将其代入原方程得关于未知系数 C_1, C_2 的线性方程组

$$\begin{cases} \left(1 - \dfrac{\lambda}{2}\right) C_1 - \lambda C_2 = f_1, \\ -\dfrac{1}{3}C_1 + \left(1 - \dfrac{\lambda}{2}\right) C_2 = f_2, \end{cases} \tag{3.4.12}$$

其中,

$$f_1 = \int_0^1 f(t)\,\mathrm{d}t, \quad f_2 = \int_0^1 tf(t)\mathrm{d}t.$$

方程组的系数行列式

$$D(\lambda) = -\frac{\lambda^2}{12} - \lambda + 1,$$

可得

$$\lambda_1 = -6 + 4\sqrt{3}, \quad \lambda_2 = -6 + 4\sqrt{3}$$

使得 $D(\lambda) = 0$

当 $\lambda \neq \lambda_1, \lambda_2$ 时, 方程 (3.4.10) 有唯一解

$$\phi(x) = f(x) + \lambda \int_0^1 \frac{6(\lambda - 2)(x + t) - 12xt - 4\lambda}{\lambda^2 + 12\lambda - 12} f(t)\,\mathrm{d}t;$$

当 $\lambda = \lambda_1 = -6 + 4\sqrt{3}$ 时, (3.4.12) 化为

$$\begin{cases} (4 - 2\sqrt{3}) C_1 + (6 - 4\sqrt{3})C_2 = f_1, \\ (4 - 2\sqrt{3}) C_1 + (6 - 4\sqrt{3})C_2 = -\sqrt{3}f_2; \end{cases} \tag{3.4.13}$$

当 $f_1 = -\sqrt{3}f_2$, 即

$$\int_0^1 f(t)\mathrm{d}t = -\sqrt{3}\int_0^1 tf(t)\mathrm{d}t. \tag{3.4.14}$$

于是由 (3.4.13) 的第一式可知

$$C_1 = \sqrt{3}C_2 + \frac{2 + \sqrt{3}}{2}\int_0^1 f(t)\mathrm{d}t.$$

故由 (3.4.11) 得到

$$\phi(x) = A(\sqrt{3}x + 1) + f(x) + x\sqrt{3}\int_0^1 f(t)\mathrm{d}t,$$

其中, $A = 2(-3 + 2\sqrt{3})C_2$ 为任意常数.

　　如果 (3.4.14) 不成立, 则原方程无解.

类似地, 当 $\lambda = \lambda_1 = -6 - 4\sqrt{3}$ 时, 如果满足条件 $f_1 = \sqrt{3}f_2$, 即

$$\int_0^1 f(t)\mathrm{d}t = \sqrt{3}\int_0^1 tf(t)\mathrm{d}t, \tag{3.4.15}$$

于是可得

$$C_1 = -\sqrt{3}C_2 + \frac{2-\sqrt{3}}{2}\int_0^1 f(t)\mathrm{d}t.$$

故由 (3.4.11) 得到,

$$\phi(x) = B(1 - \sqrt{3}x) + f(x) - x\sqrt{3}\int_0^1 f(t)\mathrm{d}t,$$

其中, $B = 2(-3 - 2\sqrt{3})C_2$ 为任意常数.

如果 (3.4.15) 不成立, 则原方程无解.

例 3.4.2 求解积分方程

$$\phi(x) = -\lambda\int_0^1 \left(x^2 s + x s^2\right)\phi(s)\,\mathrm{d}s + f(x). \tag{3.4.16}$$

解 原方程可变为

$$\phi(x) = -\lambda\left(x^2\int_0^1 s\phi(s)\,\mathrm{d}s + x\int_0^1 s^2\phi(s)\,\mathrm{d}s\right) + f(x). \tag{3.4.17}$$

记

$$\int_0^1 s^i\phi(s)\,\mathrm{d}s = C_i, \quad i = 1, 2,$$

则

$$\phi(x) = f(x) - C_1\lambda x^2 - C_2\lambda x. \tag{3.4.18}$$

将其代入 (3.4.17) 得

$$\begin{cases} b_1 - \dfrac{\lambda}{4}C_1 - \dfrac{\lambda}{3}C_2 = C_1, \\ b_2 - \dfrac{\lambda}{5}C_1 - \dfrac{\lambda}{4}C_2 = C_2, \end{cases}$$

其中,

$$b_i = \int_0^1 s^i f(s)\mathrm{d}s, \quad i = 1, 2.$$

整理得

$$\begin{cases} \left(1 + \dfrac{\lambda}{4}\right)C_1 + \dfrac{\lambda}{3}C_2 = b_1, \\ \dfrac{\lambda}{5}C_1 + \left(1 + \dfrac{\lambda}{4}\right)C_2 = b_2. \end{cases} \tag{3.4.19}$$

系数行列式

$$D\left(\lambda\right)=\begin{vmatrix} 1+\dfrac{\lambda}{4} & \dfrac{\lambda}{3} \\ \dfrac{\lambda}{5} & 1+\dfrac{\lambda}{4} \end{vmatrix}=1+\dfrac{\lambda}{2}-\dfrac{\lambda^2}{240}.$$

当 $D\left(\lambda\right)\neq0$ 时, 方程 (3.4.16) 有唯一解 (3.4.18), 其中, C_1,C_2 可由 (3.4.19) 求得;

当 $D\left(\lambda\right)=0$ 时, 有两个特征根 $\lambda=60\pm16\sqrt{15}$. 于是齐次积分方程

$$\phi\left(x\right)+\lambda\int_0^1\left(x^2s+xs^2\right)\phi\left(s\right)\mathrm{d}s=0$$

有非平凡解, 所有解可表为

$$\phi\left(x\right)=C\left(x\mp\frac{5}{\sqrt{15}}x^2\right),$$

其中, C 为任意常数.

例 3.4.3　讨论方程

$$\phi\left(x\right)-\lambda\int_0^{2\pi}\sin x\cos t\phi\left(t\right)\mathrm{d}t=f\left(x\right).\tag{3.4.20}$$

解　设 $C=\displaystyle\int_0^{2\pi}\phi\left(t\right)\cos t\mathrm{d}t$, 则有

$$\phi\left(x\right)=f\left(x\right)+\lambda C\sin x.\tag{3.4.21}$$

在 (3.4.21) 两端同乘 $\cos x$ 且从 0 至 2π 取积分, 则有

$$\int_0^{2\pi}\phi\left(x\right)\cos x\mathrm{d}x=\int_0^{2\pi}f\left(x\right)\cos x\mathrm{d}x+\lambda C\int_0^{2\pi}\sin x\cos x\mathrm{d}x,$$

立得

$$C=\int_0^{2\pi}f\left(x\right)\cos x\mathrm{d}x.$$

于是

$$\phi\left(x\right)=f\left(x\right)+\lambda\int_0^{2\pi}\sin x\cos tf\left(t\right)\mathrm{d}t,$$

并由此知方程 (3.4.21) 对一切 λ 值都可解.

例 3.4.4　求解积分方程

$$\phi(x)-\lambda\left[\pi x\int_0^1\sin\pi y\phi(y)\mathrm{d}y+2\pi x^2\int_0^1\sin2\pi y\phi(y)\mathrm{d}y\right]=f(x).$$

解 记

$$C_1 = \int_0^1 \sin \pi y \phi(y) \mathrm{d}y, \quad C_2 = \int_0^1 \sin 2\pi y \phi(y) \mathrm{d}y,$$

$$f_1 = \int_0^1 \sin \pi y f(y) \mathrm{d}y, \quad f_2 = \int_0^1 \sin 2\pi y f(y) \mathrm{d}y.$$

原方程两边分别乘以 $\sin \pi x$, $\sin 2\pi x$, 积分后得方程组

$$\begin{cases} (1-\lambda)C_1 - 2\left(1 - \dfrac{4}{\pi^2}\right)\lambda C_2 = f_1, \\[3mm] \dfrac{\lambda}{2}C_1 + (1+\lambda)C_2 = f_2, \end{cases}$$

其系数行列式 $D(\lambda) = 1 - \dfrac{4}{\pi^2}\lambda^2$.

当 $\lambda \neq \pm\dfrac{\pi}{2}$ 时, 上述方程组有唯一解

$$\phi(x) = f(x) + \lambda\pi C_1 x + 2\pi C_2 x^2,$$

其中,

$$C_1 = \frac{(1+\lambda)f_1 + 2\left[1 - 4/\pi^2\right]\lambda f_2}{1 - 4\lambda^2/\pi^2},$$

$$C_2 = \frac{-\lambda/2 f_1 + (1-\lambda)f_2}{1 - 4\lambda^2/\pi^2}.$$

当 $\lambda = \dfrac{\pi}{2}$ 时, 考虑共轭齐次方程组

$$\begin{cases} \left(1 - \dfrac{\pi}{2}\right)\varsigma_1 + \dfrac{\pi}{4}\varsigma_2 = 0, \\[3mm] -\pi\left(1 - \dfrac{4}{\pi^2}\right)\varsigma_1 + \left(1 + \dfrac{\pi}{2}\right)\varsigma_2 = 0 \end{cases}$$

得

$$\varsigma_1 = \frac{\pi}{4}C, \quad \varsigma_2 = -\left(1 - \frac{\pi}{2}\right)C,$$

其中, C 为任意常数.

此时可解条件是

$$f_1\overline{\varsigma_1} + f_2\overline{\varsigma_2} = 0,$$

即

$$f_1\frac{\pi}{4} - \left(1 - \frac{\pi}{2}\right)f_2 = 0.$$

由

$$\left(1 - \frac{\pi}{2}\right)C_1 - 2\left(1 - \frac{4}{\pi^2}\right)\frac{\pi}{2}C_2 = f_1$$

得

$$C_1 = \frac{f_1 + 2\left(1 - 4/\pi^2\right)\pi/2 C_2}{1 - \pi/2}.$$

于是原方程有无穷多解

$$\phi(x) = f(x) + \frac{\pi^2}{2}\left[\frac{x f_1}{1 - \pi/2} - 2\left(1 + \frac{2}{\pi}\right)C_2 x + 2 C_2 x^2\right].$$

当 $\lambda = -\dfrac{\pi}{2}$ 时, 可类似地讨论.

3.5　退化核近似代替法

由上节知, 求解退化核的积分方程可以转化为求解线性代数方程组. 本节将讨论用退化核近似代替任意核, 把求解一般情况的 Fredholm 方程转化为求解退化核的积分方程.

考虑具有任意核的第二类 Fredholm 方程

$$\phi(x) = \lambda \int_a^b K(x,t)\phi(t)\,\mathrm{d}t + f(t). \qquad (3.5.1)$$

把已知的任意核 $K(x,t)$ 用与它接近的退化核 $L(x,t)$ 代替, 再把代替后的退化核方程

$$\tilde{\phi}(x) = \lambda \int_a^b L(x,t)\tilde{\phi}(t)\,\mathrm{d}t + f(x) \qquad (3.5.2)$$

的解 $\tilde{\phi}(x)$ 作原方程 (3.5.1) 的近似解.

通常情况下, 这种代替必然引起解的误差. 下面给出用退化核代替已知任意核所引起解的误差的估计.

定理 3.5.1　设对于核 $K(x,t), L(x,t)$ 有

$$\int_a^b |K(x,t) - L(x,t)|\,\mathrm{d}t < h,$$

而对于以 $L(x,t)$ 为核的方程的解核 $R_L(x,t;\lambda)$ 成立

$$\int_a^b |R_L(x,t;\lambda)|\mathrm{d}t < R.$$

如果 h 取得足够小, 总可以使不等式

$$1 - |\lambda|\,h\,(1 + |\lambda|\,R) > 0 \qquad (3.5.3)$$

成立, 则方程 (3.5.1) 的解 $\phi(x)$ 与方程 (3.5.2) 的解 $\tilde{\phi}(x)$ 的差的绝对值满足

$$\left|\phi(x) - \tilde{\phi}(x)\right| < \frac{F|\lambda|(1+|\lambda|R)^2 h}{1-|\lambda|h(1+|\lambda|R)}, \tag{3.5.4}$$

其中, F 是 $|f(x)|$ 的一个上界.

证明 设 $\sup|\phi(x)| = M$, 由 (3.5.1) 知

$$\phi(x) - \lambda \int_a^b L(x,t)\phi(t)\,\mathrm{d}t$$

$$= \lambda \int_a^b K(x,t)\phi(t)\,\mathrm{d}t + f(x) - \lambda \int_a^b L(x,t)\phi(t)\,\mathrm{d}t$$

$$= \lambda \int_a^b [K(x,t) - L(x,t)]\phi(t)\,\mathrm{d}t + f(x).$$

记

$$f^*(x) = \lambda \int_a^b [K(x,t) - L(x,t)]\phi(t)\,\mathrm{d}t + f(x),$$

则上式可写为

$$\phi(x) = \lambda \int_a^b L(x,t)\phi(t)\,\mathrm{d}t + f^*(x), \tag{3.5.5}$$

而

$$|f^*(x)| \leqslant |f(x)| + |\lambda| \int_a^b |K(x,t) - L(x,t)||\phi(t)|\mathrm{d}t < F + M|\lambda|h.$$

退化核方程 (3.5.5) 的解可用解核 $R_L(x,t;\lambda)$ 表示

$$\phi(x) = f^*(x) + \lambda \int_a^b R_L(x,t;\lambda) f^*(t)\,\mathrm{d}t.$$

于是

$$|\phi(x)| = \left| f^*(x) + \lambda \int_a^b R_L(x,t;\lambda) f^*(t)\mathrm{d}t \right|$$

$$< F + M|\lambda|h + |\lambda|R[F + M|\lambda|h].$$

因此

$$M < F + M|\lambda|h + |\lambda|R[F + M|\lambda|h].$$

故如果 h 取得足够小, 使得不等式 (3.5.3) 成立, 则有

$$M < \frac{F(1+|\lambda|R)}{1-h|\lambda|(1+|\lambda|h)}, \tag{3.5.6}$$

即方程 (3.5.1) 的所有解都是有界的.

设 $\phi(x) - \tilde{\phi}(x) = \psi(x)$, 把 (3.5.5) 与 (3.5.2) 两端分别相减, 就得到 $\psi(x)$ 满足的退化核方程

$$\psi(x) - \lambda \int_a^b L(x,t)\psi(t)\,\mathrm{d}t = f^*(x) - f(x). \tag{3.5.7}$$

因为

$$|f^*(x) - f(x)| = \left|\lambda \int_a^b [K(x,t) - L(x,t)]\phi(t)\mathrm{d}t\right| \leqslant |\lambda| Mh,$$

退化核方程 (3.5.7) 的解可写为

$$\psi(x) = f^*(x) - f(x) + \lambda \int_a^b R_L(x,t;\lambda)[f^*(x) - f(x)]\,\mathrm{d}t,$$

所以

$$|\psi(x)| = \left|f^*(x) - f(x) + \lambda \int_a^b R_L(x,t;\lambda)[f^*(x) - f(x)]\mathrm{d}t\right|$$
$$\leqslant |\lambda| Mh + |\lambda| R(|\lambda| Mh) = |\lambda| Mh(1 + |\lambda| R).$$

考虑到不等式 (3.5.6), 便可推出估计式 (3.5.4).

有时用另一种误差估计更为方便. 设

$$K(x,t) = L(x,t) + \gamma(x,t),$$

其中, $L(x,t)$ 为退化核, 而 $\gamma(x,t)$ 按某种度量有较小的范数; 设 $K(x,t), L(x,t)$ 的解核分别为 $R_K(x,t), R_L(x,t)$, 相应的算子范数分别为 $\|R_K\|, \|R_L\|, \gamma(x,t)$ 对应的算子范数为 $\|\Gamma\|$, 此时有

$$\left\|\phi - \tilde{\phi}\right\| \leqslant \|\Gamma\|(1 + \|R_K\|)(1 + \|R_L\|)\|f\|.$$

一般情况下, 核 $K(x,t)$ 的解核 $R_K(x,t;\lambda)$ 的范数成立以下估计:

$$\|R_K\| \leqslant \frac{\|K\|}{1 - |\lambda|\|K\|},$$

而 $K(x,t)$ 的范数由函数空间来决定, 如对连续函数空间 $C[a,b]$

$$\|K\| = \max_{a \leqslant x \leqslant b} \int_a^b |K(x,t)|\mathrm{d}t,$$
$$\|f\| = \max_{a \leqslant x \leqslant b} |f(x)|.$$

对于平方可积函数空间 $L_2[a,b]$

$$\|K\| = \left[\int_a^b \int_a^b K^2(x,t)\,\mathrm{d}x\mathrm{d}t\right]^{1/2},$$

$$\|f\| = \left[\int_a^b f^2(x)\mathrm{d}x\right]^{1/2}.$$

对于退化核 $L(x,t) = \sum_{i=1}^n a_i(x) b_i(t)$, 若设

$$\int_a^b b_i(t) a_j(t)\,\mathrm{d}t = a_{ij}, \quad i,j=1,2,\cdots,n,$$

由上节的讨论, 就有

$$R_L(x,t;\lambda) = \frac{D(x,t;\lambda)}{D(\lambda)},$$

其中,

$$D(x,t;\lambda) = \begin{vmatrix} 0 & -a_1(x) & \cdots & -a_n(n) \\ b_1(t) & 1-\lambda a_{11} & \cdots & -\lambda a_{1n} \\ \vdots & \vdots & \vdots & \vdots \\ b_n(t) & -\lambda a_{n1} & \cdots & 1-\lambda a_{nn} \end{vmatrix},$$

$$D(\lambda) = \begin{vmatrix} 1-\lambda a_{11} & -\lambda a_{12} & \cdots & -\lambda a_{1n} \\ -\lambda a_{21} & 1-\lambda a_{22} & \cdots & -\lambda a_{2n} \\ \vdots & \vdots & \vdots & \vdots \\ -\lambda a_{n1} & -\lambda a_{n2} & \cdots & 1-\lambda a_{nn} \end{vmatrix}.$$

$D(\lambda)=0$ 的根是核 $L(x,t)$ 的特征值.

例 3.5.1 求积分方程

$$\phi(x) = \int_0^{\frac{1}{2}} \cos(xt)\phi(t)\,\mathrm{d}t + f(x) \tag{3.5.8}$$

的近似解, 并估计误差.

解 用退化核 $1-\dfrac{x^2t^2}{2}$(泰勒展式的前二项) 代替核 $\cos(xt)$, 然后解方程

$$\tilde{\phi}(x) = \int_0^{\frac{1}{2}}\left(1-\frac{x^2t^2}{2}\right)\tilde{\phi}(t)\,\mathrm{d}t + f(x). \tag{3.5.9}$$

上述退化核方程的解可设为

$$\tilde{\phi}(x) = c_1 + c_2 x^2 + f(x). \tag{3.5.10}$$

记

$$\int_0^{\frac{1}{2}} f(t)\mathrm{d}t = f_0, \quad \int_0^{\frac{1}{2}} t^2 f(t)\,\mathrm{d}t = f_2, \tag{3.5.11}$$

将 (3.5.10) 代入 (3.5.9) 得关于 c_1, c_2 的代数方程组

$$\begin{cases} c_1 - \dfrac{1}{12}c_2 = 2f_0, \\[2mm] \dfrac{1}{24}c_1 + \dfrac{321}{160}c_2 = -f_2. \end{cases}$$

解之得

$$c_1 = \frac{2889f_0 - 60f_2}{1447}, \quad c_2 = \frac{-(60f_0 + 720f_2)}{1447}.$$

于是得其近似解

$$\tilde{\phi}(x) = \frac{2889f_0 - 60f_2}{1447} - \frac{60f_0 + 720f_2}{1447}x + f(x). \tag{3.5.12}$$

由于 $\lambda = 1$, 而

$$\int_0^{\frac{1}{2}} \left| \cos(xt) - \left(1 - \frac{x^2 t^2}{2}\right) \right| \mathrm{d}t \leqslant \int_0^{\frac{1}{2}} \frac{x^4 t^4}{4!} \mathrm{d}t$$
$$= \frac{1}{5!}\left(\frac{1}{2}\right)^5 x^4$$
$$\leqslant \frac{1}{5!}\left(\frac{1}{2}\right)^9 < 2 \times 10^{-5},$$

因此可取 $h = 2 \times 10^{-5}$, 由 (3.5.11), (3.5.12) 得

$$\tilde{\phi}(x) = \frac{1}{1447}\int_0^{\frac{1}{2}} \left(2889 - 60x^2 - 60t^2 - 720x^2 t^2\right) f(t)\mathrm{d}t + f(x).$$

同时, 因为解 $\tilde{\phi}(x)$ 也可以用其解核表示为

$$\tilde{\phi}(x) = \lambda \int_0^{\frac{1}{2}} R_L(x, t; \lambda) f(t)\,\mathrm{d}t + f(x).$$

因 $\lambda = 1$, 故

$$R_L(x, t; 1) = \frac{1}{1447}\left(2889 - 60x^2 - 60t^2 - 720x^2 t^2\right).$$

由于 $0 \leqslant \lambda \leqslant \dfrac{1}{2}$, 所以

$$\int_0^{\frac{1}{2}} |R_L(x, t; 1)|\,\mathrm{d}t = \frac{1}{1447}\left(\frac{2889 - 60x^2}{2} - \frac{20 + 240x^2}{8}\right) < 1,$$

因而可取 $R = 1$, 从而

$$1 - |\lambda| h (1 + |\lambda R|) = 1 - 2 \times 10^{-5} (1 + 1) \approx 1.$$

于是

$$\left| \phi(x) - \tilde{\phi}(x) \right| < F \frac{2 \times 10^{-5} (1 + 1)}{1 - 2 \times 10^{-5} (1 + 1)} < 9 \times 10^{-5} F,$$

其中, F 为 $|f(x)|$ 的一个上界.

例 3.5.2 求积分方程

$$\phi(x) = \int_0^1 [1 - x \cos(xt)] \phi(t) \mathrm{d}t + \sin x$$

的近似解.

解 把核 $K(x, t) = 1 - x \cos(xt)$ 展为级数

$$K(x, t) = 1 - x + \frac{x^3 t^2}{2!} - \frac{x^5 t^4}{4!} + \cdots,$$

取 $L(x, t) = 1 - x + \dfrac{x^3 t^2}{2}$ 作为近似退化核. 解近似方程

$$\tilde{\phi}(x) = \int_0^1 \left(1 - x + \frac{x^3 t^2}{2} \right) \tilde{\phi}(t) \, \mathrm{d}t + \sin x$$

可取解的形式为

$$\tilde{\phi}(x) = \sin x + c_1 (1 - x) + c_2 x^3,$$

其中, $c_1 = \displaystyle\int_0^1 \tilde{\phi}(t) \mathrm{d}t, c_2 = \dfrac{1}{2} \int_0^1 t^2 \tilde{\phi}(t) \mathrm{d}t.$

待定系数 c_1, c_2 可由方程组

$$\begin{cases} \dfrac{1}{2} c_1 - \dfrac{1}{4} c_2 = 1 - \cos 1, \\ -\dfrac{1}{24} c_1 + \dfrac{11}{12} c_2 = \sin 1 - 1 + \dfrac{1}{2} \cos 1 \end{cases}$$

确定, 求解得到

$$c_1 = 1.00285, \quad c_2 = 0.16742.$$

于是

$$\tilde{\phi}(x) = 1.00285 (1 - x) + 0.16742 x^2 + \sin x,$$

而实际上原方程的精确解为

$$\phi(x) \equiv 1.$$

以下在 L_2 空间中估计 $\left\| \phi - \tilde{\phi} \right\|$ 的误差. 此时,

$$\|\Gamma\| \leqslant \frac{1}{24} \left(\int_0^1 \int_0^1 x^{10} t^3 \mathrm{d}x\mathrm{d}t \right)^{1/2} = \frac{1}{72\sqrt{11}} < \frac{1}{238},$$

$$\|K\| \leqslant \left\{ \int_0^1 \int_0^1 \left[1 - x\cos(xt) \right]^2 \mathrm{d}x\mathrm{d}t \right\}^{1/2}$$

$$= \left(2\cos 1 - \frac{1}{8}\cos 2 + \frac{1}{16}\sin 2 - \frac{5}{6} \right)^{1/2} < \frac{3}{5},$$

$$\|f\| = \left\{ \int_0^1 \sin^2 x \mathrm{d}x \right\}^{1/2} = \frac{\sqrt{2 - \sin 2}}{2} < \frac{3}{5}.$$

因为 $\lambda = 1$, 于是

$$\|R_K\| \leqslant \frac{\|K\|}{1 - |\lambda|\,\|K\|} < \frac{3}{2},$$

$$\|R_L\| \leqslant \frac{\|L\|}{1 - |\lambda|\,\|L\|} < \frac{3}{2},$$

故

$$\left\| \phi - \tilde{\phi} \right\| \leqslant \|\Gamma\| \left(1 + R_K \right) \left(1 + R_L \right) \|f\|$$

$$< \frac{1}{238} \left(1 + \frac{3}{2} \right) \left(1 + \frac{3}{2} \right) \frac{3}{5} < 0.016.$$

例 3.5.3　求积分方程

$$\phi(x) = \mathrm{e}^x - x - \int_0^1 x(\mathrm{e}^x - 1)\phi(t)\mathrm{d}t$$

的近似解.

解　对于核 $K(x,t) = x(\mathrm{e}^{xt} - 1)$, 取

$$L(x,t) = x^2 t + \frac{x^3 t^2}{2} + \frac{x^4 t^3}{6}$$

作为近似退化核.

解近似方程

$$\tilde{\phi}(x) = \mathrm{e}^x - x - \int_0^1 \left(x^2 t + \frac{x^3 t^2}{2} + \frac{x^4 t^3}{6} \right) \tilde{\phi}(t)\,\mathrm{d}t,$$

可取解的形式为

$$\tilde{\phi}(x) = \mathrm{e}^x - x + c_1 x^2 + c_2 x^3 + c_3 x^4,$$

其中, c_1, c_2, c_3 是待定系数, 可由方程组

$$\begin{cases} \dfrac{1}{2}c_1 + \dfrac{1}{5}c_2 + \dfrac{1}{6}c_3 = -\dfrac{2}{3}, \\[2mm] \dfrac{1}{5}c_1 + \dfrac{13}{6}c_2 + \dfrac{1}{7}c_3 = \dfrac{9}{4} - \mathrm{e}, \\[2mm] \dfrac{1}{6}c_1 + \dfrac{1}{7}c_2 + \dfrac{49}{8}c_3 = 2\mathrm{e} - \dfrac{29}{5} \end{cases}$$

确定, 求解得到

$$c_1 = -0.5010, \quad c_2 = -0.1671, \quad c_3 = -0.0423.$$

于是

$$\tilde{\phi}(x) = \mathrm{e}^x - x - 0.5010x^2 - 0.1671x^3 - 0.0423x^4,$$

而实际上原方程的精确解为

$$\phi(x) \equiv 1.$$

列表比较近似解 $\tilde{\phi}(x)$ 和精确解 $\phi(x)$ 在 $x = 0$, 0.5, 1 的值见表 3.2.

表 3.2　近似解 $\tilde{\phi}(x)$ 和精确解 $\phi(x)$ 在 $x = 0$, 0.5, 1 处值的对照

x	0	0.5	1
$\tilde{\phi}(x)$	1.0000	1.0000	1.0080
$\phi(x)$	1.0000	1.0000	1.0000

通常要用退化核近似代替任意核, 可以采用多种方法. 例如,

(1) 将 $K(x,t)$ 展为 Fourier 余弦重级数

$$\sum_{i,k=0}^{\infty} A_{ik} \cos \frac{i\pi x}{b-a} \cos \frac{k\pi t}{b-a},$$

对其部分和引用下述记号:

$$\sum_{i,k=0}^{n} A_{ik} \cos \frac{i\pi x}{b-a} \cos \frac{k\pi t}{b-a} = P(x,t),$$

$$K(x,t) - P(x,t) = \tilde{K}(x,t).$$

于是原方程可写成

$$\phi(x) - \lambda \int_a^b \tilde{K}(x,t)\phi(t)\mathrm{d}t = f(x) + \lambda \int_a^b P(x,t)\phi(t)\mathrm{d}t. \tag{3.5.13}$$

(3.5.13) 的右边暂时认为是已知函数. 于是方程 (3.5.13) 便成为以 $\tilde{K}(x,t)$ 为核的积分方程, 它的参数是 λ 且以

$$f(x) + \lambda \int_a^b P(x,t)\phi(t)\mathrm{d}t$$

作为自由项. 于是方程 (3.5.13) 便是核绝对值充分小的积分方程. 这是因为当 n 充分大时, 余项 $\tilde{K}(x,t)$ 的绝对值可充分小, 且可选择充分大的 n, 使 $\tilde{B}^2 < \dfrac{1}{|\lambda|^2}$, 其中,

$\tilde{B}^2 = \displaystyle\int_a^b \int_a^b \left| \tilde{K}(x,t) \right|^2 \mathrm{d}x\mathrm{d}t.$ 因此, 方程 (3.5.13) 可用逐次逼近法求解, 且存在着解核

$$\tilde{R}(x,t,\lambda) = \sum_{m=1}^{\infty} \lambda^{m-1} \tilde{K}^{(m)}(x,t),$$

则其解可写为

$$\phi(x) = f(x) + \lambda \int_a^b p(x,t)\phi(t)\mathrm{d}t + \lambda \int_a^b \tilde{R}(x,s;\lambda)\left[f(s) + \lambda \int_a^b P(s,t)\phi(t)\mathrm{d}t \right]\mathrm{d}s.$$

再引用记号

$$f(x) + \lambda \int_a^b \tilde{R}(x,t;\lambda)f(t)\,\mathrm{d}t = F(x),$$

$$P(x,t) + \lambda \int_a^b \tilde{R}(x,s;\lambda)P(s,t)\mathrm{d}s = \tilde{\tilde{K}}(x,t),$$

于是最后方程有形式

$$\phi(x) - \lambda \int_a^b \tilde{\tilde{K}}(x,t)\phi(t)\mathrm{d}t = F(x). \tag{3.5.14}$$

下面将证明核 $\tilde{\tilde{K}}(x,t)$ 是退化核. 三角多项式 $P(x,t)$ 可用下式来表示:

$$P(x,t) = \sum_{i=1}^n \cos\frac{i\pi x}{b-a} b_i(t),$$

其中,

$$b_i(t) = \sum_{i=1}^n A_{ik} \cos\frac{k\pi t}{b-a}.$$

其次

$$\int_a^b \tilde{R}(x,s;\lambda)P(s,t)\mathrm{d}s = \sum_{i=1}^n b_i(t) \int_a^b \tilde{R}(x,s;\lambda)\cos\frac{i\pi s}{b-a}\mathrm{d}s.$$

引用记号

$$a_i(x) = \cos\frac{i\pi x}{b-a} + \lambda\int_a^b \tilde{R}(x,s;\lambda)\cos\frac{i\pi s}{b-a}\mathrm{d}s,$$

则核

$$\tilde{\tilde{K}}(x,t) = \sum_{i=1}^n a_i(x)b_i(t)$$

是一个退化核, 由 3.1 节中的方法, 可将积分方程转化为线性代数方程组.

(2) 可将任意核 $K(x,t)$ 展为关于 $L_2(a,b)$ 中任意完备的标准正交函数系 $\{u_i(x)\}$ 的 Fourier 级数, 可罗列几条如下:

(i) 设序列 $\{u_i(x)\}$ 是在 $L_2(a,b)$ 中的正交完备系, 于是核 $K(x,t)$ 可以展为平均收敛的二重 Fourier 级数

$$K(x,t) = \sum_{i=1}^\infty A_{ij}u_i(x)u_j(t),$$

其中,

$$A_{ij} = \int_a^b\int_a^b K(x,t)\bar{u}_i(x)\bar{u}_j(t)\mathrm{d}x\mathrm{d}t.$$

当 n 足够大时, 可以取

$$L(x,t) = \sum_{i,j=1}^n A_{ij}u_i(x)u_j(t)$$

近似代替 $K(x,t)$.

(ii) 还可展为

$$K(x,t) = \sum_{i=1}^\infty B_{ij}u_i(x)\bar{u}_j(t),$$

其中,

$$B_{ij} = \int_a^b\int_a^b K(x,t)u_i(x)\bar{u}_j(t)\mathrm{d}x\mathrm{d}t.$$

此时, 当 n 足够大时可取

$$L(x,t) = \sum_{i,j=1}^n B_{ij}u_i(x)\bar{u}_j(t)$$

近似代替 $K(x,t)$.

(iii) 设序列 $\{u_i(x)\}$ 及 $\{v_i(x)\}$ 在 $L_2(a,b)$ 中完备不一定正交. 此时可取

$$L(x,t) = \sum_{i,j=1}^n A_{ij}u_i(x)v_j(t)$$

来近似代替 $K(x,t)$. 而系数 A_{ij} 这样来选取, 使得

$$\int_a^b \int_a^b |K(x,t) - L(x,t)|^2 \mathrm{d}x\mathrm{d}t = \min.$$

于是 A_{ij} 可以通过解下列方程组得到:

$$\sum_{i,j=1}^n A_{ij} \int_a^b u_i(x)\bar{u}_i'(x)\mathrm{d}x \int_a^b v_i(t)\bar{v}_i'(t)\mathrm{d}t = \int_a^b \int_a^b K(x,t)\bar{u}_i(x)\bar{v}_j(t)\mathrm{d}x\mathrm{d}t.$$

例如, 若 $\{u_i(x)\}\,(i = 1, 2, \cdots)$ 在 $L_2(a,b)$ 中完备但不正交, 此时 $\bar{u}_i(x)u_j(t)$ 在 $L_2(a,b;a,b)$ 完备但不正交, 可以取

$$L(x,t) = \sum_{i,j=1}^n A_{ij}u_i(x)\bar{u}_j(t),$$

A_{ij} 可由下列方程组:

$$\sum_{i,j=1}^n A_{ij} \int_a^b u_i(x)\bar{u}_i'(x)\mathrm{d}x \int_a^b \bar{u}_i(t)u_i'(t)\mathrm{d}t = \int_a^b \int_a^b K(x,t)\bar{u}_i(x)\bar{u}_j(t)\mathrm{d}x\mathrm{d}t$$

完全确定, 也可取

$$L(x,t) = \sum_{i,j=1}^n B_{ij}u_i(x)u_j(t),$$

B_{ij} 由下列方程组确定:

$$\sum_{i,j=1}^n B_{ij} \int_a^b u_i(x)\bar{u}_i'(x)\mathrm{d}x \int_a^b u_i(t)\bar{u}_i'(t)\mathrm{d}t = \int_a^b \int_a^b K(x,t)\bar{u}_i'(x)\bar{u}_i'(t)\mathrm{d}x\mathrm{d}t.$$

总之, 应用任何一个方法, 将一般的 Fredhlom 方程的核分解成两个核的和

$$K(x,t) = P(x,t) + \tilde{K}(x,t),$$

其中, 第 1 个核具有退化核的特征, 而第 2 个核适合下面的不等式:

$$\tilde{B}^2 = \int_a^b \int_a^b \left| \tilde{K}(x,t) \right|^2 \mathrm{d}x\mathrm{d}t < \frac{1}{|\lambda|^2},$$

则可将一般 Fredhlom 方程转化为具有退化核的方程.

3.6 待定系数法

考虑第二类 Fredholm 积分方程

$$\phi(x) = \lambda \int_a^b k(x,t)\phi(t)\mathrm{d}t + f(x). \tag{3.6.1}$$

所谓的待定系数法就是将未知函数 $\phi(x)$ 展为下式:

$$\phi(x) = \sum_{k=1}^n a_k u_k(x), \tag{3.6.2}$$

其中, $u_1(x), u_2(x), \cdots, u_n(x)$ 为已知的线性无关函数

将 (3.6.2) 代入 (3.6.1) 得

$$\sum_{k=1}^n a_k u_k(x) - \lambda \sum_{k=1}^n a_k \int_a^b k(x,t)u_k(t)\mathrm{d}t - f(x) = 0, \tag{3.6.3}$$

求出系数 a_k 后, 再由 (3.6.2) 即可求出原方程的解.

3.6.1 配置法

选择 $x_0, x_1, \cdots, x_n$ 使 (3.6.3) 左端正好为 0, 即在 $[a,b]$ 上适当选取

$$a \leqslant x_1 \leqslant x_2 \cdots \leqslant b, \quad j = 1, 2, \cdots, n,$$

使

$$\sum_{k=1}^n a_k u_k(x_j) - \lambda \sum_{k=1}^n a_k \int_a^b k(x_j,t)u_k(t)\mathrm{d}t - f(x_j) = 0.$$

解该方程组可求出 a_k, 这样可求出近似解 $\phi(x)$. 这种方法称为配置法 (配位法).

例 3.6.1 利用配位法求解积分方程

$$\phi(x) = \int_0^1 k(x,t)\phi(t)\mathrm{d}t + x,$$

其中, $k(x,t) = \begin{cases} x(1-t), & x \leqslant t, \\ t(1-x), & x > t. \end{cases}$

解 取 $u_1 = 1, u_2 = x, u_3 = x^2$, 设

$$\phi(x) = a_1 + a_2 x + a_3 x^2,$$

则得 3 个方程

$$\int_0^1 k(x,t)u_1(t)\mathrm{d}t = \frac{x(1-x)}{2},$$

$$\int_0^1 k(x,t)u_2(t)\mathrm{d}t = \frac{x(1-x)^2}{6},$$

$$\int_0^1 k(x,t)u_3(t)\mathrm{d}t = \frac{x(1-x)^3}{12}.$$

取配置点 $x_1 = 0, x_2 = \dfrac{1}{2}, x_3 = 1$ 代入原方程得关于 a_1, a_2, a_3 的线性代数方程组

$$\begin{cases} a_1 = 0, \\ \dfrac{7}{8}a_1 + \dfrac{7}{16}a_2 + \dfrac{41}{192}a_3 = \dfrac{1}{2}, \\ a_1 + a_2 + a_3 = 1, \end{cases}$$

解该方程组得 $a_1 = 0, a_2 = 1.2791, a_3 = -0.2791$. 故

$$\phi(x) = 1.2791x - 0.2791x^2.$$

而精确解为

$$\phi(x) = \frac{\sin x}{\sin 1}.$$

表 3.3　例 3.6.1 中积分方程近似解与精确解比较

x	0	0.25	0.5	0.75	1
近似解	0	0.3023	0.5607	0.8073	1
精确解	0	0.2940	0.5698	0.8101	1

例 3.6.2　利用配位法求解积分方程

$$\phi(x) = \mathrm{e}^{-x} - \int_0^1 x\mathrm{e}^t\phi(t)\mathrm{d}t.$$

解　该方程是例 3.2.6 的特殊情况. 此时 $f(x) = \mathrm{e}^{-x}$, $\lambda = -1$, 所以立即得到该方程精确解为

$$\phi(x) = \mathrm{e}^{-x} - \frac{x}{2}.$$

取 $u_1 = 1, u_2 = x, u_3 = x^2$, 设

$$\phi(x) = a_1 + a_2 x + a_3 x^2,$$

取配置点 $x_1 = 0, x_2 = \dfrac{1}{2}, x_3 = 1$ 代入原方程得关于 a_1, a_2, a_3 的线性代数方程组

$$\begin{cases} a_1 = 1, \\ a_1 + \dfrac{1}{2}a_2 + \dfrac{1}{4}a_3 = \mathrm{e}^{-1/2} - \dfrac{1}{2}(a_1\mathrm{e} - a_1 + a_2 + a_3\mathrm{e} - 2a_3), \\ a_1 + a_2 + a_3 = 1 = \mathrm{e}^{-1} - (a_1\mathrm{e} - a_1 + a_2 + a_3\mathrm{e} - 2a_3). \end{cases}$$

解该方程组得 $a_1 = 0, a_2 = -1.480, a_3 = 0.355$.

于是原方程逼近解为

$$\phi(x) = 1 - 1.48x + 0.355x^2.$$

表 3.4   例 3.6.2 中积分方程近似解与精确解比较

x	0	0.25	0.5	0.75	1
近似解	1	0.6522	0.3487	0.0896	-0.1251
精确解	1	0.6538	0.3565	0.0974	-0.1351

3.6.2 矩量法

矩量法又称为 **Galerkin 逼近法**或**权函数法**.

设 $u_1(x), u_2(x), \cdots, u_n(x), \cdots$ 为 $L_2[a,b]$ 内完备的标准正交函数系. 它们与 $\phi^{(n)}(x)$ 作内积, 即

$$\left(\phi^{(n)}(x), u_k(x) \right) = \lambda \left(\int_a^b k(x,t)\phi^{(n)}(t)\mathrm{d}t, u_k(x) \right) + (f(x), u_k(x)),$$

然后求解满足条件的方程组以确定 $\phi^{(n)}(x)$.

例 3.6.3   求解积分方程

$$\phi(x) = \int_{-1}^{1} xt\phi(t)\mathrm{d}t + x.$$

解   选取 $u_1(x) = 1, u_2(x) = x, u_3(x) = \dfrac{3x^2 - 1}{2}, \cdots$, 仅取 $\phi(x)$ 展式的前 3 项

$$\phi(x) = a_1 + a_2 x + \frac{a_3(3x^2 - 1)}{2},$$

则

$$a_1 + a_2 x + \frac{a_3(3x^2 - 1)}{2} = x + \int_{-1}^{1} xt \left(a_1 + a_2 x + a_3 \frac{3x^2 - 1}{2} \right) \mathrm{d}t = x + \frac{2a_2 x}{3}.$$

上式两端乘以 $1, x, \dfrac{3x^2 - 1}{2}$ 并关于 x 在 $[-1,1]$ 上积分, 得到

$$\begin{cases} a_1 = 0, \\ \dfrac{2}{3}a_2 = \dfrac{2}{3} + \dfrac{4}{9}a_2, \\ a_3 = 0, \end{cases}$$

即 $a_1 = 0, a_2 = 3, a_3 = 0$, 所以最后得到

$$\phi(x) = 3x.$$

3.7 对称核积分方程

上两节研究了具有特殊核 — 退化核的 Fredholm 积分方程的解法及退化核近似代替解法, 本节研究另一类重要的具有特殊性质, 即对称核的 Fredholm 积分方程的解法. 一般情况下, 在数学领域通常目的是尽量去掉许多限制将其推广到更为广泛的情况; 另一方面, 对称核积分方程是许多实际问题, 尤其是数学物理中常见的一种积分方程, 对称核积分方程方面的主要贡献来自于德国科学家 D. Hilbert 和 E. Schmidt.

3.7.1   对称核及其性质

一个核 $K(x,t)$ 称为对称核, 如果满足

$$K(x,t) = \overline{K(t,x,)}, \tag{3.7.1}$$

其中, $\overline{K(t,x)}$ 是 $K(t,x)$ 的共轭.

当 $K(x,t)$ 是实核时, (3.7.1) 变为

$$K(x,t) = K(t,x), \tag{3.7.2}$$

当 $K(x,t)$ 是复核时, 也称为 Hermite 核.

定理 3.7.1   如果 $K(x,t)$ 是对称核, 则其叠核也是对称的.

证明   用数学归纳法证明, 由于

$$\begin{aligned}
K_1^{(2)}(x,t) &= \int_a^b K(x,s)\,K(s,t)\,\mathrm{d}s = \int_a^b \overline{K(s,x)} \cdot \overline{K(t,s)}\,\mathrm{d}s \\
&= \int_a^b \overline{K(s,x)\,K(t,s)}\,\mathrm{d}s = \overline{K_4^{(2)}(t,x)}.
\end{aligned}$$

同样地, 如果 $K^{(n)}(x,t)$ 是对称的, 则由于

$$\begin{aligned}
K^{(n+1)}(x,t) &= \int_a^b K(x,s)\,K^{(n)}(s,t)\,\mathrm{d}s = \int_a^b \overline{K(s,x)} \cdot \overline{K^{(n)}(t,s)}\,\mathrm{d}s \\
&= \int_a^b \overline{K^n(t,s)\,K(s,x)}\,\mathrm{d}s = \overline{K^{(n+1)}(t,x)}.
\end{aligned}$$

证毕.

对称核 $K(x,t)$ 的迹 $K(x,x)$ 一定是实核, 这是因为当 $K(x,x) = \overline{K(x,x)}$ 时, $K(x,x)$ 的虚部系数一定为零.

类似地, 叠核 $K^{(n)}(x,t)$ 的迹 $K^{(n)}(x,x)$ 也一定是实核. 通常称

$$A_n = \int_a^b K^{(n)}(x,x)\mathrm{d}x \tag{3.7.3}$$

为核 $K(x,t)$ 的 n 次迹.

对称核积分方程的主要解法是 Hilbert-Schmidt 方法, 其基本思想是通过将对称核表示为对应齐次方程特征函数的级数来求解.

3.7.2 对称核方程的特征值、特征函数及其性质

首先考虑对称核方程, 即第二类 Fredholm 方程

$$f(x) = \phi(x) - \lambda \int_a^b K(x,t)\phi(t)\,\mathrm{d}t, \quad K(x,t) = K(t,x) \tag{3.7.4}$$

的齐次方程

$$\phi(x) = \lambda \int_a^b K(x,t)\phi(t)\,\mathrm{d}t, \quad K(x,t) = K(t,x). \tag{3.7.5}$$

这里为了证明叙述的简单, 假设核 $K(x,t)$ 是在 $a \leqslant x, t \leqslant b$ 上连续的实函数的情况.

对称核方程 (3.7.5) 的特征值与特征函数有下列几个重要性质:

定理 3.7.2 若齐次对称核方程 (3.7.5) 的核连续且不恒等于零, 则它至少具有一个特征值.

证明 该定理首先是由 Hilbert 证明的, 这里给出的是 Kneser 的证明.

如果能够证明解核级数

$$R(x,t,\lambda) = K^{(1)}(x,t) + K^{(2)}(x,t)\lambda + K^{(3)}(x,t)\lambda^2 + \cdots \tag{3.7.6}$$

不是对 λ 的所有值一致收敛, 就可得出对称核方程 (3.7.5) 至少有一个特征值的结论.

用反证法. 设对任给的 λ, 级数 (3.7.7) 在 $a \leqslant x, t \leqslant b$ 上一致收敛, 则对 λ 的所有值, 级数

$$K^{(2)}(x,x)\lambda + K^{(3)}(x,x)\lambda^2 + \cdots \tag{3.7.7}$$

在 $a \leqslant x \leqslant b$ 上一致收敛. 由于每项都是连续的, 所以可逐项积分得

$$A_2\lambda + A_3\lambda^2 + \cdots, \tag{3.7.8}$$

其中, A_n 为如 (3.7.3) 定义的 $k(x,t)$ 的 n 次迹. 于是得关于 λ 的幂级数 (3.7.8) 绝对收敛, 因此它的部分项组成的级数

$$A_2\lambda + A_4\lambda^3 + A_6\lambda^5 + \cdots \tag{3.7.9}$$

对 λ 的所有值收敛.

由于 $K(x,t)$ 的对称性, 此时 $K(x,t)$ 的 $m+n$ 次叠核

$$K^{(n+m)}(x,t) = \int_a^b K^{(n)}(x,u)K^{(m)}(u,t)\mathrm{d}u, \tag{3.7.10}$$

$K(x,t)$ 的 $m+n$ 次迹为

$$A_{n+m} = \int_a^b \int_a^b K^{(n)}(x,u)K^{(m)}(u,t)\mathrm{d}u\mathrm{d}x. \tag{3.7.11}$$

特别地, 当 m 取 n 时,

$$A_{2n} = \int_a^b \int_a^b \left[K^{(n)}(x,u)\right]^2 \mathrm{d}u\mathrm{d}x. \tag{3.7.12}$$

设 p,q 为任意实参数, 则成立

$$\int_a^b \int_a^b \left[pK^{(n+1)}(x,u) + qK^{(n-1)}(x,u)\right]^2 \mathrm{d}u\mathrm{d}x \geqslant 0, \tag{3.7.13}$$

即

$$p^2 A_{2n+2} + 2pq A_{2n} + q^2 A_{2n-2} \geqslant 0. \tag{3.7.14}$$

上式左端为 p,q 的正定二次型, 所以

$$A_{2n+2}A_{2n-2} - A_{2n}^2 \geqslant 0. \tag{3.7.15}$$

由 $K^{(n)}(x,t)$ 的对称性及 (3.7.12) 知 $K(x,t)$ 的偶次迹 A_{2n}, A_{2n-2} 为正数, 故由 (3.7.15) 得

$$\frac{A_{2n+2}}{A_{2n}} \geqslant \frac{A_{2n}}{A_{2n-2}}. \tag{3.7.16}$$

于是级数 (3.7.9) 相邻两项之比为 $\frac{A_{2n+2}}{A_{2n}}\lambda^2$, 由 (3.7.16) 可知 $\frac{A_{2n+2}}{A_{2n}}\lambda^2 \geqslant \frac{A_4}{A_2}\lambda^2$, 令 $\lambda = \sqrt{\frac{A_2}{A_4}}$, 可知级数 (3.7.9) 发散, 矛盾. 定理证毕.

推论 3.7.1　在定理 3.7.2 的条件下, 方程 (3.7.5) 的特征值 λ 满足 $|\lambda| \leqslant \sqrt{\frac{A_2}{A_4}}$. 对于非对称核方程有可能没有特征值.

定理 3.7.3　对称核齐次方程 (3.7.5) 的不同特征值 λ_n 和 λ_m $(\lambda_n \neq \lambda_m)$ 所分别对应的特征函数 $\phi_n(x)$ 和 $\phi_m(x)$ 在 $[a,b]$ 正交, 即

$$\int_a^b \phi_n(x)\phi_m(x)\,\mathrm{d}x = 0, \quad \lambda_n \neq \lambda_m. \tag{3.7.17}$$

证明 由 3.2 节知, 若方程 (3.7.5) 的特征值为 λ_n, 特征函数为 $\phi_n(x)$, 则

$$\phi_n(x) = \lambda_n \int_a^b K(x,t)\phi_n(t)\,\mathrm{d}t, \quad K(x,t) = K(t,x). \tag{3.7.18}$$

(这里要强调的是齐次方程 (3.7.5) 的特征值 $\{\lambda_n\}$ 与非齐次方程 (3.7.4) 的参数 λ 通常情况下不同)

同样, 若特征值为 λ_m, 特征函数为 $\phi_m(x)$, 则

$$\phi_m(x) = \lambda_m \int_a^b K(x,t)\phi_m(t)\,\mathrm{d}t. \tag{3.7.19}$$

在方程 (3.7.18) 和 (3.7.19) 两端分别乘 $\lambda_m\phi_m(x)$ 和 $\lambda_n\phi_n(x)$, 然后积分再相减, 得

$$
\begin{aligned}
(\lambda_m - \lambda_n)\int_a^b \phi_m(t)\phi_n(x)\,\mathrm{d}x = \lambda_n\lambda_m & \left[\int_a^b \int_a^b \phi_m(x)K(x,t)\phi_n(t)\,\mathrm{d}t\mathrm{d}x \right. \\
& \left. - \int_a^b \int_a^b \phi_n(x)K(x,t)\phi_m(x)\,\mathrm{d}t\mathrm{d}x \right]. \tag{3.7.20}
\end{aligned}
$$

由于考虑到 $K(x,t)$ 的对称性, 第 2 个积分可写成

$$
\begin{aligned}
\int_a^b \int_a^b \phi_n(x)K(x,t)\phi_m(t)\,\mathrm{d}t\mathrm{d}x &= \int_a^b \int_a^b \phi_m(t)K(t,x)\phi_n(x)\,\mathrm{d}x\mathrm{d}t \\
&= \int_a^b \int_a^b \phi_m(x)K(x,t)\phi_n(t)\,\mathrm{d}t\mathrm{d}x.
\end{aligned}
$$

于是 (3.7.19) 右端为零, 从而 (3.7.17) 证毕.

定理 3.7.4 对称核齐次方程 (3.7.5) 所有特征值都是实数.

证明 设 $\lambda = \alpha + \mathrm{i}\beta(\alpha, \beta$ 为实数且 $\beta \neq 0)$ 是对称核 $K(x,t)$ 的复特征值, 而 $\phi(x) = \psi_1(x) + \mathrm{i}\psi_2(x)$ 是 λ 对应的复特征函数 $(\psi_1(x), \psi_2(x)$ 为实函数). 于是

$$\psi_1(x) - \mathrm{i}\psi_2(x) = (\alpha + \mathrm{i}\beta)\int_a^b K(x,t)[\psi_1(t) - \mathrm{i}\psi_2(t)]\mathrm{d}t,$$

从而得到

$$\psi_1(x) = \alpha\int_a^b K(x,t)\psi_1(t)\,\mathrm{d}t - \beta\int_a^b K(x,t)\psi_2(t)\mathrm{d}t,$$

$$\psi_2(x) = \alpha\int_a^b K(x,t)\psi_2(t)\,\mathrm{d}t + \beta\int_a^b K(x,t)\psi_1(t)\mathrm{d}t.$$

因此

$$\psi_1(x) - \mathrm{i}\psi_2(x) = (\alpha - \mathrm{i}\beta)\int_a^b K(x,t)[\psi_1(t) - \mathrm{i}\psi_2(t)]\mathrm{d}t.$$

这样 $\overline{\lambda}$ 与 $\overline{\phi(x)} = \psi_1(x) - \mathrm{i}\psi_2(x)$ 也分别是该对称核方程 (3.4.5) 的特征值与特征函数. 由于 $\beta \neq 0$, 故 $\overline{\lambda} \neq \lambda$, 由定理 3.7.3, 不同特征值 $\overline{\lambda}, \lambda$ 对应的特征函数 $\phi(x), \overline{\phi(x)}$ 互相正交, 即

$$\int_a^b \phi(x)\overline{\phi(x)}\mathrm{d}x = \int_a^b \left[\psi_1^2(x) + \psi_2^2(x)\right]\mathrm{d}x = 0.$$

于是有

$$\psi_1(x) = \psi_2(x) \equiv 0,$$

从而

$$\phi(x) \equiv 0,$$

这是不可能的. 定理证毕.

对于非对称核方程的特征值可能是复数.

定理 3.7.5　平方可积对称核方程的任何非零特征值 λ 的重数都是有限的.

证明　设相应 λ 的线性独立的特征函数为 $\phi_{1\lambda}(x), \phi_{2\lambda}(x), \cdots, \phi_{n\lambda}(x), \cdots$, 于是

$$\phi_{n\lambda}(x) = \lambda \int_a^b K(x,t)\phi_{n\lambda}(t)\mathrm{d}t,$$

$$\frac{\phi_{n\lambda}(x)}{\lambda} = \int_a^b K(x,t)\phi_{n\lambda}(t)\mathrm{d}t. \tag{3.7.21}$$

注意到特征函数系的标准正交性, 由 Besses 不等式, 对任何正整数 m 成立

$$\sum_{n=1}^m \frac{\phi_{n\lambda}^2(x)}{\lambda^2} \leqslant \int_a^b K^2(x,t)\,\mathrm{d}t.$$

上面的不等式关于 x 的积分得

$$\sum_{n=1}^m \frac{1}{\lambda^2} \leqslant \int_a^b \int_a^b K^2(x,t)\,\mathrm{d}x\mathrm{d}t, \tag{3.7.22}$$

即

$$m\left(\frac{1}{\lambda^2}\right) \leqslant \int_a^b \int_a^b K^2(x,t)\,\mathrm{d}x\mathrm{d}t.$$

所以 m 一定是有限的, 即 λ 的重根是有限的. 证毕.

该定理说明平方可积对称核方程的任一个非零特征值相应于有限数 m 个特征函数 $\phi_{1\lambda}, \phi_{2\lambda}, \cdots, \phi_{m\lambda}$.

设 $K(x,t)$ 非零对称核, 假设有有限个或无限个实的非零的特征值, 考虑每个特征值以其重数重复, 排序为

$$\lambda_1, \lambda_2, \cdots, \lambda_n, \cdots \tag{3.7.23}$$

或其绝对值不妨排为

$$0 < |\lambda_1| \leqslant |\lambda_2| < \cdots \leqslant |\lambda_n| \leqslant |\lambda_{n+1}| \leqslant \cdots.$$

设

$$\phi_1(x), \phi_2(x), \cdots, \phi_n(x), \cdots \tag{3.7.24}$$

是相应的特征值列 (3.7.23) 的特征函数列, 它们相应于同一个特征值不再重复, 线性独立. 这样, (3.7.24) 列中的每个特征值 λ_k 仅对应 (3.7.24) 列中的一个特征函数 $\phi_k(x)$. 不妨假设它们已标准正交化.

现在, 假设平方可积对称核积分方程至少有一个特征值, 记为 λ_1, 则 $\phi_1(x)$ 是相应的特征函数, 则截核

$$K_2(x, t) = K(x, t) - \left[\frac{\phi_1(x)\overline{\phi_1(t)}}{\lambda_1} \right]$$

是非零的对称核, 且也至少有一个特征值 λ_2(如果较多, 选取最小的一个), 并相应特征函数 $\phi_2(x)$. 于是 $\phi_1(x) \neq \phi_2(x)$ (即使 $\lambda_1 = \lambda_2$).

因为

$$\int_a^b K_2(x, t)\phi_1(x)\,\mathrm{d}t = \int_a^b K(x, t)\phi_1(x)\,\mathrm{d}t - \frac{\phi_1(x)}{\lambda_1}\int_a^b \phi_1(t)\overline{\phi_1(t)}\mathrm{d}t$$
$$= \frac{\phi_1(x)}{\lambda_1} - \frac{\phi_1(x)}{\lambda_1} = 0.$$

类似地, 第 2 个截核

$$K_3(x, t) = K_2(x, t) - \left[\frac{\phi_2(x)\overline{\phi_2(t)}}{\lambda_2} \right]$$
$$= K(x, t) - \sum_{k=1}^2 \frac{\phi_k(x)\overline{\phi_k(t)}}{\lambda_k}$$

也有一个特征值 λ_3 和特征函数 $\phi_3(x)$. 这样继续下去有两种结果, 要么进行几步后, $K_{n+1}(x, t) \equiv 0$, 于是核 $K(x, t)$ 便为一个退化核, n 个截核

$$K(x, t) = \sum_{k=1}^n \frac{\phi_k(x)\overline{\phi_k(t)}}{\lambda_k}; \tag{3.7.25}$$

要么这个过程无限继续下去, 若这样, 便有无穷个特征值和特征函数, 此时核是否依然可以表示为形式类似 (3.7.25) 的双线型表达式呢?

定理 3.7.6　设平方可积对称核的所有特征值为 $\{\lambda_k\}$, 相应的特征函数为 $\{\phi_k(x)\}$, 那么, 级数

$$\sum_{n=1}^{\infty} \frac{|\phi_n(x)|^2}{\lambda_n^2}$$

收敛且其和是有界的, 即

$$\sum_{n=1}^{\infty} \frac{|\phi_n(x)|^2}{\lambda_n^2} \leqslant c_1^2,$$

其中, c_1^2 是积分 $\displaystyle\int_a^b |K(x,t)|^2 \mathrm{d}t$ 的一个上界.

　　证明　核 $K(x,t)$ 对于固定 x 的 Fourier 系数 a_n 可以写为

$$a_n = \int_a^b K(x,t)\phi_n(x)\,\mathrm{d}t = \frac{\phi_n(x)}{\lambda_n}.$$

这样, 应用 Bessel 不等式立得

$$\sum_{n=1}^{\infty} \frac{|\phi_n(x)|^2}{\lambda_n^2} \leqslant \int_a^b |K(x,t)|^2 \mathrm{d}t \leqslant c_1^2.$$

　　定理 3.7.7　设对称核 $K(x,t)$ 的特征值为 $\{\lambda_n\}$, 相应的特征函数为 $\phi_n(x)$, 则其第 n 个截核

$$K_{n+1}(x,t) = K(x,t) - \sum_{m=1}^{n} \frac{\phi_m(x)\,\overline{\phi_m(t)}}{\lambda_m} \tag{3.7.26}$$

只有特征值 $\lambda_{n+1}, \lambda_{n+2}, \lambda_{n+3}, \cdots$ 及其相应的特征函数 $\phi_{n+1}(x), \phi_{n+2}(x),$ $\phi_{n+3}(x), \cdots$.

　　证明 (Kanwal, 1997)　(1) 考虑到积分方程

$$\phi(x) - \lambda \int_a^b K^{(n+1)}(x,t)\phi(t)\,\mathrm{d}t = 0 \tag{3.7.27}$$

等价于

$$\phi(x) - \lambda \int_a^b K(x,t)\phi(t)\,\mathrm{d}t + \lambda \sum_{m=1}^{n} \frac{\phi_m(x)}{\lambda_m} \int_a^b \phi(t)\overline{\phi_m(t)}\mathrm{d}t = 0,$$

方程左边令 $\lambda = \lambda_j$, $\phi(x) = \overline{\phi_j(x)}$, $j \geqslant n+1$, 根据正交条件有

$$\phi_j(x) - \lambda_j \int_a^b K(x,t)\phi_j(t)\,\mathrm{d}t = 0.$$

这说明当 $j \geqslant n+1$ 时 λ_j, $\phi_j(x)$ 是截核 $K_{n+1}(x,t)$ 的特征值和特征函数,

(2) 设 λ 和 $\phi(x)$ 是截核 $K_{n+1}(x,t)$ 的特征值和特征函数, 则

$$\phi(x) - \lambda \int_a^b K(x,t)\phi(t)\,\mathrm{d}t + \lambda \sum_{m=1}^n \frac{\phi_m(x)}{\lambda_m} \int_a^b \phi(t)\overline{\phi_m(t)}\mathrm{d}t = 0. \tag{3.7.28}$$

方程 (3.7.28) 两端乘以 $\overline{\phi_j(x)}(j \leqslant n)$ 并积分得

$$\int_a^b \phi(x)\overline{\phi_j(x)}\mathrm{d}x - \lambda \int_a^b \int_a^b K(x,t)\phi(t)\overline{\phi_j(x)}\mathrm{d}t\mathrm{d}x + \frac{\lambda}{\lambda_j} \int_a^b \phi(x)\overline{\phi_j(x)}\mathrm{d}x = 0, \tag{3.7.29}$$

这里已使用 $\phi_j(x)$ 的正交性, 由于

$$\lambda \int_a^b \int_a^b K(x,t)\phi(t)\overline{\phi_j(x)}\mathrm{d}t\mathrm{d}x = \frac{\lambda}{\lambda_j} \int_a^b \phi(x)\overline{\phi_j(x)}\mathrm{d}x,$$

故 (3.7.29) 变为

$$\int_a^b \phi(x)\overline{\phi_j(x)}\mathrm{d}x - \frac{\lambda}{\lambda_j}\left[\int_a^b \phi(x)\overline{\phi_j(x)}\mathrm{d}x - \int_a^b \phi(x)\overline{\phi_j(x)}\mathrm{d}x\right] = \int_a^b \phi(x)\overline{\phi_j(x)}\mathrm{d}x = 0. \tag{3.7.30}$$

于是方程 (3.7.28) 左端最后一项为零, 因此

$$\phi(x) - \lambda \int_a^b K(x,t)\phi(t)\,\mathrm{d}t = 0. \tag{3.7.31}$$

这说明 λ 和 $\phi(x)$ 也是核 $K(x,t)$ 的特征值和特征函数且 $\phi \neq \phi_j, j \leqslant n$.

这是因为从 (3.7.30) 看出, ϕ 与所有的 $\phi_j(j \leqslant n)$ 正交. 所以 λ 和 $\phi(x)$ 必须分别包含在核 $K(x,t)$ 当 $k \geqslant n+1$ 时的特征值和特征函数序列中.

由上述两定理知如果对称核 $K(x,t)$ 只有有限个特征值, 则 $K(x,t)$ 一定是退化核. 反之也成立.

定理 3.7.8 对称核 $K(x,t)$ 是退化核的充分必要条件是 $K(x,t)$ 的特征值个数有限.

证明 由 3.4 节可知, 对称退化核方程的 Fredholm 行列式 $D(\lambda) = 0$ 的根只有有限个, 因此它的特征值个数有限.

反之, 如果对称核 $K(x,t)$ 只有有限 (n) 个特征值, 因此 $K_{n+1}(x,t)$ 应该为零, 故由 (3.7.26) 得

$$K(x,t) = \sum_{m=1}^n \frac{\phi_m(x)\overline{\phi_m(t)}}{\lambda}. \tag{3.7.32}$$

于是 (3.7.32) 是一个退化核.

对称核积分方程最关键的结果就是下面将要证明 Hilbert-Schmidt 展开定理, 在证明该定理之前先证明一个引理.

引理 3.7.1　设 $\phi_n(x)(n=1,2,3,\cdots)$ 是核 $K(x,t)$ 的特征函数, 则使连续函数 $Q(x)$ 与核 $K(x,t)$ 正交的充要条件是 $Q(x)$ 与 $K(x,t)$ 的每个特征函数正交, 即

$$\int_a^b K(x,t)Q(t)\,\mathrm{d}t = 0$$

的充要条件是

$$\int_a^b Q(x)\phi_n(x)\mathrm{d}x = 0, \quad n=1,2,3\cdots.$$

定理 3.7.9(Hilbert-Schmidt 展开定理)　对于平方可积对称核 $K(x,t)$ 和平方可积函数 $h(t)$, 如果 $f(x)$ 可表示为

$$f(x) = \int_a^b K(x,t)h(t)\,\mathrm{d}t, \tag{3.7.33}$$

则 $f(x)$ 可以展成关于核 $K(x,t)$ 的特征函数组 $\{\phi_n(x)\}$ 的绝对且一致收敛的 Fourier 级数, 即

$$f(x) = \sum_{n=1}^\infty f_n\phi_n(x), \quad f_n = \int_a^b f(x)\overline{\phi_n(x)}\mathrm{d}x. \tag{3.7.34}$$

函数 $f(x)$ 的 Fourier 系数和函数 $h(x)$ 的 Fourier 系数 h_n 有如下的关系:

$$f_n = \frac{h_n}{\lambda_n}, \quad h_n = \int_a^b h(x)\overline{\phi_n(x)}\mathrm{d}x, \tag{3.7.35}$$

其中, λ_n 是核 $K(x,t)$ 的特征值.

证明 (Kanwal, 1997)　将 (3.7.33) 代入 (3.7.34) 的第 2 个式子, 经过交换积分次序便可得 (3.7.35), 将 $f(x)$ 展为 Fourier 级数

$$f(x) \sim \sum_{n=1}^\infty f_n\phi_n(x) = \sum_{n=1}^\infty \frac{h_n}{\lambda_n}\phi_n(x), \tag{3.7.36}$$

其余项估计为

$$\left|\sum_{k=n+1}^{m+p} h_k\frac{\phi_k(x)}{\lambda_k}\right|^2 \leqslant \sum_{k=m+1}^{m+p} h_k^2 \sum_{k=m+1}^{m+p} \frac{|\phi_k(x)|^2}{\lambda_k^2}$$

$$\leqslant \sum_{k=m+1}^{m+p} h_k^2 \sum_{k=1}^\infty \frac{|\phi_k(x)|^2}{\lambda_k^2}.$$

由定理 3.7.6 知上式中的级数收敛且和有界. 由于 $h(x)$ 是平方可积的, 所以 $\sum_{k=1}^\infty h_k^2$ 是收敛的, 则其部分和 $\sum_{k=m+1}^{m+p} h_k^2$ 可以任意小. 因此级数 (3.7.36) 绝对且一致收敛.

下面证明级数 (3.7.36) 收敛于 $f(x)$, 考虑

$$Q(x) = \sum_{n=1}^{\infty} \frac{h_n}{\lambda_n} \phi_n(x) - f(x),$$

则

$$\int_a^b Q(x)\phi_p(x)\,\mathrm{d}x = \int_a^b \left[\sum_{n=1}^{\infty} \frac{h_n}{\lambda_n}\phi_n(x) - f(x)\right]\overline{\phi_p(x)}\mathrm{d}x$$

$$= \frac{h_p}{\lambda_p} - f_p = 0. \tag{3.7.37}$$

于是 $Q(x)$ 与所有的特征函数 $\phi_n(x)$ 正交. 由引理 3.7.1 知

$$\int_a^b K(x,t)Q(x)\,\mathrm{d}x = 0.$$

于是

$$\int_a^b Q^2(x)\mathrm{d}x = \int_a^b Q(x)\left[\sum_{n=1}^{\infty} \frac{h_n}{\lambda_n}\phi_n(x) - f(x)\right]\mathrm{d}x$$

$$= -\int_a^b Q(x)f(x)\,\mathrm{d}x.$$

把 (3.7.33) 代入上式, 考虑到 (3.7.37), (3.7.38) 得

$$\int_a^b Q^2(x)\mathrm{d}x = -\int_a^b Q(x)\int_a^b K(x,t)h(t)\,\mathrm{d}t\mathrm{d}x$$

$$= -\int_a^b h(t)\int_a^b K(x,t)Q(x)\,\mathrm{d}x\mathrm{d}t$$

$$= 0.$$

于是

$$Q(x) = \sum_{n=1}^{\infty} \frac{h_n}{\lambda_n}\phi_n(x) - f(x) = 0, \tag{3.7.38}$$

即

$$f(x) = \sum_{n=1}^{\infty} \frac{h_n}{\lambda_n}\phi_n(x) = \sum_{n=1}^{\infty} f_n\phi_n(x).$$

事实上, 当平方可积对称核 $K(x,t)$ 是连续函数, 且只有正特征值 (或最多只有有限个实特征值) 时, 核 $K(x,t)$ 可展成类似 (3.7.25) 的双线性的无穷级数.

定理 3.7.10(Mercer 定理)　　如果非零平方可积对称核 $K(x,t)$ 是连续的, 且只有正特征值 (或最多只有有限个实特征值) 时, 则级数

$$\sum_{n=1}^{\infty} \frac{1}{\lambda_n} \tag{3.7.39}$$

收敛且级数

$$\sum_{n=1}^{\infty} \frac{\phi_n(x) \overline{\phi_n(t)}}{\lambda_n}$$

绝对且一致收敛于 $K(x,t)$, 即

$$K(x,t) = \sum_{n=1}^{\infty} \frac{\phi_n(x) \overline{\phi_n(t)}}{\lambda_n}. \tag{3.7.40}$$

Mercer 定理在 $K(x,t)$ 只有负特征值 (至多只有有限个正特征值) 时也成立.

　　事实上, 许多物理与力学问题通常都可归结为只具有正特征值的对称核方程. 因此 Mercer 定理具有较广泛的应用范围.

3.7.3　对称核积分方程的解法

　　现在利用 Hilbert-Schmidt 定理求解具有平方可积对称核的非齐次第二类 Fredholm 积分方程

$$\phi(x) = \lambda \int_a^b K(x,t)\phi(t)\,\mathrm{d}t + f(x). \tag{3.7.41}$$

　　假设核 $K(x,t)$ 的特征值 $\{\lambda_n\}$ 和特征函数 $\{\phi_n(x)\}$ 如 (3.7.23), (3.7.24), 参数 λ 不是某一个特征值.

　　将方程 (3.7.41) 变形为

$$\phi(x) - f(x) = \lambda \int_a^b K(x,t)\phi(t)\,\mathrm{d}t,$$

则由 Hilbert-Schmidt 定理得

$$\phi(x) - f(x) = \sum_{n=1}^{\infty} c_n \phi_n(x), \tag{3.7.42}$$

其中,

$$c_n = \int_a^b [\phi(x) - f(x)]\overline{\phi_n(x)}\mathrm{d}x = \phi_n - f_n, \tag{3.7.43}$$

$$\phi_n = \int_a^b \phi(x)\overline{\phi_n(x)}\mathrm{d}x, \quad f_n = \int_a^b f(x)\overline{\phi_n(x)}\mathrm{d}x. \tag{3.7.44}$$

由 (3.7.35) 可知

$$c_n = \frac{\lambda \phi_n}{\lambda_n}.$$
(3.7.45)

由于 λ 不是特征值, 所以由方程 (3.7.43) 和 (3.7.45) 得

$$c_n = \left[\frac{\lambda}{\lambda_n - \lambda} \right] f_n, \quad \phi_n = \left[\frac{\lambda_n}{\lambda_n - \lambda} \right] f_n.$$
(3.7.46)

将方程 (3.7.46) 代入方程 (3.7.42), 就可得到积分方程 (3.7.41) 的绝对且一致收敛的级数形式解

$$\phi(x) - f(x) = \lambda \sum_{n=1}^{\infty} \frac{f_n}{\lambda_n - \lambda} \phi_n(x)$$
(3.7.47)

或者

$$\phi(x) = f(x) + \lambda \sum_{n=1}^{\infty} \int_a^b \frac{\phi_n(x) \overline{\phi_n(t)}}{\lambda_n - \lambda} f(t) \mathrm{d}t.$$
(3.7.48)

这样, 解核 $\Gamma(x, t; \lambda)$ 可以表示为级数

$$\Gamma(x, t; \lambda) = \sum_{n=1}^{\infty} \frac{\phi_n(x) \overline{\phi_n(t)}}{\lambda_n - \lambda}.$$
(3.7.49)

从上式可看出, 平方可积对称核 $K(x, t)$ 的解核 $\Gamma(x, t; \lambda)$ 的奇点都是单极点, 且每个极点就是核 $K(x, t)$ 的一个特征值.

前面的讨论都是基于参数 λ 不等于任何一个特征值的假定, 现在考虑如果 λ 等于对称核的某一个特征值, 那么它一定在特征值序列 $\{\lambda_n\}$ 中, 且可能重复若干次, 设 $\lambda = \lambda_m = \lambda_{m+1} = \cdots = \lambda_{m+p}$ 对于下脚标 n 不同于 $m, m+1, \cdots, m+p$ 时, (3.7.46) 中 c_n, ϕ_n 和等式依然成立; 然而, 如果下脚标 n 等于 $m, m+1, \cdots, m+p$ 中的任一个时 $f_n = 0$, 这就意味着积分方程 (3.7.41) 当且仅当自由项 $f(x)$ 与特征函数 $\phi_m, \phi_{m+1}, \cdots, \phi_{m+p}$ 正交时有解, 且解依然由 (3.7.47) 给出, 只是系数的分子分母均为零的项的系数取为任意常数即可.

例 3.7.1 求解对称核积分方程

$$\phi(x) = (x+1)^2 + \int_{-1}^{1} (xt + x^2 t^2) \phi(t) \, \mathrm{d}t.$$
(3.7.50)

解 类似 3.4 节, 可设方程 (3.7.50) 的解具有形式

$$\phi(x) = (x+1)^2 + c_1 \lambda x^2 + c_2 \lambda x,$$
(3.7.51)

代入原方程 (3.7.50) 立得

$$\left(1 - \frac{2}{3} \lambda \right) c_2 = \int_{-1}^{1} t(t+1)^2 \mathrm{d}t,$$

$$\left(1 - \frac{2}{5}\lambda\right)c_1 = \int_{-1}^{1} t^2(t+1)^2 \mathrm{d}t.$$

于是

$$D(\lambda) = \begin{vmatrix} 1 - \dfrac{2}{3}\lambda & 0 \\ 0 & 1 - \dfrac{2}{5}\lambda \end{vmatrix} = \left(1 - \frac{2}{3}\lambda\right)\left(1 - \frac{2}{5}\lambda\right).$$

令 $D(\lambda) = 0$, 得 $\lambda_1 = \dfrac{3}{2}, \lambda_2 = \dfrac{5}{2}$. 相应特征值 $\lambda_1 = \dfrac{3}{2}, \lambda_2 = \dfrac{5}{2}$ 的标准正则化的特征函数为 $\phi_1(x) = \sqrt{\dfrac{3}{2}}x, \phi_2(x) = \sqrt{\dfrac{5}{2}}x^2$, 于是

$$f_1 = \int_{-1}^{1} (t^2 + 2t + 1)\sqrt{\frac{3}{2}}t\mathrm{d}t = \frac{2}{3}\sqrt{6},$$

$$f_2 = \int_{-1}^{1} (t^2 + 2t + 1)\sqrt{\frac{5}{2}}t^2\mathrm{d}t = \frac{8}{15}\sqrt{10}.$$

最后得

$$\phi(x) = \frac{\frac{2}{3}\sqrt{6}}{3/2 - 1}\left(\sqrt{\frac{3}{2}}\right)x + \frac{\frac{8}{15}\sqrt{10}}{5/2 - 1}\left(\sqrt{\frac{5}{2}}\right)x^2 + (x+1)^2,$$

即

$$\phi(x) = \frac{25}{9}x^2 + 6x + 1. \tag{3.7.52}$$

例 3.7.2　求解对称核积分方程

$$\phi(x) = x^2 + 1 + \frac{3}{2}\int_{-1}^{1}(xt + x^2t^2)\phi(t)\mathrm{d}t. \tag{3.7.53}$$

解　同上例, 此时特征值为 $\lambda_1 = \dfrac{3}{2}, \lambda_2 = \dfrac{5}{2}$, 但参数 λ 也正好等于 $\dfrac{3}{2}$, 即 $\lambda = \lambda_1 = \dfrac{3}{2}$, 但恰好自由项 $x^2 + 1$ 与特征函数 $\sqrt{\dfrac{3}{2}}x$ 正交. 由本节的讨论知此时

$$f_1 = 0, \quad f_2 = \frac{8}{15}\sqrt{10}.$$

于是其解此时为

$$\phi(x) = \frac{3}{2}\frac{\frac{8}{15}\sqrt{10}}{5/2 - 3/2}\left(\sqrt{\frac{5}{2}}\right)x^2 + cx + x^2 + 1,$$

即

$$\phi(x) = 5x^2 + cx + 1, \tag{3.7.54}$$

其中, c 是一任意常数.

例 3.7.3 求解对称核积分方程

$$\phi(x) = f(x) + \lambda \int_a^b K(x) k(t) \phi(t) \, dt. \tag{3.7.55}$$

解 如果写出

$$\int_a^b k(x) k(t) k(t) \, dt = \left\{ \int_a^b [k(t)]^2 \, dt \right\} k(x),$$

则可知对称核 $k(x) k(t)$ 的特征值为

$$\lambda_1 = \frac{1}{\displaystyle\int_a^b [k(t)]^2 \, dt},$$

相应的标准正则化的特征函数为

$$\phi_1(x) = \frac{k(x)}{\left\{ \displaystyle\int_a^b [k(t)]^2 \, dt \right\}^{1/2}}.$$

于是

$$f_1 = \left\{ \int_a^b [k(t)]^2 \, dt \right\}^{-1/2} \int_a^b f(t) k(t) \, dt.$$

这样, 如果 $\lambda \neq \lambda_1$, 则原方程的解为

$$\begin{aligned}
\phi(x) &= \frac{\lambda f_1}{\lambda_1 - \lambda} \phi_1(x) + f(x) \\
&= \frac{\lambda k(x) \displaystyle\int_a^b f(x) k(x) \, dx}{1 - \lambda \displaystyle\int_a^b [k(x)]^2 \, dx} + f(x).
\end{aligned} \tag{3.7.56}$$

而如果

$$\lambda = \lambda_1 = \frac{1}{\displaystyle\int_a^b [k(x)]^2 \, dx},$$

则 $f(x)$ 必须与特征函数 $\phi_1(x)$ 正交, 才有解

$$\phi(x) = c k(x) + f(x), \tag{3.7.57}$$

其中, c 为任意常数.

例 3.7.4　求解对称核积分方程

$$\phi(x) - \lambda \int_0^1 k(x,t)\phi(t)\,\mathrm{d}t = x, \tag{3.7.58}$$

$$K(x,t) = \begin{cases} x(t-1), & 0 \leqslant x \leqslant t, \\ t(x-1), & t \leqslant x \leqslant 1. \end{cases}$$

解　先求方程 (3.7.58) 的齐次方程的特征值、特征函数.

由于

$$\phi(x) = \lambda \int_0^x t(x-1)\phi(t)\,\mathrm{d}t + \lambda \int_x^1 x(t-1)\phi(t)\,\mathrm{d}t$$

$$= \lambda(x-1)\int_0^x t\phi(t)\,\mathrm{d}t + \lambda x \int_x^1 (t-1)\phi(t)\,\mathrm{d}t,$$

$$\phi'(x) = \lambda(x-1)x\phi(x) + \lambda \int_0^x t\phi(t)\,\mathrm{d}t - \lambda x(x-1)\phi(x) + \lambda \int_x^1 (t-1)\phi(t)\,\mathrm{d}t$$

$$= \lambda \int_0^x t\phi(t)\,\mathrm{d}t + \lambda \int_x^1 (t-1)\phi(t)\,\mathrm{d}t,$$

$$\phi''(x) = \lambda x\phi(x) + \lambda(1-x)\phi(x) = \lambda\phi(x).$$

于是求齐次积分方程的特征值转化为求下列微分方程的特征值:

$$\phi''(x) - \lambda\phi(x) = 0, \quad \phi(0) = 0, \quad \phi(1) = 0. \tag{3.7.59}$$

方程 (3.7.59) 的特征值为 $\lambda_n = -n^2\pi^2, n = 1, 2, \cdots$. 相应的特征函数是

$$\phi_n(x) = \sqrt{2}\sin n\pi x, \quad n = 1, 2, \cdots.$$

于是求得

$$f_n = \frac{(-1)^{n+1}}{n\pi}\sqrt{2}.$$

当 $\lambda \neq \lambda_n, n = 1, 2, \cdots$ 时, 则非齐次方程 (3.7.58) 的唯一解为

$$\phi(x) = x + \lambda \sum_{n=1}^{\infty} \frac{f_n}{-n^2\pi^2 - \lambda}\sqrt{2}\sin n\pi x. \tag{3.7.60}$$

当 $\lambda = \lambda_n = -n^2\pi^2$ 时, 由于 $f_n \neq 0$, 所以正交性条件不满足, 此时方程 (3.7.58) 无解.

例 3.7.5　求解对称核积分方程

$$\phi(x) - \lambda \int_0^1 k(x,t)\phi(t)\,\mathrm{d}t = \cos \pi x, \tag{3.7.61}$$

$$K\left(x,t\right)=\begin{cases} t(x+1), & 0\leqslant x\leqslant t,\\ x(t+1), & t\leqslant x\leqslant 1.\end{cases}$$

解 同例 3.7.4, 它的齐次方程的特征值问题等价于下列微分方程的特征值问题:

$$\phi''\left(x\right)-\lambda\phi\left(x\right)=0,\quad \phi\left(0\right)=\phi'\left(0\right),\quad \phi\left(1\right)=\phi'\left(1\right),$$

它的特征值为 $\lambda_0=1,\lambda_n=-n^2\pi^2,n=1,2,\cdots$, 相应的特征函数为

$$\phi_0\left(x\right)=\frac{\sqrt{2}}{\sqrt{\mathrm{e}^2-1}}\mathrm{e}^x,\quad \phi_n\left(x\right)=\sqrt{\frac{2}{n^2\pi^2+1}}(\sin n\pi x+n\pi\cos n\pi x),\quad n=1,2,\cdots.$$

于是求得

$$f_0=\int_0^1\frac{\sqrt{2}}{\sqrt{\mathrm{e}^2-1}}\mathrm{e}^x\cos\pi x\mathrm{d}x=-\frac{\sqrt{2}}{1+\pi^2}\sqrt{\frac{\mathrm{e}+1}{\mathrm{e}-1}},$$

$$f_1=\sqrt{\frac{2}{\pi^2+1}}\int_0^1\cos\pi x(\sin\pi x+\pi\cos\pi x)\mathrm{d}x=\sqrt{\frac{1}{2\left(1+\pi^2\right)}}\pi,$$

$$f_n=\sqrt{\frac{2}{n^2\pi^2+1}}\int_0^1\cos\pi x(\sin n\pi x+n\pi\cos n\pi x)\mathrm{d}x$$
$$=0,\quad n=2,3,\cdots.$$

当 $\lambda\neq 1$ 或 $\lambda\neq -n^2\pi^2$ 时, 方程 (3.7.61) 有唯一解

$$\phi\left(x\right)=\cos\pi x-\lambda\left[\frac{f_0(\sqrt{2}/\sqrt{\mathrm{e}^2-1})\mathrm{e}^x}{\lambda-1}\right.$$
$$\left.+\sum_{n=1}^\infty\frac{f_n}{\lambda+n^2\pi^2}\sqrt{\frac{2}{n^2\pi^2+1}}(\sin n\pi x+n\pi\cos n\pi x)\right]$$
$$=\cos\pi x+\frac{2\lambda}{(\lambda-1)\left(1+\pi^2\right)\left(\mathrm{e}-1\right)}\mathrm{e}^x$$
$$-\frac{\lambda\pi}{(1+\pi^2)\left(\lambda+\pi^2\right)}\left(\sin\pi x+\pi\cos\pi x\right). \tag{3.7.62}$$

当 $\lambda=1$ 或 $\lambda=-\pi^2$ 时, 由于自由项 $\cos\pi x$ 与其相应的特征函数 $\phi_0\left(x\right)=\mathrm{e}^x$ 或 $\phi_1\left(x\right)=\sin\pi x+\pi\cos\pi x$ 不正交, 所以方程 (3.7.61) 此时无解.

当 $\lambda=\lambda_p=-p^2\pi^2\,(p=2,3,\cdots)$ 时, 自由项与这些特征值相应的特征函数正交, 即可解性条件满足, 于是方程 (3.7.61) 的解为

$$\phi(x)=\cos\pi x+\lambda_p\left[\frac{f_0}{1-\lambda_p}\phi_0\left(x\right)-\frac{f_1}{\lambda+\pi^2}\phi_1\left(x\right)\right]+c\left(\sin p\pi x+p\pi\cos p\pi x\right)$$
$$=\cos\pi x+\frac{1}{\pi^2+1}\left[\frac{2p^2\pi^2\mathrm{e}^x}{(p^2+\pi^2)\left(\mathrm{e}-1\right)}-\frac{p^2}{p^2-1}\left(\sin\pi x+p\pi\cos\pi x\right)\right]$$
$$+c\left(\sin p\pi x+p\pi\cos p\pi x\right), \tag{3.7.63}$$

其中, c 为任意常数.

例 3.7.6　求解对称核积分方程

$$\phi(x) - \lambda \int_0^1 k(x,t)\phi(t)\mathrm{d}t = \mathrm{e}^x, \tag{3.7.64}$$

$$k(x,t) = \begin{cases} \dfrac{\mathrm{sh}x\mathrm{sh}(t-1)}{\mathrm{sh}1}, & 0 \leqslant x \leqslant t, \\[3mm] \dfrac{\mathrm{sh}t\mathrm{sh}(x-1)}{\mathrm{sh}1}, & t \leqslant x \leqslant 1. \end{cases}$$

解　原方程可写为

$$\phi(x) = \mathrm{e}^x + \frac{\lambda\mathrm{sh}(x-1)}{\mathrm{sh}1}\int_0^x \mathrm{sh}t\phi(t)\mathrm{d}t + \frac{\lambda\mathrm{sh}x}{\mathrm{sh}1}\int_x^1 \mathrm{sh}(t-1)\phi(t)\mathrm{d}t,$$

则

$$\phi'(x) = \mathrm{e}^x + \frac{\lambda\mathrm{sh}(x-1)}{\mathrm{sh}1}\int_0^x \mathrm{sh}t\phi(t)\mathrm{d}t + \frac{\lambda\mathrm{ch}x}{\mathrm{sh}1}\int_x^1 \mathrm{sh}(t-1)\phi(t)\mathrm{d}t,$$

$$\phi''(x) = \mathrm{e}^x + \frac{\lambda\mathrm{sh}(x-1)}{\mathrm{sh}1}\int_0^x \mathrm{sh}t\phi(t)\mathrm{d}t + \frac{\lambda\mathrm{ch}(x-1)}{\mathrm{sh}1}\mathrm{sh}x\phi(x)$$

$$+ \lambda\frac{\mathrm{sh}x}{\mathrm{sh}1}\int_x^1 \mathrm{sh}(t-1)\phi(t)\mathrm{d}t - \frac{\lambda\mathrm{ch}x}{\mathrm{sh}1}\mathrm{sh}(x-1)\phi(x)$$

$$= \phi(x) + \frac{\lambda\phi(x)}{\mathrm{sh}1}[\mathrm{ch}(x-1)\mathrm{sh}x - \mathrm{ch}x\mathrm{sh}(x-1)]$$

$$= (\lambda+1)\phi(x).$$

于是积分方程就转化为下列常微分方程的非齐次边值问题:

$$\phi''(x) = (\lambda+1)\phi(x), \quad \phi(0) = 1, \quad \phi(1) = \mathrm{e}.$$

当 $\lambda+1 = 0$, 即 $\lambda = -1$ 时, $\phi(x) = (\mathrm{e}-1)x + 1$;

当 $\lambda+1 > 0$, 即 $\lambda > -1$ 时, $\phi(x) = \dfrac{\mathrm{sh}\left[\sqrt{\lambda+1}(1-x)\right]\mathrm{e}\cdot\mathrm{sh}\left(\sqrt{\lambda+1}x\right)}{\mathrm{sh}\sqrt{\lambda+1}}$;

当 $\lambda+1 < 0$, 即 $\lambda < -1$ 时, 记 $\lambda+1 = -\mu^2$,

$$\phi(x) = C_1\cos\mu x + C_2\sin\mu x.$$

由初始条件得

$$C_1 = 1, \quad C_1\cos\mu x + C_2\sin\mu x = \mathrm{e}. \tag{3.7.65}$$

若 $\sin\mu \neq 0$, 则 $C_1 = 1, C_2 = \dfrac{\mathrm{e} - \cos\mu}{\sin\mu}$, 则

$$\phi(x) = \cos\mu x + \frac{\mathrm{e} - \cos\mu}{\sin\mu}\sin\mu x.$$

若 $\sin\mu = 0$, 即 $\mu = m\pi (m = 1, 2, \cdots)$, 此时 (3.4.65) 方程无解, 所以积分方程 (3.7.64) 无解.

3.7.4 双对称核, 斜对称核

本节讨论可化为对称核的双对称核、斜对称核等.

1. 双对称核

形如

$$K(x, t) = A(x)B(t)k(x, t) \tag{3.7.66}$$

的核 $K(x, t)$ 称为**双对称核**, 其中, $A(x)B(x) > 0, k(x, t)$ 是对称核, 即 $k(x, t) = k(t, x)$.

为叙述简单, 设 $K(x, t)$ 是实核. 设 Φ_i, Ψ_j 是特征值 λ_i 的特征函数, 如果是数组 $\{\Phi_i\}, \{\Psi_i\}$ 满足

$$\int_a^b \Phi_i(t) \cdot \Psi_i(t)\mathrm{d}t = \begin{cases} 0, & i \neq j, \\ 1, & i = j, \end{cases} \tag{3.7.67}$$

则称该函数组为**双正交函数组**.

定理 3.7.11 对于在连续点上不恒为零的双对称核 $K(x, t)$, 其特征值全为实的且每个特征值存在两个特征函数, 进而组成一个双正交特征函数组.

证明 (Kondo, 1991) (1) 将核 $K(x, t)$ 表示为对称核 $k_1(x, t)$. 通过变换有

$$K(x, t) = \left[\frac{A(x)B(t)}{A(t)B(x)}\right]^{1/2} k(x, t) \left[A(x)B(t)A(t)B(x)\right]^{1/2}.$$

如果令 $m(x) \equiv \left[\dfrac{A(x)}{B(x)}\right]^{1/2}$, 则

$$K(x, t) = \frac{m(\lambda)}{m(t)} k_1(x, t),$$

其中, $k_1(x, t) \equiv [A(x)B(x)A(t)B(t)]^{1/2} k(x, t)$ 已是一个对称核.

(2) 核 $K(x, t)$ 的特征值与对称核 $k_1(x, t)$ 的一致.

由于核 $\dfrac{m(x)}{m(t)} k_1(x, t)$ 的叠核是 $\dfrac{m(x)}{m(t)} k_1^{(n)}(x, t)$, 所以如果记 $\Gamma_1(x, t; \lambda)$ 是核 $k_1(x, t)$ 的解核, 则 $\dfrac{m(x)}{m(t)} \Gamma_1(x, t; \lambda)$ 是核 $\dfrac{m(x)}{m(t)} k_1(x, t) = K(x, t)$ 的解核. 因此核 $K(x, t)$ 与对称核 $k_1(x, t)$ 的特征值一致, 而由定理 3.7.4 知, 对称核 $k_1(x, t)$ 的所有特征值是实数, 所以 $K(x, t)$ 的所有特征值是实数.

(3) 特征函数组组成双正交函数组.

如果将对称核 $k_1(x, t)$ 的特征值 λ_i 相应的特征函数表示为

$$[A(x)B(x)]^{1/2} \phi_i(x),$$

假设它们已标准正则化, 则

$$\int_a^b A(x)B(x)\phi_i(x)\phi_j(x)\mathrm{d}x = \begin{cases} 0, & i \neq j, \\ 1, & i = j. \end{cases} \tag{3.7.68}$$

由于

$$[A(x)B(x)]^{1/2} \phi_i(x) = \lambda_i \int_a^b k_1(x, t) [A(t)B(t)]^{1/2} \phi_i(t)\mathrm{d}t, \tag{3.7.69}$$

两端同乘 $\left[\dfrac{A(x)}{B(x)}\right]^{1/2}$, 则得

$$A(x)\phi_i(x) = \lambda_i \int_a^b \left[\frac{A(x)B(t)}{A(t)B(x)}\right]^{1/2} k_1(x, t)A(t)\phi_i(t)\,\mathrm{d}t,$$

即

$$A(x)\phi_i(x) = \lambda_i \int_a^b K(x, t)A(t)\phi_i(t)\mathrm{d}t.$$

也就是说, $A(x)\phi_i(x)$ 是核 $K(x, t)$ 的特征值 λ_i 相应的特征函数.

令 $\Phi_i(x) = A(x)\phi_i(x)$, 则 $\Phi_i(x)$ 是核 $K(x, t)$ 的特征值 λ_i 相应的特征函数. 类似地, 如果方程 (3.7.69) 两端同乘的因子换为 $\left[\dfrac{B(x)}{A(x)}\right]^{1/2}$, 令

$$\Psi_i(x) = B(x)\phi_i(x),$$

则 $\Psi_i(x)$ 也是 λ_i 的相应特征函数.

而由 (3.7.68) 知 (3.7.67) 成立, 即双对称核 $K(x, t)$ 的相应特征值的特征函数组成了双正交特征函数组.

例 3.7.7   求双对称核

$$K(x, t) = \left(xt^3\right)^{1/2} (x + t), \quad (x, t) \in (0, 1) \times (0, 1)$$

的特征值和特征函数.

解   此时 $A(x) = \sqrt{x}$, $B(t) = \sqrt{t^3}$, 则对称核

$$k_1(x, t) = xt(x + t),$$

其特征方程是

$$\lambda^2 + 120\lambda - 240 = 0.$$

从而其特征值

$$\lambda_1 \approx 2, \quad \lambda_2 \approx -122,$$

则核 $k_1(x,t)$ 的相应 λ_1, λ_2 的标准正则化的特征函数分别为

$$\phi_1(x) = \frac{1}{108.2}\left(120x^2 + 96x\right) = (1.11x + 0.887)\, x,$$

$$\phi_2(x) = \frac{1}{852}\left(7560x^2 - 5856x\right) = (8.873x - 6.873)\, x,$$

所以双对称核 $K(x,t)$ 的特征值分别为 $2, -122$, 且其相应 $\lambda_1 = 2$ 的正则化特征函数为

$$\Phi_1(x) = (1.11x + 0.887)\sqrt{x}, \quad \Psi_1(x) = (1.11x + 0.887)\sqrt{x^3}.$$

相应 $\lambda_1 = -122$ 的正则化特征函数为

$$\Phi_2(x) = (8.873x - 6.873)\sqrt{x}, \quad \Psi_2(x) = (8.873x - 6.873)\sqrt{x^3}.$$

它们组成了正则化的双正交特征函数组.

特别地, 有双对称核的特殊情况, 即 $K(x,t) = P(x)k(x,t)$, 其中

$$P(x) \geqslant 0, \quad k(x,t) = k(t,x).$$

考虑方程

$$\phi(x) = \lambda \int_a^b k(x,t)P(t)\phi(t)\mathrm{d}t + f(x), \tag{3.7.70}$$

作代换

$$\Psi(x) = \phi(x)\sqrt{P(x)},$$

则方程 (3.7.70) 转化为

$$\Psi(x) = \lambda \int_a^b k(x,t)\sqrt{P(x)P(t)}\,\Psi(t)\mathrm{d}t + \sqrt{P(x)}f(x). \tag{3.7.71}$$

方程 (3.7.71) 便是一个具有对称核 $k(x,t)\sqrt{P(x)P(t)}$ 的对称核方程.

设相应 (3.7.71) 方程的齐次方程的特征值为 $\{\lambda_n\}$, 相应的标准正则化的特征函数为 $\{\Psi_n(x)\}$, 即

$$\int_a^b \Psi_m(x)\Psi_n(x)\mathrm{d}x = \begin{cases} 0, & m \neq n, \\ 1, & m = n. \end{cases} \tag{3.7.72}$$

由于

$$\Psi_n(x) = \phi_n(x)\sqrt{P(x)}, \tag{3.7.73}$$

其中, $\phi_n(x)$ 是齐次方程

$$\phi(x) = \lambda \int_a^b k(x,t)\phi(t)\mathrm{d}t$$

的特征函数.

由 (3.7.72), (3.7.73) 知

$$\int_a^b P(x)\phi_m(x)\phi_n(x)\mathrm{d}x = \begin{cases} 0, & m \neq n, \\ 1, & m = n. \end{cases}$$

设函数 $f(x)$ 可表示为

$$f(x) = \int_a^b k(x,t)P(t)h(t)\mathrm{d}t,$$

即

$$\sqrt{P(x)}f(x) = \int_a^b k(x,t)\sqrt{P(x)P(t)} \cdot P(t)h(t)\mathrm{d}t,$$

则由 Hilbert-Schmidt 定理

$$\sqrt{P(x)}f(x) = \sum_{n=1}^\infty f_n \Psi_n(x), \tag{3.7.74}$$

其中,

$$f_n = \int_a^b \sqrt{P(x)}f(x)\Psi_n(x)\mathrm{d}x = \int_a^b f(x)P(x)\phi_n(x)\mathrm{d}x.$$

于是由 (3.7.73), (3.7.74) 得

$$f(x) = \sum_{n=1}^\infty f_n\varphi_n(x).$$

2. 斜对称核

当核 $K(x,t)$ 满足

$$K(x,t) = -K(t,x), \tag{3.7.75}$$

则称其为斜对称核.

事实上, 不难验证斜对称核的叠核 $K^{(2)}(x,t), K^{(4)}(x,t), \cdots, K^{(2n)}(x,t)(n = 1, 2, \cdots)$ 是对称核, $K^{(2)}(x,t), K^{(5)}(x,t), \cdots, K^{(2n+1)}(x,t)(n = 1, 2, \cdots)$ 是斜对称核.

定理 3.7.12 (Kondo, 1991)　在连续点上不恒为零的斜对称核 $K(x,t)$ 的特征值是纯虚数, 相应于特征值只有一个特征函数.

证明　记 $K \circ f \equiv \int_a^b K(x,t)f(t)\mathrm{d}t$, $f(t)$ 为任一函数, 则对斜对称核 $K(x,t)$ 就有

$$K \circ f = -f \circ \widetilde{K}, \quad \widetilde{K} \circ f = -f \circ K, \tag{3.7.76}$$

其中, $\widetilde{K} = K(t,x)$.

注意到 $f \circ (g \circ h) = (f \circ g) \circ h$, g, h 是另外两任意函数.

(1) 特征值是纯虚数. 设 $\phi(x)$ 是相应特征值 λ 的特征函数, 则

$$\phi = \lambda K \circ \phi. \tag{3.7.77}$$

由 (3.7.76) 知

$$\phi = -\lambda \phi \circ \widetilde{K}. \tag{3.7.78}$$

设 $\overline{\phi}$ 是特征函数的共轭, $\overline{\lambda}$ 是特征值 λ 的共轭, 则

$$\overline{\phi} = -\overline{\lambda}\,\overline{\phi} \circ \widetilde{K}. \tag{3.7.79}$$

方程 (3.7.77) 左乘以 $\overline{\lambda}\overline{\phi}$, 方程 (3.7.79) 右乘以 $\lambda\phi$, 然后两式相加得

$$(\lambda + \overline{\lambda})\overline{\phi}\phi = 0,$$

因 $\phi(x)$ 是特征函数, 不可能为零, 所以 $\phi(x) \cdot \overline{\phi(x)}$ 不为零. 只有 $\lambda + \overline{\lambda} = 0$, 从而 λ 只能是一个纯虚数.

(2) 相应于 λ 只有一个特征函数. 假设相应于 λ 有两个特征函数 $\phi_1(x), \phi_2(x)$, 则考虑其差 $r(x) = \phi_1(x) - \phi_2(x)$. 于是 $r(x)$ 也是特征函数, 即

$$r = \lambda K \circ r \quad \text{且} \quad r = -\lambda r \circ K. \tag{3.7.80}$$

上式第一式左乘 r 得

$$r \cdot r = \lambda r \cdot K \circ r, \tag{3.7.81}$$

由 (3.7.80) 知 (3.7.81) 式右端变成 $-r$, 则

$$r \cdot r = -r \cdot r,$$

于是 $r \cdot r = 0$. 所以

$$r \equiv 0.$$

这就证明了相应于特征值 λ 的特征函数是唯一的 (这里指标准正则化特征函数).

例 3.7.8 斜对称核

$$K(x,t) = x - t, \quad x, t \in (0,1).$$

解 $K(x,t)$ 的特征值 $\lambda_{1,2} = \pm 2\sqrt{3}\mathrm{i}$ 的确是纯虚数, 相应于 $\lambda_1 = 2\sqrt{3}\mathrm{i}$ 特征函数为

$$\phi_1(x) = (\sqrt{3} + 3\mathrm{i})x + 2 = (\sqrt{3}x + 2) + 3\mathrm{i}x,$$

相应于 $\lambda_2 = -2\sqrt{3}\mathrm{i}$ 的特征函数为

$$\phi_2(x) = (-\sqrt{3} + 3\mathrm{i})x + 2 = (-\sqrt{3}x + 2) + 3\mathrm{i}x.$$

3.8　数值积分法

用退化核近似逼近任意核的积分方程的近似解法、逐次逼近法等需要计算积分, 尤其是当积分项数较多时, 积分的计算量很大. 而数值积分法就是用数值积分公式把积分方程中的积分用有限项和式代替, 进而把原问题转化为求解线性代数方程组, 最后求出其近似解, 这样就避免了复杂的积分计算, 减少了计算量. 特别是当积分方程的核不是由解析表达式给出, 而是仅在一些离散点上给出时, 更显出该方法的优越性. 正是由于数值积分法的简单和实用性, 许多著名的科学家都曾对这一领域作出过贡献, 值得提出的是 Archimedes, Kepler, Huygens, Newton, Euler, Gauss, Jacobi, Chebyschev, Makov, Fejer, Polya, Szego, Schoeberg, Sobolev 等.

根据积分方程的类型选取适当的积分公式, 尽量使其利用数值积分法得到的近似解的累积误差减少. 为此首先介绍几种常用的比较有效的数值积分公式. 在实际工程中经常遇到计算定积分 $\int_a^b f(x)\,\mathrm{d}x$, 但往往会遇到如下 2 种情况:

(1) 函数 $f(x)$ 的原函数无法用初等函数表出, 或即使原函数能用初等函数表示, 但表达式过于复杂.

(2) 函数 $f(x)$ 的函数值仅在一些离散点上已知.

因此建立定积分的近似计算方法是十分必要的, 数值积分法便是一个很好的定积分的近似计算方法, 即将定积分用一个适当的 Riemann 和来近似代替. 通常写为

$$\int_a^b f(x)\,\mathrm{d}x \approx \sum_{j=1}^n w_j f(x_j), \tag{3.8.1}$$

其中, $x_1, x_2, \cdots, x_n$ 称为积分坐标点或称结点, $w_1, w_2, \cdots, w_n$ 称为积分系数或称伴随于这些结点的 "权", 它与函数 $f(x)$ 的形式无关. 对于不同的数值积分公式, 积分系数 w_j 及积分坐标 x_j 也不同, 如

1) 矩形公式

结点: $x_1 = a$, 　$x_2 = a + h$, 　$\cdots$, 　$x_n = a + (n-1)h$.

权: $w_1 = w_2 = \cdots = w_n = h$, 　$h = \dfrac{b-a}{n-1}$.

公式:

$$\int_a^b f(x)\,\mathrm{d}x \approx h\left[f(a) + f(a+h) + \cdots + f(a+(n-1)h)\right]$$

$$= h\sum_{j=1}^n f\left[a + (j-1)h\right] = h\sum_{j=1}^n f(x_j).$$

2) 梯形公式

结点: $x_1 = a$, $\quad x_2 = a + h$, $\quad \cdots$, $\quad x_n = a + (n-1)h$.

权: $w_1 = w_n = \dfrac{h}{2}$, $\quad w_2 = w_3 = \cdots = w_{n-1} = h$, $\quad h = \dfrac{b-a}{n-1}$.

公式:

$$
\begin{aligned}
\int_a^b f(x)\,\mathrm{d}x &\approx h\left[\frac{f(a)}{2} + f(a+h) + \cdots + f(a+(n-1)h) + \frac{f(b)}{2}\right] \\
&= \frac{h}{2}\left[f(a) + 2\sum_{j=1}^{n-1} f(a+jh) + f(b)\right] \\
&= \frac{h}{2}\left[f(a) + 2\sum_{j=2}^{n-1} f(x_j) + f(b)\right].
\end{aligned}
$$

截断误差: $R_T[f] = \dfrac{-(b-a)}{12}h^2 f''(\eta)$, $\eta \in [a,b]$, 若 $f''(x)$ 在 $[a,b]$ 上连续.

3) Simpson 公式

结点: $x_1 = a$, $\quad x_2 = a + h$, $\quad \cdots$, $\quad x_{2m+1} = a + 2mh = b$.

权: $w_1 = w_{2m+1} = \dfrac{h}{3}$, $\quad w_2 = w_4 = \cdots = w_{2m} = \dfrac{4h}{3}$, $\quad w_3 = w_5 = \cdots = w_{2m-1} = \dfrac{2}{3}h$, $\quad h = \dfrac{b-a}{2m}$.

公式:

$$
\begin{aligned}
\int_a^b f(x)\,\mathrm{d}x &\approx \frac{h}{3}\{f(a) + 4[f(a+h) + f(a+3h) + \cdots + f(a+(2m-1)h)] \\
&\quad + 2[f(a+2h) + f(a+4h) + \cdots + f(a+(2m-2)h)] + f(b)\} \\
&= \frac{h}{3}\{f(x_1) + 4[f(x_2) + f(x_4) + \cdots + f(x_{2m})] \\
&\quad + 2[f(x_3) + f(x_5) + \cdots + f(x_{2m-1})] + f(x_{2m+1})\}
\end{aligned}
$$

或更为紧凑的形式, 即将区间 $[a,b]$ 分为 n 等份, 步长 $h = \dfrac{b-a}{n}$, 分点为 $x_j = a + jh, j = 0,1,2,\cdots,n$, 若记子区间 $[x_j, x_{j+1}]$ 的中点为 $x_{j+\frac{1}{2}}$, 则有 Simpson 公式为

$$
\int_a^b f(x)\,\mathrm{d}x \approx \frac{h}{6}\left[f(a) + 4\sum_{j=0}^{n-1} f\left(x_{j+\frac{1}{2}}\right) + 2\sum_{j=1}^{n-1} f(x_j) + f(b)\right].
$$

截断误差: 若 $f(x)$ 在 $[a,b]$ 上有 4 阶连续导数, 则

$$
R_S[f] = -\frac{b-a}{2880}h^4 f^{(4)}(\eta), \quad \eta \in [a,b].
$$

4) Gauss 型求积公式

$$
\int_{-1}^{1} f(x)\,\mathrm{d}x \approx \sum_{j=0}^{n} w_j f(x_j)
$$

是具有很高代数精度的求积公式.

例如, Guass-Legendre 公式, 当 $n = 1$ 时,

结点: $x_0 = -\dfrac{1}{\sqrt{3}}, \quad x_1 = \dfrac{1}{\sqrt{3}}.$

权: $w_0 = w_1 = 1.$

公式: $\displaystyle\int_{-1}^{1} f(x)\,\mathrm{d}x \approx f\left(-\dfrac{1}{\sqrt{3}}\right) + f\left(\dfrac{1}{\sqrt{3}}\right).$

其截断误差为 $R[f] = \dfrac{1}{135} f^{(4)}(\eta), \quad \eta \in (-1, 1).$

表 3.5　$n = 2, 3, 4$ 时的结点, 权及截断误差列表

n	结点 x_j	权 w_j	截断误差 $R_n[f]$
2	0	0.8888889	$\dfrac{1}{15750} f^{(6)}(\eta)$
	0.7745967	0.5555556	
3	±0.3399810	0.6521452	$\dfrac{1}{34871875} f^{(8)}(\eta)$
	±0.8611363	0.3478548	
4	0	0.5688889	$\dfrac{1}{1237732650} f^{(10)}(\eta)$
	±0.5384693	0.4786287	
	±0.9061799	0.2369269	

当积分区间为 $[a, b]$, 只需作变换 $x = \dfrac{a+b}{2} + \dfrac{b-a}{2}t$, 则区间变为 $[-1, 1]$ 且积分变为

$$\int_a^b f(x)\,\mathrm{d}x = \frac{b-a}{2} \int_{-1}^1 g(t)\,\mathrm{d}t,$$

其中, $g(t) = f\left(\dfrac{a+b}{2} + \dfrac{b-a}{2}t\right).$

5) Gauss-Chebyschev 求积公式

相应于权函数

$$w(x) = \frac{1}{\sqrt{1 - x^2}}$$

时的 Gauss 型积分公式称为**Gauss-Chebyschev 公式**.

结点: $x_j = \cos\left(\dfrac{2j-1}{2n}\pi\right), \quad j = 1, 2, \cdots, n.$

权: $w_j = \dfrac{\pi}{n}, \quad j = 1, 2, \cdots, n.$

公式: $\displaystyle\int_{-1}^{1} \dfrac{1}{\sqrt{1 - x^2}} f(x)\,\mathrm{d}x = \dfrac{\pi}{n} \sum_{j=1}^{n} f(x_j).$

截断误差: $R_n = \dfrac{\pi}{2^{2n-1}(2n)!} f^{(2n)}(\eta), \quad -1 < \eta < 1.$

6) Gauss-Laguerre 积分公式

$$\int_0^\infty \mathrm{e}^{-x} f(x)\,\mathrm{d}x = \sum_{j=1}^n w_j f(x_j) \ \text{和} \ \int_0^\infty g(x)\,\mathrm{d}x = \sum_{j=1}^n w_j \mathrm{e}^{x_j} g(x_j).$$

表 3.6 $n = 2, 3, 4, 5$ 时的结点, 权列表

n	x_j	w_j	$w_j \mathrm{e}^{x_j}$
2	0.5857864376	0.8535533906	1.5333266331
	3.4142135624	0.1464466094	4.4509573350
3	0.4157745568	0.7110930099	1.0776928593
	2.2942803603	0.2785177336	2.7621429619
	6.2899450829	0.0103892565	5.6010946254
4	0.3225476896	0.6031541043	0.8327391238
	1.7457611012	0.3574186924	2.0481024385
	4.5366202969	0.0388879085	3.6311463058
	9.3950709123	0.0005392947	6.4871450844
5	0.2635603197	0.5217556106	0.6790940422
	1.4134030591	0.3986668111	1.6384878736
	3.5964257710	0.0759424497	2.7694432424
	7.0858100059	0.0036117587	4.3156569009
	12.6408008443	0.0000233699	7.2191863544

截断误差: $R_n = \dfrac{(n!)^2}{(2n)!} f^{(2n)}(\eta), \quad 0 < \eta < \infty.$

7) Gauss-Hermite 积分公式

$$\int_{-\infty}^\infty \mathrm{e}^{-x^2} f(x)\,\mathrm{d}x = \sum_{j=1}^n w_j f(x_j) \ \text{和} \ \int_{-\infty}^\infty g(x)\,\mathrm{d}x = \sum_{j=1}^n w_j \mathrm{e}^{x_j^2} g(x_j).$$

表 3.7 $n = 2, 3, 4, 5$ 时的结点, 权列表

n	x_j	w_j	$w_j \mathrm{e}^{x_j^2}$
2	±0.7071067812	0.886226925	1.4611411827
3	0	0.0118163590	1.1816359006
	±1.2247448714	0.2954089751	1.3239311752
4	±0.5246476233	0.8049140900	1.0599644829
	±1.6536801239	0.8131283545	1.2402258177
5	0	0.9453087205	0.9453087205
	±0.9585724646	0.3936193232	0.9865809967
	±2.0201828705	0.0199532421	1.1814886255

截断误差: $R_n = \dfrac{n!\sqrt{\pi}}{2^n (2n)!} f^{(2n)}(\eta), \quad -\infty < \eta < \infty.$

下面说明利用数值积分法近似求解积分方程的过程. 考虑第二类 Fredholm 积分方程

$$\phi(x) - \lambda \int_a^b K(x,t)\,\phi(t)\,\mathrm{d}t = f(x). \tag{3.8.2}$$

任取一种数值积分公式 (3.8.1), 近似代替 (3.8.2) 中的积分, 得

$$\phi(x) - \lambda \sum_{j=1}^n w_j K(x, x_j)\,\phi(x_j) \approx f(x),$$

再令 $x = x_i, i = 1, 2, \cdots, n,$

$$\phi(x_i) - \lambda \sum_{j=1}^n w_j K(x_i, x_j)\,\phi(x_j) \approx f(x_i).$$

考虑代数方程组

$$\tilde{\phi}(x_i) - \lambda \sum_{j=1}^n w_j K(x_i, x_j)\,\tilde{\phi}(x_j) = f(x_i), \tag{3.8.3}$$

这是由含有 n 个未知数 $\tilde{\phi}(x_1), \tilde{\phi}(x_2), \cdots, \tilde{\phi}(x_n)$ 的 n 个代数方程构成的线性代数方程组. 若求得其解为 $\tilde{\phi}(x_1), \tilde{\phi}(x_2), \cdots, \tilde{\phi}(x_n)$, 则可作为 $\phi(x)$ 在结点 $x_1, x_2, \cdots,$ x_n 的近似值, 从而可取积分方程 (3.8.2) 的近似解为

$$\tilde{\phi}(x) = \lambda \sum_{j=1}^n w_j K(x, x_j)\,\tilde{\phi}(x_j) + f(x). \tag{3.8.4}$$

在结点处, $\tilde{\phi}(x_j) = \phi(x_j)$. 通常并非结点取得越多, 误差就越小, 事实上, 由于结点个数的增多, 解线性代数方程组的难度加大, 累积误差也增大. 所以为了减少误差, 要选好适当的数值积分公式.

对 $\left|\tilde{\phi}(x) - \phi(x)\right|$ 的估计要求 $\dfrac{\partial^n K(x,t)}{\partial x^n}$ 及 $f^{(n)}(x)$ 连续, 则 $\phi^{(n)}(x)$ 连续.

若 $f(x)$ 有奇点, 令 $\psi(x) = \phi(x) - f(x)$, 则

$$\psi(x) - \lambda \int_a^b K(x,t)\,\psi(t)\,\mathrm{d}t = f^*(x),$$

$$f^*(x) = \lambda \int_a^b K(x,t)\,f(t)\,\mathrm{d}t;$$

若 $K(x,t)$ 有奇点, 方程变为

$$\phi(x)\left[1 - \lambda \int_a^b K(x,t)\,\mathrm{d}t\right] - \lambda \int_a^b K(x,t)\,[\phi(t) - \phi(x)]\,\mathrm{d}t = f(x),$$

对

$$\tilde{\phi}(x_j) - \lambda \sum_{m=1}^{n} A_m K(x_j, x_m) \tilde{\phi}(x_m) = f(x_j)$$

估计误差,

$$\Delta(\lambda) = \det(\delta_{jm} - \lambda A_m k_{jm}) \tilde{\phi}(x_j) = \frac{1}{\Delta(\lambda)} \sum_{m=1}^{n} \Delta_{jm} f(x_m),$$

其中, Δ_{jm} 为 $\Delta(\lambda)$ 的第 j 列, 第 i 行元素的代数余子式.

记 $H^{(s)}, M_x^{(s)}, N^{(s)}, M_t^{(s)}$ 分别为 $\left|\phi^{(s)}(x)\right|, \left|\dfrac{\partial^s K(x,t)}{\partial x^s}\right|, \left|f^{(s)}(x)\right|, \left|\dfrac{\partial^s K(x,t)}{\partial t^s}\right|$ 的上界, 则

$$\left|\frac{\partial^s}{\partial t^s} K(x,t)\phi(t)\right| \leqslant H^{(0)} M_t^{(s)} + C_s^1 H^{(1)} M_t^{(s-1)} + \cdots + H^{(s)} M^{(0)} = T^{(s)}.$$

记

$$\rho(x) = \int_a^b K(x,t)\phi(t)\,\mathrm{d}t - \sum_{m=1}^{n} A_m K(x, x_m)\phi(x_m) < \sigma,$$

对于梯形公式有

$$\sigma \leqslant k_n T^{(2)} = \frac{1}{12}\frac{(b-a)^2}{(n-1)^2} T^{(2)}.$$

因其精确解

$$\phi(x_j) = \frac{1}{\Delta(\lambda)} \sum_{m=1}^{n} \Delta_{jm}[f(x_m) + \lambda\rho(x_m)],$$

所以

$$\left|\phi(x_j) - \tilde{\phi}(x_j)\right| \leqslant \frac{1}{|\Delta(\lambda)|} \sum_{m=1}^{n} |\Delta_{jm}||\lambda||\rho(x_m)| \leqslant \sigma |\lambda| B,$$

其中,

$$B = \max \sum_{m=1}^{n} \frac{|\Delta_{jm}|}{|\Delta(\lambda)|}.$$

因此

$$\left|\phi(x) - \tilde{\phi}(x)\right| \leqslant |\lambda| \sum_{m=1}^{n} A_m K(x, x_m) \left|\phi(x_m) - \tilde{\phi}(x_m)\right| + |\lambda|\sigma$$

$$\leqslant |\lambda|\sigma\left[1 + |\lambda| B M^{(0)}(b-a)\right].$$

例 3.8.1 利用数值求积方法求解积分方程

$$\phi(x) - \frac{1}{2}\int_0^1 xt\phi(t)\mathrm{d}t = \frac{5}{6}x. \tag{3.8.5}$$

解　取节点 $x_1 = 0$, $x_2 = \dfrac{1}{2}$, $x_3 = 1$, 并令方程 (3.8.5) 中 x 分别取值 $0, \dfrac{1}{2}, 1$(即将区间 3 等分), 则

$$f(0) = 0, \quad f\left(\frac{1}{2}\right) = \frac{5}{12}, \quad f(1) = \frac{5}{6},$$

$$K(0,0) = 0, \quad K\left(0, \frac{1}{2}\right) = 0, \quad K(0,1) = 0,$$

$$K\left(\frac{1}{2}, 0\right) = 0, \quad K\left(\frac{1}{2}, \frac{1}{2}\right) = \frac{1}{4}, \quad K\left(\frac{1}{2}, 1\right) = \frac{1}{2},$$

$$K(1,0) = 0, \quad K\left(1, \frac{1}{2}\right) = \frac{1}{2}, \quad K(1,1) = 1,$$

$$\int_0^1 F(t)\mathrm{d}t = \frac{1}{6}\left[F(0) + 4F\left(\frac{1}{2}\right) + F(1)\right].$$

利用 Simpon 公式, 此时代数方程组 (3.8.3) 为

$$\begin{cases} \tilde{\phi}(0) = 0, \\ \dfrac{11}{12}\tilde{\phi}\left(\dfrac{1}{2}\right) - \dfrac{1}{24}\tilde{\phi}(1) = \dfrac{5}{12}, \\ -\dfrac{2}{12}\tilde{\phi}\left(\dfrac{1}{2}\right) + \dfrac{11}{12}\tilde{\phi}(1) = \dfrac{5}{6}, \end{cases}$$

立得

$$\tilde{\phi}(0) = 0, \quad \tilde{\phi}\left(\frac{1}{2}\right) = \frac{1}{2}, \quad \tilde{\phi}(1) = 1.$$

于是由 (3.8.4) 知原方程近似解为

$$\tilde{\phi}(x) = \frac{5}{6}x + \frac{1}{2} \times \frac{1}{6}\left(0 + 4 \times \frac{1}{2} \times \frac{1}{2}x + |x|\,x\right) = x.$$

这与精确解完全一致.

例 3.8.2　利用数值积分法求解积分方程

$$\phi(x) + \int_0^1 x(\mathrm{e}^{xt} - 1)\phi(t)\,\mathrm{d}t = \mathrm{e}^x - x. \tag{3.8.6}$$

解　结点取为 $x_1 = 0$, $x_2 = 0.5$, $x_3 = 1$, 并令方程 (3.8.6) 中 x 分别取值 $0, 0.5, 1$, 得

$$\begin{cases} \phi(0) = 1, \\ \dfrac{\mathrm{e}^{0.25} + 2}{3}\phi(0.5) + \dfrac{\mathrm{e}^{0.5} - 1}{12}\phi(1) = \mathrm{e}^{0.5} - 0.5, \\ \dfrac{2(\mathrm{e}^{0.5} - 1)}{3}\phi(0.5) + \dfrac{\mathrm{e} + 5}{6}\phi(1) = \mathrm{e} - 1. \end{cases}$$

利用 Simpson 公式

$$\int_0^1 g(t)\mathrm{d}t = \frac{g(0) + 4g(0.5) + g(1)}{6},$$

离散上方程组得一三元一次线性代数方程组

$$\begin{cases} \phi(0) = 1, \\ 1.0947\phi(0.5) + 0.0541\phi(1) = 1.1487, \\ 0.4325\phi(0.5) + 1.2864\phi(1) = 1.7183. \end{cases}$$

解线性方程组得

$$\phi(0) = 1, \quad \phi(0.5) = 0.9999, \quad \phi(1) = 0.9996.$$

由 (3.8.4) 得方程 (3.8.6) 的近似解

$$\tilde{\phi}(x) = \mathrm{e}^x - x(0.6666\mathrm{e}^{0.5x} + 0.1666\mathrm{e}^x) - 0.1668x.$$

事实上, 积分方程 (3.8.6) 的精确解为 $\phi(x) \equiv 1$.

例 3.8.3 利用数值积分法求解一类源于静电学的称为 Love 积分方程的方程

$$\phi(x) + \frac{1}{\pi}\int_{-1}^1 \frac{d}{d^2 + (x-t)^2}\phi(t)\,\mathrm{d}t = g(x), \quad |x| \leqslant 1. \tag{3.8.7}$$

解 取步长 $h = \dfrac{2}{n}$, 运用梯形求积公式把积分方程 (3.8.7) 可离散为线性代数方程组

$$\phi(ih - 1) - \frac{h}{2}\left\{ \frac{\phi(-1)}{\pi[1 + (ih)^2]} + \frac{\phi(1)}{\pi[1 + (i-n)^2h^2]} \right\} - h\sum_{j=1}^{n-1}\frac{\phi(jh - 1)}{\pi[1 + (i-j)^2h^2]} = 1.$$

表 3.8 给出了当 $n = 8, 16, 32, 64$ 时, $\phi(x)$ 在 $x = 0, \pm0.25, \pm0.5, \pm0.75, \pm1$ 的值.

表 3.8 $n = 8, 16, 32, 64$ 时近似解在 $x = 0, \pm0.25, \pm0.5, \pm0.75, \pm1$ 的值

n	8	16	32	64
$x = \pm1$	1.63639	1.63887	1.63949	1.63964
$x = \pm0.75$	1.74695	1.75070	1.75164	1.75187
$x = \pm0.5$	1.83641	1.84089	1.84201	1.84229
$x = \pm0.25$	1.89332	1.89804	1.89922	1.89952
$x = 0$	1.91268	1.91744	1.91863	1.91893

例 3.8.4 利用数值积分法求解积分方程

$$\phi(x) + 2\int_0^1 (1 + xt)\phi(t)\,\mathrm{d}t = x^2. \tag{3.8.8}$$

解　利用 Gauss 型求积公式求解, 取节点数 $n = 4$, 点与数列表 3.9

表 3.9

w_1	w_2	w_3	w_4
0.173927	0.326073	0.326073	0.173927
x_1	x_2	x_3	x_4
0.069432	0.330009	0.669991	0.930568

可以得到代数方程组

$$1.348532\tilde{\phi}(x_1) + 0.667086\tilde{\phi}(x_2) + 0.682484\tilde{\phi}(x_3) + 0.370330\tilde{\phi}(x_4) = 0.004821,$$
$$0.355824\tilde{\phi}(x_1) + 1.723168\tilde{\phi}(x_2) + 0.796338\tilde{\phi}(x_3) + 0.454678\tilde{\phi}(x_4) = 0.108906,$$
$$0.364036\tilde{\phi}(x_1) + 0.796338\tilde{\phi}(x_2) + 1.944886\tilde{\phi}(x_3) + 0.564732\tilde{\phi}(x_4) = 0.448888,$$
$$0.370330\tilde{\phi}(x_1) + 0.852418\tilde{\phi}(x_2) + 1.058740\tilde{\phi}(x_3) + 1.649080\tilde{\phi}(x_4) = 0.865957.$$

求解出 $\tilde{\phi}(x_1), \tilde{\phi}(x_2), \tilde{\phi}(x_3), \tilde{\phi}(x_4)$ 后, 由 (3.8.4) 可求得近似解 $\tilde{\phi}(x)$.

现将其数值逼近结果与精确解 $\phi(x) = x^2 - \dfrac{5}{24}x - \dfrac{11}{72}$ 在代表性点处的值列表进行比较 (表 3.10), 并给出其绝对误差和相对误差值.

表 3.10　积分方程 (3.8.8) 的数值解与精确解的比较 (Gauss, $n = 4$)

点 x	数值结果	精确结果	绝对误差	相对误差
0.069432	-0.162565	-0.162422	-0.000123	0.076%
0.330009	-0.112605	-0.112625	0.000020	0.018%
0.669991	0.156544	0.156529	0.000015	0.010%
0.930568	0.519324	0.519511	-0.000187	0.036%

3.9　第三类 Fredholm 积分方程

考虑第三类 Fredholm 积分方程

$$A(x)\phi(x) = \lambda \int_a^b k(x,t)\phi(t)\mathrm{d}t + f(x). \tag{3.9.1}$$

为了方便说明, 假设 $A(x)$ 在 $[a,b]$ 有单根, 即一阶零点, 因而可设

$$A(x)\,\phi(x) \equiv \Phi(x). \tag{3.9.2}$$

于是第三类 Fredholm 积分方程 (3.9.1) 变为积分方程

$$\Phi(x) = \lambda \int_a^b \frac{k(x,t)}{A(t)}\Phi(t)\mathrm{d}t + f(x). \tag{3.9.3}$$

由于 $A(x)$ 在 $[a,b]$ 有一阶零点, 所以 $\dfrac{1}{A(x)}$ 在 $[a,b]$ 有一阶极点, 即积分方程 (3.9.3) 是一具有一阶奇异性的 Cauchy 奇异积分方程, 将在第 9 章专门介绍其解法. 关于第三类 Fredholm 积分方程的进一步直接解法可参见文献 (Bart et al, 1973; Gabbasov, 2005; Shulaia, 1997).

第 3 章习题

1. 利用逐次逼近法求解下列 Fredholm 积分方程:

$$\phi(x) = \frac{1}{2}\int_0^1 \phi(t)\mathrm{d}t + \mathrm{e}^x - \frac{1}{2}\mathrm{e} + \frac{1}{2},$$

$$\phi(x) = \frac{1}{4}\int_0^{\pi/2} xt\phi(t)\mathrm{d}t + \sin x - \frac{1}{4}x,$$

$$\phi(x) = -\lambda\int_0^1 \mathrm{e}^{x+t}\phi(t)\mathrm{d}t + x,$$

$$\phi(x) = \lambda\int_0^{2\pi} \cos(x+t)\phi(t)\mathrm{d}t + \sin x.$$

2. 考虑积分方程

$$\phi(x) = \lambda\int_0^1 xt\phi(t)\mathrm{d}t + 1.$$

(1) 利用关系式 $|\lambda| < B^{-1}$ 说明迭代过程当 $|\lambda| < 3$ 时有效,

(2) 说明迭代过程导致原方程的解为

$$\phi(x) = 1 + x\left[\frac{\lambda}{2} + \frac{\lambda^2}{6} + \frac{\lambda^3}{18} + \cdots\right].$$

3. 求下列核在 $[a,b]$ 核上的叠核:

(1) $x - t$, $(0,1)$,

(2) $\sin(x-t)$, $\left(0,\dfrac{\pi}{2}\right)$, 求 $K^{(2)}, K^{(3)}$,

(3) $\mathrm{e}^{|x|+t}$, $(0,1)$,

(4) $\begin{cases} x+t, & 0 \leqslant x \leqslant t, \\ x-t, & t < x \leqslant 1, \end{cases}$ 求 $K^{(2)}$,

(5) $|x-t|$, $(0,1)$,

(6) $\cos(x+t)$, $(0,2\pi)$,

4. 求下列核的解核:

(1) $|x-t|$, $(0,1)$,

(2) $\mathrm{e}^{-|x-t|}$, $(0,1)$,

(3) $\sin x \cos t$, $(0,2\pi)$,

(4) $x^2t - xt^2$, $(0,1)$,

(5) $(1+x)(1-t)$, $(-1,0)$,

(6) $\sin x \cos t + \cos 2x \sin 2t$,　$(0, 2\pi)$,

(7) $\dfrac{x}{1+t^2}$,　$(0,1)$.

5. 利用解核求解下列积分方程:

(1) $\phi(x) = \displaystyle\int_0^{2\pi} \sin x \cos t \phi(t)\mathrm{d}t + \cos 2x$,

(2) $\phi(x) = \lambda \displaystyle\int_0^{2\pi} \cos(x+t)\phi(t)\mathrm{d}t + 1$,

(3) $\phi(x) = \displaystyle\int_0^1 \mathrm{e}^{-|x-t|}\phi(t)\mathrm{d}t + \mathrm{e}^x$,

(4) $\phi(x) = \displaystyle\int_{-1}^0 (1+x)(1-t)\phi(t)\mathrm{d}t + 2x$,

(5) $\phi(x) = \displaystyle\int_0^1 (x^2 t - xt^2)\phi(t)\mathrm{d}t + x + 3x^2$.

6. 根据 λ 的取值范围, 讨论下列积分方程的可解性:

(1) $\phi(x) = \lambda \displaystyle\int_{-1}^1 (x^2 - 2xt)\phi(t)\mathrm{d}t + x^3 - x$,

(2) $\phi(x) - \lambda \displaystyle\int_{-1}^1 x\mathrm{e}^t \phi(t)\mathrm{d}t = x$,

(3) $\phi(x) - \lambda \displaystyle\int_0^{2\pi} |x - \pi|\,\phi(t)\mathrm{d}t = x$,

(4) $\phi(x) = \lambda \displaystyle\int_0^\pi \cos^2 x \phi(t)\mathrm{d}t - 1$.

7. a, b, c 取何值时, 下列积分方程可解, 并求出其解

$$\int_0^{\frac{\pi}{2}} K(x,t)\phi(t)\mathrm{d}t = f(x),$$

其中, $K(x,t) = \begin{cases} x(x-t), & 0 < t < x, \\ t(x-t), & x < t < \dfrac{\pi}{2}, \end{cases}$　$f(x) = ax + b + c\sin x$.

8. 当 $f(x)$ 满足什么条件时, 积分方程 $\displaystyle\int_0^1 (x^2 + t^2)\phi(t)\mathrm{d}t = f(x)$ 可解, 并求出其解.

9. 确定 a 的取值范围, 使积分方程 $\phi(x) = \lambda \displaystyle\int_0^1 (ax - t)\phi(t)\mathrm{d}t = f(x)$ 对任何实数 λ 及 [0,1] 上任何连续函数 $f(x)$ 均可解.

10. 讨论方程 $\phi(x) = \lambda \displaystyle\int_0^1 (2xt - 4x^2)\phi(t)\mathrm{d}t - 2x + 1$ 的可解性, 若有解, 求出其解.

退化核

1. 考虑积分方程 $\phi(x) = \lambda \displaystyle\int_0^1 K(x,t)\phi(t)\mathrm{d}t + f(x)$, 证明表 1 中, 相应的核 $K(x,t)$ 有相应的 Fredholm 行列式 $D(\lambda)$.

2. 求解下列退化核方程:

(1) $\phi(x) = \lambda \int_0^1 xt\phi(t)\mathrm{d}t + 3x^2 + 2x + 1$,

(2) $\phi(x) = \lambda \int_0^1 (x - t)\phi(t)\mathrm{d}t = ax + b$,

(3) $\phi(x) = \lambda \int_0^1 (x^2 t^2 + xt)\phi(t)\mathrm{d}t = ax + b$,

(4) $\phi(x) = \dfrac{1}{2} \int_0^1 \phi(t)\mathrm{d}t + \mathrm{e}^x - \dfrac{\mathrm{e}}{2} + \dfrac{1}{2}$,

(5) $\phi(x) = \dfrac{1}{4} \int_0^{\pi/2} xt\phi(t)\mathrm{d}t + \sin x - \dfrac{x}{4}$,

(6) $\phi(x) = \int_{-1}^1 \mathrm{e}^{\arcsin x}\phi(t)\mathrm{d}t + 1$,

(7) $\phi(x) = \lambda \int_0^{\pi/2} \sin x \cos t\phi(t)\mathrm{d}t = \sin x$,

(8) $\phi(x) = \lambda \int_0^{2\pi} |\pi - t| \sin x\phi(t)\mathrm{d}t = x$,

(9) $\phi(x) = \dfrac{1}{\mathrm{e}^2 - 1} \int_0^1 2\mathrm{e}^x \mathrm{e}^t \phi(t)\mathrm{d}t$,

(10) $\phi(x) = 4 \int_0^{\pi/2} \sin^2 x\phi(t)\mathrm{d}t + 2x - \pi$,

(11) $\phi(x) = \lambda \int_{-\pi}^{\pi} (\cos x \sin t + x \cos t + t^2 \sin x)\phi(t)\mathrm{d}t + x$.

3. 求解积分方程 $\phi(x) = \lambda \int_0^{2\pi} \cos(x + t)\phi(t)\mathrm{d}t + f(x)$, 并找到当 λ 是特征值时, $f(x)$ 满足什么条件方程才有解, 求解当 $f(x) = \sin x$ 时的所有可能情况的解.

4. 求下列齐二次退化核方程的特征值与特征函数:

$$\phi(x) = \lambda \int_a^b K(x, t)\phi(t)\mathrm{d}t = 0.$$

(1) $K(x, t) = \sin \pi x \cos \pi t$, $\quad [a, b] = [0, 1]$,

(2) $K(x, t) = xt$, $\quad [a, b] = [0, 1]$,

(3) $K(x, t) = x^2 + xt + t^2$, $\quad [a, b] = [0, 1]$,

(4) $K(x, t) = \cos(x + t)$, $\quad [a, b] = [0, \pi]$,

(5) $K(x, t) = 45x^2 \ln t - 9t^2 \ln x$, $\quad [a, b] = [0, 1]$,

(6) $K(x, t) = \sin x \sin t$, $\quad [a, b] = [0, 2\pi]$.

5. 证明积分方程 $\phi(x) = \lambda \int_0^{\pi} (\sin x \sin 2t)\phi(t)\mathrm{d}t$ 没有特征值.

6. 求下列积分方程的 Fredholm 行列式:

(1) $\phi(x) = x + \lambda \int_0^1 xt\phi(t)\mathrm{d}t$,

(2) $\phi(x) = 1 + \lambda \int_0^1 (x+t)\phi(t)\mathrm{d}t.$

7. 分别求积分方程

$\phi(x) = \lambda \int_{-\pi}^{\pi} \mathrm{e}^{\mathrm{i}w(x-t)}\phi(t)\mathrm{d}t + 1$ 在各种情况下的解.

8. 在积分方程 $\phi(x) = \int_0^1 (\sin xt)\phi(t)\mathrm{d}t + x^2$ 中将核 $\sin xt$ 用其幂级数前面项代替 $\sin xt = xt - \dfrac{(xt)^3}{3!} + \cdots$, 求出其逼近解.

9. 将积分方程 $\phi(x) = -\int_0^1 x(\mathrm{e}^{xt}-1)\phi(t)\mathrm{d}t + \mathrm{e}^x - x$ 的核用其 Taylor 级数的前 3 项代替转化为退化核积分方程后求解, 并检验 $\phi(x) = 1$ 是该方程的精确解, 画出精确解和逼近解的数值图形进行比较.

配位法

1. 用待定系数法, 配位法求解积分方程

$\phi(x) = \int_0^1 \dfrac{t^2\phi(t)}{x^2+t^2}\mathrm{d}t - x\arctan\dfrac{1}{x}.$ (提示: 设 $\tilde{\phi}(x) = A_1 + A_2 x$, 精确解 $\phi(x) = -1$.)

2. 用待定系数法求解积分方程 $\phi(x) = \int_{-1}^1 \sinh(x+t)\phi(t)\mathrm{d}t$, 并用退化核方法求出其精确解并绘图比较.

(提示: 设 $\tilde{\phi}(x) = A_1 + A_2 x + x^2$, 注意关系式 $\int_{-1}^1 \sinh(x+t)\mathrm{d}t = a\sinh x$, $\int_{-1}^1 t\sinh(x+t)\mathrm{d}t = b\sinh x$, $\int_{-1}^1 t^2\sinh(x+t)\mathrm{d}t = c\sinh x$,

$a = 2\sinh 1 = 2.3504,\quad b = 2\mathrm{e}^{-1} = 0.7358,\quad c = 6\sinh 1 - 4\cosh 1 = 0.8788,$

精确解为 $\phi(x) = x^2 + \alpha\sinh x + \beta\cosh x$,

$\alpha = \dfrac{6\sinh 1 - 4\cosh 1}{2 - (1/2\sinh 2)^2} = -0.6821,\quad \beta = \alpha\left(\dfrac{1}{2}\sinh 2 - 1\right) = 0.5548.$

3. 用配位法求解第一类 Fredholm 积分方程

$\int_0^1 \mathrm{e}^{-x^2t^2}\phi(t)\mathrm{d}t = 2(1-x^2),\quad x\in[0,1].$ (提示: 设 $\tilde{\phi}(x) = A_1 + A_2 x$.)

4. 用 Galerkin 法求解积分方程

$$\phi(x) = \int_{-1}^1 (xt^2 - x)\phi(t)\mathrm{d}t + \dfrac{4}{3}x + 1,$$

并用退化核方求出其精确解, 再进行比较.

5. 用 Galerkin 法求解积分方程 $\phi(x) = \int_{-1}^1 x^2\mathrm{e}^{xt}\phi(t)\mathrm{d}t - x(\mathrm{e}^x - \mathrm{e}^{-x}) + 1.$

数值积分法

用数值积分法求解下列方程的近似解:

(1) $\displaystyle\int_0^1 e^{x+t}\phi(t)dt = e^x(5e+6),$

(2) $\phi(x) = \dfrac{1}{2}\displaystyle\int_0^1 \phi(t)dt + e^x - \dfrac{e}{2} + \dfrac{1}{2},$ 并与精确解 $\phi(x) = e^x,$

(3) $\phi(x) = \dfrac{1}{4}\displaystyle\int_0^{\frac{\pi}{2}} xt\phi(t)dt + \sin x - \dfrac{x}{4},$ 并与精确解 $\phi(x) = \sin x,$

(4) $\phi(x) = \displaystyle\int_0^1 \dfrac{x+t}{1+x+t}\phi(t)dt + \ln\dfrac{2+x}{1+x},$

(5) $\phi(x) = \dfrac{1}{\pi}\displaystyle\int_{-1}^1 \dfrac{\phi(t)}{1+(x-t)^2}dt + 1,$

(6) $\phi(x) = -\pi\displaystyle\int_0^1 x^2(\cos\pi xt)\phi(t)dt + \pi x(1+\sin\pi x) - 2\sin^2\dfrac{\pi x}{2},$

(7) $\phi(x) = \displaystyle\int_0^1 K(x,t)\phi(t)dt + \dfrac{1}{2}x(1-x),$

$$K(x,t) = \begin{cases} t(1-x), & 0 \leqslant t \leqslant x, \\ x(1-t), & x \leqslant t \leqslant 1, \end{cases}$$

$\left(\text{提示: 精确解为 } \phi(x) = \tan\left(\dfrac{1}{2}\sin x\right) + \cos x - 1.\right)$

(8) 当核 $K(x,t)$ 与自由项 $f(x)$ 以表 3.11 的形式给出时, 求解积分方程

$$\phi(x) = \int_0^1 K(x,t)\phi(t)dt + f(x).$$

表 3.11　核 $K(x,t)$ 和自由项 $f(x)$ 在代表性点出的值

		x					
	t	0.0000	0.2000	0.4000	0.6000	0.8000	1.0000
	0.0000	0.0000	0.0400	0.1600	0.3600	0.6400	1.0000
	0.2000	0.0400	0.1200	0.2800	0.5200	0.8400	0.2400
$K(x,t)$	0.4000	0.1600	0.2800	0.4800	0.7600	1.1200	1.5600
	0.6000	0.3600	0.5200	0.7600	1.0800	1.4800	1.9600
	0.8000	0.6400	0.8400	1.1200	1.4800	1.9200	2.4400
	1.0000	1.0000	1.2400	1.5600	1.9600	2.2400	3.0000
$f(x)$		-102.33	-101.33	-98.33	-93.33	-86.33	-77.33

对称核

1. 确定下列对称和的叠核:

$$K(x,t) = \sum_{j=1}^\infty j^{-1}\sin j\pi x \sin j\pi t.$$

2. 利用对称核关于特征函数的展开式证明核 $K(x,t) = \begin{cases} x(1-t), & x < t, \\ t(1-x), & x > t, \end{cases} \quad 0 \leqslant x, t \leqslant$

1 有双线性形式 $K(x,t) = 2\sum\limits_{j=1}^{\infty} \dfrac{\sin j\pi x \sin j\pi t}{(j\pi)^2}$.

3. 应用上题的结果证明 $\sum\limits_{j=1}^{\infty} \dfrac{1}{n^2} = \dfrac{\pi^2}{6}$.

4. 求下列对称核的特征值与特征函数:

(1) $K(x,t) = 1 - |x-t|, \quad -1 \leqslant x, t \leqslant 1,$

(2) $K(x,t) = \mathrm{e}^{-|x-t|}, \quad 0 \leqslant x, t \leqslant 1,$

(3) $K(x,t) = \begin{cases} \sin x \sin(t-1), & -\pi \leqslant x \leqslant t, \\ \sin t \sin(x-1), & t \leqslant x \leqslant \pi, \end{cases}$

(4) $K(x,t) = \begin{cases} \sin\left(x+\dfrac{\pi}{4}\right)\sin\left(t-\dfrac{\pi}{4}\right), & 0 \leqslant x \leqslant t, \\ \sin\left(t+\dfrac{\pi}{4}\right)\sin\left(x-\dfrac{\pi}{4}\right), & t \leqslant x \leqslant \pi, \end{cases}$

(5) $K(x,t) = \begin{cases} -\mathrm{e}^{-t}\mathrm{sh}x, & 0 \leqslant x \leqslant t, \\ -\mathrm{e}^{-x}\mathrm{sh}t, & t \leqslant x \leqslant 1, \end{cases}$

(6) $K(x,t) = \min(x-t), \quad 0 \leqslant x, t \leqslant 1.$

5. 考虑具对称核的齐次 Fredholm 积分方程

$$\phi(x) = \lambda \int_0^\pi \cos(x+t)\phi(t)\mathrm{d}t,$$

(1) 证明该核的特征值是实的, 且相应的特征函数是正交的,

(2) 证明该对称核在 $\{(x,t) : 0 \leqslant x \leqslant \pi, 0 \leqslant t \leqslant \pi\}$ 平方可换,

(3) 确定 Mercer 定理可否应用于该问题, 如果可以, 导出该对称核的双线性表示式,

(4) 利用预解核方法求解非齐次对称核积分方程 $\phi(x) = \lambda \int_0^\pi \cos(x+t)\phi(t)\mathrm{d}t + x$, 考虑非齐次 Fredholm 积分方程 $\phi(x) = \lambda \int_0^\pi \cos(x+t)\phi(t)\mathrm{d}t + x$.

6. 考虑非齐次 Fredholm 积分方程 $\phi(x) = 2\int_0^{\frac{\pi}{2}} K(x,t)\phi(t)\mathrm{d}t + \cos 2x$,

$$K(x,t) = \begin{cases} \sin x \cos t, 0 \leqslant x \leqslant t, \\ \sin t \cos x, t \leqslant x \leqslant \dfrac{\pi}{2}. \end{cases}$$

(1) 验证该核 $K(x,t)$ 是对称的, 在 $\left\{(x,t) : 0 \leqslant x \leqslant \dfrac{\pi}{2}, 0 \leqslant t \leqslant \dfrac{\pi}{2}\right\}$ 平方可积,

(2) 将具上述核 $K(x,t)$ 的齐次积分方程 $\phi(x) = 2\int_0^{\frac{\pi}{2}} K(x,t)\phi(t)\mathrm{d}t$ 化为微分方程并求出其特征值和特征函数,

(3) 根据 (2) 的结果求解刚开始给出的非齐次 Fredholm 积分方程.

7. 求解下列对称核积分方程:

(1) $\phi(x) = \lambda \displaystyle\int_0^1 (x^2 + xt + t^2)\phi(t)\mathrm{d}t = 5x^3 + 4x^2 + 3x + 2,$

(2) $\phi(x) = \lambda \displaystyle\int_0^1 \phi(t)\mathrm{d}t + x, \quad \lambda \neq 1,$

(3) $\phi(x) = \lambda \displaystyle\int_0^1 (x + t)\phi(t)\mathrm{d}t + x,$

(4) $\phi(x) = (6 - 4\sqrt{3}) \displaystyle\int_0^1 (x + t)\phi(t)\mathrm{d}t - \sqrt{3}x + 1,$

(5) $\phi(x) = \displaystyle\int_0^1 (x^2 + xt + t^2)\phi(t)\mathrm{d}t + 25x^2 - 102\frac{1}{3},$

(6) $\phi(t) = \lambda \displaystyle\int_0^\pi \frac{1}{2}\sin|x - t|\,\phi(t)\mathrm{d}t + 1,$

(7) $\phi(x) = \dfrac{\pi^2}{4} \displaystyle\int_0^1 K(x,t)\phi(t)\mathrm{d}t + \dfrac{x}{2}, \quad K(x,t) = \begin{cases} \dfrac{x(2 - t)}{2}, & 0 \leqslant x \leqslant t, \\[2mm] \dfrac{t(2 - x)}{2}, & t \leqslant x \leqslant 1, \end{cases}$

(8) $\phi(x) = -\displaystyle\int_0^1 K(x,t)\phi(t)\mathrm{d}t + x\mathrm{e}^x, \quad K(x,t) = \begin{cases} \dfrac{\sinh x \sinh(t - 1)}{\sinh 1}, & 0 \leqslant x \leqslant t, \\[2mm] \dfrac{\sinh t \sinh(x - 1)}{\sinh 1}, & t \leqslant x \leqslant 1, \end{cases}$

(9) $\phi(x) = \lambda \displaystyle\int_{-\pi}^\pi \left\{ \dfrac{1}{4\pi}(x - t^2) - \dfrac{1}{2}|x - t| \right\} \phi(t)\mathrm{d}t,$

(10) $\phi(x) = \dfrac{\lambda}{2\pi} \displaystyle\int_{-\pi}^\pi \dfrac{1 - h^2}{1 - 2h\cos(x - t) + h^2}\phi(t)\mathrm{d}t, \quad |h| < 1.$

第 4 章 Volterra 积分方程的常用解法

本章主要介绍几种常用的求解 Volterra 积分方程的方法.

4.1 有限差分逼近法

有限差分逼近是一个求解 Volterra 积分方程简单直观的逼近方法. 事实上, 已在 2.1 节描述过有限差分逼近第二类 Fredholm 积分方程的过程. 下面以第二类 Volterra 积分方程

$$\phi(x) - \lambda \int_0^x K(x,t)\phi(t)\mathrm{d}t = f(x) \tag{4.1.1}$$

为例. 同 2.1 节一样, 用一个适当的和式代替积分, 并在 n 个离散点计算, 就用代数方程组

$$\phi\left(\frac{j}{n}\right) - \lambda \sum_{i=1}^{j-1} \frac{1}{n} k\left(\frac{j}{n},\frac{i}{n}\right) \phi\left(\frac{i}{n}\right) = f\left(\frac{j}{n}\right), \quad j = 1,2,\cdots,n \tag{4.1.2}$$

代替了积分方程 (4.1.1). 将方程组 (4.1.2) 改写成矩阵形式

$$(\boldsymbol{I} - \lambda \boldsymbol{k})\boldsymbol{\phi} = \boldsymbol{F}, \tag{4.1.3}$$

其中, $\boldsymbol{\phi}$ 和 $\boldsymbol{F}$ 分别是 $\phi\left(\dfrac{j}{n}\right)$ 和 $f\left(\dfrac{j}{n}\right)$ 为分量的矢量.

在这种情形下, 矩阵 $\boldsymbol{K}$ 实际上是一个主对角线及其以上所有元素都为零的三角形矩阵

$$\boldsymbol{K} = \begin{pmatrix} 0 & 0 & 0 & \cdots & 0 & 0 \\ k_{21} & 0 & 0 & \cdots & 0 & 0 \\ k_{31} & k_{32} & 0 & \cdots & 0 & 0 \\ \vdots & \vdots & \vdots & & \vdots & \vdots \\ k_{n1} & k_{n2} & k_{n3} & \cdots & k_{nn-1} & 0 \end{pmatrix}, \tag{4.1.4}$$

其中, $k_{ji} = \dfrac{1}{n} k\left(\dfrac{j}{n},\dfrac{i}{n}\right)$.

为求解方程组 (4.1.3), 正如 2.1 节, 对于 Fredholm 积分方程, 逆转矩阵可得

$$\phi = (I - \lambda K)^{-1} F, \tag{4.1.5}$$

最多有 n 个 λ 的值, 即特征值使得该逆矩阵不存在, 而特征值 λ 的这几个值就是特征方程

$$|I - \lambda K| = 0$$

的根.

　　但对这里讨论的 Volterra 方程, 对于所有 λ 都可以求出 $I - \lambda K$ 的逆矩阵, 这是因为 (4.1.4) 表示的矩阵 K 是一个幂零矩阵, 特别 $K^n = O$, 故

$$(I - \lambda k)(I + \lambda k + \lambda^2 k^2 + \cdots + \lambda^{n-1} k^{n-1}) = I,$$
$$(I - \lambda k)^{-1} = I + \lambda k + \lambda^2 k^2 + \cdots + \lambda^{n-1} k^{n-1},$$

所以由 (4.1.5) 得

$$\phi = (I + \lambda k + \lambda^2 k^2 + \cdots + \lambda^{n-1} k^{n-1}).$$

　　从这一点可以看出, Volterra 积分方程与 Fredholm 积分方程之间有一个很大的不同, 即 Volterra 积分方程对于 λ 的一切有限值, 其解 (4.1.5) 都是存在唯一的, 但对 Fredholm 积分方程的 n 个值使其没有唯一解, 即或者无解或者有无穷多解. 一般情况下, 第一类积分方程更难处理, 如果研究第一类 Fredholm 方程的类似的有限差分, 就导致如下类型的方程组:

$$K\phi = F. \tag{4.1.6}$$

这样, 如果 $|K| \neq 0$ 有逆矩阵, 因此方程 (4.1.6) 有唯一解. 如果 $|K| = 0$, 则方程 (4.1.6) 要么无解, 要么有解但不唯一. 对于方程 (4.1.6) 表示一个 Volterra 积分方程的情形, 正如方程 (4.1.4) 那样, $|K| = 0$, 于是要么无解, 要么有解但不唯一.

　　例 4.1.1　利用有限差分逼近法求解积分方程

$$\phi(x) - \int_0^x (t - x)\phi(t)\mathrm{d}t = x.$$

　　解　直接用上述有限差分逼近法经过编程计算并对结点数为 $3, 4, \cdots, 9$ 时的近似解与该方程的精确解 $\phi(x) = \sin x$ 进行了比较, 见表 4.1.

表 4.1　例 4.1.1 中方程当结点数为 $3, 4, \cdots, 9$ 时的近似解与精确解比较

结点数	3	4	5	6	7	8	9
计算值	0.1495003	0.1987519	0.2475066	0.2956425	0.3430393	0.3895785	0.4351438
精确值	0.1494381	0.1986693	0.2474040	0.2955202	0.3428978	0.3894183	0.4349656

4.2　逐次逼近法

第二类 Volterra 方程

$$\phi(x) = \lambda \int_a^x K(x,t)\,\phi(t)\,\mathrm{d}t + f(x) \tag{4.2.1}$$

也可以用逐次逼近法求解, 求解过程类似于 3.2 节. 也可按下列步骤:

设方程 (4.2.1) 的解存在且展开为关于 λ 的幂级数

$$\phi(x) = \phi_0(x) + \phi_1(x)\lambda + \phi_2(x)\lambda^2 + \cdots + \phi_n(x)\lambda^n + \cdots. \tag{4.2.2}$$

把 (4.2.2) 代入方程 (4.2.1), 两端 λ 的同次幂的系数应该相等. 于是

$$\phi_0(x) = f(x),$$

$$\phi_1(x) = \int_0^x K(x,t)\varphi_0(t)\mathrm{d}t,$$

$$\phi_2(x) = \int_0^x K(x,t)\varphi_1(t)\mathrm{d}t, \tag{4.2.3}$$

$$\cdots\cdots$$

$$\phi_n(x) = \int_0^x K(x,t)\varphi_{n-1}(t)\mathrm{d}t,$$

$$\cdots\cdots$$

当求得 $\phi_0(x)$, $\phi_1(x)$, $\phi_2(x)$, $\cdots$, $\phi_n(x)$, $\cdots$, 代入级数 (4.2.2), 该级数对任意 λ 绝对且一致收敛, 于是积分方程 (4.2.1) 对任意 λ 存在唯一解, 且由 (4.2.2) 给出. 而 3.2 节对第二类 Fredholm 方程运用逐次逼近法时 λ 并非任意而是必须满足一定条件时近似解才收敛.

一般情况下, 有

定理 4.2.1　如果核 $K(x,t)$ 及自由项 $f(x)$ 是实连续函数, 则第二类 Volterra 方程

$$\phi(x) = \lambda \int_a^x K(x,t)\,\phi(t)\,\mathrm{d}t + f(x)$$

对任意的 λ 存在唯一的连续解, 且解可以用逐次逼近法求出.

证明　核 $K(x,t)$ 和 $f(x)$ 是实连续函数, 所以有界, 即

$$|K(x,t)| \leqslant C, \quad |f(x)| \leqslant B$$

于是

$$|\phi_0(x)| = |f(x)| \leqslant B,$$
$$|\phi_1(x)| = \int_a^x |K(x,t)|\,|\phi_0(t)|\,|\mathrm{d}t| \leqslant BC(x-a),$$
$$|\phi_2(x)| = \int_a^x |K(x,t)|\,|\phi_1(t)|\,|\mathrm{d}t| \leqslant BC^2\frac{(x-a)^2}{2!},$$
$$\cdots\cdots$$
$$|\phi_n(x)| = \int_a^x |K(x,t)|\,|\phi_{n-1}(t)|\,|\mathrm{d}t| \leqslant BC^n\frac{(x-a)^n}{n!}.$$

从而数项级数 $\sum\limits_{n=0}^{\infty}|\lambda|BC^n\dfrac{(x-a)^n}{n!}$ 对任何 λ 都收敛, 而该数项级数恰好是级数

(4.2.2) 的控制级数, 所以级数 (4.2.2) 绝对且一致收敛, 其和函数 $\phi(x)$ 是积分方程 (4.2.1) 的连续解.

注意: 仅有唯一的连续解, 也许还有不连续解, 如

例 4.2.1 方程 $f(x) = \int_0^x s^{(x-s)}f(s)\mathrm{d}s$ 有解 $f(x) = 0$, 核 $s^{(x-s)}$ 连续, 但 $f(x) = cx^{x-1}(c$ 为任意常数)也是该方程的解, 当 $c \neq 0$ 时, 此解在 0 点不连续.

类似 3.2 节 $K^{(k)} = \int_a^x K(x,t)K^{(k-1)}(t,s)\mathrm{d}t$ 叫做核 $K(x,s)$ 的 k 次叠核, 其中, $K^{(1)}(x,s) = K(x,s)$. 同样 $R(x,s;\lambda) = \sum\limits_{k=1}^{\infty}\lambda^{k-1}K^{(k)}(x,s)$ 称为 Volterra 积分方程 (4.2.1) 的**解核**.

通过例子给出求解 Volterra 积分方程的逐次逼近法的过程.

例 4.2.2 用逐次逼近法求解 Volterra 积分方程

$$\phi(x) = (1+x) + \lambda\int_0^x (x-s)\,\phi(s)\mathrm{d}s.$$

解 $K^{(1)}(x,s) = x-s,$

$$K^{(2)}(x,s) = \int_s^x (x-t)(t-s)\,\mathrm{d}t = \frac{(x-s)^3}{3!},$$
$$K^{(3)}(x,s) = \int_0^x \frac{(x-t)(t-s)^3}{3!}\mathrm{d}t = \frac{(x-s)^5}{5!},$$
$$\cdots\cdots$$

于是

$$\phi(x) = 1 + x + \lambda\left(\frac{x^2}{2!} + \frac{x^3}{3!}\right) + \lambda^2\left(\frac{x^4}{4!} + \frac{x^5}{5!}\right) + \cdots.$$

当 $\lambda = 1$ 时, $\phi(x) = \mathrm{e}^x$.

例 4.2.3　用逐次逼近法求解 Volterra 积分方程

$$\phi(x) = 1 + \int_0^x xs\phi(s)\mathrm{d}s.$$

解　$K^{(1)}(x, s) = xs$,

$$K^{(2)}(x, s) = \int_s^x xt^2 s \mathrm{d}t = \frac{1}{3}\left(x^4 s - xs^4\right),$$

$$K^{(3)}(x, s) = \int_s^x \left[\frac{(xt)\left(t^4 s - 2t^4 s^4 - ts^7\right)}{18}\right]\mathrm{d}t$$

$$= \frac{1}{162}\left(x^{10} s - 3x^7 s^4 + 3x^4 s^7 - xs^{10}\right),$$

$$\cdots\cdots$$

于是

$$\phi(x) = 1 + \frac{x^3}{3} + \frac{x^6}{2\cdot 5} + \frac{x^9}{2\cdot 5\cdot 8} + \frac{x^{12}}{2\cdot 5\cdot 8\cdot 11} + \cdots.$$

例 4.2.4　求解 Volterra 积分方程

$$\phi(x) - \lambda\int_0^x \mathrm{e}^{x-s}\phi(s)\mathrm{d}s = g(x).$$

解　$K^{(2)}(x, s) = \int_y^x \mathrm{e}^{x-y}\mathrm{e}^{y-s}\mathrm{d}y = (x - s)\mathrm{e}^{x-s}$,

$$K^{(3)}(x, s) = \int_s^x K(x, y)K_2(y, s)\mathrm{d}y$$

$$= \int_s^x \mathrm{e}^{x-y}(y - s)\mathrm{e}^{y-s}\mathrm{d}y$$

$$= \frac{(x - s)^2}{2!}\mathrm{e}^{x-s},$$

$$\cdots\cdots$$

$$K^{(n)}(x, s) = \frac{(x - s)^{n-1}}{(n - 1)!}\mathrm{e}^{x-s}.$$

于是这个积分方程的解为

$$\phi(x) = g(x) + \lambda\sum_{n=1}^{\infty}\lambda^{n-1}\int_0^x \frac{(x - s)^{n-1}}{(n - 1)!}\mathrm{e}^{x-s}g(s)\mathrm{d}s$$

$$= g(x) + \lambda\int_0^x \left(\sum_{n=1}^{\infty}\lambda^{n-1}\frac{(x - s)^{n-1}}{(n - 1)!}\right)\mathrm{e}^{x-s}g(s)\mathrm{d}s$$

$$= g(x) + \lambda \int_0^x \mathrm{e}^{(\lambda+1)(x-s)} g(s) \mathrm{d}s.$$

定理 4.2.2 当

(1) $g(t), 0 \leqslant t \leqslant T$ 连续;

(2) 对每一个连续函数 h 及 $0 \leqslant T_1 \leqslant T_2 \leqslant T$ 时,

$$\int_{T_1}^{T_2} k(t,s)h(s)\mathrm{d}s \quad \text{和} \quad \int_0^t k(t,s)h(s)\mathrm{d}s$$

是关于变量 t 的连续函数;

(3) $k(t,s)$ 关于 s 在 $0 \leqslant t \leqslant T$ 上绝对可积;

(4) 存在点 $0 = T_0 < T_1 < T_2 < \cdots < T_N < T$, 对所有的 i 及 $T \leqslant T_{i+1}$,

$$\int_{T_i}^{\min(t,T_{i+1})} |K(t,s)|\,\mathrm{d}s \leqslant \alpha < 1, \quad \alpha \text{ 与 } t \text{和} i \text{ 无关};$$

(5) $\forall t \in [0,T]$, $\displaystyle\lim_{\delta \to 0^+} \int_t^{t+\delta} |k(t+\delta,s)|\mathrm{d}s = 0$,

则方程 (4.1.1) 在 $0 \leqslant t \leqslant T$ 上有唯一的连续解.

例 4.2.5 核 $k(t,s) = (t-s)^{-1/2}$ 满足定理 4.2.2 的所有条件, 因此方程

$$f(t) = g(t) + \int_0^t (t-s)^{-1/2} f(s) \mathrm{d}s$$

对所有的 g 有唯一的连续解.

例 4.2.6 方程 $f(t) = \displaystyle\int_0^t (t^2 - s^2)^{-1/2} f(s)\mathrm{d}s$ 有两个连续解, 一个是平凡解 $f(t) = 0$, 还有解 $f(t) = t$. 这是因为核 $(t^2 - s^2)^{-1/2}$ 虽然满足定理 4.2.2 的条件 (2) 和 (3), 但不满足定理 4.2.2 的后两个条件.

下面做两个练习:

1. 验证核

(1) $k(t,s) = (t-s)^{-1/2}$;

(2) $k(t,s) = s(t^2 - s^2)^{-1/2}$

分别满足定理 4.2.2 的条件 (2)~(5). 而

(3) $k(t,s) = (t^2 - s^2)^{-1/2}$

只满足 (2) 和 (3), 却不满足 (4) 和 (5).

2. 用定理 4.2.2 说明方程

$$f(t) = 1 + \int_0^t K(t-s) f(s)\mathrm{d}s, \quad 0 \leqslant t \leqslant T,$$

其中,

$$K(\tau) = \begin{cases} 1, & 0 \leqslant \tau \leqslant T, \\ \dfrac{1}{2} & \tau > 1 \end{cases}$$

对所有 $0 \leqslant T \leqslant \infty$ 有唯一连续解.

定理 4.2.3　设方程 (4.1.1) 中核 $K(t,s)$ 关于 s 当 $0 \leqslant t \leqslant T$ 绝对可积, 且该方程有一连续解, 还假设存在函数 $G(t)$ 和 $K_0(t,s)$, 使得 $|g(t)| < G(t)$, $0 \leqslant t \leqslant T$,

$$|k(t,s)| < K(t,s), \quad 0 \leqslant s \leqslant t \leqslant T$$

且当方程

$$F(t) = G(t) + \int_0^t k(t,s)F(s)\mathrm{d}s \tag{4.2.4}$$

对 $0 \leqslant t \leqslant T$ 有一连续解, 则 $|f(t)| < F(t)$, $0 \leqslant t \leqslant T$, 这里为方便已取 $\lambda = 1$.

证明　由方程 (4.1.1) 得

$$|f(t)| \leqslant |g(t)| + \int_0^t |k(t,s)|\,|f(s)|\,\mathrm{d}s < T.$$

方程 (4.2.4) 减去上式得

$$F(t) - |f(t)| > \int_0^t k(t,s)\{F(s) - |f(s)|\}\mathrm{d}s.$$

由于 $F(0) - |f(0)| > 0$ 且 $k(t,s)$ 是正的, 显然对所有 $t \leqslant T$ 有 $F(t) - |f(t)| > 0$.

例 4.2.7　设 $k(t,s)$ 和 $g(t)$ 是有界的, 即 $|k(t,s)| < k$, $|g(t)| < G$, 则 (4.2.4) 成为

$$F(t) = G + k \int_0^t F(s)\mathrm{d}s,$$

它有解

$$F(t) = G\mathrm{e}^{kt}.$$

于是

$$|F(t)| < G\mathrm{e}^{kt}, \quad 0 \leqslant t \leqslant T.$$

例 4.2.8　设 $k(t,s)$ 和 $g(t)$ 同上例, 设 $\tilde{f}(t)$ 是方程 (4.1.1)(取 $\lambda = 1$) 的逼近解, 且使得

$$r(t) = g(t) + \int_0^t k(t,s)\tilde{f}(s)\mathrm{d}s - \tilde{f}(t).$$

于是 $f(t) - \tilde{f}(t)$ 满足

$$f(t) - \tilde{f}(t) = r(t) + \int_0^t k(t,s)\{f(s) - \tilde{f}(s)\}\mathrm{d}s.$$

如果 $|r(t)| < \varepsilon$, 则由例 4.2.7 的结果知 $\left|f(t) - \tilde{f}(t)\right| < \varepsilon \mathrm{e}^{kt}$.

例 4.2.9 考虑方程

$$f(t) = \cos t + \int_0^t \cos^2(t-s)\mathrm{e}^{-(t-s)}\mathrm{d}s.$$

由于方程

$$F(t) = 1 + \int_0^t \mathrm{e}^{-(t-s)}F(s)\mathrm{d}s$$

有解

$$F(t) = 1 + t,$$

于是立得

$$|f(t)| \leqslant 1 + t.$$

4.3   转化为常微分方程的初值问题

有时将 Volterra 积分方程转化为常微分方程的初值问题可使得求解更容易些, 如例 4.2.4 中的积分方程也可变为很简单的微分方程的初值问题, 从而使求解过程简化.

例 4.3.1   求解积分方程

$$\phi(x) - \lambda \int_0^x \mathrm{e}^{x-s}\phi(s)\mathrm{d}s = g(x). \tag{4.3.1}$$

解   对积分方程 (4.3.1) 求微商得

$$\phi'(x) - \lambda\phi(x) - \lambda \int_0^x \mathrm{e}^{x-s}\phi(s)\mathrm{d}s = g'(x).$$

然后与原方程 (4.3.1) 相减得以 $\phi(x)$ 作未知函数的线性一阶微分方程

$$\phi'(x) - (\lambda+1)\phi(x) = g'(x) - g(x).$$

在原方程 (4.3.1) 中令 $x = 0$, 可以得到微分方程的初值条件

$$\phi(0) = g(0).$$

于是由一阶线性微分方程的经典解得

$$\phi(x) = g(x) + \lambda \int_0^x \mathrm{e}^{(\lambda+1)(x-s)}g(s)\mathrm{d}s.$$

与例 4.2.4 中的结果一致.

一般情况下, 如果第二类 Volterra 积分方程的核 $K(x,s)$ 与自由项 $f(x)$ 有关于对变量 x 的连续导函数, 则可通过对方程两端求导, 将其化为常微分方程的初值问题, 尤其当核 $K(x,s)$ 是关于 $(x-s)$ 的多项式, 这样的转换使得求解更为方便.

例 4.3.2   求解积分方程

$$\phi(x) = \int_0^x \phi(s)\mathrm{d}s + \mathrm{e}^x. \tag{4.3.2}$$

解   对原方程两端关于 x 求导得

$$\phi'(x) = \phi(x) + \mathrm{e}^x. \tag{4.3.3}$$

将 $x=0$ 带入原方程得

$$\phi(0) = 1, \tag{4.3.4}$$

这便是方程 (4.3.3) 初始条件. 于是方程 (4.3.3) 与条件 (4.3.4) 是一常微分方程的初值问题, 立得其解为

$$\phi(x) = \mathrm{e}^x + x\mathrm{e}^x.$$

例 4.3.3   解方程

$$\phi(x) = 4\mathrm{e}^x + 3x - 4 - \int_0^x (x-s)\phi(s)\mathrm{d}s. \tag{4.3.5}$$

解   方程 (4.3.5) 两端关于 x 求导得

$$\phi'(x) = 4\mathrm{e}^x + 3 - \int_0^x \phi(s)\mathrm{d}s, \tag{4.3.6}$$

再对方称 (4.3.6) 关于 x 求导得

$$\phi''(x) = 4\mathrm{e}^x - \phi(x). \tag{4.3.7}$$

将 $x=0$ 带入方程 (4.3.5), (4.3.6) 得

$$\phi(0) = 0, \quad \phi'(0) = 7. \tag{4.3.8}$$

方程 (4.3.7) 满足初始条件 (4.3.8) 的初值问题的解为

$$\phi(x) = 2\mathrm{e}^x - 2\cos x + 5\sin x.$$

例 4.3.4   求解积分方程

$$\phi(x) = \int_0^x (x-s)\phi(s)\mathrm{d}s + f(x). \tag{4.3.9}$$

解 对原方程两端关于 x 求导得

$$\phi'(x) = \int_0^x \phi(s)\mathrm{d}s + f'(x). \tag{4.3.10}$$

对方程 (4.3.10) 再关于 x 求导得

$$\phi''(x) = \phi(x) + f''(x), \tag{4.3.11}$$

在方程 (4.3.9), (4.3.10) 中令 $x = 0$, 得

$$\phi(0) = f(0), \quad \phi'(0) = f'(0). \tag{4.3.12}$$

方程 (4.3.10) 和条件 (4.3.12) 是一个二阶常微分方程初值问题, 于是立得其解为

$$\phi(x) = f(x) + \int_0^x \sinh(x - s)\phi(s)\mathrm{d}s.$$

更为一般地, 当核 $K(x, s)$ 是关于 $(x - s)$ 的初等函数时, 有时积分方程转化为微分方程初值问题求解更容易.

例 4.3.5 解方程

$$\phi(x) = \cosh x - \int_0^x \sinh(x - s)\phi(s)\mathrm{d}s. \tag{4.3.13}$$

解 方程 (4.3.13) 两端对 x 求导得

$$\phi'(x) = \sinh x - \int_0^x \cosh(x - s)\phi(s)\mathrm{d}s, \tag{4.3.14}$$

再对方程 (4.3.14) 两端关于 x 求导得

$$\phi''(x) = \cosh x - \int_0^x \sinh(x - s)\phi(s)\mathrm{d}s - \phi(x). \tag{4.3.15}$$

将方程 (4.3.15) 右端 $\phi(x)$ 用 (4.3.13) 代换后立得

$$\phi''(x) = 0, \tag{4.3.16}$$

将 $x = 0$ 带入方程 (4.3.13) 和 (4.3.14) 得

$$\phi(0) = 1, \quad \phi'(0) = 0. \tag{4.3.17}$$

于是初值问题 (4.3.16) 在 (4.3.17) 条件下的解为

$$\phi(x) = 1.$$

  当 Volterra 方程具有退化核时, 某些特殊情况下可以通过转化为微分方程组使求解更方便.

  对第二类退化核 Volterra 方程

$$\phi(x) = f(x) + \int_0^x \left[\sum_{i=1}^n a_i(x) b_i(s) \right] \phi(s) \mathrm{d}s \tag{4.3.18}$$

写为形式

$$\phi(x) = f(x) + \sum_{i=1}^n a_i(x) \int_0^x b_i(s) \phi(s) \mathrm{d}s. \tag{4.3.19}$$

记

$$\phi_i(x) = \int_0^x b_i(s) \phi(s) \mathrm{d}s, i = 1, 2, \cdots, n, \tag{4.3.20}$$

若 $\phi_i(x)$ 对 x 求导立得

$$\phi_i'(x) = b_i(x) \phi(x). \tag{4.3.21}$$

由方程 (4.3.19) 和 (4.3.20) 知

$$\phi(x) = f(x) + \sum_{i=1}^n a_i(x) \phi_i(x). \tag{4.3.22}$$

将 (4.3.19) 代入 (4.3.21) 的关于 $\phi_i(x) = 1, 2, \cdots, n$ 的微分方程组

$$\phi_i'(x) = b_i(x) f(x) - \sum_{i=1}^n a_i(x) b_i(x) \phi_i(x), \quad n = 1, 2, \cdots, n \tag{4.3.23}$$

将 $x = 0$ 代入 (4.3.20) 得

$$\phi_i(0) = 0, \quad i = 1, 2, \cdots, n. \tag{4.3.24}$$

当变系数一阶微分方程组 (4.3.23) 在条件 (4.3.24) 下的 Cauchy 问题的解 $\phi_i(x)$ 求出后代入 (4.3.22) 便可求出原积分方程的解 $\phi(x)$.

  例 4.3.6 解退化核 Volterra 方程

$$\phi(x) = 1 + \int_1^x \frac{s}{x} \phi(s) \mathrm{d}s. \tag{4.3.25}$$

  解 设

$$\phi_1(x) = \int_1^x s \phi(s) \mathrm{d}s,$$

则

$$\phi(x) = 1 + \frac{1}{x} \phi_1(x). \tag{4.3.26}$$

由于

$$\phi_1'(x) = x\phi(x),$$

所以

$$\phi_1'(x) = x\left[1 + \frac{1}{x}\phi_1(x)\right] = x + \phi_1(x),$$

即

$$\phi_1'(x) - \phi_1(x) - x = 0, \tag{4.3.27}$$

而

$$\phi_1(1) = 0, \tag{4.3.28}$$

求解微分方程 (4.3.27) 在满足条件 (4.3.28) 下的定解问题, 得

$$\phi_1(x) = \frac{2}{e}e^x - x - 1.$$

于是由 (4.3.26) 得积分方程 (4.3.25) 的解

$$\phi(x) = 1 + \frac{1}{x}\left(\frac{2}{e}e^x - x - 1\right) = \frac{1}{x}\left(2e^{x-1} - 1\right).$$

当然, 变系数一阶微分方程组的 Cauchy 问题, 没有统一的一般方法, 所以上述方法只对特殊情况适用, 并非对所有的退化核的 Volterra 积分方程能够适用.

4.4 第二类 Volterra 积分方程的数值积分解法

前 3 节介绍了求解 Volterra 方程的有限差分逼近法、逐次逼近法及转化为求解常微分方程初值问题的方法, 但都是对于一些特殊类型的积分方程适用, 本节介绍的数值积分法可以适应更一般的情况. 所谓数值积分法就是把积分方程中的积分用有限 n 项之和近似代替, 这样积分方程就可以转化为一组 n 阶代数方程组, 进而求出积分方程在 n 个代表点的近似解的值, 即 $\phi(x_i) \equiv \phi_i$ $(i = 1, 2, 3, \cdots, n)$, 然后可用 Newton 插值公式或 Lagrange 插值公式求得对于任意 x 的解的一般表达式. 其优点是可以避免前述方法中可能出现的多项复杂的积分运算, 减少计算量. 而且当积分方程核只在某些离散点上给出相应值, 而不是解析表达式时, 该方法更显示其优越性. 当然这种方法根据对解的精度的要求, 代表点数 n 以及数值求积公式的选择很重要. 一般情况下, 正像 3.5 节求解第二类 Freholm 积分方程通常选择 Gauss 求积公式, 而 Newton-Cotes 积分公式更适合第二类 Volterra 积分方程的数值求解.

本节主要通过几种不同类型的第二类 Volterra 积分方程的数值积分解法的例子, 其中, 部分例子将近似解与精确解进行比较, 检验数值积分方法的精确性, 例子中没有介绍计算机程序, 而主要解释数值求积方法的原理.

一般情况下, 对于第二类 Volterra 积分方程

$$\phi(x) - \lambda \int_a^x K(x,t)\phi(t)\,\mathrm{d}t = f(x), \tag{4.4.1}$$

其中, $K(x,t)$ 定义在 $a \leqslant t \leqslant x \leqslant b, f(x)$ 定义在 $a \leqslant x \leqslant b$ 上. 利用数值积分法, 求其近似解的原理如下:

当 $a \leqslant x < t \leqslant b$ 时, 定义 $K(x,t) = 0$, 则 Volterra 方程 (4.4.1) 可看成第二类 Freholm 方程, 类似于 3.5 节, 在方程 (4.4.1) 中, 令 $x = x_i\,(i = 1, 2, \cdots, n)$, 然后利用某种数值求积公式, 将其积分项用有限和代替, 即

$$\phi_i - \lambda \sum_{m=1}^i W_m K_{im}\phi_m = f_i, \quad i = 1, 2, \cdots, n, \tag{4.4.2}$$

其中, $\phi_i = \phi(x_i), W_m$ 是数值求积公式中的权系数, $K_{im} = k(x_i, x_m)$, $f_i = f(x_i)$.

该 n 阶线性代数方程组, 由于其系数矩阵是一个下三角阵且 $\phi_0 = \phi(a) = f_0 = f(a)$, 可以很方便地求解. 当 ϕ_i 求出后, 近似解为

$$\widetilde{\phi}(x) = \lambda \sum_{m=1}^i W_m K(x, x_m)\phi_m + f(x), \tag{4.4.3}$$

取极限, 即当 $i \to \infty$ 时, 这个近似解一致收敛于积分方程 (4.4.1) 的精确解.

下面利用简单的而通常熟悉的梯形求积公式为例, 说明数值积分法求解过程.

考虑第二类 Volterra 积分方程

$$\phi(x) = \int_a^x K(x,t)\phi(t)\mathrm{d}t + f(x). \tag{4.4.4}$$

首先将积分区间 (a, x) 分成 n 等分的子区间, 每个子区间宽为 $h = \dfrac{x_n - a}{n}(n \geqslant 1)$, 其中, x_n 是 x 的终点, 对于具体问题可以选择具体的终点 x_n. 令 $t_0 = a, t_i = a + ih = t_0 + ih$, 由于 t, x 相互独立的变量 $(x_0 = t_0 = t, x = \lambda_n = t_n, x_i = t_i)$, 记 $\phi(t_i) \equiv \phi(x_i) = \phi_i, f(x_i) = f_i, K(x_i, t_i) \equiv K_{ij}$, 当然, 当 $t_j > x_i$ 时 $K(x_i, t_j) \equiv 0$. 由原方程知 $\phi(x_0) = f(a)$. 现在利用梯形求积公式将方程 (4.4.4) 中的积分用有限和代替得

$$\int_a^x K(x,t)\phi(t)\mathrm{d}t \approx h\left[\frac{1}{2}K(x, t_0)\phi(t_0) + K(x, t_1)\phi(t_1) + \cdots + K(x, t_{n-1})\phi(t_{n-1})\right.$$

$$+ \frac{1}{2} K(x, t_n) \phi(t_n) \Bigg], \tag{4.4.5}$$

其中, $h = \dfrac{x-a}{n}$, $t_j \leqslant x$, $j \geqslant 1$, $x = x_n = t_n$.

于是原方程 (4.4.4) 可用下列和式逼近:

$$\phi(x) = f(x) + h \Bigg[\frac{1}{2} K(x, t_0) \phi(t_0) + K(x, t_1) \phi(t_1) + \cdots + K(x, t_{n-1}) \phi(t_{n-1})$$
$$+ \frac{1}{2} K(x, t_n) \phi(t_n) \Bigg], \tag{4.4.6}$$

其中, $t_j \leqslant x$, $j \geqslant 1$, $x = x_n = t_n$.

如果令 $x = x_i (i = 0, 1, 2, \cdots, n)$ 代入上述方程得

$$\phi(x_0) = f(x_0) = f(a) = f_0,$$
$$\phi(x_i) = f(x_i) + h \Bigg[\frac{1}{2} K_{i0} \phi_0 + K_{i1} \phi_1 + \cdots$$
$$+ K_{ij-1} \phi_{j-1} + \frac{1}{2} K_{ij} \phi_j \Bigg], \quad j = 1, 2, \cdots, x, t_j \leqslant x_i. \tag{4.4.7}$$

整理方程 (4.4.7) 得

$$\begin{cases} \phi_0 &= f, \\[2mm] -\dfrac{h}{2} K_{10} \phi_0 + \left(1 - \dfrac{h}{2} K_{11}\right) \phi_1 &= f_1, \\[2mm] -\dfrac{h}{2} K_{20} \phi_0 - h K_{21} \phi_1 + \left(1 - \dfrac{h}{2} K_{22}\right) \phi_2 &= f_2, \\[2mm] -\dfrac{h}{2} K_{30} \phi_0 - h K_{31} \phi_1 - h K_{32} \phi_2 + \left(1 - \dfrac{h}{2} K_{33}\right) \phi_3 &= f_3, \\[2mm] \qquad\qquad\qquad \cdots\cdots \\[2mm] -\dfrac{h}{2} K_{n0} \phi_0 - h K_{n1} \phi_1 - h K_{n2} \phi_2 - \cdots + \left(1 - \dfrac{h}{2} K_{nn}\right) \phi_n = f_n. \end{cases} \tag{4.4.8}$$

这是关于 $n+1$ 个未知数 $\phi_0, \phi_1, \cdots, \phi_n$ 的 $n+1$ 阶线性代数方程组, 但它形式特别, 可从 $\phi_0 = f_0$ 开始代入第 2 个方程, 便可求出 ϕ_1

$$\phi_1 = \frac{f_1 + h/2 f_0}{1 - h/2 K_{11}}.$$

再将 ϕ_0, ϕ_1 带入第 3 个方程, 便可求出 ϕ_2; 如此重复代换, 直到第 $n+1$ 个方程求出 ϕ_n, 通过下面的具体例子演示整个过程.

例 4.4.1　利用梯形求积公式给出下列 Volterra 积分方程在 $x = 0, 1, 2, 3$ 和 4 点处数值解逼近值

$$\phi(x) = x + \int_0^x (t-x)\phi(t)\mathrm{d}t. \tag{4.4.9}$$

解　此时 $f(x) = x$, $K(x,t) = \begin{cases} t-x, & t \leqslant x = 4, \\ 0, & t > x = 4, \end{cases}$ $\phi_0 = \phi(0) = 0$,

因为 $n = 4$, 所以 $n = \dfrac{4-0}{4} = 1$. 将它们代入方程组 (4.4.8) 得

$$\begin{cases} \phi_0 & = f_0 = 0, \\ -\dfrac{1}{2}K_{10}\phi_0 + \left(1 - \dfrac{1}{2}K_{11}\right)\phi_1 & = f_1 = 1, \\ -\dfrac{1}{2}K_{20}\phi_0 - K_{21}\phi_1 + \left(1 - \dfrac{1}{2}K_{22}\right)\phi_2 & = f_2 = 2, \\ -\dfrac{1}{2}K_{30}\phi_0 - K_{31}\phi_1 - K_{32}\phi_2 + \left(1 - \dfrac{1}{2}K_{33}\right)\phi_3 & = f_3 = 3, \\ -\dfrac{1}{2}K_{40}\phi_0 - K_{41}\phi_1 - K_{42}\phi_2 - K_{43}\phi_3 + \left(1 - \dfrac{1}{2}K_{44}\right)\phi_4 & = f_4 = 4. \end{cases}$$

考虑到

$$K_{10} = K(1,0) = 0 - 1 = -1, \quad K_{11} = 0, \quad K_{20} = -2, \quad K_{21} = -1,$$

$$K_{22} = 0, \quad K_{30} = -3, \quad K_{31} = -2, \quad K_{32} = -1, \quad K_{33} = 0, \quad K_{40} = -4,$$

$$K_{41} = -3, \quad K_{42} = -2, \quad K_{43} = -1, \quad K_{44} = 0$$

及 $\phi_0 = 0$.

上述方程组简写为

$$\begin{cases} \phi_0 = 0, \\ \phi_1 = 1, \\ \phi_1 + \phi_2 = 2, \\ 2\phi_1 + \phi_2 + \phi_3 = 3, \\ 3\phi_1 + 2\phi_2 + \phi_3 + \phi_4 = 4, \end{cases}$$

立得

$$\phi_0 = 0, \quad \phi_1 = 1, \quad \phi_2 = 1, \quad \phi_3 = 0, \quad \phi_4 = -1.$$

将此近似解在 $x = 0, 1, 2, 3, 4$ 点处的值与其精确解 $\phi(x) = \sin x$ 在这些点处的值进行比较, 列于表 4.2 和图 4.1. 由于只是为了简明的说明求解过程, 而没有强调解的精度, 所以这里只取 $n = 4$, 事实上, 当取的合适后精度会达到较好的要求.

表 4.2 Volterra 方程 (4.4.9) 的数值解与精确解比较

x_1	0	1	2	3	4
数值解	0	1	1	0	-1
精确解	0	0.8415	0.993	0.1411	-0.7568

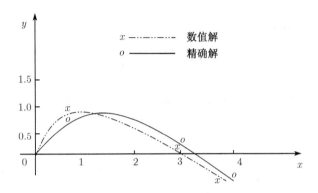

图 4.1 Voltera 积分方程 4.4.9 数值解与精确解比较

例如, 当 $n = 8$ 时, 结果明显精确许多, 留在练习中.

例 4.4.2 利用数值积分法去求第二类 Volterra 积分方程

$$\phi(x) - \int_0^x \mathrm{e}^{-x-t}\phi(t)\mathrm{d}t = \frac{1}{2}\left(\mathrm{e}^{-x} + \mathrm{e}^{-3x}\right) \tag{4.4.10}$$

在 $[0,1]$ 的近似解.

解 利用梯形求积公式, 类似方程 (4.4.4) 的求解过程, 此时 $n = 5, h = \dfrac{1-0}{5} = 0.2$, $K_{ij}, i, j = 0, 1 \cdots, 5$ 和 f_i 见表 4.3.

表 4.3 方程 (4.4.10) 核和自由项的值

m	K_{0i}	K_{1i}	K_{2i}	K_{3i}	K_{4i}	K_{5i}	f_i
0	1.00000	0.81873	0.67032	0.54881	0.44931	0.36788	1.00000
1	0.81873	0.67032	0.54881	0.44933	0.36788	0.30119	0.68378
2	0.67032	0.54881	0.44933	0.36788	0.30119	0.24660	0.48576
3	0.54881	0.44933	0.36788	0.30119	0.24660	0.20190	0.35706
4	0.44933	0.36788	0.30119	0.24660	0.20190	0.16530	0.27003
5	0.36788	0.30119	0.24660	0.20190	0.16530	0.13534	0.20884

类似方程 (4.4.8) 的方程组, 利用梯形求积公式, 此时方程 (4.4.10) 可离散为

$$\begin{cases}
\phi_0 = f_0, \\
-\dfrac{h}{2}K_{10}\phi_0 + \left(1 - \dfrac{h}{2}K_{11}\right)\phi_1 = f_1, \\
-\dfrac{h}{2}K_{20}\phi_0 - hK_{21}\phi_1 + \left(1 - \dfrac{h}{2}K_{22}\right)\phi_2 = f_2, \\
-\dfrac{h}{2}K_{30}\phi_0 - hK_{31}\phi_1 - hK_{32}\phi_2 + \left(1 - \dfrac{h}{2}K_{33}\right)\phi_3 = f_3, \\
-\dfrac{h}{2}K_{40}\phi_0 - hK_{41}\phi_1 - hK_{42}\phi_2 - hK_{43}\phi_3 + \left(1 - \dfrac{h}{2}K_{44}\right)\phi_4 = f_4, \\
-\dfrac{h}{2}K_{50}\phi_0 - hK_{51}\phi_1 - hK_{52}\phi_2 - hK_{53}\phi_3 - hK_{54}\phi_4 + \left(1 - \dfrac{h}{2}K_{55}\right)\phi_5 = f_5.
\end{cases}$$

于是可依次求出

$$\phi_0 = 1, \quad \phi_1 = \frac{f_1 + \dfrac{h}{2}f_0}{1 - \dfrac{h}{2}K_{11}} = 0.8207, \quad \phi_2 = 0.6731,$$

$$\phi_3 = 0.5518, \quad \phi_4 = 0.4523, \quad \phi_5 = 0.3705.$$

此方程精确解为 $\phi(x) = \mathrm{e}^{-x}$. 现在将近似解在 $x = 0, 0.2, 0.4, 0.6, 0.8, 1.0$ 的值 $\phi_0, \phi_1, \phi_2, \phi_3, \phi_4, \phi_5$ 与精确解在这些点的值列表比较 (表 4.4).

表 4.4　Volterra 方程 (4.4.10) 的数值解与精确解比较

x_i	0	0.2	0.4	0.6	0.8	1.0
数值解	1	0.8207	0.6731	0.5518	0.4523	0.3705
精确解	1	0.8187	0.6703	0.5488	0.4443	0.3679
绝对误差	0	0.0020	0.0028	0.0030	0.0030	0.0026

通常 Volterra 积分方程利用 Newton-Cotes 求积公式更方便, 下面说明用 Newton-Cotes 求积公式求解第二类 Volterra 积分方程

$$\phi(x) - \int_0^x K(x,t)\phi(t)\mathrm{d}t = f(x) \tag{4.4.11}$$

的过程.

取步长为 h, 则点 $a, a+h, a+2h, \cdots, t$ 依次排列, 用表 4.5 将核 K_{ij} 和自由项 f_i 的值列出. 节点和权由图 4.2 给出. 则积分方程 (4.4.11) 可离散成线性代数方程

组

$$
\begin{cases}
\phi_0 = f_0, \\[2mm]
\phi_1 = f_1 + h\left(\dfrac{1}{2}K_{10}\phi_0 + \dfrac{1}{2}K_{11}\phi_1\right), \\[3mm]
\phi_2 = f_2 + 2h\left(\dfrac{1}{6}K_{20}\phi_0 + \dfrac{4}{6}K_{21}\phi_1 + \dfrac{1}{6}K_{22}\phi_2\right), \\[3mm]
\phi_3 = f_3 + 3h\left(\dfrac{1}{8}K_{30}\phi_0 + \dfrac{3}{8}K_{31}\phi_1 + \dfrac{3}{8}K_{32}\phi_2 + \dfrac{1}{8}K_{33}\phi_3\right), \\[3mm]
\phi_4 = f_4 + 4h\left(\dfrac{1}{6}K_{40}\phi_0 + \dfrac{4}{6}K_{41}\phi_1 + \dfrac{2}{6}K_{42}\phi_2 + \dfrac{4}{6}K_{43}\phi_3 + \dfrac{1}{6}K_{44}\phi_4\right), \\[3mm]
\cdots\cdots
\end{cases}
$$

表 4.5　核 K_{ij} 和自由项 f_i 的值

K_{ij}					K_{44}
				K_{33}	K_{43}
			K_{22}	K_{32}	K_{42}
		K_{11}	K_{21}	K_{31}	K_{41}
	K_{00}	K_{10}	K_{20}	K_{30}	K_{40}
f_i	f_0	f_1	f_2	f_3	f_4

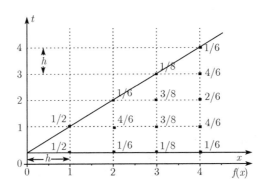

图 4.2　节点和权

现以一具体的例子说明方法的有效性.

例 4.4.3　利用 Newton-Cotes 求积公式求解第二类 Volterra 积分公式方程

$$
\phi(x) - \int_0^x \left[3 + 6(x-t) - 4(x-t)^2\right]\phi(t)\,\mathrm{d}t = 1 - 2x - 4x^2. \tag{4.4.12}
$$

解　该方程精确解为 $\phi(x) = \mathrm{e}^x$. 取 $h = 0.05$, 则表 4.5 现在为表 4.6. 节点和权同图 4.2.

表 4.6　方程 (4.4.12) 中 K_{ij} 和 f_i 的值

K_{ij}					3.00
				3.00	3.29
			3.00	3.29	3.56
		3.00	3.29	3.56	3.81
	3.00	3.29	3.56	3.81	4.04
f_i	1.00	0.89	0.76	0.61	0.44

此时方程 (4.4.12) 可离散化为下列线性方程组:

$$
\begin{cases}
\phi_0 = 1.00, \\[2mm]
\phi_1 - \left(\dfrac{1}{2} \times 3.29\phi_0 + \dfrac{1}{2} \times 3.00\phi_1 \right) \times 0.05 = 0.89, \\[2mm]
\phi_2 - \left(\dfrac{1}{6} \times 3.56\phi_0 + \dfrac{4}{6} \times 3.00\phi_1 + \dfrac{1}{6} \times 3.00\phi_2 \right) \times 0.10 = 0.76, \\[2mm]
\phi_3 - \left(\dfrac{1}{8} \times 3.81\phi_0 + \dfrac{3}{8} \times 3.56\phi_1 + \dfrac{3}{8} \times 3.29\phi_2 + \dfrac{1}{8} \times 3.00\phi_3 \right) \times 0.15 = 0.6, \\[2mm]
\phi_4 - \left(\dfrac{1}{6} \times 4.04\phi_0 + \dfrac{4}{6} \times 3.81\phi_1 + \dfrac{2}{6} \times 3.56\phi_2 + \dfrac{4}{6} \times 3.29\phi_3 + \dfrac{1}{6} \times 3.00\phi_4 \right) \times 0.10 \\[2mm]
\qquad\qquad = 0.61, \\[2mm]
\qquad \cdots\cdots
\end{cases}
$$

解得

$$\phi_0 = 1.00000, \quad \phi_1 = 1.05108, \quad \phi_2 = 1.10513, \quad \phi_3 = 1.16178, \quad \phi_4 = 1.10513.$$

表 4.7　Volterra 方程 (4.4.12) 利用 Newton-Cotes 求积法的数值解与精确解比较

节点 x_i	数值解	精确解	绝对误差	相对误差/%
0.00	1.00000	1.00000	−0.00000	0.000
0.05	1.05108	1.05127	−0.00019	0.019
0.10	1.10513	1.10517	−0.00004	0.004
0.15	1.16178	1.16183	−0.00005	0.005
0.20	1.22133	1.22140	−0.00007	0.007

从表 4.7 中可以看到当 $x = 0.05$ 时, $\phi(0.05) = 1.05108$ 与精确解误差比别的节点处较大. 如果取步长为 $h = 0.025$, 则得到 $\phi(0.05) = 1.05131$, 此时绝对误差

为 0.00004, 相对误差 0.004%, 也即当精度足够好时, 可通过调整步长得到更好的结果.

4.5 Volterra 积分方程组

Volterra 积分方程组

$$\phi(x) - \int_0^x \boldsymbol{K}(x, s, \phi(s))\mathrm{d}s = \boldsymbol{f}(x), \tag{4.5.1}$$

其中,

$$\boldsymbol{K}(t, s, \phi(s)) = \begin{pmatrix} K_1(t, s, \phi_1(s), \phi_2(s), \cdots, \phi_m(s)) \\ K_2(t, s, \phi_1(s), \phi_2(s), \cdots, \phi_m(s)) \\ \vdots \\ K_m(t, s, \phi_1(s), \phi_2(s), \cdots, \phi_m(s)) \end{pmatrix},$$

$$\phi(x) = \begin{pmatrix} \phi_1(x) \\ \phi_2(x) \\ \vdots \\ \phi_m(x) \end{pmatrix}, \quad \boldsymbol{f}(x) = \begin{pmatrix} f_1(x) \\ f_2(x) \\ \vdots \\ f_m(x) \end{pmatrix}.$$

定义向量范数

$$\|\boldsymbol{f}(x)\| = \max_{1 \leqslant i \leqslant n} |f_i(x)| \tag{4.5.2}$$

和矩阵范数

$$\|\boldsymbol{K}(x, s, f(s))\| = \max_{1 \leqslant i \leqslant n} \sum_{j=1}^n |k_{ij}(x, s)|. \tag{4.5.3}$$

定理 4.5.1 如果 $\boldsymbol{f}(x)$ 和 $\boldsymbol{K}(x, s, \phi(s))$ 当 $0 \leqslant s \leqslant x \leqslant T$ 时连续, 则方程组 (4.5.1) 对 $0 \leqslant x \leqslant T$ 有唯一连续解.

4.6 Volterra 积分微分方程

通常 Volterra 积分微分方程可转化为 Volterra 积分方程组, 如下例:

例 4.6.1 Volterra 积分微分方程

$$\phi'(x) - \int_0^x K(x, s, \phi(s))\mathrm{d}s = f(x), \tag{4.6.1}$$

$$\phi(0) = \phi_0. \tag{4.6.2}$$

事实上, 令 $\phi'(t) = z(t)$, 则

$$\begin{cases} z(x) - \int_0^x K(x,s,\phi(s))\mathrm{d}s = f(t), \\ \phi(x) - \int_0^x z(s)\mathrm{d}s = \phi_0, \end{cases} \tag{4.6.3}$$

即 Volterra 积分微分方程 (4.6.1), (4.6.2) 等价于第二类 Volterra 积分方程组 (4.6.3).

例 4.6.2　Volterra 积分微分方程

$$\phi'(x) - \int_0^x K(x,s,\phi(s))\mathrm{d}s = f(x), \tag{4.6.4}$$

$$\phi(0) = \phi_0. \tag{4.6.5}$$

解　方程 (4.6.4) 两端积分得

$$\phi(x) - \int_0^x \int_0^\tau K(\tau,s)\phi(s)\mathrm{d}s\mathrm{d}\tau = F(x),$$

$$F(x) = \phi_0 + \int_0^x f(\tau)\mathrm{d}\tau.$$

交换积分次序得

$$\phi(x) - \int_0^x M(x,s)\phi(s)\mathrm{d}s = F(x),$$

$$M(x,s) = \int_s^x K(\tau,s)\mathrm{d}\tau.$$

一般地, 有

定理 4.6.1　考虑积分微分方程

$$\phi'(x) = f(x) + h(x)\phi(x) + \int_0^x k_1(x,s)\phi(s)\mathrm{d}s + \int_0^x k_2(x,s)\phi'(s)\mathrm{d}s \tag{4.6.6}$$

且 $\phi(0) = \alpha$. 假定 $f(x), h(x), k_1(x,s), k_2(x,s)$ 都在 $0 \leqslant s \leqslant x \leqslant T$ 上连续, 则 (4.6.6) 在 $0 \leqslant x \leqslant T$ 上有唯一连续可微解.

证明　设 $\phi(x)$ 和 $Z(x)$ 是下述积分方程组的解:

$$\begin{cases} Z(x) = f(x) + h(x)\phi(x) + \int_0^x k_1(x,s)f(s)\mathrm{d}s + \int_0^x k_2(x,s)Z(s)\mathrm{d}s, \\ \phi(x) = \alpha + \int_0^x Z(s)\mathrm{d}s. \end{cases} \tag{4.6.7}$$

由定理 4.5.1 知该方程组有连续解, 由于 $Z(x)$ 连续, 故知 $\phi(x)$ 不仅连续, 而且连续可微且 $\phi'(x) = Z(x), \phi(0) = \alpha$. 因此 $\phi(x)$ 满足方程 (4.6.6), 又由于方程 (4.6.6) 的每个解都满足方程组 (4.6.7), 而后者有唯一的解, 所以方程 (4.6.6) 有唯一解.

4.7 Volterra 卷积积分 (微分) 方程

线性卷积积分方程

$$f(t) = g(t) + \int_0^t k(t-s)f(s)\mathrm{d}s. \tag{4.7.1}$$

由于其核的简单性, 有时求解卷积积分方程可直接转化为求解微分方程.

例 4.7.1 考虑卷积积分方程

$$f(t) = 1 - \int_0^t (t-s)f(s)\mathrm{d}s. \tag{4.7.2}$$

解 两端求解得

$$f'(t) = -\int_0^t f(s)\mathrm{d}s, \tag{4.7.3}$$

进一步

$$f''(t) = -f(t). \tag{4.7.4}$$

从 (4.7.2) 和 (4.7.3) 知 $f(0) = 1, f'(0) = 0$, 所以 (4.7.2) 的解是 $f(t) = \cos t$, 该解的确也满足 (4.7.2).

通常, 微分算子与具有 $(t-s)^p$ 形式的核的 Volterra 算子有着密切关系. 例如,

$$\frac{\mathrm{d}^2}{\mathrm{d}t^2} \int_0^t (t-s)u(s)\mathrm{d}s = u(t). \tag{4.7.5}$$

一般地,

$$\frac{\mathrm{d}^q}{\mathrm{d}t^q} \int_0^t (t-s)^p u(s)\mathrm{d}s = p(p-1)\cdots(p-q+1)\int_0^t (t-s)^{p-q}u(t)\mathrm{d}s, \quad p \geqslant 1, q \leqslant p. \tag{4.7.6}$$

请读者利用上述关系式证明

$$\frac{1}{p!}\frac{\mathrm{d}^{p+1}}{\mathrm{d}t^{p+1}} \int_0^t (t-s)^p u(s)\mathrm{d}s = u(t), \quad p \geqslant 0. \tag{4.7.7}$$

定理 4.7.1 $g(t)$ 在 $[0, T]$ 上连续, 则方程

$$f(t) = g(t) + \sum_{i=0}^n a_i \int_0^t (t-s)^i f(s)\mathrm{d}s \tag{4.7.8}$$

可表示为

$$f(t) = g(t) + \sum_{i=0}^n a_i y_i(t),$$

其中, y_i 是由下列微分方程组:

$$\begin{cases} y_o'(t) = g(t) + \sum_{i=0}^{n} a_i y_i(t), & (4.7.9) \\[2mm] y_i'(t) = i y_{i-1}(t), \quad i = 1, 2, \cdots, n, & (4.7.10) \\[2mm] y_0(0) = y_1(0) = \cdots = y_n(0) & (4.7.11) \end{cases}$$

给出的解.

证明   定理 3.1 保证了 (4.7.8) 有唯一解 $f(t)$, 定义

$$Z_i(t) = \int_0^t (t-s)^i f(s) \mathrm{d}s, \quad i = 0, 1, \cdots, n, \tag{4.7.12}$$

则

$$g(t) + \sum_{i=0}^{n} a_i Z_i(t) = g(t) + \sum_{i=0}^{n} a_i \int_0^t (t-s)^i f(s)\mathrm{d}s = f(t).$$

于是 (4.7.8) 的解可写为

$$f(t) = g(t) + \sum_{i=0}^{n} a_i Z_i(t), \tag{4.7.13}$$

对 (4.7.12) 求导得

$$Z_0'(t) = f(t) = g(t) + \sum_{i=0}^{n} a_i Z_i(t), \tag{4.7.14}$$

$$Z_i'(t) = \int_0^t i(t-s)^{i-1} f(s)\mathrm{d}s = i Z_{i-1}(t), \quad i = 1, 2, \cdots, n. \tag{4.7.15}$$

由 (4.7.12) 知

$$Z_0(0) = Z_1(0) = \cdots = Z_n(0) = 0,$$

这样 $Z_i(t)$ 满足 (4.7.9), (4.7.10) 以及初始条件 (4.7.11).

定理 4.7.2   假定 β_i 是互不相同的, 则方程

$$f(t) = g(t) + \int_0^t \sum_{i=1}^{n} a_i \mathrm{e}^{\beta_i(t-s)} f(s)\mathrm{d}s \tag{4.7.16}$$

的解为

$$f(t) = g(t) - \sum_{i=1}^{n} a_i \mathrm{e}^{\beta_i t} y_i(t), \tag{4.7.17}$$

其中, y_i 是微分方程组

$$y_i'(t) = \mathrm{e}^{-\beta_i t} \left\{ g(t) - \sum_{j=1}^{n} a_i \mathrm{e}^{\beta_i t} y_i(t) \right\}, \quad i = 0, 1, \cdots, n, \tag{4.7.18}$$

$$y_i(0) = 0 \tag{4.7.19}$$

的解.

证明 令 $p_i(t) = a_i \mathrm{e}^{\beta_i t}$, $Q_i(t) = \mathrm{e}^{-\beta_i t}$, 便是定理 1.1 的推论.

例 4.7.2 求解方程

$$f(t) = 1 + \int_0^t \sin(t-s) f(t) \mathrm{d}s.$$

定义

$$f^*(\omega) = L(f)(\omega) = \int_0^\infty \mathrm{e}^{-\omega t} f(t) \mathrm{d}t.$$

由 Laplace 变换知

$$L(1)(\omega) = \frac{1}{\omega},$$

$$L(\sin t)(\omega) = \frac{1}{\omega^2 + 1},$$

故

$$f^*(\omega) = L(f)(\omega) = \frac{1/\omega}{1 - 1/(\omega^2 + 1)} = \frac{1}{\omega} + \frac{1}{\omega^3},$$

$$f(t) = L^{-1}\left(\frac{1}{\omega} + \frac{1}{\omega^3}\right) = L^{-1}\left(\frac{1}{\omega}\right) + L^{-1}\left(\frac{1}{\omega^3}\right) = 1 + \frac{t^2}{2}.$$

定理 4.7.3 设 $u(t)$ 是方程

$$u(t) = 1 + \int_0^t k(t-s) u(s) \mathrm{d}s \tag{4.7.20}$$

的解, 则方程

$$f(t) = g(t) + \int_0^t k(t-s) f(s) \mathrm{d}s \tag{4.7.21}$$

的解为

$$f(t) = g(0) u(t) + \int_0^t u(t-s) g'(s) \mathrm{d}s. \tag{4.7.22}$$

证明 (4.7.20) 两端作用 Laplace 算子得

$$u^*(w) = \frac{1}{w\{1 - k^*(w)\}},$$

$$f^*(w) = \frac{g^*(w)}{1 - k^*(w)},$$

则

$$\frac{f^*(w)}{u^*(w)} = w g^*(w). \tag{4.7.23}$$

利用 Laplace 变换的基本性质, 即对任一充分光滑函数 y,

$$L(y^{(p)})(w) = w^p y^*(w) - \sum_{i=0}^{p-1} y^{(i)}(0)w^{p-i-1}, \tag{4.7.24}$$

应用于 (4.7.23) 且 $y = g$ 和 $p = 1$, 得到

$$\frac{f^*}{u^*} = g(0) + L(g')$$

或者

$$L(f) = L(u)g(0) + L(u)L(g').$$

由 Laplace 变换的性质,

$$L(f) = L(u)g(0) + L(u * g')$$

作用 L^{-1}, 则

$$f = ug(0) + u * g'.$$

例 4.7.3　考虑 Abel 方程

$$\int_0^t \frac{f(s)}{\sqrt{t-s}}\mathrm{d}s = g(t).$$

解

$$L(\frac{1}{\sqrt{t}})(w) = \frac{\sqrt{\pi}}{\sqrt{w}}, \tag{4.7.25}$$

则

$$f^*(w) = \frac{\sqrt{w}}{\sqrt{\pi}} g^*(w). \tag{4.7.26}$$

令 $f(t) = z'(s)$, 由 (4.7.24),

$$f^*(w) = wz^*(w) - z(0),$$

由 (4.7.26) 得

$$z^*(w) = \frac{z(0)}{w} + \frac{1}{\sqrt{\pi}}\frac{1}{\sqrt{w}}g^*(w).$$

考虑 (4.7.25),

$$L(z) = \frac{z(0)}{w} + \frac{1}{\pi}L\left(\frac{1}{\sqrt{t}}\right)L(g),$$

由拉普拉斯变换性质

$$L(z) = \frac{z(0)}{w} + \frac{1}{\pi}L\left(\frac{1}{\sqrt{t}} * g\right),$$

求逆得

$$z(t) = z(0) + \frac{1}{\pi} \int_0^t \frac{g(s)}{\sqrt{t-s}} \mathrm{d}s. \tag{4.7.27}$$

对 (4.7.27) 求导得

$$f(t) = \frac{1}{\pi} \frac{\mathrm{d}}{\mathrm{d}t} \int_0^t \frac{g(s)}{\sqrt{t-s}} \mathrm{d}s. \tag{4.7.28}$$

例 4.7.4　考虑卷积积分微分方程 (常系数)

$$\sum_{j=0}^n a_j \frac{\mathrm{d}^j}{\mathrm{d}t^j} f(t) = g(t) + \int_0^t k(t-s)f(s)\mathrm{d}s, \tag{4.7.29}$$

满足初始条件

$$f(0) = f'(0) = \cdots = f^{(n-1)}(0) = 0.$$

解　(4.7.29) 两端作用拉普拉斯变换, 由 (4.7.24) 有

$$\sum_{j=0}^n a_j w^j f^*(w) = g^*(w) + k^*(w)f^*(w),$$

于是方程 (4.7.29) 的解为

$$f = L^{-1} \left\{ \frac{g^*(w)}{\sum\limits_{j=0}^n a_j w^j - k^*(w)} \right\}.$$

4.8　无界核 Volterra 积分方程

当核无界时的 Volterra 积分方程可写为

$$\phi(x) = f(x) + \int_0^x p(x,s)k(x,s)\phi(s)\mathrm{d}s, \tag{4.8.1}$$

其中, $p(x,s)$ 表示奇异部分, 而 $k(x,s)$ 是有界的.

定理 4.8.1　若下列条件满足:

(1) $f(x)$ 在 $0 \leqslant x \leqslant T$ 上连续;

(2) $k(x,s)$ 在 $0 \leqslant s \leqslant x \leqslant T$ 上连续;

(3) 对于每个连续函数 h 和所有 $0 \leqslant T_1 \leqslant T_2 \leqslant x$, 积分

$$\int_0^x p(x,s)k(x,s)h(s)\mathrm{d}s \quad \text{和} \quad \int_{T_1}^{T_2} p(x,s)k(x,s)h(s)\mathrm{d}s$$

都是关于 x 的连续函数;

　　(4) $p(x,s)$ 关于 s 在 $0 \leqslant x \leqslant T$ 上绝对可积;

　　(5) 存在点 $0 = T_0 < T_1 < T_2 < \cdots < T_N = T$, 使得当 $x \geqslant T_i$ 时,

$$K \int_{T_i}^{\min(x, T_{i+1})} |p(x,s)| \mathrm{d}s \leqslant \alpha < 1, \tag{4.8.2}$$

其中, $K = \max\limits_{0 \leqslant s \leqslant x \leqslant T} |k(x,s)|$.

　　(6) 对任一 $x \geqslant 0$, 成立 $\lim\limits_{\delta \to 0^+} \int_x^{x+\delta} |p(x+\delta, s)| \, \mathrm{d}s = 0$,

则方程 (4.8.1) 在 $0 \leqslant x \leqslant T$ 上有唯一连续解.

第 4 章习题

　　1. 转化方程.

　　(1) 将 Volterra 积分微分方程

$$\phi''(x) - b(x)\phi(x) + \int_0^x k(x,s)\phi(s)\mathrm{d}s = f(x),$$

$$\phi(0) = \alpha, \quad \phi'(0) = \beta$$

转化为 Volterra 积分方程组.

　　(2) 直接积分上述 Volterra 积分微分方程, 将其转化为 Volterra 积分方程.

　　2. 证明积分微分方程

$$f(0) = \alpha, \quad f'(0) = \beta,$$

当 $g(t), h_1(t), h_2(t), k_1(t,s), k_2(t,s), k_3(t,s)$ 都连续时该方程有唯一二次连续可微解.

　　3. 证明积分微分方程

$$\phi'(x) = f(x) + \int_0^x \frac{\phi(s)}{\sqrt{x-s}}\mathrm{d}s, \quad \phi(0) = \alpha,$$

当 $f(x)$ 连续时有唯一连续可微解.

　　4. 运用 Laplace 变换求解

$$f(t) = 1 + \int_0^t \mathrm{e}^{\alpha(t-s)} f(s)\mathrm{d}s$$

以及

$$\int_0^t \mathrm{e}^{-(t-s)} f(s)\mathrm{d}s = \mathrm{e}^{-t} + t - 1.$$

　　5. 证明对任何 $g(t)$, 积分方程

$$f(t) = g(t) + \int_0^t \sin(t-s) f(s)\mathrm{d}s$$

的解为

$$f(t) = g(t) + \int_0^t (t-s) g(s)\mathrm{d}s.$$

6. 证明方程 $\phi(x) = 1 + \int_0^x \dfrac{\mathrm{e}^{xs}}{\sqrt{x-s}}\phi(s)\mathrm{d}s$ 有唯一连续解.

7. 求出解核并利用解核解第二类 Volterra 积分方程

$$\phi(x) = \lambda \int_b^x \phi(t)\mathrm{d}t + f(x).$$

8. 求出解核并利用解核解第二类 Volterra 积分方程

$$\phi(x) = \lambda \int_0^x (x-t)\phi(t)\mathrm{d}t + g(x).$$

9. 利用解核求解下列方程:

(1) $\phi(x) = \int_0^x \phi(t)\mathrm{d}t + 1;$

(2) $\phi(x) = \lambda \int_0^x (t-x)\phi(t)\mathrm{d}t + x;$

(3) $\phi(x) = \lambda \int_0^x (t-x)\phi(t)\mathrm{d}t + 1;$

(4) $\phi(x) = \int_0^x (6x - 6t + 5)\phi(t)\mathrm{d}t + 6x + 29;$

(5) $\phi(x) = \int_0^x \mathrm{e}^{x-t}\phi(t)\mathrm{d}t + \sinh x;$

(6) $\phi(x) = \int_0^x \mathrm{e}^{x-t}\phi(t)\mathrm{d}t + \mathrm{e}^x;$

(7) $\phi(x) = -\int_0^x \mathrm{e}^{x^2-t^2}\phi(t)\mathrm{d}t - 2x + 1;$

(8) $\phi(x) = -\int_0^x 3^{x-t}\phi(t)\mathrm{d}t + 3^x x;$

(9) $\phi(x) = \int_0^x \dfrac{1+x^2}{1+t^2}\phi(t)\mathrm{d}t + 1 + x^2;$

(10) $\phi(x) = \int_0^x \dfrac{1+t^2}{1+x^2}\phi(t)\mathrm{d}t + \dfrac{1}{1+x^2}.$

10. 证明当核

$$K(x,t) = \frac{K(x)}{K(t)}, \quad K(t) \neq 0$$

时解核为

$$R(x,t;\lambda) = \frac{K(x)}{K(t)}\mathrm{e}^{\lambda(x-t)}.$$

11. 证明当核

$$K(x,t) = x^p t^q$$

时解核为

$$R(x,t;\lambda) = x^p t^q \mathrm{e}^{\lambda(x^{p+q+1} - t^{p+q+1})/p+q+1}.$$

12. 证明第二类 Volterra 积分方程的解核 $R(x,t;\lambda)$ 是对于任意给定 (x,t) 的关于 λ 的整函数

13. 运用逐次逼近法解习题 1, 取 $\phi_0(x) = 0$.

(1) $\lambda = 1, \quad f(x) = 1$;

(2) $\lambda = 1, \quad f(x) = x$;

14. 运用逐次逼近法解习题 8, 取 $\phi_0(x) = 1$.

$$\lambda^2 = 1, \quad g(x) = 1$$

15. 运用逐次逼近法解下列方程:

(1) $\phi(x) = \displaystyle\int_0^x x\phi(t)\mathrm{d}t + 1$;

(2) $\phi(x) = \displaystyle\int_0^x 2^{x-t}\phi(t)\mathrm{d}t + 2^x$;

(3) $\phi(x) = -\dfrac{1}{2}\displaystyle\int_0^x \dfrac{1+x^2}{1+t^2}\phi(t)\mathrm{d}t + x^2 + 1$;

(4) $\phi(x) = \displaystyle\int_0^x t^p\phi(t)\mathrm{d}t + 1, \quad p = 0, 1, 2, \cdots$.

16. 通过转化为常微分方程的初值问题求解下列方程:

(1) $\phi(x) = -\displaystyle\int_0^x (x-t)\phi(t)\mathrm{d}t + 2\cos x - x$;

(2) $\phi(x) = -\displaystyle\int_0^x (x-t)\phi(t)\mathrm{d}t + \cos x - x - 2$;

(3) $\phi(x) = \displaystyle\int_0^x (x-t)\phi(t)\mathrm{d}t + x$;

(4) $\phi(x) = \displaystyle\int_0^x (6x - 6t + 5)\phi(t)\mathrm{d}t + 6x + 29$;

(5) $\phi(x) = -\dfrac{1}{2}\displaystyle\int_0^x \dfrac{\cosh x}{\cosh t}\phi(t)\mathrm{d}t + \cosh x$;

(6) $\phi(x) = -\displaystyle\int_0^x \mathrm{e}^{x^2 - t^2}\phi(t)\mathrm{d}t - 2x + 1$.

17. 证明下列 Volterra 积分方程:

$$\phi(x) = \frac{3}{16}\int_x^\infty \frac{\mathrm{e}^{x-t}}{t^2}\phi(t)\mathrm{d}t + \frac{3}{32}\int_1^x \frac{\mathrm{e}^{x-t}}{t^2}\phi(t)\mathrm{d}t$$

的解也是微分方程

$$\phi''(x) - \phi(x) = -\frac{3}{16x^2}\phi(x)$$

的解.

18. 考虑 Volterra 积分方程

$$\phi(x) = -\int_0^x (x-t)\phi(t)\mathrm{d}t + x.$$

(1) 在区间 $(0, 4)$ 利用数值积分去求解上方程, 取 $n = 8$;

(2) 画出数值解和精确解 $\phi(x) = \sin x$ 的图形进行观察比较.

19. 考虑 Volterra 积分方程

$$\phi(x) = 2 \int_0^x e^{x-t} \phi(t) dt + x.$$

(1) 求出上方程的精确解;

(2) 对 $0 \leqslant x \leqslant 5$ 数值求解上方程, 分别取 $n = 4, 8$;

(3) 画出数值解和精确解的图形进行观察比较.

20. 利用数值求积法求解下列方程:

(1) $\phi(x) = -\int_0^x \phi(t) dt + 1$; (提示: 精确解 $\phi(x) = e^{-x}$.)

(2) $\phi(x) = -\int_0^x (x - t) \phi(t) dt + 2\cos x - x$; (提示: 精确解 $\phi(x) = 2\cos x - (1+x)\sin x$.)

(3) $\phi(x) = -\int_0^x (6x - 6t + 5) \phi(t) dt - x$. (提示: 精确解 $\phi(x) = e^{2x} - e^{3x}$.)

21. 写出两种不同数值求积公式计算机程序, 并给出下列积分方程解的数值结果图进行比较:

$$\phi(x) = \frac{1}{5} \int_0^x xt\phi(t) dt + x.$$

第5章　第一类积分方程方程

5.1　第一类 Fredholm 积分方程

许多实际问题的模型可导致第一类 Fredholm 积分方程. 例如, 医用 X 射线断层摄影技术问题、遥感勘测数据问题、地震勘探问题, 系统辨认等问题建立的数学模型通常都是第一类 Fredholm 积分方程, 即

$$\int_a^b k(x,t)\phi(t)\mathrm{d}t = f(x) \tag{5.1.1}$$

其中, 核 $k(x,t)$ 是已知的实的平方可积的函数, 自由项 $f(x)$ 已知, $\phi(x)$ 是未知函数.

第一类 Fredholm 积分方程形式简单, 但其解法相对第二类 Fredholm 积分方程要难许多. 例如, 核 $k(x,t)$ 是连续的, $\phi(x)$ 是可积的, 那么由方程 (5.1.1) 可知函数 $f(x)$ 一定也是连续的. 否则, 如果给定的函数 $f(x)$ 不连续, 则方程 (5.1.1) 两端不可能相等, 因而没有可积的解. 因此, 第一类 Fredholm 积分方程的解的存在性需要进一步研究. 另一方面, 解的唯一性也需探讨. 例如, 如果 $k(x,t) = x \sin t$, 则方程

$$\int_0^\pi k(x,t)\phi(t)\mathrm{d}t = x$$

有解

$$\phi(x) = \frac{1}{2}.$$

但是, 可以验证每一个形如 $\phi_n(x) = \frac{1}{2} + \sin nx (n = 1, 2, \cdots)$ 的函数也都是上述方程的解, 即此时方程解不唯一.

首先考虑退化核第一类 Fredholm 积分方程.

5.1.1　退化核第一类 Fredholm 积分方程

设退化核为

$$K(x,t) = \sum_{i=1}^n a_i(x) b_i(x), \tag{5.1.2}$$

将 (5.1.2) 代入方程 (5.1.1) 得

$$\sum_{i=1}^n a_i(x) \int_a^b b_i(t)\phi(t)\,\mathrm{d}t = f(x). \tag{5.1.3}$$

这意为方程 (5.1.1) 有解的必要条件是 $f(x)$ 一定是函数组 $\{a_i(x)\}$ $(i = 1, 2, 3, \cdots, n)$ 的线性组合. 因此假设

$$f(x) = \sum_{i=1}^{n} \alpha_i a_i(x). \tag{5.1.4}$$

此时由于 $f(x)$ 已知, $a_i(x)$ 已知, 所以 α_i 也应该是已知的. 比较 (5.1.4) 与 (5.1.3) 知方程 (5.1.1) 的求解转化为求解关于 $\phi(t)$ 的 n 个积分方程组成的积分方程组

$$\alpha_i = \int_a^b b_i(t)\phi(t)\,\mathrm{d}t, \quad i = 1, 2, 3, \cdots, n. \tag{5.1.5}$$

现在检验, 如果能求得方程 (5.1.5) 的可表示为

$$\phi(t) = \sum_{j=1}^{n} \beta_i b_i(t), \quad \beta_i \text{ 未知待定} \tag{5.1.6}$$

的解, 将其代入方程 (5.1.5) 得

$$\alpha_i = \sum_{j=1}^{n} \beta_j \int_a^b b_i(t)b_j(t)\mathrm{d}t, \quad i = 1, 2, 3, \cdots, n. \tag{5.1.7}$$

这就形成了一个关于未知数 β_i 的 $n \times n$ 阶代数方程组.

由于 $b_i(t)$ 已假定是线性独立的, 因此以 $\displaystyle\int_a^b b_i(t)b_j(t)\,\mathrm{d}t$ 为系数的矩阵是非奇异的, 因此方程组 (5.1.7) 有一组解 $\beta_1, \beta_2, \cdots, \beta_n$. 然而, 方程 (5.1.5) 有无穷个解, 这是因为如果结合 $\Phi(t)$ 加上任意一个与 $\{b_i(t)\}$ 正交的函数 $h(t)$, 则 $\phi(t) + h(t)$ 也满足方程 (5.1.5), 即 $\phi(t) + h(t)$ 也是方程 (5.1.5) 的解.

现在考虑其转置齐次方程

$$\int_a^b K^*(t, x)\psi(t)\,\mathrm{d}t = 0. \tag{5.1.8}$$

由于

$$K^*(t, x) = \sum_{i=1}^{n} b_i(t)\,a_i(t),$$

所以上式变为

$$b_i(x)\int_a^b a_i(t)\,\psi(t)\,\mathrm{d}t = 0.$$

由于 $\{b_i(x)\}$ 的线性独立性, 所以只有

$$\int_a^b a_i(t)\,\psi(t)\mathrm{d}t = 0. \tag{5.1.9}$$

同样地, 有无穷多个这样的函数满足 (5.1.9). 考虑到 (5.1.4), (5.1.9) 隐含 f 与转置方程 (5.1.8) 的所有解正交. 同样理由可以证明齐次方程

$$\int_a^b K\left(x,t\right)\left(x,t\right)\phi\left(t\right)\mathrm{d}t = 0 \tag{5.1.10}$$

有无穷多个解, 综上得定理.

定理 5.1.1   退化核第一类 Fredholm 积分方程 (5.1.1) 有解的充要条件是给定的形如 (5.1.4) 的 $f(x)$ 与转置齐次方程 (5.1.8) 的所有解 (无穷多个) 正交.

5.1.2   对称核第一类 Fredholm 积分方程及特殊函数展开解法

上节讨论了退化核第一类 Fredholm 积分方程, 本节讨论另一类特殊核 —— 对称核第一类 Fredholm 积分方程. 由于第一类方程解的存在唯一需要附加更多更强的条件, 其中, 假定核 $K\left(x,t\right)$ 是闭的对称核, 即不存在非零函数 $h\left(x\right)$ 满足

$$\int_a^b K\left(x,t\right)h\left(t\right)\mathrm{d}t = 0 \tag{5.1.11}$$

就可以给出闭对称核第一类 Fredholm 积分方程解的存在与唯一性定理.

定理 5.1.2(Pogorzelski, 1966)   闭对称核第一类 Fredholm 积分方程有唯一平方可积解的充要条件是级数

$$\sum_{n=1}^\infty |\lambda_n f_n|^2 \tag{5.1.12}$$

收敛, 其中, $\{\lambda_n\}$ 是核 $K\left(x,t\right)$ 的特征值序列, f_n 是自由项 $f\left(x\right)$ 关于相应于特征值 $\{\lambda_n\}$ 的标准正交特征函数列 $\{\phi_n\left(x\right)\}$ 的 Fourier 系数

$$f_n = \int_a^b f\left(x\right)\overline{\phi_n\left(x\right)}\mathrm{d}x. \tag{5.1.13}$$

对称核第一类 Fredholm 积分方程在一定条件下可用特征函数展开法求解. 此时, 设核 $K\left(x,t\right)$, 自由项 $f\left(x\right)$ 以及未知函数 $\phi\left(x\right)$ 在所在的区域平方可积. 假定原方程 (5.1.1) 实对称核且有解, 解可表示为标准正交的特征函数 $\{\phi_n\left(x\right)\}\,(n=1,2,3,\cdots)$ 的级数

$$\phi\left(x\right) = \sum_{n=1}^\infty c_n \phi_n\left(x\right), \tag{5.1.14}$$

其中, c_n 是 $\phi\left(x\right)$ 关于 $\{\phi_n\left(x\right)\}\,(n=1,2,3,\cdots)$ 的 Fourier 系数

$$c_n = \int_a^b \phi(t)\phi_n(t)\mathrm{d}t. \tag{5.1.15}$$

再把对称核 $K(x,t)$ 的展开式

$$K(x,t) = \sum_{k=1}^{\infty} \frac{1}{\lambda_k} \phi_k(x) \phi_k(t)$$

代入原方程 (5.1.1) 得

$$f(x) = \int_a^b \sum_{k=1}^{\infty} \frac{1}{\lambda_k} \phi_k(x) \phi_k(t) \phi(t) \, \mathrm{d}t.$$

上式两端乘以 $\phi_n(x)$, 再关于 x 从 a 到 b 积分可得

$$\int_a^b f(x)\phi_n(x)\,\mathrm{d}x = \sum_{k=1}^{\infty} \frac{1}{\lambda_k} \left[\int_a^b \phi_k(x)\phi_n(x)\,\mathrm{d}x\right]\left[\int_a^b \phi_n(t)\phi(t)\,\mathrm{d}t\right].$$

设

$$f_n = \int_a^b f(x)\phi_n(x)\,\mathrm{d}x,$$

由 $\{\phi_n(x)\}\,(n=1,2,3,\cdots)$ 的标准正交性可知

$$f_n = \frac{1}{\lambda_n} c_n,$$

即 $c_n = \lambda_n f_n$. 于是实对称核方程 (5.1.1) 的解为

$$\varphi(x) = \sum_{n=1}^{\infty} \lambda_n f_n \varphi_n(x). \tag{5.1.16}$$

对于实对称核第一类 Fredholm 积分方程成立下列定理:

定理 5.1.3(Schmidt-Picard 定理) 若实对称核 (5.1.1) 满足下列条件:

(1) $K(x,x)$ 是实对称核;

(2) 级数

$$\sum_{n=1}^{\infty} \lambda_n^2 f_n^2 \tag{5.1.17}$$

收敛, 其中, $\{\lambda_n\}\,(n=1,2,3,\cdots)$ 是核 $K(x,t)$ 的特征值, $f_n = \int_a^b f(x)\phi_n(x)\,\mathrm{d}x$, 而 $\{\phi_n(x)\}\,(n=1,2,3,\cdots)$ 是相应于 $\{\lambda_n\}\,(n=1,2,3,\cdots)$ 的标准正交的特征函数组;

(3) 特征函数组 $\{\phi_n(x)\}\,(n=1,2,3,\cdots)$ 在 $[a,b]$ 上关于 $f(x)$ 是完备的, 即对平方可积函数 $f(x)$, 成立 Parseval 等式

$$\int_a^b f^2(x)\,\mathrm{d}x = \sum_{n=1}^{\infty} f_n^2,$$

$$f_n = \int_a^b f(x)\phi_n(x)\,\mathrm{d}x,$$

则实对称核方程 (5.1.1) 的解存在, 且在平方可积函数类中解是唯一的, 并可表示为

$$\phi(x) = \sum_{n=1}^{\infty} \lambda_n f_n \phi_n(x). \tag{5.1.18}$$

此时上式右端的级数平均收敛于解 $\phi(x)$.

例 5.1.1   求解积分方程

$$\int_0^1 K(x,t)\phi(t)\,\mathrm{d}t = \sin^3 \pi x, \tag{5.1.19}$$

核 $K(x,t) = \begin{cases} (1-t)t, & 0 \leqslant t \leqslant x, \\ x(1-t), & x \leqslant t \leqslant 1. \end{cases}$

解   核 $K(x,t)$ 是实对称的, 它的特征值和相应的特征函数为

$$\lambda_1 = \pi^2, \quad \lambda_2 = (2\pi)^2, \quad \cdots, \quad \lambda_n = (n\pi)^2, \cdots$$

和

$$\phi_1(x) = \sqrt{2}\sin \pi x, \quad \phi_2(x) = \sqrt{2}\sin 2\pi x, \quad \cdots, \quad \phi_n(x) = \sqrt{2}\sin n\pi x, \cdots.$$

特征函数组 $\phi_1(x), \phi_2(x), \cdots, \phi_n(x), \cdots$ 构成了 $[0,1]$ 上的标准正交的完备组, 而自由项可表示为

$$\sin^3 \pi x = \frac{3}{4}\sin \pi x - \frac{1}{4}\sin 3\pi x = \frac{3\sqrt{2}}{8}\phi_1(x) - \frac{\sqrt{2}}{8}\phi_3(x).$$

于是

$$f_1 = \frac{3\sqrt{2}}{8}, \quad f_2 = 0, \quad f_3 = -\frac{\sqrt{2}}{8}, \quad 0 = f_4 = f_5 = \cdots.$$

级数 (5.1.17) 变为

$$\sum_{n=1}^{\infty} \lambda_n^2 f_n^2 = \left(\frac{3\sqrt{2}}{8}\right)^2 (\pi^2)^2 + \left(-\frac{\sqrt{2}}{8}\right)^2 (3^2\pi^2)^2 = \frac{45}{16}\pi^4.$$

由 Schmidt-Picard 定理可知实对称核方程 (5.1.1) 有唯一解

$$\phi(x) = \lambda_1 f_1 \phi_1(x) + \lambda_3 f_3 \phi_3(x) = \frac{3\pi^2}{4}(\sin \pi x - 3\sin 3\pi x).$$

对于一些非对称核 $K(x,t)$, 如果定义新核

$$N^*(x,t) = \int_a^b N(s,x)\overline{N(s,t)}\mathrm{d}s,$$

$$N_* (x,t) = \int_a^b N (x,s) \overline{N (t,s)} \mathrm{d}s,$$

则 $N^* (x,t), N_* (x,t)$ 便是对称核, 这是因为

$$N^* (x,t) = \overline{N^* (t,x)}, \quad N_* (x,t) = \overline{N_* (t,x)}.$$

当对称核 $N_* (x,t)$ 是闭的, 则有下述重要的 Picard 定理:

定理 5.1.4(Picard 定理) 对核 $K (x,t)$, 如果 $N_* (x,t)$ 是闭的, 则第一类 Fredholm 积分方程 (5.1.1) 有平方可积解的充要条件是级数

$$\sum_{n=1}^{\infty} |\lambda_n f_n|^2 \tag{5.1.20}$$

收敛, 其中, $\{\lambda_n^2\}$ 是闭对称核 $N_* (x,t)$ 的特征值序列, f_n 是关于相应于特征值 $\{\lambda_n^2\}$ 的特征函数组 $\{\phi_n (x)\}$ 的 Fourier 系数

$$f_n = \int_a^b f (x) \overline{\psi_n (x)} \mathrm{d}x. \tag{5.1.21}$$

5.1.3 第一类 Fredholm 方程的逐次逼近法

利用逐次逼近法可求出第二类 Fredholm 积分方程当参数 λ 充分小时的逼近解, 也可求出对任意 λ 的第二类 Volterra 积分方程的逼近解, 前两章已有详细讨论. 本节用逐次逼近法解某些第一类 Fredholm 方程, 此时需要附加更强的条件, 简单说明实对称核第一类 Fredholm 积分方程的逐次逼近解法.

取任意可积函数 $\psi_0 (x)$ 作为零次近似, 则迭代过程为

$$\psi_n (x) - \psi_{n-1} (x) = f (x) - \int_a^b K (x,t) \psi_{n-1} (t) \mathrm{d}t,$$

即

$$\psi_n (x) = \psi_{n-1} (x) + f (x) - \int_a^b K (x,t) \psi_{n-1} (t) \mathrm{d}t. \tag{5.1.22}$$

依次求出 $\{\phi_n (x)\} (n = 1,2,3,\cdots)$, 则在一定的条件下, 如特征值函数组 $\{\varphi_n (x)\}$ $(n = 1,2,3,\cdots)$ 关于 $f (x)$ 是完备正交函数组, 即对于平方可积函数 $f (x)$, Parseval 等式 $\int_a^b f^2 (x) \mathrm{d}x = \sum_{i=1}^{\infty} f_i^2$ 成立, 其中, $f_i = \int_a^b f (x) \varphi_i (x) \mathrm{d}x$, 则 $\{\psi_n (x)\} (n = 1,2,3,\cdots)$ 平均收敛于 $\varphi (x)$, 也就是说,

$$\phi (x) = \lim_{n \to \infty} \psi_n (x)$$

是积分方程 (5.1.1) 的解.

定理 5.1.5(陈传璋等, 1987)   如果第一类 Fredholm 积分方程 (5.1.1) 的解 $\phi(x)$ 存在, 当且仅当核 $K(x,t)$ 的特征函数组 $\{\phi_n(x)\}$ 关于 $f(x)$ 完备时, 逐次逼近结果 $\{\psi_n(x)\}\,(n=1,2,3,\cdots)$ 平均收敛于解 $\phi(x)$. 特别地, 对任一平方可积函数 $h(x)$, 当 $f(x)$ 可表示为

$$f(x) = \int_a^b K(x,t)\,h(t)\,\mathrm{d}t$$

时, $\{\psi_n(x)\}\,(n=1,2,3,\cdots)$ 一致收敛于方程的解 $\phi(x)$, 其零次近似解为

$$\psi_0(x) = \int_a^b K(x,t)\,h_0(t)\,\mathrm{d}t.$$

5.1.4   母函数法

对于第一类 Fredholm 积分方程, 当特殊核可表示为某加权正交函数组的母函数时, 本节介绍的母函数法是一种实用简单的方法, 主要解决对象是带权 $\rho(x)$ 的第一类 Fredholm 积分方程

$$\int_a^b K(x,t)\,\rho(x)\,\phi(x)\mathrm{d}t = f(t). \tag{5.1.23}$$

如果有函数组

$$\psi_0(t), \psi_1(t), \cdots, \psi_n(t), \cdots,$$

使得

$$\Psi(x,t) = \sum_{n=0}^{\infty} c_n \psi_n(t)\, x^n, \quad c_n \text{ 为常数}, \tag{5.1.24}$$

则称 $\Psi(x,t)$ 为函数组 $\{\psi_n(x)\}\,(n=1,2,3,\cdots)$ 的母函数.

当方程 (5.1.23) 的核 $K(x,t)$ 是区间 $[a,b]$ 上关于权函数 $\rho(x)$ 为正交的实函数组 $\{\psi_n(x)\}\,(n=1,2,3,\cdots)$ 的母函数, 即

$$K(x,t) = \sum_{n=0}^{\infty} c_n \psi_n(t)\, x^n, \tag{5.1.25}$$

而自由项 $f(x)$ 在 $x=0$ 的邻域解析, 则可设方程 (5.1.23) 的解的形式为

$$\phi(x) = \sum_{n=0}^{\infty} b_k \psi_k(x), \tag{5.1.26}$$

其中, b_k 未知的待定常数.

将 (5.1.25) 和 (5.1.26) 代入方程 (5.1.23), 考虑到 $\{\psi_n(t)\}\,(n=1,2,3,\cdots)$ 关于 $\rho(t)$ 的正交性可得

$$\int_a^b \sum_{n=0}^{\infty} c_n \psi_n(t) x^n \rho(t) \sum_{k=0}^{\infty} b_k \psi_k(t)\,\mathrm{d}t = \sum_{k=0}^{\infty} c_k b_k x^k \int_a^b \psi_k^2(t)\rho(t)\,\mathrm{d}t = f(x). \quad (5.1.27)$$

自由项 $f(x)$ 在 $x=0$ 展成幂级数

$$f(x) = \sum_{k=0}^{\infty} \frac{\dfrac{\mathrm{d}^k}{\mathrm{d}x^k} f(x)|_{x=0}}{k!} x^k.$$

由方程 (5.1.27) 立得

$$b_k = \frac{\dfrac{\mathrm{d}^k}{\mathrm{d}x^k} f(x)|_{x=0}}{k! c_k \displaystyle\int_a^b \psi_k^2(t)\rho(t)\,\mathrm{d}t}, \quad (5.1.28)$$

于是原方程的解可由 (5.1.26) 给出.

当函数组 $\{\psi_k(x)\}\,(k=1,2,3,\cdots)$ 对于 $f(x)$ 完备时, 方程 (5.1.23) 的解就是唯一的.

母函数能够被使用的关键就是核函数 $K(x,t)$ 可表示为关于某个权为正交的函数组的母函数, 所以首先给出母函数和权是必要的, 见表 5.1.

例 5.1.2 求解积分方程

$$\int_{-1}^{1} \frac{\phi(t)}{\sqrt{1+x^2-2xt}}\,\mathrm{d}t = x+1. \quad (5.1.29)$$

解 由母函数表 (表 5.1) 知核 $K(x,t) = \dfrac{1}{\sqrt{1+x^2-2xt}}$ 可表示为 Legendre 多项式的母函数

$$\frac{1}{\sqrt{1+x^2-2xt}} = \sum_{n=0}^{\infty} p_n(t) x^n. \quad (5.1.30)$$

设原方程 (5.1.29) 的解的形式为

$$\phi(x) = \sum_{k=0}^{\infty} b_k p_k(x). \quad (5.1.31)$$

将 (5.1.30) 和 (5.1.31) 代入方程 (5.1.29) 中, 得

$$\sum_{n=0}^{\infty} \frac{2b_n}{2n+1} x^n = x+1.$$

于是

表 5.1   母函数表

核函数 = 母函数	权函数	区间	说明
$\dfrac{1}{\sqrt{1-2xt+x^2}}=\sum\limits_{n=0}^{\infty}p_n(t)x^n$	$\rho(t)=1$	$-1<x,t<1$	$p_n(t)$ 为 Legendre 多项式 $\int_{-1}^{1}p_n^2(t)\,\mathrm{d}t=\dfrac{2}{2n+1}$
$\dfrac{1-xt}{1-xt+x^2}=\sum\limits_{n=0}^{\infty}T_n(t)x^n$	$\rho(t)=\dfrac{1}{\sqrt{1-t^2}}$	$-1<x,t<1$	$T_n(t)$ 为第一类 Chebyshev 多项式 $\int_{-1}^{1}T_n^2(t)$ $\times\dfrac{1}{\sqrt{1-t^2}}\mathrm{d}t=\dfrac{\pi}{2}$
$1-\dfrac{1}{2}\ln\left\|1-2xt+t^2\right\|$ $=\sum\limits_{n=1}^{\infty}\dfrac{1}{n}T_n(t)x^n$	$\rho(t)=\dfrac{1}{\sqrt{1-t^2}}$	$-1<x,t<1$	同上
$\dfrac{1}{1-xt+t^2}=\sum\limits_{n=1}^{\infty}U_n(t)x^n$	$\rho(t)=\sqrt{1-t^2}$	$-1<x,t<1$	$U_n(t)$ 为第二类 Chebyshev 多项式 $\int_{-1}^{1}U_n^2(t)\sqrt{1-t^2}\,\mathrm{d}t=\dfrac{\pi}{2}$
$\mathrm{e}^{-(x-t)^2}=\sum\limits_{n=0}^{\infty}\dfrac{\mathrm{e}^{-t^2}}{n!}H_n(t)x^n$	$\rho(t)=\mathrm{e}^{-t^2}$	$-\infty<x,t<\infty$	$H_n(t)$ 为 Hermite 多项式
$\dfrac{J_\alpha\left(2\sqrt{xt}\right)}{(x-t)^{\alpha/2}}$ $=\sum\limits_{n=0}^{\infty}\dfrac{1}{T(\alpha+n+1)}L_n^{(\alpha)}(t)\mathrm{e}^{-x}x^n$	$\rho(t)=\mathrm{e}^{-t}t^\alpha$	$-\infty<x,t<\infty,$ $\alpha>-1$	$L_n^\alpha(t)$ 为 Laguerre 多项式 $\int_{-1}^{1}\left(L_n^\alpha(t)\right)^2\mathrm{e}^{-t}t^\alpha\mathrm{d}t$ $=\dfrac{T(n+\alpha+1)}{n!}$
$\dfrac{\mathrm{e}^{-\frac{xt}{1-x}}}{(1-x)^{\alpha+1}}=\sum\limits_{n=0}^{\infty}L_n^{(\alpha)}(t)x^n$	$\rho(t)=\mathrm{e}^{-t}t^\alpha$	$\|x\|<1,$ $0<t<\infty,$ $\alpha>-1$	同上

$$b_0=\frac{1}{2},\quad b_1=\frac{3}{2},\quad 0=b_3=b_4=\cdots,$$

所以方程 (5.1.29) 的解为

$$\phi(x)=\frac{1}{2}p_0(x)+\frac{3}{2}p_1(x)=\frac{1}{2}\cdot 1+\frac{3}{2}x=\frac{1}{2}(1+3x).$$

例 5.1.3   求解积分方程

$$\int_0^{\infty}\frac{\mathrm{e}^{-\frac{xt}{1-x}}}{1-x}\mathrm{e}^{-t}\phi(t)\,\mathrm{d}t=1-x,\quad |x|<1. \tag{5.1.32}$$

解   由母函数表 5.1 知核函数 $K(x,t)=\dfrac{\mathrm{e}^{-\frac{x-t}{1-x}}}{1-x}$ 是 Laguerre 多项式 $L_n(t)$ 的母函数, 即

$$\frac{\mathrm{e}^{-\frac{x-t}{1-x}}}{1-x}=\sum_{n=0}^{\infty}L_n(t)x^n. \tag{5.1.33}$$

设方程 (5.1.32) 的解的形式为

$$\phi(x) = \sum_{k=0}^{\infty} b_k L_k(x). \tag{5.1.34}$$

将 (5.1.33) 和 (5.1.34) 代入方程 (5.1.32) 中, 得

$$\int_0^{\infty} \sum_{n=0}^{\infty} \mathrm{e}^{-t} L_n(t) x^n \cdot \sum_{k=0}^{\infty} b_k L_k(x) \, \mathrm{d}t = 1 - x.$$

考虑到 $L_n(t)$ 在 $(0,\infty)$ 上关于权函数 $\rho(t) = \mathrm{e}^{-t}$ 为正交且

$$\int_0^{\infty} \mathrm{e}^{-t} L_n^2(t) \, \mathrm{d}t = (n!)^2,$$

所以

$$\sum_{n=0}^{\infty} (n!)^2 x^n b_n = 1 - x.$$

于是

$$b_0 = 1, \quad b_1 = -1, \quad 0 = b_2 = b_3 = \cdots.$$

因此原方程 (5.1.32) 的解 (5.1.34) 给出

$$\phi(x) = L_0(x) - L_1(x) = 1 - (1 - x) = x.$$

5.1.5 一般第一类 Fredholm 方程转化第二类 Fredholm 方程求解法

现在考虑一般的第一类 Fredholm 积分方程 (5.1.1), 将积分区域 S 按照对角线 $t = x$ 分成两个三角形区域. 于是方程 (5.1.1) 变为

$$\int_a^x K(x,t)\phi(t) \, \mathrm{d}t + \int_x^b K(x,t)\phi(t) \, \mathrm{d}t = f(x).$$

两边对变量 x 求导, 得

$$\phi(x)[k(x,x-0) - k(x,x+0)] + \int_a^b \frac{\partial K}{\partial x}\phi(t) \, \mathrm{d}t = f'(x). \tag{5.1.35}$$

记 $L(x) \equiv k(x,x-0) - k(x,x+0)$, 如果 $L(x)$ 在 (a,b) 上不为零, 则方程 (5.1.35) 两边同时除以 $L(x)$, 得方程

$$\phi(x) + \frac{1}{L(x)}\int_a^b \frac{\partial K}{\partial x}\phi(t) \, \mathrm{d}t = \frac{f'(x)}{L(x)}. \tag{5.1.36}$$

方程 (5.1.36) 便是以前研究过的第二类 Fredholm 积分方程.

事实上, $L(x)$ 是核 $K(x,t)$ 在对角线 $t = x$ 上的一个跳跃, 不可能总是假定 $K(x,t)$ 在这样一个对角线上有有限跳跃, 而如果 $K(x,t)$ 在 S 中的任一与 t 轴平行的线只相交一次的对角曲线 $t = \xi(x)$ 上有非零有限跳跃

$$K(x, \xi(x) - 0) - K(x, \xi(x) + 0) = L(t),$$

则同上面分析, 将积分区域分为 $t = \xi(x)$ 的上、下区域 (图 5.1),

$$\int_a^{\xi(x)} K(x,t)\phi(t)\,\mathrm{d}t + \int_{\xi(x)}^b K(x,t)\phi(t)\,\mathrm{d}t = f(x). \tag{5.1.37}$$

方程 (5.1.37) 两边对变量 x 求导得

$$L(x)\xi'(x)\phi(x) + \int_a^b \frac{\partial K}{\partial x}\phi(t)\,\mathrm{d}t = f'(x).$$

$L(x) \neq 0$ 时, 如果 $\xi'(x) \neq 0$, 则得

$$\phi(x) + \int_a^b \frac{\frac{\partial K}{\partial x}}{L(x)\xi'(x)}\phi(t)\,\mathrm{d}t = \frac{f'(x)}{L(x)\xi'(x)}. \tag{5.1.38}$$

因 $t = \xi(x)$, 取其逆为 $x = \eta(t)$, 把 t 换为 τ 以区别积分变量, 则得

$$\phi(\tau) + \int_a^b \left\{ \frac{\frac{\partial K}{\partial x}}{L(x)\xi'(x)} \right\}_{x=\eta(\tau)} \phi(t)\mathrm{d}t = \left[\frac{f'(x)}{L(x)\xi'(x)} \right]_{x=\eta(\tau)}. \tag{5.1.39}$$

这便是一个第二类 Fredholm 积分方程, 所以当核的 Fredholm 行列式不为零时, 当 $f'(x)$ 连续时, 则方程 (5.1.39) 有连续解.

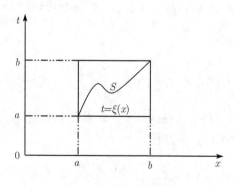

图 5.1   区域的分解

但由于方程 (5.1.39) 是第一类积分方程通过求导得到的, 从

$$\int_a^b K(x,t)\phi(t)\,\mathrm{d}t = f(x) + C, \quad C \text{ 为任意常数} \tag{5.1.40}$$

出发也同样得到方程 (5.1.39). 所以, 如果方程 (5.1.39) 有一个连续解, 它不必一定是第一类 Fredholm 方程 (5.1.1) 的解, 而是方程 (5.1.40) 当 C 取某一特殊值时的解. 因此有下列定理 5.1.6.

定理 5.1.6　(1) 核 $K(x,t)$ 在积分区域 S 上有界且除曲线 $t = \xi(x)$ 外处处连续;

(2) $\xi(x)$ 是连续的且其导函数是不为零的连续函数, 并有

$$\xi(a) = a, \quad \xi(b) = b;$$

(3) $K(x, \xi(x) - 0)$, $K(x, \xi(x) + 0)$ 在 (a, b) 上存在且差

$$L(x) = K(x, \xi(x) - 0) - K(x, \xi(x) + 0)$$

是连续的;

(4) $K(x,t)$ 对变量 x 求导且 $\dfrac{\partial K}{\partial x}$ 满足 (1) 的性质;

(5) $f(x), f'(x)$ 是连续的.

在这些条件下, 如果核 $-\left[\dfrac{\partial k}{\partial x} \middle/ L(x)\xi'(x) \right]_{x=\eta(\tau)}$ 的 Fredholm 行列式是非零的, 则第一类 Fredholm 积分方程

$$\int_a^b K(x,t)\phi(t)\,\mathrm{d}t = f(x) + C_0$$

仅对于参数 C 的某一特定值有唯一连续解. 这个解就是第二类 Fredholm 积分方程 (5.1.39) 的唯一连续解.

当 $L(x)$ 总为零, 如果

$$M(x) = \frac{\partial K(x, \xi(x) - 0)}{\partial x} - \frac{\partial K(x, \xi(x) + 0)}{\partial x}$$

不等于零, 上述定理可以推广.

例 5.1.4　求解第一类 Fredholm 积分方程

$$\int_0^1 K(x,t)\varphi(t)\,\mathrm{d}t = 67x^3 - 40x^2 + 52x + 17, \tag{5.1.41}$$

其中, $K(x,t) = \begin{cases} xt(x-t)^2 + 1, & x > t, \\ xt(x-t)^2, & x < t. \end{cases}$

解 由于此时

$$L\left(x\right)=1,$$

$$\frac{\partial K}{\partial x}=3x^2t-4xt^2+t^2,$$

$$f'\left(x\right)=201x^2-80x+52.$$

方程 (5.1.36) 为

$$\phi\left(x\right)+\int_0^1\left(3x^2t-4xt^2+t^3\right)\phi\left(t\right)\mathrm{d}t=201x^2-80x+52.$$

解此方程立得

$$\phi\left(x\right)=60x^2+60x+24.$$

例 5.1.5 求解第一类 Fredholm 积分方程

$$\int_0^1 K\left(x,t\right)\phi\left(t\right)\mathrm{d}t=\frac{2}{3}x^3+\frac{5}{2}x^2-3x+1, \tag{5.1.42}$$

其中，$K\left(x,t\right)=\begin{cases}x^2+x-2t+1, & t<\dfrac{1}{2}\left(x^2+x\right),\\[2mm] -x^2+x-2t, & t>\dfrac{1}{2}\left(x^2+x\right).\end{cases}$

解 由于此时

$$\xi\left(x\right)=\frac{1}{2}\left(x^2+x\right),$$

$$L\left(x\right)=1,\quad \frac{\partial K}{\partial x}=2x+1,\quad \xi'\left(x\right)=x+\frac{1}{2},$$

$$f'\left(x\right)=2x^2-5x-3.$$

因此方程 (4.1.38) 此时为

$$\phi\left(x\right)+\int_0^1 2\phi\left(t\right)\mathrm{d}t=2x-6.$$

于是

$$\phi\left(x\right)=2x-\frac{8}{3}.$$

5.1.6 第一类 Fredholm 积分方程的直接数值积分解法

上节给出了一般第一类 Fredholm 积分方程转化为第二类 Fredholm 积分方程的求解方法, 当转化为第二类 Fredholm 方程时当然可以用 3.8 节的方法再对第二类 Fredholm 方程数值积分方法求解, 本节给出第一类 Fredholm 积分方程的直接数值积分解法.

考虑第一类 Fredholm 积分方程

$$\int_a^b K(x,t)\phi(t)\mathrm{d}t = f(x). \tag{5.1.43}$$

类似 3.8 节方法, 取任意一种数值积分公式

$$\int_a^b g(x)\mathrm{d}x = \sum_{j=1}^n w_j g(x_j), \tag{5.1.44}$$

其中, $x_1, x_2, \cdots, x_n$ 为区间 $[a,b]$ 中点的坐标, 系数

$$w_j \text{ (权)}, \quad j = 1, 2, \cdots, n. \tag{5.1.45}$$

利用数值积分公式 (5.1.44) 取代 (5.1.43) 式左端的积分得线性代数方程组

$$\sum_{j=1}^n w_j k_{ij} \phi_j = f_i, \quad i = 1, 2, \cdots, n, \tag{5.1.46}$$

其中, $k_{ij} = k(x_i, x_j)$, $\phi_j = \phi(x_j)$, $f_i = f(x_i)$.

通常当代数方程组 (5.1.46) 的维数很大时求解就不方便, 所以采用高效的求积公式可以提高精度减少维数, 如采用 Chebyshev, Gauss 或 Labbato 求积公式等有较好的精度.

现在以 Chebyshev 求积公式和 Gauss 求积公式为例求解积分方程.

例 5.1.6 求解第一类 Fredholm 积分方程

$$\int_0^1 (1 + xt)\phi(t)\mathrm{d}t = 2x + 3. \tag{5.1.47}$$

这个方程有一个精确解 $\phi(x) = 6x$, 然而该第一类 Fredholm 方程解不唯一. 利用 Chebyshev 数值求积公式, 取 $n = 4$, 对方程 (5.1.47) 进行数值求解. 对于 Chebyshev 数值求积公式, 此时 $K(x,t)$ 和 $f(x)$ 在代表点处的值如图 5.2 所示.

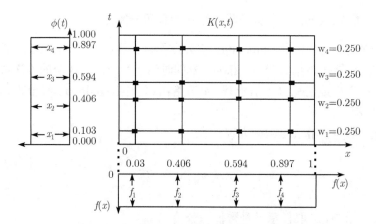

图 5.2 $n = 4$ 时, Chebyshev 公式的代表点和权

表 5.2   Gauss 公式的 $K(x,t)$，$w_i K(x,t)$ 和 $f(x)$ 在代表点的值

0.173927	0.930568	1.064611	1.307096	1.623472	1.865957
		0.181165	6.227339	0.282366	0.324540
0.326073	0.669991	1.046519	1.221103	1.448888	1.623472
		0.341242	0.398169	0.472443	0.529370
0.326073	0.330009	1.002913	1.108906	1.221103	1.307096
		0.333543	0.361584	0.398169	0.426209
0.173927	0.069432	1.004821	1.022913	1.046519	1.064611
		0.174766	6.517912	0.182018	0.185165
权	x	0.069432	0.330009	0.669991	0.930568
	t				
	$f(x)$	3.138864	3.660018	4.339982	4.861136

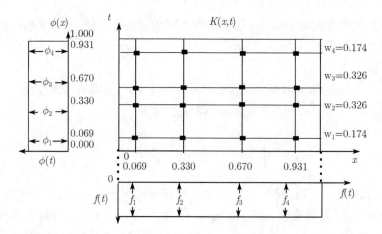

图 5.2.2 $n = 4$ 时, Gauss 公式的代表点和权

5.2 第一类 Volterra 积分方程

广泛地说, 实际应用中的第一类积分方程可分为两种类型: 一类是核对各变量连续可微的; 另一类是当 $s = t$ 时无界的, 如 Abel 方程就是该种类型.

5.2.1 第一类连续核 Volterra 积分方程

考虑

$$\int_0^x k(x,t)\phi(t)\mathrm{d}t = f(x), \quad 0 \leqslant x \leqslant T. \tag{5.2.1}$$

如果要求核和解是有界的, 则 $f(0) = 0$, 否则 (5.2.1) 的解不存在. 通常将 $f(0) = 0$ 称为相容性条件.

一般情况下, 对 (5.2.1) 两端的 x 求导得

$$k(x,x)\phi(x) + \int_0^x \frac{\partial k(x,t)}{\partial x}\phi(t)\mathrm{d}t = f'(x). \tag{5.2.2}$$

定理 5.2.1 假设

(1) $k(x,t)$ 和 $\dfrac{\partial k(x,t)}{\partial x}$ 在 $0 \leqslant t \leqslant x \leqslant T$ 上连续;

(2) $k(x,t)$ 在 $0 \leqslant x \leqslant T$ 上处处不为零;

(3) $f(0) = 0$;

(4) $f(x)$ 和 $f'(x)$ 在 $0 \leqslant x \leqslant T$ 上连续,

则 (5.2.1) 有唯一的连续解且其解与 (5.2.2) 的解等价.

证明 由于 $k(x,x) \neq 0, 0 \leqslant x \leqslant T$, 则 (5.2.2) 等价于

$$\phi(x) + \int_0^x H(x,t)\phi(t)\mathrm{d}t = F(t), \tag{5.2.3}$$

其中,

$$H(x,t) = \frac{1}{k(x,x)}\frac{\partial k(x,t)}{\partial x}, \quad F(x) = \frac{f'(x)}{k(x,x)}.$$

故 (5.2.3) 有唯一的连续解, 进而 (5.2.2) 有唯一的连续解. 但由于 (5.2.2) 又可写为

$$\frac{\mathrm{d}}{\mathrm{d}x}\left\{\int_0^x k(x,t)\phi(t)\mathrm{d}t - f(x)\right\} = 0,$$

积分并考虑 $f(0) = 0$, 显示 $\phi(x)$ 满足 (5.2.1). 反过来, (5.2.1) 任一解都满足 (5.2.2) 的解, 所以 (5.2.1) 仅有一个连续解.

当 $K(x,x) \equiv 0$, 方程 (5.2.2)依然是一个第一类 Volterra 积分方程, 如果新核 $\dfrac{\partial K(x,x)}{\partial x} \neq 0$, 两端再求导将可转化为第二类 Volterra 积分方程, 依次类推, 有下

述定理:

定理 5.2.2   对于第一类 Volterra 积分方程 (5.2.1), 如果核 $K(x,t)$ 连续且关于 x 的 $n+1$ 阶逐次可导, 如果

$$K(x,x) = \left[\frac{\partial k}{\partial x}\right]_{t=x} = \left[\frac{\partial^2 k}{\partial x^2}\right]_{t=x} = \cdots = \left[\frac{\partial^{n-1} k}{\partial x^{n-1}}\right]_{t=x} = 0,$$

而 $\left[\dfrac{\partial^n k}{\partial x^n}\right]_{t=x} \neq 0$, 如果 $f(x), f'(x), \cdots, \dfrac{\mathrm{d}^{n+1}}{\mathrm{d}x^n} f(x)$ 是连续的且

$$f(0) = f'(0) = \cdots = \frac{\mathrm{d}^n}{\mathrm{d}x^n} f(x)\mid_{x=0} = 0,$$

则原方程 (5.2.1) 存在唯一的连续解, 并由第二类 Volterra 积分方程

$$\phi(x) + \int_0^x \frac{\dfrac{\partial^{n+1} k(x,t)}{\partial x^{n+1}}}{\left[\dfrac{\partial^n k}{\partial x^n}\right]_{t=x}} \phi(t)\,\mathrm{d}t = \frac{\dfrac{d^{n+1}}{dx^n} f(x)}{\left[\dfrac{\partial^n k}{\partial x^n}\right]_{t=x}}. \tag{5.2.4}$$

第一类 Volterra 积分方程 (5.2.1) 也可用另一种方法转化为第二类 Volterra 积分方程. 事实上, 可令

$$\psi(x) = \int_0^x \phi(t)\,\mathrm{d}t, \tag{5.2.5}$$

通过分步积分法得

$$K(x,x)\psi(x) - \int_0^x \frac{\partial}{\partial t} K(x,t)\psi(t)\,\mathrm{d}t = f(x).$$

如果 $K(x,x) \neq 0$, 则上式变为

$$\psi(x) - \int_0^x \frac{\dfrac{\partial}{\partial t} K(x,t)}{K(x,x)} \psi(t)\mathrm{d}t = \frac{f(x)}{K(x,x)}. \tag{5.2.6}$$

同上, 说明方程 (5.2.1) 与 (5.2.6) 和 (5.2.5) 也等价.

例 5.2.1   通过转换为第二类 Volterra 积分方程的方法求解第一类 Volterra 积分方程

$$\int_0^x \mathrm{e}^{x-t} \phi(t)\,\mathrm{d}t = \sin x. \tag{5.2.7}$$

解   核 $K(x,t) = \mathrm{e}^{x-t}$, 所以 $K(x,x) = 1 \neq 0, f(0) = \sin 0 = 0$. 由定理 5.2.1 知方程 (5.2.7) 的解可转化为方程 (5.2.3) 的解, 即

$$\phi(x) + \int_0^x \mathrm{e}^{x-t} \phi(t)\mathrm{d}t = \cos x. \tag{5.2.8}$$

由 4.2 节知

$$\phi(x) = \cos x - \sin x.$$

例 5.2.2 利用上述第 2 种方法求解积分方程

$$\int_0^x (x^2 - t^2 + 2)\phi(t)\,\mathrm{d}t = x^2. \tag{5.2.9}$$

解 记

$$\psi(x) = \int_0^x \phi(t)\mathrm{d}t.$$

因为 $K(x, x) = 2 \neq 0$, 所以方程 (5.2.6) 此时为

$$\psi(x) + \int_0^x t\psi(t)\mathrm{d}t = \frac{x^2}{2}. \tag{5.2.10}$$

第二类 Volterra 积分方程 (5.2.10) 等价于微分方程

$$\psi'(x) + x\psi(x) = x, \quad \psi(0) = 0.$$

从而

$$\psi(x) = 1 - \mathrm{e}^{-x^2/2},$$

因此

$$\phi(x) = \psi'(x) = x\mathrm{e}^{-x^2/2}.$$

例 5.2.3 求解第一类 Volerra 积分方程

$$\int_o^x \sin\alpha(x-t)\phi(t)\mathrm{d}t = x^2, \quad \alpha \neq 0. \tag{5.2.11}$$

解 对方程 (5.2.11) 两端关于 x 求导得

$$\alpha \int_0^x \cos\alpha(x-t)\phi(t)\,\mathrm{d}t = 2x.$$

因为 $K(x, x) = 0, f(0) = 0$, 但

$$\left.\frac{\partial K}{\partial x}\right|_{t=x} = \cos 0 = 1 \neq 0, \quad f'(0) = 0. \tag{5.2.12}$$

再对第一类 Volterra 积分方程 (5.2.12) 关于 x 求导得第二类 Volterra 积分方程

$$\alpha\phi(x) - \alpha^2 \int_0^x \sin\alpha(x-t)\phi(t)\,\mathrm{d}t = 2,$$

再对照原方程得

$$\alpha\phi(x) - \alpha^2 x^2 = 2,$$

即
$$\phi(x) = \alpha x^2 + \frac{2}{\alpha}.$$

例 5.2.4   积分方程
$$\int_0^x (2x - 3t)\phi(t)\mathrm{d}t = 0$$

在点 $x = 0$ 时 $k(x,x) = 0$, 很容易直接代入验证 $\phi(x) = cx$ 是其解, c 为任意常数, 于是该方程有无穷连续解.

例 5.2.5   求解第一类 Volterra 积分方程
$$\int_0^x \sin(x - t)\phi(t)\mathrm{d}t = \mathrm{e}^x - 1. \tag{5.2.13}$$

解 $K(x, x) = 0$, $f(0) = 1 - 1 = 0$.

对方程 (5.2.13) 两端关于 x 求导得
$$\int_0^x \cos(x - t)\phi(t)\mathrm{d}t = \mathrm{e}^x. \tag{5.2.14}$$

此时 (5.2.14) 依然是一个第一类 Volterra 积分方程, 再求导得第二类 Volterra 积分方程
$$\phi(x) - \int_0^x \sin(x - t)\,\phi(t)\,\mathrm{d}t = \mathrm{e}^x, \tag{5.2.15}$$

其解为
$$\phi(x) = 2\mathrm{e}^x - x - 1. \tag{5.2.16}$$

但将解 (5.2.16) 代入原方程 (5.2.13) 检验却不满足, 即不是原方程的解. 这是因为, 尽管 $\left.\dfrac{\partial K}{\partial x}\right|_{t=x} = \cos 0 = 1 \neq 0$, 但 $f'(0) = \mathrm{e}^0 = 1 \neq 0$ 不满足定理 5.2.2 的条件. 事实上, 方程 (5.2.14) 作为第一类 Volterra 方程, 其相容性条件不满足, 所以它就无解, 从而原方程 (5.2.13) 无解.

5.2.2   第一类无界核 Volterra 积分方程

一般情况下, 核无界的第一类积分方程的研究相当困难, 到目前为止还不够充分. 首先研究几种特殊 Abel 方程并给出其封闭解. 考虑方程
$$\int_0^x \frac{\phi(t)}{(x - t)^\mu}\mathrm{d}t = f(x), \quad 0 \leqslant x \leqslant T. \tag{5.2.17}$$

先考虑 $\mu = 1/2$ 的情形, 即
$$\int_0^x \frac{\phi(t)}{\sqrt{(x - t)}}\mathrm{d}t = f(x). \tag{5.2.18}$$

两边同乘 $\dfrac{1}{\sqrt{\tau - x}}$, 然后关于 τ 从 0 到 x 积分, 则

$$\int_0^x \frac{1}{\sqrt{\tau - x}} \int_0^x \frac{\phi(t)}{\sqrt{x - t}} \mathrm{d}t \mathrm{d}\tau = \int_0^x \frac{f(x)}{\sqrt{\tau - x}} \mathrm{d}\tau.$$

左边积分交换次序得

$$\int_0^x \phi(t) \int_t^x \frac{1}{\sqrt{\tau - x}} \frac{1}{\sqrt{x - t}} \mathrm{d}t \mathrm{d}\tau = \int_0^x \frac{f(x)}{\sqrt{\tau - x}} \mathrm{d}\tau,$$

而积分

$$\int_t^x \frac{\mathrm{d}t}{\sqrt{\tau - x} \sqrt{x - t}} \mathrm{d}\tau = \int_0^{x-t} \frac{\mathrm{d}u}{\sqrt{u(\tau - t - u)}} = 2 \int_0^1 \frac{\mathrm{d}v}{\sqrt{1 - v^2}} = \pi.$$

故有

$$\pi \int_0^x \phi(\tau) \mathrm{d}\tau = \int_0^x \frac{f(x)}{\sqrt{\tau - x}} \mathrm{d}\tau,$$

两端对 x 求导得

$$\phi(x) = \frac{1}{\pi} \frac{\mathrm{d}}{\mathrm{d}x} \int_0^x \frac{f(x)}{\sqrt{\tau - x}} \mathrm{d}\tau.$$

为求解 (5.2.17) 引进两个结果.

(1) 对于 $0 \leqslant \mu \leqslant T$,

$$\begin{aligned}
\int_\tau^x \frac{\mathrm{d}t}{(x - t)^{1-\mu}(t - \tau)} &= \int_0^{x-\tau} \frac{\mathrm{d}u}{(x - \tau - u)^{1-\mu} u^\mu} \\
&= \int_0^1 (1 - w)^{\mu-1} w^{-\mu} \mathrm{d}w \\
&= \Gamma(\mu)\Gamma(1 - \mu) = \frac{\pi}{\sin \mu\pi}, \quad (5.2.19)
\end{aligned}$$

其中, Γ 是 Γ 函数.

(2) 如果 $\phi(x, t)$ 是 $0 \leqslant t \leqslant x \leqslant T$ 上的连续函数, 而 $0 \leqslant \alpha < 1, 0 \leqslant \beta < 1, 0 \leqslant \gamma < 1$ 都是常数, 则

$$\int_0^x \int_0^x \frac{\phi(x, t)}{(x - t)^\alpha t^\gamma (\tau - x)^\beta} \mathrm{d}t \mathrm{d}\tau = \int_0^x \int_s^x \frac{\phi(x, t)}{(x - t)^\alpha t^\gamma (\tau - x)^\beta} \mathrm{d}\tau \mathrm{d}t. \quad (5.2.20)$$

定理 5.2.3 如果 $f(x)$ 在 $0 < x \leqslant T$ 内连续且

$$\lim_{x \to 0} x^\alpha f(x) = c, \quad (5.2.21)$$

其中, $c \neq 0$ 且 $\alpha < \mu$, 则 (5.2.17) 有解

$$\phi(x) = \frac{\sin \mu\pi}{\pi} \frac{\mathrm{d}}{\mathrm{d}x} \int_0^x \frac{f(t)}{(x - t)^{1-\mu}} \mathrm{d}t, \quad 0 < x \leqslant T. \quad (5.2.22)$$

这个解在 $0 < x \leqslant T$ 内连续且满足

$$\phi(x) = \{C + O(1)\}\frac{\Gamma(1-\alpha)}{\Gamma(1-\mu)\Gamma(\mu-\alpha)}x^{\mu-\alpha-1}, \quad t \to 0. \tag{5.2.23}$$

更进一步地, 此解在形式为 $\phi(x) = x^\beta \Phi(x)(\beta > -1,\ \Phi(x)$ 连续$)$ 的函数类中唯一.

　　证明　方程 (5.2.17) 两段乘以 $(\tau-x)^{\mu-1}$ 且关于 τ 由 0 到 x 积分, 则

$$\int_0^x \int_0^x \frac{\phi(t)}{(\tau-x)^{1-\mu}(x-t)^\mu}\mathrm{d}\tau\mathrm{d}t = \int_0^x \frac{f(x)}{(\tau-x)^{1-\mu}}\mathrm{d}\tau.$$

由于假设 $\phi(x) = x^\beta \Phi(x)$, 则利用 (5.2.20) 交换积分次序得

$$\int_0^x \int_t^x \frac{\phi(t)}{(\tau-x)^{1-\mu}(x-t)^\mu}\mathrm{d}\tau\mathrm{d}t = \int_0^x \frac{f(x)}{(\tau-x)^{1-\mu}}\mathrm{d}\tau.$$

考虑 (5.2.19), 则

$$\frac{\pi}{\sin\mu\pi}\int_0^x \phi(t)\mathrm{d}t = \int_0^x \frac{f(x)}{(\tau-x)^{1-\mu}}\mathrm{d}\tau, \tag{5.2.24}$$

当 $x \to 0$ 时, 由 (5.2.22) 得

$$\int_0^x \frac{f(x)}{(\tau-x)^{1-\mu}}\mathrm{d}\tau \to C\int_0^x \frac{\mathrm{d}\tau}{(\tau-x)^{1-\mu}x^\alpha} = C\frac{\Gamma(\mu)\Gamma(1-\alpha)}{\Gamma(1+\mu-\alpha)}x^{\mu-\alpha}.$$

这样 (5.2.24) 除了 $x=0$ 处都可导, 于是由 (5.2.22) 和 (5.2.23) 便立刻得到, 再将 (5.2.22) 代入 (5.2.17) 的确满足原方程.

　　Abel 方程除 (5.2.17) 外还有其他形式, 如

　　(1) 当变量变换 $x = u^2, t = v^2, F(v) = \phi(v^2), G(u) = \frac{1}{2}f(u^2)$, 则方程 (5.2.17) 变为

$$\int_0^u \frac{vF(v)}{(u^2-v^2)^\mu}\mathrm{d}v = G(u); \tag{5.2.25}$$

　　(2) 若作变换 $x = 1-u, t = 1-v, F(v) = \phi(1-v), G(u) = f(1-u)$, 则方程化为

$$\int_u^1 \frac{F(v)}{(u-v)^\mu}\mathrm{d}v = G(u); \tag{5.2.26}$$

　　(3) 若再令 $u = z^2, v = w^2, \phi(w) = F(w^2); \xi(z) = \frac{1}{2}G(z^2)$, 则得

$$\int_z^1 \frac{w\phi(w)}{(w^2-z^2)^\mu}\mathrm{d}w = \xi(z). \tag{5.2.27}$$

由 (5.2.22) 不难得到上述 3 个方程的解.

　　作为练习证明

(1) 方程 (5.2.25) 的解为

$$uF(u) = \frac{2\sin\mu\pi}{\pi}\frac{\mathrm{d}}{\mathrm{d}u}\int_0^u \frac{vG(v)}{(u^2-v^2)^{1-\mu}}\mathrm{d}v; \tag{5.2.28}$$

(2) 方程 (5.2.25) 的解是

$$F(u) = -\frac{\sin\mu\pi}{\pi}\frac{\mathrm{d}}{\mathrm{d}u}\int_u^1 \frac{G(v)}{(u-v)^{1-\mu}}\mathrm{d}v; \tag{5.2.29}$$

(3) 证明方程 (5.2.26) 的解可写为

$$z\phi(u) = -\frac{2\sin\mu\pi}{\pi}\frac{\mathrm{d}}{\mathrm{d}z}\int_z^1 \frac{w\xi(w)}{(w^2-z^2)^{1-\mu}}\mathrm{d}w. \tag{5.2.30}$$

现在考虑一般的 Abel 方程

$$\int_0^x \frac{k(x,t)}{(x-t)^\mu}\phi(t)\mathrm{d}t = f(x). \tag{5.2.31}$$

定理 5.2.4 设 $k(x,t)$ 在 $0 \leqslant t \leqslant x \leqslant T$ 上连续, $\lim_{x\to0} x^\alpha f(x) = c, c \neq 0$ 且 $\alpha < \mu$, 则 (5.2.31) 在 $x^\beta \Phi(x)(\beta > -1, \Phi(x)$ 连续) 函数类中的每个解都满足方程

$$\int_0^x h(x,t)\phi(t)\mathrm{d}t = \int_0^x \frac{f(t)}{(x-t)^{1-\mu}}\mathrm{d}t, \tag{5.2.32}$$

其中,

$$h(x,t) = \int_0^1 \frac{k(t+(x-t)u,t)}{u^\mu(1-u)^{1-\mu}}\mathrm{d}u. \tag{5.2.33}$$

证明 方程 (5.2.31) 两端乘 $(\tau-x)^{\mu-1}$, 再关于 τ 沿 0 到 x 积分,

$$\int_0^x\int_0^x \frac{k(x,t)\phi(t)}{(x-t)^\mu(\tau-x)^{1-\mu}}\mathrm{d}t\mathrm{d}\tau = \int_0^x \frac{f(x)}{(\tau-x)^{1-\mu}}\mathrm{d}\tau.$$

利用 (5.2.20) 交换积分次序得

$$\int_0^x h(x,t)\phi(t)\mathrm{d}t = \int_0^x \frac{g(x)}{(\tau-x)^{1-\mu}}\mathrm{d}\tau, \quad h(x,t) = \int_0^x \frac{k(x,t)}{(x-t)^\mu(\tau-x)^{1-\mu}}\mathrm{d}\tau.$$

变量代换 $x = t + (\tau-t)u$ 后, 则立刻得到 (5.2.33).

例 5.2.6 求解积分方程

$$\int_0^x \frac{\phi(t)}{\sqrt{x-t}}\mathrm{d}t = x.$$

解   此时 $f(x) = x, f(0) = 0, \alpha = \dfrac{1}{2}$, 由方程 (5.2.18) 的解立得原方程的解

$$\phi(x) = \frac{1}{\pi}\frac{\mathrm{d}}{\mathrm{d}x}\left[\int_0^x \frac{t}{\sqrt{x-t}}\mathrm{d}t\right]$$

$$= \frac{1}{\pi}\frac{\mathrm{d}}{\mathrm{d}x}\left[\frac{4}{3}x^{\frac{3}{2}}\right] = \frac{2}{\pi}\sqrt{x}.$$

例 5.2.7   求解第一类 Volterra 积分方程

$$\int_a^x \frac{\phi(t)\mathrm{d}t}{[h(x)-h(t)]^\alpha} = f(x), \quad 0 < x < b, \tag{5.2.34}$$

其中, $0 < \alpha < 1$, $h(x)$ 是 (a,b) 上的严格单调递增.

解   方程 (5.2.34) 两端通乘以 $\dfrac{h'(u)\mathrm{d}u}{[h(x)-h(u)]^{1-\alpha}}$, 并关于 u 从 a 到 x 积分得

$$\int_a^x \int_a^u \frac{h'(u)\phi(t)\mathrm{d}t\mathrm{d}u}{[h(u)-h(t)]^\alpha[h(x)-h(u)]^{1-\alpha}} = \int_a^x \frac{h'(u)f(u)\mathrm{d}u}{[h(x)-h(u)]^{1-\alpha}}. \tag{5.2.35}$$

左端积分交换次序得

$$\int_a^x \phi(t)\mathrm{d}t \int_t^x \frac{h'(u)\mathrm{d}u}{[h(u)-h(t)]^\alpha[h(x)-h(u)]^{1-\alpha}}.$$

由于通过变换 $h(u) - h(x) = \omega[h(x) - h(t)]$ 可求得

$$\int_t^x \frac{h'(u)\mathrm{d}u}{[h(u)-h(t)]^\alpha[h(x)-h(u)]^{1-\alpha}}$$

$$= \int_0^1 \frac{[h(x)-h(t)]\mathrm{d}\omega}{\omega^\alpha[h(x)-h(t)]^\alpha(1-\omega)^{\alpha-1}[h(x)-h(t)]^{1-\alpha}}$$

$$= \int_0^1 \frac{\mathrm{d}\omega}{\omega^\alpha(1-\omega)^{\alpha-1}} = \mathrm{B}(\alpha, 1-\alpha) = \frac{\Gamma(1-\alpha)\Gamma(\alpha)}{\Gamma(1)} = \pi\csc(\pi\alpha),$$

所以方程 (5.2.35) 变为

$$\pi\csc(\pi\alpha)\int_a^x \phi(t)\mathrm{d}t = \int_z^x \frac{h'(u)f(u)\mathrm{d}u}{[h(x)-h(u)]^{1-\alpha}}, \quad a < x < b.$$

两端对 x 求导得

$$\phi(x) = \frac{\sin\pi\alpha}{\pi}\frac{\mathrm{d}}{\mathrm{d}x}\int_a^x \frac{h'(u)f(u)\mathrm{d}u}{[h(x)-h(u)]^{1-\alpha}}, \quad a < x < b. \tag{5.2.36}$$

类似地, 积分方程

$$\int_x^b \frac{\phi(t)\mathrm{d}t}{[h(x)-h(t)]^\alpha} = f(x), \quad a < x < b \tag{5.2.37}$$

有解

$$\phi(x) = -\frac{\sin \pi \alpha}{\pi} \frac{\mathrm{d}}{\mathrm{d}x} \int_x^b \frac{h'(u)f(u)\mathrm{d}u}{[h(x)-h(u)]^{1-\alpha}}, \quad a < x < b. \tag{5.2.38}$$

例 5.2.8 求解积分方程

$$\int_a^x \frac{\phi(t)}{\sqrt{\cos x - \cos t}}\mathrm{d}t = f(x), \quad 0 \leqslant a < x < b \leqslant \pi$$

与

$$\int_x^b \frac{\phi(t)}{\sqrt{\cos x - \cos t}}\mathrm{d}t = f(x), \quad 0 \leqslant a < x < b \leqslant \pi.$$

解 由例 5.2.7 知时由于第 1 个方程中 $\alpha = \frac{1}{2}$, $h(x) = 1 - \cos x$ 在 $(0,\pi)$ 上严格单调, 则第 1 个方程的解为

$$\phi(x) = \frac{1}{\pi} \frac{\mathrm{d}}{\mathrm{d}x} \left[\int_a^x \frac{\sin u f(u)}{\sqrt{\cos u - \cos x}}\mathrm{d}u \right], \quad a < x < b.$$

类似地, 第 2 个方程的解为

$$\phi(x) = -\frac{1}{\pi} \frac{\mathrm{d}}{\mathrm{d}x} \left[\int_x^b \frac{\sin u f(u)}{\sqrt{\cos u - \cos x}}\mathrm{d}u \right], \quad a < x < b.$$

例 5.2.9 求解积分方程

(1) $\displaystyle\int_a^x \frac{\phi(x)}{(x^2 - t^2)^\alpha}\mathrm{d}t, \quad 0 < \alpha < 1, a < x < b;$

(2) $\displaystyle\int_a^x \frac{\phi(x)}{(t^2 - x^2)^\alpha}\mathrm{d}t, \quad 0 < \alpha < 1, a < x < b.$

解 上述两方程是例 5.2.7 的方程的特殊情况, 先考虑第 1 个方程, 此时 $h(x) = 1 - x^2$ 是严格单调函数, 于是直接由例 5.2.7 可得第 1 个方程的解为

$$\phi(x) = \frac{2\sin \alpha\pi}{\pi} \frac{\mathrm{d}}{\mathrm{d}x} \int_a^x \frac{u f(u)}{(t^2 - u^2)^{1-\alpha}}\mathrm{d}u, \quad a < x < b.$$

类似地, 可直接求出第 2 个方程的解为

$$\phi(x) = -\frac{2\sin \alpha\pi}{\pi} \frac{\mathrm{d}}{\mathrm{d}x} \int_x^b \frac{u f(u)}{(u^2 - x^2)^{1-\alpha}}\mathrm{d}u, \quad a < x < b.$$

例 5.2.10 求解第一类 Volterra 积分方程

$$\int_c^x \frac{\phi(x)}{\sqrt{x^2 - t^2}}\mathrm{d}t = f(x),$$

其中, $f(c) = 0$.

解　原方程是例 5.2.9 的特殊情况, 即 $\alpha = \dfrac{1}{2}$, 直接得方程的解为

$$\phi(x) = \frac{2}{\pi} \frac{\mathrm{d}}{\mathrm{d}x} \int_c^x \frac{u f(u)}{\sqrt{x^2 - u^2}} \mathrm{d}u.$$

事实上, 第一类卷积型 Volterra 积分方程直接运用 Laplace 变换求解很方便, 将在下章中介绍.

5.2.3　第一类 Volterra 积分方程的直接数值积分解法

对于第一类 Volterra 积分方程

$$\lambda \int_a^x K(x,t)\phi(t)\mathrm{d}t = f(x), \tag{5.2.39}$$

因其离散后利用数值积分公式线性代数方程组的系数矩阵是下三角矩阵, 且不像第一类 Fredholm 方程, 积分方程离散后系数矩阵会出现病态, 所以第一类 Volterra 积分方程直接数值积分解法更方便, 而不必化为第二类 Volterra 积分方程再进行数值求解.

例 5.2.11　用梯形求积公式求解第一类 Volterra 积分方程

$$\int_0^x \cos(x - t)\phi(t)\mathrm{d}t = \sin x \tag{5.2.40}$$

的数值解, 其中, $0 \leqslant t \leqslant x \leqslant 2$, 步长可取 $h = 0.1$.

解　利用梯形公式, 将方程 (5.2.40) 左端离散化, 并代入 $x = jh, j = 1, 2, \cdots$, 可得方程 (5.2.40) 离散后的线性方程组

$$\frac{1}{2}h \sum_{n=0}^{j-1} \{\cos[(j-n)h]\phi_n + \cos[(j-n-1)h]\phi_{n+1} = \sin jh\}, \quad j = 1, 2, \cdots,$$

其中, $\phi_n = \phi(nh)$.

于是上述代数方程组可逐步依次递推求出其数值解来见表 5.3.

表 5.3　方程 (5.2.40) 的解的数值结果表 (精确解为 $\phi(x) = 1$)

x	0.0	0.1	0.2	0.3	0.4	0.5	0.6	0.7	0.8	0.9	1.0
$\phi(x)$	1.000	1.00166	1.0009	1.0066	1.0009	1.0066	1.0001	1.0066	1.0001	1.0066	0.99998
x	1.1	1.2	1.3	1.4	1.5	1.6	1.7	1.8	1.9	2.0	
$\phi(x)$	1.00167	0.99999	1.00168	0.99996	1.02171	0.99994	1.0972	0.99992	1.00177	0.99935	

第 5 章习题

1. 求解第一类 Fredholm 积分方程

$$\int_0^{\frac{1}{2}\pi} K(x,t)\phi(t)\mathrm{d}t = f(x),$$

其中, $K(x,t) = \begin{cases} x(x-t), & 0 \leqslant t \leqslant x, \\ t(x-t), & x \leqslant t \leqslant \dfrac{1}{2}\pi, \end{cases}$ $\qquad f(x) = ax + b + c\sin x.$

(提示: 首先利用解的存在性条件确定 a, b, c.)

2. 当 $f(x)$ 满足什么条件时第一类 Fredholm 积分方程

$$\int_0^1 (x^2 + t^2)\phi(t)\mathrm{d}t = f(x)$$

才可解, 并求解之.

3. 利用数值积分法求解下列方程:

(1) $\displaystyle\int_0^x (x-t)^2 \phi(t)\mathrm{d}t = x^2 + 2x + 3;$

(2) $\displaystyle\int_0^\pi xt\phi(t)\mathrm{d}t = x - 3;$

(3) $\displaystyle\int_0^1 \mathrm{e}^{x+t}\phi(t)\mathrm{d}t = \mathrm{e}^x(5\mathrm{e} + 6).$

4. 当核 $K(x,t)$ 以及自由项 $f(x)$ 以表 3.7 形式给出时, 求解方程

$$\int_0^1 K(x,t)\phi(t)\mathrm{d}t = f(x).$$

5. 将下列第一类 Volterra 积分方程化为第二类 Volterra 积分方程并求解:

(1) $\displaystyle\int_0^x (x-t)\phi(t)\mathrm{d}t = x;$

(2) $\displaystyle\int_0^x (1 - x^2 + t^2)\phi(t)\mathrm{d}t = \dfrac{x^2}{2};$

(3) $\displaystyle\int_0^x \sin(x-t)\phi(t)\mathrm{d}t = \mathrm{e}^{\frac{x^2}{2}} - 1;$

(4) $\displaystyle\int_0^x 3^{x-t}\phi(t)\mathrm{d}t = x.$

6. 考虑第一类 Volterra 积分方程

$$\int_0^x \mathrm{e}^{x-t}\phi(t)\mathrm{d}t = \sin x.$$

(1) 在区间 $0 \leqslant x \leqslant 2\pi$ 利用数值求积方法直接求解;

(2) 转化为第二类 Volterra 积分方程后数值求解;

(3) 比较两种解法的结果并与精确解比较.

7. 利用数值积分法求解下列方程:

(1) $\displaystyle\int_0^x (1 + x - t)\phi(t)\mathrm{d}t = x;$ (精确解 $\phi(x) = \mathrm{e}^{-x}$.)

(2) $\displaystyle\int_0^x x(1+t)\phi(t)\mathrm{d}t = x^2\mathrm{e}^x + x - \mathrm{e}^x + 1;$ (精确解 $\phi(x) = \mathrm{e}^x$.)

(3) $\displaystyle\int_0^x (x-t)^2\phi(t)\mathrm{d}t = 2x^{-\frac{3}{2}}J_3\left(2\sqrt{x}\right).$ (精确解 $\phi(x) = J_0\left(2\sqrt{x}\right)$.)

8. 求解方程

$$\int_0^{\frac{1}{2}\pi} k(x,t)\,\phi(t)\,\mathrm{d}t = f(t),$$

$$k(x,t) = \begin{cases} x(x-t), & x > t, \\ t(x-t), & x < t, \end{cases}$$

$$f(x) = ax + b + c\sin x.$$

(提示: 由解的存在性条件首先确定 a, b, c 的值.)

9. 找出 $f(x)$ 要满足的条件使得方程

$$\int_0^1 (x^2 + t^2)\,\phi(t)\,\mathrm{d}t = f(x)$$

有解, 并求解.

10. 当 $L(x) \equiv 0$, 而 $M(x) \neq 0$ 时, 推广定理 2.

11. 证明由 (5.2.22) 给出的 $\phi(x)$ 满足方程 (5.2.17).
提示: 首先证明如果 $G(t)$ 连续且 $\gamma > 0$, 则

$$\frac{\mathrm{d}}{\mathrm{d}t}\int_0^t (t-s)^{-\mu}s^{\gamma}G(s)\mathrm{d}s = \int_0^t (t-s)^{-\mu}\frac{\mathrm{d}}{\mathrm{d}s}\{s^{\gamma}G(s)\}\mathrm{d}s.$$

12. 证明当 $x > 0$, $f(x)$ 可微且 $0 \leqslant \mu < 1$ 时,

(1) $\dfrac{\mathrm{d}}{\mathrm{d}x}\displaystyle\int_0^x \frac{f(t)}{(x-t)^{\mu}}\mathrm{d}t = f(0)x^{-\mu} + \int_0^x \frac{f'(t)}{(x-t)^{\mu}}\mathrm{d}t;$

(2) $\dfrac{\mathrm{d}}{\mathrm{d}x}\displaystyle\int_x^1 \frac{f(t)}{(t-x)^{\mu}}\mathrm{d}t = -f(1)(1-x)^{-\mu} + \int_x^1 \frac{f'(t)}{(t-x)^{\mu}}\mathrm{d}t;$

(3) $\dfrac{\mathrm{d}}{\mathrm{d}x}\displaystyle\int_0^x \frac{xf(t)}{(x^2-t^2)^{\mu}}\mathrm{d}t = f(0)x^{1-2\mu} + x\int_0^x \frac{f'(t)}{(x^2-t^2)^{\mu}}\mathrm{d}t;$

(4) $\dfrac{\mathrm{d}}{\mathrm{d}x}\displaystyle\int_x^1 \frac{xf(t)}{(x^2-t^2)^{\mu}}\mathrm{d}t = -f(1)\frac{x}{(1-x^2)^{\mu}}x^{1-2\mu} + x\int_x^1 \frac{f'(t)}{(x^2-t^2)^{\mu}}\mathrm{d}t.$

13. (1) 证明 (5.2.33) 中的 $h(x,t)$ 在 $0 \leqslant t \leqslant x \leqslant T$ 上连续;

(2) 如果 $k(x,t)$ 可导, 则 $h(x,t)$ 也可导.

14. 证明对于 $0 \leqslant x \leqslant T$, 如果 $k(x,x) \neq 0$, 则 $h(x,x)$ 对任意 x 不为零.

15. 证明如果习题 12 和习题 14 的条件都满足, 则方程 (5.2.31) 有唯一连续解.

第6章 积分变换法

积分变换方法也是求解积分方程的常用的方法, 利用它可方便地求解一些特殊类型的积分方程, 其求解的基本过程是在方程两边作用积分变换, 然后利用积分变换的性质将原积分方程转化为像函数的代数方程, 通过代数方程求出像函数, 最后利用积分变换的逆变换求出原函数, 即求出了原积分方程的解.

6.1 Fourier 变换方法

Fourier 变换方法适用于卷积型 Fredholm 积分方程. 为方便起见, 首先简要介绍 Fourier 变换的定义和基本性质.

定义Fourier 变换:

$$F[f] = F(s) = (2\pi)^{-1/2} \int_{-\infty}^{\infty} f(t) \mathrm{e}^{-\mathrm{i}st} \mathrm{d}t.$$

Fourier 逆变换:

$$F^{-1}[f] = f(t) = (2\pi)^{-1/2} \int_{-\infty}^{\infty} \mathrm{e}^{\mathrm{i}ts} F(s) \mathrm{d}s.$$

其基本性质除线性性质

$$
\begin{aligned}
F[af + bg] &= (2\pi)^{-1/2} \int_{-\infty}^{\infty} [af(t) + bg(t)] \mathrm{e}^{-\mathrm{i}st} \mathrm{d}t \\
&= a(2\pi)^{-1/2} \int_{-\infty}^{\infty} f(t) \mathrm{e}^{-\mathrm{i}st} \mathrm{d}t + b(2\pi)^{-1/2} \int_{-\infty}^{\infty} g(t) \mathrm{e}^{-\mathrm{i}st} \mathrm{d}t \\
&= aF[f] + bF[g]
\end{aligned}
$$

以外, 还有下列基本性质:

(1) $F[f(t-a)] = \mathrm{e}^{-\mathrm{i}as} F[f(t)]$;

(2) $F[f(at)] = \frac{1}{|a|} F[f(t)]_{s \to s/a}$;

(3a) $F[f'(t)] = \mathrm{i}s F[f(t)]$;

(3b) $F[f^k(t)] = (\mathrm{i}s)^k F[f(t)]$, $f^k(t)$ 是 $f(t)$ 的 k 阶导数;

(4) 如果 $h(t) = \int_0^t f(x)\mathrm{d}x$, 那么 $F[h(t)] = \frac{1}{is} F[f(t)]$;

(5) 对卷积积分 $h(t) = (2\pi)^{-1/2}\int_{-\infty}^{\infty} f(t-x)g(x)\mathrm{d}x = (2\pi)^{-1/2}\int_{-\infty}^{\infty} g(t-x)$ $\cdot f(x)\mathrm{d}x$, 有

$$F[h(t)] = F[f]F[g]$$

或

$$H(s) = F(s)G(s).$$

还有 Fourier 变换的帕塞瓦尔公式, 即

$$\int_{-\infty}^{\infty} |F(f)|^2\,\mathrm{d}s = \int_{-\infty}^{\infty} |f(x)|^2\,\mathrm{d}x.$$

利用 Fourier 变换可以求解卷积型第一类、第二类 Fredholm 积分方程.

考虑卷积型第二类 Fredholm 积分方程

$$\phi(x) = \int_{-\infty}^{\infty} k(x-t)\phi(t)\mathrm{d}t + f(x). \tag{6.1.1}$$

当 $f(x) \in L_2(-\infty,+\infty), k(x) \in L_2(-\infty,+\infty)$ 时, 方程 (6.1.1) 两端作用 Fourier 变换, 由 Fourier 变换性质 (5) 得

$$\Phi(s) = F(s) + (2\pi)^{1/2}K(s)\Phi(s).$$

当 $K(s) \neq (2\pi)^{-1/2}$ 时, 有

$$\Phi(s) = \frac{F(s)}{1 - (2\pi)^{1/2}K(s)},$$

由 Fourier 逆变换得原方程的解

$$\phi(x) = (2\pi)^{-1/2}\int_{-\infty}^{\infty} \frac{F(s)}{1 - (2\pi)^{1/2}K(s)}\mathrm{e}^{\mathrm{i}xs}\mathrm{d}s.$$

类似地, 可以得到卷积型第一类 Fredholm 积分方程的解.

考虑第一类积分方程

$$\int_{-\infty}^{\infty} k(x-t)\phi(t)\mathrm{d}t = f(x). \tag{6.1.2}$$

方程两端作用 Fourier 变换, 由 Fourier 变换性质 (5) 得

$$(2\pi)^{1/2}K(s)\Phi(s) = F(s).$$

当 $K(s) \neq 0$ 时, 有

$$\Phi(s) = \frac{F(s)}{(2\pi)^{1/2}K(s)},$$

由 Fourier 逆变换得原方程的解

$$\phi(x) = (2\pi)^{-1} \int_{-\infty}^{\infty} \frac{F(s)}{K(s)} e^{ixs} ds.$$

并不是 Fourier 变换只能求解卷积型积分方程, 如可用 Fourier 变换求解不含卷积型积分的第一类 Fredholm 积分方程

$$\int_{-\infty}^{\infty} k(x+t)\phi(t) dt = f(x). \tag{6.1.3}$$

方程两端作用 Fourier 变换, 注意到

$$\frac{1}{\sqrt{2\pi}} \int_{-\infty}^{\infty} k(x+t) e^{-isx} dx = e^{-ist} F(k),$$

就可得到

$$(2\pi)^{1/2} F(k) F^{-1}(\phi) = F(f).$$

当 $F(k) \neq 0$ 时, 有

$$\phi = F\left(\frac{F(f)}{\sqrt{2\pi}F(k)}\right).$$

例 6.1.1 求解 Fredholm 积分方程

$$\phi(x) = f(x) + \lambda \int_{-\infty}^{\infty} e^{-|x-t|} \phi(t) dt, \quad \lambda < \frac{1}{2}.$$

解 首先求核 $e^{-|x|}$ 的 Fourier 变换

$$\begin{aligned}
K(s) &= (2\pi)^{-1/2} \int_{-\infty}^{\infty} e^{-|x|} e^{-ixs} dx \\
&= (2\pi)^{-1/2} \left[\int_{-\infty}^{0} e^{x} e^{-ixs} dx + \int_{0}^{\infty} e^{-x} e^{-ixs} dx \right] \\
&= (2\pi)^{-1/2} \left(\frac{1}{1-is} + \frac{1}{1+is} \right) \\
&= \left(\frac{2}{\pi} \right)^{1/2} \frac{1}{1+s^2}.
\end{aligned}$$

其次在原方程两端作用 Fourier 变换得

$$\begin{aligned}
\Phi(s) &= F(s) + (2\pi)^{1/2} \lambda \left(\frac{2}{\pi} \right)^{1/2} \frac{1}{1+s^2} \Phi(s) \\
&= F(s) + \frac{2\lambda}{1+s^2} \Phi(s).
\end{aligned}$$

于是

$$\Phi(s) = \frac{1+s^2}{1-2\lambda+s^2}F(s),$$

从而

$$\phi(x) = (2\pi)^{-1/2}\int_{-\infty}^{\infty}\frac{1+s^2}{1-2\lambda+s^2}F(s)\mathrm{e}^{\mathrm{i}xs}\mathrm{d}s.$$

特别地, 取 $f(x) = \mathrm{e}^{-|x|}$ 时,

$$F(s) = \left(\frac{2}{\pi}\right)^{1/2}\frac{1}{1+s^2},$$

所以

$$\begin{aligned}\phi(x) &= \frac{1}{\pi}\int_{-\infty}^{\infty}\frac{1}{1-2\lambda+s^2}\mathrm{e}^{\mathrm{i}xs}\mathrm{d}s\\ &= (2\pi)^{-1/2}\int_{-\infty}^{\infty}\left(\frac{2}{\pi}\right)^{1/2}\frac{1}{1-2\lambda+s^2}\mathrm{e}^{\mathrm{i}xs}\mathrm{d}s\\ &= F^{-1}\left[\left(\frac{2}{\pi}\right)^{1/2}\frac{1}{1-2\lambda+s^2}\right].\end{aligned}$$

最后得

$$\phi(x) = (1-2\lambda)^{-1/2}\mathrm{e}^{-(1-2\lambda)^{1/2}|x|}.$$

如果记算子

$$K\phi = \int_{-\infty}^{\infty}\mathrm{e}^{-|x-t|}\phi(t)\mathrm{d}t,$$

则

$$F(K\phi) = \frac{2}{1+s^2}F(\phi).$$

于是

$$\|F(K\phi)\| = \|K\phi\| \leqslant 2\|\phi\|,$$

因此

$$\|K\| \leqslant 2,$$

即证明了 $\|K\|$ 是一个有界算子.

例 6.1.2　求解第一类积分方程

$$\frac{1}{\pi}\int_0^{\infty}\frac{\phi(t)}{x+t}\mathrm{d}t = f(x).$$

解　先作代换, 令

$$x = \mathrm{e}^{2\xi}, \quad t = \mathrm{e}^{2\eta}, \quad \phi\left(\mathrm{e}^{2\eta}\right)\mathrm{e}^{\eta} = \psi(\eta), \quad f\left(\mathrm{e}^{2\xi}\right)\mathrm{e}^{\xi} = g(\xi),$$

则原方程变为

$$\frac{1}{\pi}\int_{-\infty}^{\infty}\frac{\psi\left(\eta\right)}{\cosh\left(\xi-\eta\right)}\mathrm{d}\eta = g\left(\xi\right).$$

两端作用 Fourier 变换得

$$F\left(\psi\right) = \sqrt{\frac{\pi}{2}}\frac{F\left(g\right)}{F\left(1/\cosh\xi\right)},$$

其中,

$$F\left(\frac{1}{\cosh\xi}\right) = \frac{1}{\sqrt{2\pi}}\int_{-\infty}^{\infty}\frac{\mathrm{e}^{\mathrm{i}s\xi}}{\cosh\xi}\mathrm{d}\xi.$$

为了计算右边的积分, 可利用复变函数论中经典的留数定理来计算.

事实上, 令 $z = R\mathrm{e}^{\mathrm{i}\theta}$, 则

$$\int_{-\infty}^{\infty}\frac{\mathrm{e}^{\mathrm{i}s\xi}}{\cosh\xi}\mathrm{d}\xi = \int_{0}^{\pi}\frac{\mathrm{e}^{\mathrm{i}sz}}{\cosh z}\mathrm{i}R\mathrm{e}^{\mathrm{i}\theta}\mathrm{d}\theta + \lim_{R\to\infty}\int_{-R}^{R}\frac{\mathrm{e}^{\mathrm{i}s\xi}}{\cosh\xi}\mathrm{d}\xi.$$

当 $s > 0$ 时, 被积函数的极点是 $\cosh\xi$ 的零点, 即

$$\xi = \left(n+\frac{1}{2}\right)\pi i, \quad n = 0, 1, 2, 3, \cdots.$$

这些极点的留数为

$$\lim_{\xi\to(n+1/2)\pi i}\frac{\left[\xi-(n+1/2)\,\pi i\right]\mathrm{e}^{\mathrm{i}s\xi}}{\cosh\xi} = -\mathrm{i}\left(-1\right)^{n}\mathrm{e}^{-s(2n+1)\pi/2}\mathrm{e}^{-s(2n+1)\pi/2}.$$

因此

$$F\left(\frac{1}{\cosh\xi}\right) = \sqrt{2\pi}\sum_{n=0}^{\infty}\left(-1\right)^{n}\mathrm{e}^{-s(n+1)\pi/2} = \frac{\sqrt{\pi/2}}{\cosh\left(\pi/2\right)s}.$$

当 $s < 0$ 时, 可类似处理, 最后得

$$\phi\left(\mathrm{e}^{2\xi}\right)\mathrm{e}^{\xi} = \psi\left(\xi\right) = \frac{1}{\sqrt{2\pi}}\int_{-\infty}^{\infty}\mathrm{e}^{-\mathrm{i}s\xi}\cosh\frac{\pi}{2}sF\left(g\right)\mathrm{d}s.$$

例 6.1.3 求解第二类积分方程

$$\phi\left(x\right) = \frac{\lambda}{\pi}\int_{0}^{\infty}\frac{\phi\left(t\right)}{x+t}\mathrm{d}t + f\left(x\right).$$

解 类似例 6.1.2 的方法可得到

$$\phi\left(\mathrm{e}^{2\xi}\right)\mathrm{e}^{\xi} = \frac{1}{\sqrt{2\pi}}\int_{-\infty}^{\infty}\frac{\mathrm{e}^{-\mathrm{i}s\xi}\cosh\left(\pi/2\right)sF\left(g\right)}{\cosh(\pi/2)s-\lambda}\mathrm{d}s.$$

Fourier 变换的特殊情形, 即 **Fourier 正弦变换**, **Fourier 余弦变换**更适合于求解积分方程的核为正弦函数或余弦函数积分方程.

Fourier 正弦变换

$$F_s[f] = F_s(s) = \sqrt{\frac{2}{\pi}} \int_0^\infty f(t) \sin st \mathrm{d}t.$$

Fourier 余弦变换

$$F_c[f] = F_c(s) = \sqrt{\frac{2}{\pi}} \int_0^\infty f(t) \cos st \mathrm{d}t.$$

其逆变换分别为

$$F_s^{-1}[f] = f(t) = \sqrt{\frac{2}{\pi}} \int_0^\infty F_s(s) \sin ts \mathrm{d}s,$$

$$F_c^{-1}[f] = f(t) = \sqrt{\frac{2}{\pi}} \int_0^\infty F_s(s) \cos ts \mathrm{d}s.$$

事实上, 当 $f(t)$ 为奇函数时, $F(s) = iF_s(s)$. 当 $f(t)$ 为偶函数时, $F(s) = F_c(s)$.

有限 Fourier 正弦变换

$$F_{sf}[f] = F_s(n) = \int_0^\pi \sin nx f(x) \mathrm{d}x,$$

其逆变换为

$$f(x) = \frac{2}{\pi} \sum_{n=1}^\infty F_s(n) \sin nx.$$

有限 Fourier 余弦变换

$$F_{cf}[f] = F_c(n) = \int_0^\pi \cos nx f(x) \mathrm{d}x,$$

其逆变换为

$$f(x) = \frac{1}{\pi} F_c(0) + \frac{2}{\pi} \sum_{n=1}^\infty F_c(n) \cos nx.$$

为应用方便, Fourier 正弦, 余弦变换表见附录.

例 6.1.4　求解积分方程

$$\int_0^\infty \phi(t) \sin xt \mathrm{d}t = \mathrm{e}^{-x}.$$

解 只要上式两端乘以 $\sqrt{\dfrac{2}{\pi}}$, 即

$$\sqrt{\frac{2}{\pi}}\int_0^\infty \phi(t)\sin xt\mathrm{d}t = \sqrt{\frac{2}{\pi}}\mathrm{e}^{-x}$$

则

$$F_s[\phi] = \sqrt{\frac{2}{\pi}}\mathrm{e}^{-x}.$$

于是

$$\phi = F_s^{-1}[\phi] = \sqrt{\frac{2}{\pi}}\int_0^\infty \sqrt{\frac{2}{\pi}}\mathrm{e}^{-x}\sin tx\mathrm{d}x = \frac{2t}{\pi(1+t^2)}.$$

6.2 Laplace 变换方法

Laplace 变换方法适用于卷积型 Volterra 积分方程. 首先给出其定义.

定义 Laplace 变换:

$$L[f] = F[p] = \int_0^\infty f(s)\mathrm{e}^{-ps}\mathrm{d}s.$$

Laplace 逆变换:

$$L^{-1}[F] = f[s] = \frac{1}{2\pi\mathrm{i}}\int_{r-\mathrm{i}\infty}^{r+\mathrm{i}\infty} F(p)\mathrm{e}^{ps}\mathrm{d}p.$$

除线性性质

$$L[af+bg] = aL[f] + bL[g]$$

以外, 还有下列基本性质:

(1) $F(p-a) = L[\mathrm{e}^{as}(f(s))]$;

(2) $L[f(as)] = \frac{1}{a}L[f(s)]_{p\to p/a}$;

(3a) $L[f'] = pL[f] - f(0)$;

(3b) $L[f^k] = p^k L[f] - p^{k-1}f(0) - p^{k-2}f'(0) - \cdots - f^{k-1}(0)$, f^k 是 k 导数;

(3c) $\dfrac{\mathrm{d}F(p)}{\mathrm{d}p} = -L[sf(s)]$;

(4) 如果 $h(s) = \displaystyle\int_0^s f(x)\mathrm{d}x$, 那么 $L(h) = H(p) = \dfrac{1}{p}L[f]$;

(5) 对卷积积分

$$h(s) = \int_0^s f(x)g(s-x)\mathrm{d}x = \int_0^s g(x)f(s-x)\mathrm{d}s,$$

有

$$L[h] = L[f]L[g] \quad \text{或} \quad H(p) = F(p)G(p),$$

其中,

$$G(p) = \int_0^\infty g(s)\mathrm{e}^{-ps}\mathrm{d}s.$$

这一性质也称为**乘法定理**.

(6) 对积分

$$h(s) = \int_0^s f(x)g(s,x)\mathrm{d}x,$$

设

$$L[g(s,x)] = \tilde{G}(p)\mathrm{e}^{-xq(p)},$$

其中, $\tilde{G}(p)$ 和 $q(p)$ 是关于 p 的解析函数, 则

$$H(p) = F(q(p))\tilde{G}(p),$$

$$g(s,x) = L^{-1}[\tilde{G}(p)\mathrm{e}^{-xq(p)}].$$

显然, 如果 $g(s,x) = g(s-x), q(p) \equiv p$, 则从性质 (6) 直接推出性质 (5), 所以性质 (6) 也称为**广义的乘法定理**.

利用 Laplace 变换可以求解第二类 Volterra 卷积型积分方程与第一类 Volterra 卷积型积分方程.

先考虑第二类 Volterra 卷积型积分方程

$$\phi(x) = \int_0^x K(x-t)\,\phi(t)\,\mathrm{d}t = f(x), \tag{6.2.1}$$

其中, 核 k 是关于 $x-t$ 之差的函数.

方程两端作用 Laplace 变换并利用卷积公式得

$$\Phi(p) = K(p)\,\Phi(p) + F(p),$$

从而

$$\Phi(p) = \frac{F(p)}{1-K(p)},$$

再利用 Laplace 的逆变换就可直接得到原方程的解.

现在考虑第一类 Volterra 卷积型积分方程

$$\int_0^x K(x-t)\,\phi(t)\,\mathrm{d}t = f(x). \tag{6.2.2}$$

类似地, 两端作用 Laplace 变换得

$$K(p)\,\Phi(p) = F(p),$$

立得

$$\Phi(p) = \frac{F(p)}{K(p)},$$

其解就可由 Laplace 的逆变换得到.

例 6.2.1 求解 Verterra 积分方程

$$x = \int_0^x e^{x-t}\phi(t)dt.$$

解 两边作用 Laplace 变换得

$$\frac{1}{p^2} = K(p)\Phi(p),$$

其中, $K(p)$ 是 $k(x) = e^x$ 的 Laplace 变换

$$K(p) = \int_0^\infty e^x e^{-xp}ds = \frac{1}{p-1}.$$

于是

$$\Phi(p) = \frac{p-1}{p^2} = \frac{1}{p} - \frac{1}{p^2},$$

立即求出其逆为

$$\phi(x) = 1 - x.$$

例 6.2.2 求解积分方程

$$\sin x = \int_0^x J_0(x-t)\phi(t)dt.$$

解 事实上已知 $k(x) = J_0(x)$ 的 Laplace 变换是 $\dfrac{1}{\sqrt{1+p^2}}$, 而 $\sin x$ 的 Laplace 变换是 $\dfrac{1}{p^2+1}$. 积分方程两边作 Laplace 变换后得

$$\Phi(p) = \frac{1}{\sqrt{1+p^2}},$$

反演得

$$\phi(x) = J_0(x).$$

将该解代入原方程后得有趣的结果

$$\int_0^x J_0(x-t)J_0(t)dt = \sin x.$$

例 6.2.3   求解方程

$$f(x) = \int_0^x k(x^2 - t^2)\phi(t)\mathrm{d}t, \quad x > 0.$$

解   设 $x = \sqrt{u}$, $t = \sqrt{\sigma}$, $\phi_1(\sigma) = \dfrac{1}{2}\dfrac{1}{\sqrt{\sigma}}\phi(\sqrt{\sigma})$, $f_1(u) = f(\sqrt{u})$, 于是原方程变为

$$f_1(u) = \int_0^u k(u - \sigma)\phi_1(\sigma)\mathrm{d}\sigma, \quad u > 0.$$

两端作用 Laplace 变换得

$$\Phi_1(p) = \frac{F_1(p)}{K(p)} = \frac{pF_1(p)}{pK(p)}.$$

定义

$$\frac{1}{pK(p)} = H(p),$$

则

$$\Phi_1(p) = pH(p)F_1(p).$$

由 Laplace 变换的性质得

$$\Phi_1(p) = L\left[\frac{\mathrm{d}}{\mathrm{d}u}\int_0^u h(u - \sigma)f_1(\sigma)\mathrm{d}\sigma\right]$$

或者

$$\phi_1(u) = \frac{\mathrm{d}}{\mathrm{d}u}\int_0^u h(u - \sigma)f_1(\sigma)\mathrm{d}\sigma,$$

其中, $h(s)$ 是 $H(p)$ 的逆变换. 于是

$$\phi(x) = 2\frac{\mathrm{d}}{\mathrm{d}x}\int_0^x tf(t)h(x^2 - t^2)\mathrm{d}t.$$

下面求解上述方程的一些特殊情况.

(1) $k(t) = t^{-\alpha}$, $0 < \alpha < 1$,

即

$$f(x) = \int_0^x \frac{\phi(t)}{(x^2 - t^2)\alpha}\mathrm{d}t,$$

$$H(p) = \frac{1}{pK(p)}, \quad K(p) = \int_0^\infty t^{-\alpha}\mathrm{e}^{-pt}\mathrm{d}t = \Gamma(1-\alpha)p^{\alpha-1}.$$

于是

$$h(s) = L^{-1}\left[\frac{1}{p^\alpha\Gamma(1-\alpha)}\right] = \frac{\sin\alpha\pi}{\pi}s^{\alpha-1},$$

所以
$$\phi(x) = \frac{2\sin\alpha\pi}{\pi}\frac{\mathrm{d}}{\mathrm{d}x}\int_0^x \frac{tf(t)\mathrm{d}t}{(x^2-t^2)^{1-\alpha}}.$$

(2) $k(t) = t^{-\frac{1}{2}}\cos\left(\beta t^{\frac{1}{2}}\right)$, β 是常数, 此时

$$K(p) = \sqrt{\pi}\frac{1}{\sqrt{p}}\mathrm{e}^{(-\beta^2/(4p))}.$$

故
$$h(s) = L^{-1}\left[\frac{1}{\sqrt{\pi}}\frac{1}{\sqrt{p}}\mathrm{e}^{\beta^2/(4p)}\right] = \frac{1}{\pi}\frac{1}{\sqrt{s}}\cosh(\beta\sqrt{t}),$$

即方程
$$f(x) = \int_0^x \frac{\cos\left[\beta\sqrt{(x^2-t^2)}\right]}{\sqrt{x^2-t^2}}\phi(t)\mathrm{d}t, \quad s > 0$$

的解是
$$\phi(x) = \frac{2}{\pi}\frac{\mathrm{d}}{\mathrm{d}x}\int_0^x \frac{\cosh\left[\beta\sqrt{(x^2-t^2)}\right]}{\sqrt{x^2-t^2}}tf(t)\mathrm{d}t.$$

例 6.2.4 求解非齐次方程
$$\phi(x) = 1 - \int_0^x (x-t)\phi(t)\mathrm{d}t.$$

解 由于
$$k(x) = x, \quad K(p) = \frac{1}{p^2},$$

原方程两端作用 Laplace 变换得
$$\Phi(p) = \frac{1}{p} - \frac{F(p)}{p^2},$$

从而
$$\Phi(p) = \frac{p}{1+p^2} = L[\cos x].$$

故原方程的解为
$$\phi(x) = \cos x.$$

例 6.2.5 求解 Abel 积分方程
$$f(x) = \int_0^x \frac{\phi(t)}{(x-t)^\alpha}\mathrm{d}t, \quad 0 < \alpha < 1.$$

解 方程两端作用 Laplace 变换得
$$F(p) = K(p)\Phi(p),$$

其中, $K(p)$ 是 $k(x) = x^{-\alpha}$ 的 Lapalce 变换,

$$K(p) = p^{\alpha-1}\Gamma(1-\alpha),$$

所以

$$\Phi(p) = \frac{p^{1-\alpha}F(p)}{\Gamma(1-\alpha)}.$$

可以利用关系式

$$\Gamma(\alpha)\Gamma(1-\alpha) = \pi\csc\pi\alpha$$

将上式改写为

$$\Phi(p) = \frac{p}{\Gamma(\alpha)\Gamma(1-\alpha)}\Gamma(\alpha)p^{-\alpha}F(p) = \frac{p}{\pi\csc\pi\alpha}\Gamma(\alpha)p^{-\alpha}F(p).$$

由 Laplace 变换的性质 (5), 上式可写为

$$\Phi(p) = \frac{\sin\alpha\pi}{\pi}pL\left[\int_0^x (x-t)^{\alpha-1}f(t)\mathrm{d}t\right].$$

再由 Laplace 变换的性质 (3) 得

$$\phi(x) = \frac{\sin\alpha\pi}{\pi}\frac{\mathrm{d}}{\mathrm{d}x}\int_0^x (x-t)^{\alpha-1}f(t)\mathrm{d}t.$$

一般地, 对非齐次具有卷积核的 Volterra 方程

$$\phi(x) = f(x) + \int_0^x k(x-t)\phi(t)\mathrm{d}t. \tag{6.2.3}$$

上式两端作用 Laplace 变换后得

$$\Phi(p) = F(p) + K(p)\Phi(p)$$

或

$$\Phi(p) = \frac{F(p)}{1-K(p)},$$

反演后便得其解.

　　由积分变换方法可以找到积分方程 (6.2.3) 的预解核. 由于预解核 $\Gamma(x,t)$ 是叠核的和, 所证明的是它们都依赖于差 $(x-t)$. 的确,

$$k_2(x,t) = \int_t^x K(x-\tau)k(\tau-t)\mathrm{d}\tau = \int_0^{x-t} k(x-t-\sigma)k(\sigma)\mathrm{d}\sigma,$$

其中, 已令 $\sigma = \tau - t$. 这个过程显然可继续下去. 于是方程 (6.2.3) 的解为

$$\phi(x) = f(x) + \int_0^x \Gamma(x-t)f(t)\mathrm{d}t,$$

两端作用 Laplace 变换得

$$\Phi(p) = F(p) + \Omega(p)F(p),$$

其中,

$$\Omega(p) = L[\Gamma(x - t)].$$

于是

$$\frac{F(p)}{1 - K(p)} = F(p)[1 + \Omega(p)],$$

$$\Omega(p) = \frac{K(p)}{1 - K(p)},$$

反演后便给出 $\Gamma(x - t)$.

例 6.2.6 求出下列方程的预解核:

$$\phi(x) = f(x) + \int_0^x (x - t)\phi(t)\mathrm{d}t.$$

解 核 $k(x) = x$, 故 $K(p) = \dfrac{1}{p^2}$. 于是

$$\Omega(p) = \frac{K(p)}{1 - K(p)} = \frac{1}{p^2 - 1}.$$

其逆变换为

$$\Gamma(x) = \frac{1}{2}(\mathrm{e}^x - \mathrm{e}^{-x}),$$

故预解核是

$$\Gamma(x - t) = \frac{1}{2}(\mathrm{e}^{x-t} - \mathrm{e}^{t-x}).$$

于是上方程的解为

$$\phi(x) = f(x) + \frac{1}{2}\mathrm{e}^x \int_0^x \mathrm{e}^{-t}f(t)\mathrm{d}t - \frac{1}{2}\mathrm{e}^{-x} \int_0^x \mathrm{e}^t f(t)\mathrm{d}t.$$

例 6.2.7 求出下列方程的预解核:

$$\phi(x) = f(x) + \int_0^x \mathrm{e}^{x-t}\phi(t)\mathrm{d}t.$$

解 因为 $k(x) = \mathrm{e}^x$, 所以

$$K(p) = \frac{1}{p - 1}, \quad \Omega(p) = \frac{1}{p - 2}, \quad \Gamma(x) = \mathrm{e}^{2x}.$$

故预解核为

$$\Gamma(x - t) = \mathrm{e}^{2x-2t},$$

因此原方程解为

$$\phi(x) = f(x) + \int_0^x e^{2x-2t} f(t) dt.$$

例 6.2.8   求解方程

$$\phi(x) = f(x) + \lambda \int_0^x J_0(x-t)\phi(t) dt.$$

解   因为 $k(x) = \lambda J_0(x)$, 所以

$$K(p) = \frac{\lambda}{\sqrt{1+p^2}},$$

$$\Omega(p) = \frac{\lambda}{\sqrt{1+p^2}-\lambda},$$

$$\Gamma(x) = \frac{\lambda}{\sqrt{(1-\lambda^2)}} \int_0^x \sin\sqrt{1-\lambda^2}(x-\sigma) \frac{J_1(\sigma)}{\sigma} d\sigma$$

$$+ \lambda \left[\cos\left(\sqrt{1-\lambda^2}\cdot x\right)\right] + \frac{\lambda^2}{\sqrt{1-\lambda^2}} \sin(\sqrt{1-\lambda^2}\cdot x),$$

其预解核的值只需将上式中的 x 用 $(x-t)$ 代替便可得到.

例 6.2.9   非齐次 Abel 积分方程

$$\phi(x) = f(x) + \lambda \int_0^x \frac{\phi(t)}{(x-t)^\alpha} dt, \quad 0 < \alpha < 1.$$

解   因为核 $k(x) = \lambda x^{-\alpha}$, 所以

$$K(p) = \lambda \Gamma(1-\alpha) p^{\alpha-1},$$

$$\Omega(p) = \frac{\lambda \Gamma(1-\alpha) p^{\alpha-1}}{1 - \lambda \Gamma(1-\alpha) p^{\alpha-1}},$$

其逆变换为

$$\Gamma(s) = \sum_{n=1}^{\infty} \frac{[\lambda \Gamma(1-\alpha) s^{1-\alpha}]^n}{s \Gamma[n(1-\alpha)]}.$$

故其解可写为

$$\phi(x) = f(x) + \int_0^x \frac{\sum_{n=1}^{\infty} [\lambda \Gamma(1-\alpha)(x-t)^{1-\alpha}]^n}{(x-t)\Gamma[n(1-\alpha)]} f(t) dt.$$

Laplace 变换也可用来求解积分区间为 $(x, +\infty)$ 的 Volterra 积分方程. 例如, 可求解如下类型的积分方程:

$$\phi(x) = f(x) + \int_x^{+\infty} K(x-t)\phi(t) dt.$$

方程两端作用 Laplace 变换并通过代换 $-u = x - t$ 和积分交换次序, 得

$$\Phi(p) = F(p) + K(-p)\,\Phi(p),$$

其中,

$$K(-p) = \int_0^{+\infty} K(-x)\mathrm{e}^{px}\mathrm{d}x.$$

于是当 $1 - K(-p) \neq 0$ 时,

$$\Phi(p) = \frac{F(p)}{1 - K(-p)},$$

从而

$$\phi(x) = \frac{1}{2\pi\mathrm{i}} \int_{\mathrm{Re}p-\mathrm{i}\infty}^{\mathrm{Re}p+\mathrm{i}\infty} \frac{F(p)}{1 - K(-p)}\mathrm{e}^{px}\mathrm{d}p.$$

例 6.2.10 求解第二类 Volterra 积分方程

$$\phi(x) = x + \int_x^{\infty} \mathrm{e}^{2(x-t)}\phi(t)\,\mathrm{d}t.$$

解 此时

$$F(p) = \frac{1}{p^2}, \quad K(-p) = \int_0^{\infty} \mathrm{e}^{-2x}\mathrm{e}^{px}\mathrm{d}x = \frac{1}{2-p} \quad \mathrm{Re}p < 2.$$

原方程两端作用 Laplace 变换得

$$\Phi(p) = \frac{1}{p^2} + \frac{1}{2-p}\,\Phi(p),$$

即

$$\Phi(p) = \frac{p-2}{p^2(p-1)} = \frac{1}{p^2} - \frac{1}{p^2(p-1)}.$$

求其 Laplace 逆变换得

$$\phi(x) = 2x + 1 - \mathrm{e}^x.$$

这其实只是原方程的一个特解.

如果考虑其齐次方程

$$\phi(x) = \int_x^{\infty} \mathrm{e}^{2(x-t)}\phi(t)\,\mathrm{d}t.$$

通过两端求导可化为常微分方程, 直接可求得齐次方程的通解为 $c_1\mathrm{e}^x$, c_1 为任意常数. 于是原非齐次方程的通解为

$$\phi\left(x\right) = ce^{x} + 2x + 1,$$

其中, $C\left(C = C_1 - 1\right)$ 为任意常数.

利用 Laplace 变换也可求解积分区间为 $(x, +\infty)$ 的第一类和第二类 Fredholm 积分方程.

例 6.2.11   求解第一类 Fredholm 积分方程

$$\frac{1}{\sqrt{\pi x}}\int_{0}^{\infty} e^{-\frac{t^2}{4x}}\phi\left(t\right)\mathrm{d}t = x.$$

解   方程两端作用 Laplace 变换, 并查积分变换 (见附录) 得

$$\frac{\Phi\left(\sqrt{p}\right)}{\sqrt{p}} = \frac{1}{p^2} \text{ 或 } \frac{\Phi\left(p\right)}{p} = \frac{1}{p^4},$$

从而

$$\Phi\left(p\right) = \frac{1}{p^3}.$$

因此得原方程的解

$$\phi\left(x\right) = \frac{1}{2}x^2.$$

例 6.2.12   求解第二类 Fredholm 积分方程

$$\phi\left(x\right) = xe^{-x} + \lambda\int_{0}^{\infty} J_0\left(2\sqrt{xt}\right)\phi\left(t\right)\mathrm{d}t, \quad |t| \neq 1.$$

解   方程两端作用 Laplace 变换, 并查积分变换表 (见附录) 得

$$\Phi\left(p\right) = \frac{1}{\left(p+1\right)^2} + \lambda\frac{1}{p}\Phi\left(\frac{1}{p}\right),$$

因而

$$\Phi\left(\frac{1}{p}\right) = \frac{p^2}{\left(p+1\right)^2} + \lambda p\,\Phi\left(p\right).$$

两式联立求得

$$\Phi\left(p\right) = \frac{1}{1-\lambda^2}\left[\frac{1}{\left(p+1\right)^2} + \frac{\lambda p}{\left(p+1\right)^2}\right],$$

因此

$$\phi\left(x\right) = \frac{1}{1+\lambda}xe^{-x} + \frac{\lambda}{1-\lambda^2}e^{-x}$$

是原方程的解.

6.3 Hilbert 变换方法

关于函数 $f(\vartheta)$ 的**有限 Hilbert 变换**通常定义为

$$H_f[f] = F(\theta) = \frac{1}{\pi}\int_0^\pi \frac{\sin\theta}{\cos\theta - \cos\phi}f(\vartheta)\mathrm{d}\vartheta. \tag{6.3.1}$$

Hilbert 逆变换为

$$f(\theta) = H_f^{-1}[f] = \frac{1}{\pi}\int_0^\pi \frac{\sin\vartheta}{\cos\vartheta - \cos\theta}F(\vartheta)\mathrm{d}\vartheta + \frac{1}{\pi}\int_0^\pi f(\vartheta)\mathrm{d}\vartheta. \tag{6.3.2}$$

由 (6.3.1) 和 (6.3.2) 可推出 Hilbert 变换的其他几种形式, 在其推导过程中需要用关系式

$$\int_0^\pi \frac{\cos n\vartheta \mathrm{d}\vartheta}{\cos\vartheta\cos\alpha}\mathrm{d}\vartheta = \pi\frac{\sin n\alpha}{\sin\alpha}, \quad n = 0, n = 1 \text{ 时显然成立,}$$

一般情况可用数学归纳法证明.

由 (6.3.1) 和 (6.3.2) 知

$$F(-\theta) = -F(\theta), \quad f(-\theta) = f(\theta).$$

设

$$F_1(\theta) = -F(\theta),$$

故

$$F_1(-\theta) = -F_1(\theta), \quad \frac{1}{\pi}\int_0^\pi f(\vartheta)\mathrm{d}\vartheta = c \text{ 为常数,}$$

$$f_1(\theta) = f(\theta) - c,$$

所以

$$f_1(-\theta) = f(\theta) - c,$$

进而

$$\frac{1}{\pi}\int_0^\pi f_1(\theta)\mathrm{d}\theta = \frac{1}{\pi}\int_0^\pi f(\theta)\mathrm{d}\theta - \frac{1}{\pi}\int_0^\pi c\mathrm{d}\theta = 0 \tag{6.3.3}$$

和

$$\frac{1}{\pi}\int_0^\pi \frac{\sin\theta}{\cos\vartheta - \cos\theta}f_1(\vartheta)\mathrm{d}\vartheta = \frac{1}{\pi}\int_0^\pi \frac{\sin\theta}{\cos\vartheta - \cos\theta}[f(\vartheta) - c]\mathrm{d}\vartheta$$

$$= -F(\theta) - \frac{c}{\pi}\int_0^\pi \frac{\sin\theta}{\cos\vartheta - \cos\theta}\mathrm{d}\phi = F_1(\theta). \tag{6.3.4}$$

若记上方程中 $\theta = \dfrac{1}{2}(\theta - \vartheta) + \dfrac{1}{2}(\theta + \vartheta)$, 便得

$$F_1(\theta) = \frac{1}{2\pi} \int_0^\pi \left[\cot \frac{1}{2}(\theta + \vartheta) \right] f_1(\vartheta)\mathrm{d}\vartheta + \frac{1}{2\pi} \int_0^\pi \left[\cot \frac{1}{2}(\theta - \vartheta) \right] f_1(\vartheta)\mathrm{d}\vartheta. \qquad (6.3.5)$$

第一个积分中 ϑ 换为 $-\vartheta$, 则有

$$F_1(\theta) = \frac{1}{2\pi} \int_{-\pi}^\pi \left[\cot \frac{1}{2}(\theta - \vartheta) \right] f_1(\vartheta)\mathrm{d}\vartheta. \qquad (6.3.6)$$

同理, 可推出

$$f_1(\theta) = \frac{1}{2\pi} \int_{-\pi}^\pi \left[\cot \frac{1}{2}(\vartheta - \theta) \right] F_1(\vartheta)\mathrm{d}\vartheta + \frac{1}{2\pi} \int_{-\pi}^\pi \left[\cot \frac{1}{2}(\vartheta + \theta) \right] F_1(\vartheta)\mathrm{d}\vartheta,$$

第二个积分中 ϑ 换为 $-\vartheta$, 则有

$$f_1(\theta) = \frac{1}{2\pi} \int_{-\pi}^\pi \left[\cot \frac{1}{2}(\vartheta - \theta) \right] F_1(\vartheta)\mathrm{d}\vartheta. \qquad (6.3.7)$$

(6.3.6) 和 (6.3.7) 组成 **Hilbert** 变换的第 **2** 种形式.

由 (6.3.5) 知

$$F_1(\theta) = \frac{1}{2\pi} \int_0^\pi \left[1 + \cot \frac{1}{2}(\theta + \vartheta) \right] f_1(\vartheta)\mathrm{d}\vartheta + \frac{1}{2\pi} \int_0^\pi \left[1 + \cot \frac{1}{2}(\theta - \vartheta) \right] f_1(\vartheta)\mathrm{d}\vartheta$$
$$- \frac{1}{\pi} \int_0^\pi f_1(\vartheta)\mathrm{d}\vartheta,$$

由 (6.3.3) 知最后一积分为零. 将 ϑ 换为 $-\vartheta$ 得

$$F_1(\theta) = \frac{1}{2\pi} \int_{-\pi}^\pi \left[1 + \cot \frac{1}{2}(\theta - \vartheta) \right] f_1(\vartheta)\mathrm{d}\vartheta. \qquad (6.3.8)$$

类似地,

$$f_1(\theta) = \frac{1}{2\pi} \int_{-\pi}^\pi \left[1 + \cot \frac{1}{2}(\vartheta - \theta) \right] F_1(\vartheta)\mathrm{d}\vartheta. \qquad (6.3.9)$$

(6.3.8) 和 (6.3.9) 组成 **Hilbert** 变换的第 **3** 种形式.

在 (6.3.7) 和 (6.3.8) 中, 令

$$x = \cos\theta, \quad t = \cos\vartheta, \quad p(x) = \frac{F(\theta)}{\sin\theta} = \frac{F(\arccos x)}{(1 - x^2)^{1/2}},$$

$$q(x) = \frac{f(\theta)}{\sin\theta} = \frac{f(\cos^{-1} x)}{(1 - x^2)^{1/2}},$$

则方程 (6.3.7) 变为

$$\frac{F(\theta)}{\sin\theta} = \frac{1}{\pi}\int_0^\pi \frac{1}{\cos\theta - \cos\vartheta}\frac{f(\vartheta)}{\sin\vartheta}\sin\vartheta\mathrm{d}\vartheta$$

或

$$p(x) = \frac{1}{\pi}\int_{-1}^1 \frac{q(t)\mathrm{d}t}{x - t}, \quad -1 < x < 1. \tag{6.3.10}$$

便得到与 (6.3.8) 对应的逆变换

$$q(x) = \frac{1}{\pi}\int_{-1}^1 \left(\frac{1-t^2}{1-x^2}\right)^{1/2}\frac{p(t)}{t-x}\mathrm{d}y + \frac{c}{(1-x^2)^{1/2}}, \quad -1 < x < 1, \tag{6.3.11}$$

其中, $c = \dfrac{1}{\pi}\displaystyle\int_{-1}^1 q(t)\mathrm{d}t.$

(6.3.10) 和 (6.3.11) 是**有限 Hilbert 变换的第 4 种形式**.

无限 Hilbert 变换定义为

$$H(f) = F(s) = \frac{1}{\pi}\int_{-\infty}^\infty \frac{f(t)}{t-s}\mathrm{d}t,$$

其中, 右端积分是 Cauchy 主值积分, 即

$$\int_{-\infty}^\infty \frac{f(t)}{t-s}\mathrm{d}t = \lim_{A\to\infty}\int_{-A}^A \frac{f(t)}{t-s}\mathrm{d}t.$$

无限 Hilbert 逆变换为

$$f(s) = H^{-1}\{F(s)\} = -\frac{1}{\pi}\int_{-\infty}^\infty \frac{F(t)}{t-s}\mathrm{d}t.$$

例 6.3.1   解积分方程

$$\int_{-1}^1 \frac{\phi(t)}{x-t}\mathrm{d}t = 0.$$

解   由 (6.3.17) 知

$$\phi(x) = \frac{c}{(1-x^2)^{1/2}}.$$

例 6.3.2   解积分方程

$$\sin x = \frac{1}{\pi}\int_{-\infty}^\infty \frac{\phi(t)}{t-x}\mathrm{d}t.$$

解   先求积分

$$\int_{-\infty}^\infty \frac{\mathrm{e}^{\mathrm{i}t}}{x-t}\mathrm{d}t = \pi\mathrm{i}\sum t \text{ 轴上极点的留数} = \pi\mathrm{i}(\cos x + \mathrm{i}\sin x).$$

分开实、虚部得

$$\frac{1}{\pi}\int_{-\infty}^{\infty}\frac{\cos t}{x-t}\mathrm{d}t = -\sin x,$$

$$\frac{1}{\pi}\int_{-\infty}^{\infty}\frac{\sin t}{x-t}\mathrm{d}t = \cos x.$$

于是

$$\phi(x) = \cos x.$$

例 6.3.3　求解积分方程

$$\int_a^b \phi(t)\cot\frac{t-x}{2}\mathrm{d}t = -2A, \quad a < x < b,$$

其中, A 是已知常数且

$$\int_a^b \phi(t)\mathrm{d}t = 0.$$

解　为求解该方程, 引进变量替换

$$t = \frac{1}{2}(b-a)\xi + \frac{1}{2}(b+a), \quad x = \frac{1}{2}(b-a)\eta + \frac{1}{2}(b+a), \quad -1 < \xi, \eta < 1.$$

原方程变为

$$\int_{-1}^1 \phi(\xi)\cot\left(\frac{b-a}{2}\frac{\xi-\eta}{2}\right)\mathrm{d}\xi = -\frac{4A}{b-a}, \quad -1 < \eta < 1$$

和

$$\int_{-1}^1 \phi(\xi)\mathrm{d}\xi = 0.$$

再引进变量替换

$$\tan\left(\frac{b-a}{4}\xi\right) = \alpha u, \quad \tan\left(\frac{b-a}{4}\eta\right) = \alpha v,$$

$$\alpha = \tan\frac{b-a}{4}, \quad -1 < u, v < 1,$$

积分方程进一步变为

$$(1+\alpha^2 v^2)\int_{-1}^1 \frac{\tilde{\phi}(u)\mathrm{d}u}{u-v} + \alpha^2 v\int_{-1}^1 \tilde{\phi}(u)\mathrm{d}u = -A$$

和

$$\int_{-1}^{1} \tilde{\phi}(u)\mathrm{d}u = 0,$$

其中,

$$\tilde{\phi}(u) = \frac{\phi(u)}{1 + \alpha^2 u^2}. \tag{6.3.12}$$

积分方程最终化为

$$\frac{1}{\pi}\int_{-1}^{1} \frac{\tilde{\phi}(u)\mathrm{d}u}{v - u} = \frac{A}{\pi(1 + \alpha^2 v^2)}, \quad |u| < 1.$$

由 Hilbert 变换的第 4 种形式有

$$\tilde{\phi}(v) = \frac{A}{\pi^2}(1 - v^2)^{-1/2}\int_{-1}^{1}\frac{(1 - u^2)^{1/2}\mathrm{d}u}{(1 + \alpha^2 v^2)(u - v)}$$

$$= -\frac{A}{\pi}\frac{v(1 + \alpha^2)^{1/2}}{(1 + \alpha^2 v^2)(1 - \alpha^2)^{1/2}}, \quad |v| < 1.$$

这样就可由 (6.3.12) 求出原方程的解 $\phi(v)$.

例 6.3.4 求解积分方程

$$\int_{-\infty}^{\infty} \frac{u(t)}{t - s}\mathrm{d}t = \sin 2s, \tag{6.3.13}$$

$$\int_{0}^{\pi} \frac{u(t)}{\cos t - \cos s}\mathrm{d}t = 1. \tag{6.3.14}$$

由于方程

$$\int_{-\infty}^{\infty} \frac{\cos bt}{t - s}\mathrm{d}t = -\pi\sin bs,$$

$$\int_{-\infty}^{\infty} \frac{\sin bs}{s - t}\mathrm{d}t = -\pi\cos bs,$$

所以

$$H\{\cos bt\} = \sin bs,$$

$$H^{-1}\{\sin bs\} = \cos bt.$$

由上式知方程 (6.3.13) 是其 $b = 2$ 时的特殊情况, 故其解为

$$u(t) = -\frac{1}{\pi}\cos 2t,$$

方程 (6.3.14) 是 $n = 1$ 时的特殊情况, 故其解为

$$u(t) = \frac{1}{\pi}\cos t.$$

6.4   Hankel 变换方法

Fourier 变换理论可以推广到多个变量. 假设

$$\int_{-\infty}^{\infty}\int_{-\infty}^{\infty}|f(x,t)|^2\mathrm{d}x\mathrm{d}t<\infty,\tag{6.4.1}$$

则定义 **Hankel 变换**

$$F(s,\sigma)=\frac{1}{2\pi}\int_{-\infty}^{\infty}\int_{-\infty}^{\infty}f(x,t)\mathrm{e}^{\mathrm{i}(sx+\sigma t)}\mathrm{d}x\mathrm{d}t.\tag{6.4.2}$$

Hankel 逆变换为

$$F(x,t)=\frac{1}{2\pi}\int_{-\infty}^{\infty}\int_{-\infty}^{\infty}f(s,\sigma)\mathrm{e}^{\mathrm{i}(sx+\sigma t)}\mathrm{d}s\mathrm{d}\sigma.\tag{6.4.3}$$

现在假设 $f(x,t)$ 有特殊形式 $f(x,t)=f(r)\mathrm{e}^{\mathrm{i}n\theta}$, r,θ 是柱坐标, 条件 (6.4.1) 现在变为

$$\int_{0}^{\infty}\int_{0}^{\infty}|f(r)|^2 r\mathrm{d}r\mathrm{d}\theta=2\pi\int_{0}^{\infty}r\,|f(r)|^2\mathrm{d}r<\infty.\tag{6.4.4}$$

如果令 $s=\rho\cos\alpha,\sigma=\rho\sin\alpha$, (6.4.2) 和 (6.4.3) 分别化为

$$F(\rho,\alpha)=\frac{1}{2\pi}\int_{0}^{\infty}\int_{0}^{2\pi}f(r)\mathrm{e}^{\mathrm{i}[r\rho\cos(\theta-\alpha)+n\theta]}r\mathrm{d}r\mathrm{d}\theta,\tag{6.4.5}$$

$$f(r)\mathrm{e}^{\mathrm{i}n\theta}=\frac{1}{2\pi}\int_{0}^{\infty}\int_{0}^{2\pi}F(\rho,\alpha)\mathrm{e}^{-\mathrm{i}r\rho\cos(\theta-\alpha)}\rho\mathrm{d}\rho\mathrm{d}\alpha.\tag{6.4.6}$$

而 Bessel 函数的标准积分表示式为 $J_n(z)=\dfrac{1}{2\pi}\displaystyle\int_{0}^{2\pi}\mathrm{e}^{\mathrm{i}[z\cos\alpha+nd-\frac{n\pi}{2}]}\mathrm{d}\alpha$. 于是

$$F(\rho,\alpha)=\mathrm{e}^{\mathrm{i}n(\alpha+\frac{\pi}{2})}\frac{1}{2\pi}\int_{0}^{\infty}rf(r)J_n(r\rho)\mathrm{d}r,\tag{6.4.7}$$

$$f(r)\mathrm{e}^{\mathrm{i}n\theta}=\mathrm{e}^{\mathrm{i}n\theta}\int_{0}^{\infty}\rho\left(\int_{0}^{\infty}r_1f(r_1)J_n(r_1\rho)\mathrm{d}r_1\right)J_n(r\rho)\mathrm{d}\rho.\tag{6.4.8}$$

现在给出 **Hankel 变换**定义

$$H_a[f]=F(\rho)=\int_{0}^{\infty}rf(r)J_n(r\rho)\mathrm{d}r,\qquad\int_{0}^{\infty}r\,|f(r)|^2\mathrm{d}r<\infty.$$

Hankel 逆变换

$$f(r)=H_a^{-1}[f]=\int_{0}^{\infty}\rho F(\rho)J_n(r\rho)\mathrm{d}\rho,$$

可直接证明
$$H_a^2[f] = f.$$

例 6.4.1 解方程
$$\phi(x) - \lambda \int_0^\infty t J_n(xt)\phi(t)\mathrm{d}t = f(x).$$

解 考虑到 $f(x) \in L_2([0,\infty], x)$ ($L_2([0,\infty], x)$ 是所有满足 $\int_0^\infty x\left|f(x)\right|^2 \mathrm{d}x < \infty$ 的 $f(x)$ 组成的空间) 上方程可写为
$$\phi - \lambda H(\phi) = f.$$

于是当 $\lambda^2 \neq 1$ 时, 其解为
$$\phi = \frac{f + \lambda H(f)}{1 - \lambda^2}.$$

例 6.4.2 求解对偶积分方程组
$$\int_0^\infty r J_0(\rho r)\phi(r)\mathrm{d}r = u_0, \quad 0 \leqslant r < 1,$$
$$\int_0^\infty -r^2 J_0(\rho r)\phi(r)\mathrm{d}r = 0, \quad 1 < r < \infty.$$

解 由于关于零阶 Bessel 函数 $J_0(\rho r)$ 有公式
$$\int_0^\infty \frac{\sin r}{r} J_0(\rho r)\mathrm{d}r = \frac{\pi}{2}, \quad 0 \leqslant r < 1,$$
$$\int_0^\infty \sin r J_0(\rho r)\mathrm{d}r = 0, \quad 1 < r < \infty.$$

从而由 Hankel 逆变换得
$$\phi(r) = \frac{2u_0}{\pi} \frac{\sin r}{r^2}.$$

有限 Hankel 变换的定义为
$$H_{af}[f] = F_n(\rho_k) = \int_0^a r f(r) J_n(r\rho_k)\mathrm{d}r.$$

有限 Hankel 逆变换
$$f(r) = H_{af}^{-1}[f] = \frac{2}{a^2} \sum_k F_n(\rho_k) \frac{J_n(r\rho_k)}{J_{n+1}^2(a\rho_k)},$$

其中, $a\rho_k$ 是 $J_n(x)$ 的零点, 即
$$J_n(a\rho_k) = 0, \quad k = 1, 2, \cdots.$$

6.5   Mellin 变换方法

Mellin 变换是由 Fourier 变换派生出的一类有实际应用的变换, 除了适合于求解某些类型的积分方程外, 还在求解弹性理论的某些问题和含随时间改变的变参数系统的问题中有广泛的应用.

为了定义和推导 Mellin 变换, 从定义在 $L[-\infty, \infty]$ 上的 Fourier 变换

$$F[s] = (2\pi)^{-1/2} \int_{-\infty}^{\infty} f(t) \mathrm{e}^{-\mathrm{i}st} \mathrm{d}t,$$

$$f(t) = (2\pi)^{-1/2} \int_{-\infty}^{\infty} \mathrm{e}^{\mathrm{i}ts} F[s] \mathrm{d}s$$

出发, 令 $u = \mathrm{e}^t$, 因此

$$F[s] = (2\pi)^{-1/2} \int_{0}^{\infty} f(\log u) u^{-\mathrm{i}s-1} \mathrm{d}u, \tag{6.5.1}$$

$$f(\log u) = (2\pi)^{-1/2} \int_{-\infty}^{\infty} F[s] u^{\mathrm{i}s} \mathrm{d}s. \tag{6.5.2}$$

如果

$$\int_{0}^{\infty} \frac{1}{u} |f(\log u)|^2 \, \mathrm{d}u < \infty, \tag{6.5.3}$$

令 $s = -\mathrm{i}\sigma$, 用 $(2\pi)^{1/2} f(u)$ 代替 (6.5.1)~(6.5.3) 中的 $f(\log u)$, 并用 $M(\sigma)$ 表示 (6.5.1) 的右端, 则当

$$\int_{0}^{\infty} \frac{1}{u} |f(u)|^2 \, \mathrm{d}u < \infty \tag{6.5.4}$$

时,

$$M(\sigma) = \int_{0}^{\infty} f(u) u^{\sigma-1} \mathrm{d}u, \tag{6.5.5}$$

$$f(u) = \int_{-\mathrm{i}\infty}^{\mathrm{i}\infty} M(\sigma) u^{-\sigma} \mathrm{d}\sigma. \tag{6.5.6}$$

(6.5.5) 称为 f 的 **Mellin 变换**, 而 (6.5.6) 称为 **Mellin 逆变换**.

Mellin 变换的定义可以推广到更广泛的一类函数. 假定存在一个使得 $u^k f(u)$ 满足

$$\int_{0}^{\infty} u^{2k-1} |f(u)|^2 \, \mathrm{d}u < \infty \tag{6.5.7}$$

的实数 k, 则 Mellin 变换推广为

$$M(\sigma) = \int_{0}^{\infty} f(u) u^{\sigma+k-1} \mathrm{d}u, \tag{6.5.8}$$

$$u^k f(u) = \frac{1}{2\pi i} \int_{-i\infty}^{i\infty} M(\sigma) u^{-\sigma} \mathrm{d}\sigma. \tag{6.5.9}$$

将 (6.5.8) 和 (6.5.9) 中的 $\sigma + k$ 用 σ 代替可得

$$M(\sigma) = \int_0^\infty f(u) u^{\sigma-1} \mathrm{d}u, \tag{6.5.10}$$

$$f(u) = \frac{1}{2\pi i} \int_{-i\infty+k}^{i\infty+k} M(\sigma) u^{-\sigma} \mathrm{d}\sigma. \tag{6.5.11}$$

Mellin 变换具有与 Fourier 变换和 Laplace 变换相类似的性质:

性质 6.5.1   记 $f(t)$ 的 Mellin 变换为 $M\{f(t)\}$, 若其存在则记为 $F(s)$, 则 $M\{f(at)\}$ 存在且有

$$M\{f(at)\} = a^{-s} M\{f(t)\} = a^{-s} F(s), \quad a > 0.$$

性质 6.5.2   对应于 Fourier 变换的帕塞瓦尔公式, 有 Mellin 变换相应的公式

$$\int_0^\infty \frac{1}{u} |f(u)|^2 \, \mathrm{d}u = \frac{1}{2\pi i} \int_{-i\infty}^{i\infty} |M(\sigma)|^2 \mathrm{d}\sigma.$$

性质 6.5.3   对于性质 6.5.2 的更一般情况, 若记

$$N(\sigma) = \int_0^\infty g(u) u^{\sigma-1} \mathrm{d}u$$

且 $g(u)$ 满足 (6.5.4), 则

$$\int_0^\infty \frac{1}{u} f(u) \overline{g(u)} \mathrm{d}u = \frac{1}{2\pi i} \int_{-i\infty}^{i\infty} M(\sigma) \overline{N(\sigma)} \mathrm{d}\sigma.$$

更一般地, 有

$$\int_0^\infty u^{2k-1} f(u) \overline{g(u)} \mathrm{d}u = \frac{1}{2\pi i} \int_{-i\infty}^{i\infty} M(\sigma+k) \overline{N(\sigma+k)} \mathrm{d}\sigma,$$

其中, $u^k f(u)$, $u^k g(u)$ 满足 (6.5.7).

如果定义卷积算子如下:

$$(f * g)(u) = \int_0^\infty \frac{1}{v} f(v) g\left(\frac{u}{v}\right) \mathrm{d}v,$$

则有 Mellin 变换的卷积性质

$$\int_0^\infty (f * g)(u) u^{\sigma-1} \mathrm{d}u = M(\sigma) N(\sigma).$$

性质 6.5.4   记 $g(t)$ 的 Mellin 变换为 $M\{g(t)\} = G(s)$, 则成立

$$M\left\{x^{\alpha} \int_0^{\infty} t^{\beta} f(xt)g(t)\mathrm{d}t\right\} = F(s+a)G(1-s-\alpha+\beta).$$

特别地, 当 $\alpha = 0, \beta = 0$ 时, 有

$$M\left\{\int_0^{\infty} f(xt)g(t)\mathrm{d}t\right\} = F(s)G(1-s).$$

性质 6.5.5   类似地,

$$M\left\{\int_0^{\infty} f(t)g\left(\frac{x}{t}\right)\frac{\mathrm{d}t}{t}\right\} = F(s)G(s).$$

下面通过实例来说明 Mellin 变换在求解积分方程中的应用.

例 6.5.1   设 $\phi(x), f(x), k(x)$ 的 Mellin 变换均存在且分别记为 $\Phi(s), F(s),$ $K(s)$, 求解积分方程

$$\phi(x) = f(x) + \int_0^{\infty} k\left(\frac{x}{t}\right)\phi(t)\frac{\mathrm{d}t}{t}. \tag{6.5.12}$$

解   (6.5.12) 两端同时作用 Mellin 变换, 并由 Mellin 变换性质 6.5.5 得

$$\Phi(s) = F(s) + K(s)\Phi(s),$$

当 $K(s) \neq 1$ 时,

$$\Phi(s) = \frac{F(s)}{1-K(s)},$$

再求其逆变换 $M^{-1}\{\Phi(s)\}$, 便可得到原积分方程的解 $\phi(x) = M^{-1}\{\Phi(s)\}$.

例 6.5.2   作为例 6.5.1 的应用, 求解积分方程

$$\phi(x) = \mathrm{e}^{-ax} + \frac{1}{2}\int_0^{\infty} \mathrm{e}^{-x/t}\phi(t)\frac{\mathrm{d}t}{t}, \quad a > 0.$$

解   由于 e^{-ax} 的 Mellin 变换

$$M\{\mathrm{e}^{-ax}\} = \int_0^{\infty} x^{s-1}\mathrm{e}^{-ax}\mathrm{d}x,$$

当令 $z = ax$, 即可求出

$$M\{\mathrm{e}^{-ax}\}(x) = a^{-s}\int_0^{\infty} z^{s-1}\mathrm{e}^{-z}\mathrm{d}z = \frac{\Gamma(s)}{a^s}.$$

原方程两端同时作用 Mellin 变换, 由例 6.5.1 立得

$$\Phi(s) = \frac{\Gamma(s)}{a^s\left[1-\Gamma(s)/2\right]}.$$

根据 Mellin 逆变换得

$$\phi(x) = \frac{1}{2\pi i} \int_{-i\infty+k}^{i\infty+k} \frac{\Gamma(s)}{1 - \Gamma(s)/2} \frac{ds}{(ax)^s}.$$

例 6.5.3 Mellin 变换还可用来求解 Fuchs 积分方程

$$\phi(x) = f(x) + \int_0^\infty k(xt)\phi(t)dt. \tag{6.5.13}$$

解 方程 (6.5.13) 两端同时作用 Mellin 变换, 并由 Mellin 变换性质 6.5.5 得

$$\Phi(s) = F(s) + K(s)\Phi(1-s),$$

上式中的 s 用 $1-s$ 代换后得

$$\Phi(1-s) = F(1-s) + K(1-s)\Phi(s).$$

上两式联立, 当 $1 - K(s)K(1-s) \neq 0$ 时, 解得

$$\Phi(s) = \frac{F(s) + K(s)F(1-s)}{1 - K(s)K(1-s)},$$

再求其逆变换 $M^{-1}\{\Phi(s)\}$, 便可得到原积分方程的解

$$\phi(x) = M^{-1}\{\Phi(s)\}.$$

例 6.5.4 作为例 6.5.3 的应用, 求解积分方程

$$\phi(x) = f(x) + \lambda\sqrt{\frac{2}{\pi}} \int_0^\infty \phi(t)\cos xt dt.$$

解 考虑到 Γ 函数的性质

$$\Gamma(s)\Gamma(1-s) = \frac{\pi}{\sin \pi s}.$$

通过作用 Mellin 变换, 由例 6.5.3 知

$$\Phi(s) = \frac{F(s) + K(s)F(1-s)}{1 - \lambda^2} = \frac{F(s)}{1 - \lambda^2} + \frac{K(s)F(1-s)}{1 - \lambda^2},$$

根据 Mellin 变换的性质 6.5.4 和 Mellin 逆变换可以得到

$$\phi(x) = \frac{f(x)}{1 - \lambda^2} + \frac{\lambda}{1 - \lambda^2}\sqrt{\frac{2}{\pi}} \int_0^\infty f(t)\cos xt dt.$$

例 6.5.5　　求解对偶积分方程组

$$
\begin{cases}
\displaystyle\int_0^\infty t^\alpha \phi(t) J_\gamma(xt)\,\mathrm{d}t = f(x), & 0 < x < 1, \\[3mm]
\displaystyle\int_0^\infty \phi(t) J_\gamma(xt)\,\mathrm{d},t = 0 & x > 1.
\end{cases}
$$

解　　由 Mellin 变换的卷积性质得

$$
\int_0^\infty t^\alpha \phi(t) J_\gamma(xt)\,\mathrm{d}t = \frac{1}{2\pi i}\int_{c-i\infty}^{c+i\infty} \Phi(s) J_\alpha(1-s)\mathrm{d}s,
$$

$$
\int_0^\infty \phi(t) J_\gamma(xt)\,\mathrm{d}t = \frac{1}{2\pi i}\int_{c-i\infty}^{c+i\infty} \Phi(s) J_\gamma(1-s)\mathrm{d}s,
$$

其中,

$$
J_\alpha = \int_0^\infty t^{\alpha+s-1} J_\gamma(xt)\,\mathrm{d}t = \frac{2^{\alpha+s-1}}{x^{\alpha+s}} \Gamma\left(\frac{\alpha+\gamma+s}{2}\right) \Big/ \Gamma\left(\frac{2-\alpha-s+\gamma}{2}\right).
$$

于是可求出其解为

$$
\begin{aligned}
\phi(x) &= \frac{2}{\Gamma(\alpha/2)}\int_0^1 \eta^\alpha \mathrm{d}\eta \int_0^1 \sqrt{\gamma}(\eta\xi)\,\xi^{\gamma+1}\left(1-\xi^2\right) \times \left(\frac{1}{2}\right)^{\alpha-1}\mathrm{d}\xi \\
&\quad \times \frac{1}{2\pi i}\int_{c-i\infty}^{c+i\infty} 2^{s-\alpha}(x\eta)^{-s}\Gamma\left(\frac{1+\gamma-s}{2}\right)\Big/\Gamma\left(\frac{2+\gamma+\alpha-s}{2}\right)\mathrm{d}s \\
&= \frac{(2x)^{1-\alpha/2}}{\Gamma(\alpha/2)}\int_0^1 \eta^{1+1/2}\alpha J_{\gamma+\alpha/2}(\eta x)\,\mathrm{d}\eta \int_0^1 J_\gamma(\eta\xi)\,\xi^{\gamma+1}\left(1-\xi^2\right)^{\alpha/2-1}\mathrm{d}\xi.
\end{aligned}
$$

6.6　Meijer 变换、Kontorovich-Lebeder 变换等

Meijer 变换的定义为

$$
\hat{f}_\mu(s) = \sqrt{\frac{2}{\pi}}\int_0^\infty \sqrt{sx}K_\mu(sx) f(x)\,\mathrm{d}x, \quad 0 < s < \infty, \tag{6.6.1}
$$

其中, $K_\mu(x)$ 是修正的 μ 阶第二类型 Bessel 函数, 也称为 Macdonald 函数. 其**逆变换**为

$$
f(x) = \frac{1}{i\sqrt{2\pi}}\int_{c-i\infty}^{c+i\infty} \sqrt{sx} I_\mu(sx)\hat{f}_\mu(s)\,\mathrm{d}s, \quad 0 < s < \infty, \tag{6.6.2}
$$

其中, $I_\mu(x)$ 是修正的 μ 阶第一类 Bessel 函数.

修正的第一类 Bessel 函数记为 $I_\nu(x)$, 第二类 Bessel 函数记为 $K_\nu(x)$, 它们是 Bessel 方程

$$
x^2\frac{\mathrm{d}^2 y}{\mathrm{d}x^2} + x\frac{\mathrm{d}y}{\mathrm{d}x} - \left(x^2+\nu^2\right)y = 0
$$

的解. 由公式给出,

$$I_\nu(x) = \sum_{k=0}^\infty \frac{(x/2)^{\nu+2k}}{k!\Gamma(\nu+k+1)}, \quad K_\nu(x) = \frac{\pi}{2}\frac{I_{-\nu}-I_\nu}{\sin\pi\nu}, \quad \nu \neq \pm 1, \pm 2, \cdots.$$

例 6.6.1 求解积分方程

$$\int_0^\infty \sqrt{zt}K_\gamma(zt)\phi(t)\,dt = f(z),$$

其中, z 为一个复变量.

解 直接利用 Meijer 变换得

$$\phi(t) = \frac{1}{\pi i}\int_{c-i\infty}^{c+i\infty}\sqrt{zt}I_\nu(zt)f(z)\,dz.$$

Kontorovich-Lebeder 变换可定义为

$$F(s) = \int_0^\infty K_{is}(x)f(x)\,dx, \quad 0 < s < \infty. \tag{6.6.3}$$

$K_{is}(x)$ 是修正第二类 Bessel 函数, $i = \sqrt{-1}$ 是虚数单位. **其逆变换为**

$$f(x) = \frac{2}{\pi^2 x}\int_0^\infty s\sinh(\pi s)K_{is}(x)F(s)\,ds, \quad 0 < x < \infty. \tag{6.6.4}$$

Meler-Fock 变换可定义为

$$F(\gamma) = \int_0^\infty P_{-1/\lambda+ir}(x)f(x)\,dx, \tag{6.6.5}$$

其逆变换为

$$f(x) = \int_0^\infty r\tanh(\pi r)P_{-1/2+ir}(x)F(r)\,dr, \tag{6.6.6}$$

其中, $P_\mu(x)$ 是第二类 Legendre 球形函数.

例 6.6.2 求解 Dual 积分方程

$$\int_0^\infty tP_{-1/2+it}(\cosh x)\phi(t)\,dt = f(x), \quad 0 < x < a,$$
$$\int_0^\infty \tanh(\pi t)P_{-1/2+it}(\cosh x)\phi(t)\,dt = 0, \quad a < x < \infty.$$

解 直接利用 Meler-Fock 积分变换可得其解为

$$\phi(x) = \frac{\sqrt{2}}{\pi}\sin(xt)\left[\int_0^t \frac{f(s)\sinh s}{\sqrt{\cosh t - \cosh s}}ds\right]dt.$$

注意到

$$P_{-1/2+it}(\cosh x) = \frac{\sqrt{2}}{\pi}\int_0^x \frac{\cos(xs)}{\sqrt{\cosh x - \cosh s}}ds, \quad x > 0,$$

上式右边的积分称为 Meler 积分.

6.7   主要积分变换列表

表 6.1   主要积分变换

积分变换	定义	逆变换
Laplace 变换	$F(p) = \displaystyle\int_0^\infty \mathrm{e}^{-px} f(x)\,\mathrm{d}x$	$f(x) = \dfrac{1}{2\pi\mathrm{i}} \displaystyle\int_{c-\mathrm{i}\infty}^{c+\mathrm{i}\infty} \mathrm{e}^{px} F(p)\,\mathrm{d}p$
双边 Laplace 变换	$F(p) = \displaystyle\int_{-\infty}^\infty \mathrm{e}^{-px} f(x)\,\mathrm{d}x$	$f(x) = \dfrac{1}{2\pi\mathrm{i}} \displaystyle\int_{c-\mathrm{i}\infty}^{c+\mathrm{i}\infty} \mathrm{e}^{px} F(p)\,\mathrm{d}p$
Fourier 变换	$F(u) = \dfrac{1}{\sqrt{2\pi}} \displaystyle\int_{-\infty}^\infty \mathrm{e}^{-\mathrm{i}ux} f(x)\,\mathrm{d}x$	$f(x) = \dfrac{1}{\sqrt{2\pi}} \displaystyle\int_{-\infty}^{+\infty} \mathrm{e}^{\mathrm{i}ux} F(u)\,\mathrm{d}u$
多维 Fourier 变换	$F_m(u) = \dfrac{1}{(2\pi)^{m/2}} \displaystyle\int_{E_m} f(t)$ $\times \mathrm{e}^{\mathrm{i}(u,x)}\mathrm{d}t$	$f(x) = \dfrac{1}{(2\pi)^{m/2}} \displaystyle\int_{E_m} F_M(u)\,\mathrm{e}^{\mathrm{i}(u,x)}\mathrm{d}u$
Fourier 正弦变换	$F_s(u) = \sqrt{\dfrac{2}{\pi}} \displaystyle\int_0^\infty \sin(xu) f(x)\,\mathrm{d}x$	$f(x) = \sqrt{\dfrac{2}{\pi}} \displaystyle\int_0^{+\infty} \sin(xu) F_s(u)\,\mathrm{d}u$
Fourier 余弦变换	$F_c(u) = \sqrt{\dfrac{2}{\pi}} \displaystyle\int_0^\infty \cos(xu) f(x)\,\mathrm{d}x$	$f(x) = \sqrt{\dfrac{2}{\pi}} \displaystyle\int_0^{+\infty} \cos(xu) F_c(u)\,\mathrm{d}u$
Hartley 变换	$F_h(u) = \dfrac{1}{\sqrt{2\pi}} \displaystyle\int_{-\infty}^\infty (\cos xu$ $+ \sin xu) f(x)\,\mathrm{d}x$	$f(x) = \sqrt{\dfrac{2}{\pi}} \displaystyle\int_0^{+\infty} (\cos xu + \sin xu) F_h(u)\,\mathrm{d}u$
Mellin 变换	$F(s) = \displaystyle\int_0^\infty x^{n-1} f(x)\,\mathrm{d}x$	$f(x) = \dfrac{1}{2\pi\mathrm{i}} \displaystyle\int_{c-\mathrm{i}\infty}^{c+\mathrm{i}\infty} x^{-s} F(s)\,\mathrm{d}s$
Hankel 变换	$F_\gamma(w) = \displaystyle\int_0^\infty x J_\gamma(xw) f(x)\,\mathrm{d}x$	$f(x) = \displaystyle\int_0^\infty w J_\gamma(xw) F_\gamma(w)\,\mathrm{d}w$
Y 变换	$F_\gamma(u) = \displaystyle\int_0^\infty \sqrt{ux}\, Y_\gamma(xu) f(x)\mathrm{d}x$	$f(x) = \displaystyle\int_0^\infty \sqrt{ux}\, H_\gamma(ux) F_\gamma(u)\mathrm{d}u$
Meijer 变换	$F(s) = \sqrt{\dfrac{2}{\pi}} \displaystyle\int_0^\infty \sqrt{sx}\, K_\gamma(sx)$ $\times f(x)\,\mathrm{d}x$	$f(x) = \dfrac{1}{\mathrm{i}\sqrt{2\pi}} \displaystyle\int_{c-\mathrm{i}\infty}^{c+\mathrm{i}\infty} \sqrt{sx}\, I_\gamma(sx) F(s)\,\mathrm{d}s$
Bochner 变换	$F(\gamma) = \displaystyle\int_0^\infty J_{n/2-1}(2\pi xr)$ $\times G(x,r) f(x)\,\mathrm{d}x$ $G(x,r) = 2\pi r \left(\dfrac{x}{r}\right)^{n/2},$ $n = 1,2,\cdots$	$f(x) = \displaystyle\int_0^\infty J_{n/2-1}(2\pi rx) G(r,x) F(r)\,\mathrm{d}r$
Weber 变换	$F_a(u) = \displaystyle\int_0^\infty W_\gamma(xu,au) x f(x)\,\mathrm{d}x$ $W_\gamma(\beta,\mu) = J_\gamma(\beta) Y_\gamma(\mu)$ $- J_\gamma(\mu) Y_\gamma(\beta)$	$f(x) = \displaystyle\int_0^\infty \dfrac{W_\gamma(xu,au)}{J_\gamma^2(au) + Y_y^2(au)} u F_a(u)\,\mathrm{d}u$
Kontorovich -Lebedev 变换	$F(\gamma) = \displaystyle\int_0^\infty K_{\mathrm{i}r}(x) f(x)\,\mathrm{d}x$	$f(x) = \dfrac{2}{\pi^2 x} \displaystyle\int_0^\infty r \sin(\pi r) K_{\mathrm{i}r}(x) F(r)\,\mathrm{d}r$

积分变换	定义	逆变换
Meler-Fock 变换	$F(\gamma) = \int_0^\infty P_{-1/\lambda+\mathrm{i}r}(x)f(x)\,\mathrm{d}x$	$f(x) = \int_0^\infty r\tanh(\pi r)P_{-1/2+\mathrm{i}r}(x)F(r)\,\mathrm{d}r$
Hilbert 变换	$F(s) = \dfrac{1}{\pi}\int_{-\infty}^\infty \dfrac{f(x)}{x-s}\mathrm{d}x$	$f(x) = -\dfrac{1}{\pi}\int_{-\infty}^\infty \dfrac{F(s)}{s-x}\mathrm{d}s$

注: $(\boldsymbol{x},\boldsymbol{t})$ 是向量 $\boldsymbol{x}$ 和 $\boldsymbol{t}$ 的内积, 即 $(\boldsymbol{x},\boldsymbol{t}) = \sum\limits_{k=1}^m x_k t_k$, $\boldsymbol{x} = (x_1, x_2, \cdots, x_m)$, $\boldsymbol{t} = (t_1, t_2, \cdots, t_m)$, E_m 为 m 维内积空间. $\mathrm{i} = \sqrt{-1}$, $J_\mu(x)$ 和 $Y_\mu(x)$ 分别是第一类、第二类 Bessel 函数. $I_\mu(x)$ 和 $K_\mu(x)$ 分别是改进的第一类、第二类 Bessel 函数. $P_\mu(x)$ 是第二类 Legendre 球形函数, $H_\mu(x)$ 是 Struve 函数, $H_\mu(x) = \sum\limits_{j=0}^\infty \dfrac{(-1)^j (x/2)^{\mu+2j+1}}{\Gamma(j+3/2)\,\Gamma(\mu+j+3/2)}$.

6.8 投 影 方 法

6.3 节介绍了 Hilbert 变换, 本节定义其算子形式

$$H\phi = \frac{1}{\pi}\int_{-\infty}^\infty \frac{\phi(t)}{x-t}\mathrm{d}t. \tag{6.8.1}$$

右边积分是 Cauchy 主值积分. 算子 H 将 $L_2[-\infty, \infty]$ 映射到自身且

$$H^2\phi = -\phi. \tag{6.8.2}$$

如果将 Fourier 变换对应的算子记为 F, 则

$$F(H\phi) = \mathrm{i\,sgn}\,s F(\phi). \tag{6.8.3}$$

由上得出算子 H 有逆算子, 即 $H^{-1} = -H$ 且 $\|H\| = 1$.

设 $\phi \in L_2[-\infty, \infty]$, 定义两个新函数 $\phi_+(x)$ 和 $\phi_-(x)$,

$$\phi_+(x) = \frac{1}{2}[\phi + \mathrm{i}H\phi], \tag{6.8.4}$$

$$\phi_-(x) = \frac{1}{2}[\phi - \mathrm{i}H\phi]. \tag{6.8.5}$$

对 (6.8.4) 和 (6.8.5) 作 Fourier 变换得

$$F(\phi_+) = \frac{1}{2}[F(\phi) + \mathrm{i}F(H\phi)] = \frac{1}{2}[F(\phi) - \mathrm{sgn}\,s f(\phi)] = \begin{cases} 0, & s > 0, \\ F(\phi), & s < 0, \end{cases}$$

$$F(\phi_-) = \begin{cases} F(\phi), & s > 0, \\ 0, & s < 0. \end{cases}$$

故

$$\phi = \phi_+ + \phi_-, \quad F(\phi) = F(\phi_+) + F(\phi_-), \quad H(\phi) = \frac{1}{2\mathrm{i}}[\phi_+ - \phi_-].$$

将 $L_2(-\infty, \infty)$ 空间分为两个子空间, 即 L_2^+ 和 L_2^-,

$$L_2^+ = \left\{ \phi \in L_2(-\infty, \infty) \,|\, F(\phi) = 0, s > 0 \right\},$$

$$L_2^- = \left\{ \phi \in L_2(-\infty, \infty) \,|\, F(\phi) = 0, s < 0 \right\},$$

则当 $\phi \in L_2^\pm$ 时, $H\phi = \mp \mathrm{i}\phi$. 可以将 ϕ_+ 看成是 ϕ 在 L_2^+ 上的投影, 同时 ϕ_- 是 ϕ 在 L_2^- 上的投影. 有下述关系式成立:

$$L_2(-\infty, \infty) = L_2^+ \cup L_2^-, \quad \{0\} = L_2^+ \cap L_2^-. \tag{6.8.6}$$

(6.8.6) 成立是因为如果 $\phi \in L_2^+ \cap L_2^-$, $F(\phi) = 0$, 故 $\phi = 0$.

例 6.8.1   求解积分方程

$$\phi(x) - \frac{2}{\pi} \int_{-\infty}^{\infty} \frac{\phi(y)}{x - y} \mathrm{d}y = f(x), \quad f(x) \in L_2(-\infty, \infty).$$

解   由 (6.8.4) 和 (6.8.5) 则上述方程写为

$$\phi_+ + \phi_- + \mathrm{i}\lambda(\phi_+ - \phi_-) = f_+ + f_-$$

或

$$(1 + \mathrm{i}\lambda)\phi_+ - f_+ = -(1 - \mathrm{i}\lambda)\phi_- + f_-.$$

由 (6.8.6) 知两边都应等于零, 故

$$\phi_+ = \frac{f_+}{1 + i\lambda}, \quad \phi_- = \frac{f_-}{1 - i\lambda}.$$

于是当 $\lambda \neq \pm \mathrm{i}$ 时有解

$$\phi = \phi_+ + \phi_- = \frac{(1 - \mathrm{i}\lambda)f_+ + (1 + \mathrm{i}\lambda)f_-}{1 + \lambda^2},$$

从而

$$\phi = \frac{f + \lambda H f}{1 + \lambda^2}.$$

第 6 章习题

1. 利用 Fourier 积分变换求解第一类 Fredholm 积分方程.

(1) $\displaystyle\int_{-\infty}^{+\infty} \frac{\sin(x-t)}{x-t}\phi(t)\mathrm{d}t = f(x)$;

(2) $\displaystyle\int_{-\infty}^{+\infty} \mathrm{e}^{\mathrm{i}xt}\phi(t)\mathrm{d}t = \mathrm{e}^{-x^2}$;

(3) $\displaystyle\int_{0}^{+\infty} \cos xt\phi(t)\mathrm{d}t = \mathrm{e}^{-x}\cos x, \quad x > 0$;

(4) $\displaystyle\int_{0}^{+\infty} \cos xt\phi(t)\mathrm{d}t = \frac{1}{1+x^2}, \quad x > 0$;

(5) $\displaystyle\int_{0}^{+\infty} \sin xt\phi(t)\mathrm{d}t = f(x)$.

2. 利用 Fourier 积分变换求解第二类 Fredholm 积分方程.

(1) $\displaystyle\phi(x) = \int_{-\infty}^{+\infty} K(x-t)\phi(t)\mathrm{d}t + f(x)$;

(2) $\displaystyle\phi(x) = -\sqrt{2}\int_{-\infty}^{+\infty} e^{-(x-t)^2}\phi(t)\mathrm{d}t + f(x)$;

(3) $\displaystyle\phi(x) = \lambda\int_{-\infty}^{+\infty} e^{-|x-t|}\phi(t)\mathrm{d}t + f(x)$,

其中, $\lambda < \dfrac{1}{2}, f(x) = \begin{cases} \mathrm{e}^{-x}, & x > 0, \\ 0 & x < 0. \end{cases}$

3. 利用 Laplace 积分变换求解 Abel 积分方程 (第一类 Volterra 积分方程).

(1) $\displaystyle\int_{0}^{x} \frac{1}{\sqrt{x-t}}\phi(t)\mathrm{d}t = 1$;

(2) $\displaystyle\int_{0}^{x} 3^{x-t}\phi(t)\mathrm{d}t = x$.

4. 利用 Laplace 积分变换求解第一类积分微分方程.

$$\int_{x}^{\infty} \frac{\phi'(t)}{\sqrt{t^2-x^2}}\mathrm{d}t = f(x).$$

5. 利用 Laplace 积分变换求解第二类 Volterra 积分方程.

$$\phi(x) = \frac{\mathrm{i}}{\sqrt{\pi}}\int_{0}^{x} \frac{\phi(t)}{\sqrt{x-t}}\mathrm{d}t + \frac{1}{\sqrt{x}}\mathrm{e}^{-\frac{a}{4x}}.$$

6. 利用 Laplace 变换求解下列方程:

$$\phi(x) = -A\int_{0}^{x} \sin[\lambda(x-t)]\phi(t)\mathrm{d}t = f(x).$$

7. 利用 Laplace 变换求解广义 Abel 积分方程

$$\int_0^x \frac{\phi(t)}{(x-t)^\alpha}\mathrm{d}t = f(x), \quad 0 < \alpha < 1.$$

(提示: 利用关系式 $\Gamma(x)\Gamma(1-x) = \pi/\sin \pi x$)

8. 设 $\phi(t) = -\phi(-t)$, 利用有限 Hilbert 变换求解第一类 Fredholm 积分方程

$$\int_{-a}^{a} \frac{2t\phi(t)}{x^2 - t^2}\mathrm{d}t = x^2.$$

9. 利用有限 Hilbert 变换求解第一类 Fredholm 积分微分方程

$$\int_0^\ell \left[\frac{\phi'(t)}{t-x}\right]\mathrm{d}t = \sigma_\ell(\log|\ell - x| - \sigma_0 \log|x| + ax + b$$

有条件 $\phi'(0) = \sigma_0$, $\phi'(\ell) = \sigma_\ell$.

10. 利用无限 Hilbert 变换求解积分方程

$$\int_{-\infty}^{+\infty} \frac{\phi(t)}{x-t}\mathrm{d}t = \frac{1}{1+x^2}.$$

11. 利用 Hankel 变换或有限 Hankel 变换求解下列方程:

(1) $\displaystyle\int_0^\infty tJ_\gamma(xt)\phi(t)\mathrm{d}t = f(x), \quad \gamma > -\frac{1}{2}$, J_γ 是第一类 Bessel 函数;

(2) $\displaystyle\int_0^a |J_\gamma(\lambda x) - J_\gamma(\lambda t)| \phi(t)\mathrm{d}t = f(x)$;

(3) 对偶积分方程

$$\int_0^\infty J_0(xt)\phi(t)\mathrm{d}t = f(x), \quad 0 < x < a,$$

$$\int_0^\infty tJ_0(xt)\phi(xt)\mathrm{d}t = 0, \quad a < x < \infty,$$

其中, $J_0(x)$ 是零阶 Bessel 函数; $\left(\text{解}: \phi(x) = \dfrac{2}{\pi}\displaystyle\int_0^a \cos(xt)\left[\dfrac{\mathrm{d}}{\mathrm{d}t}\displaystyle\int_0^t \dfrac{sf(s)\,\mathrm{d}s}{\sqrt{t^2-s^2}}\right]\mathrm{d}t.\right)$

(4) $\begin{cases} \displaystyle\int_0^\infty tJ_0(xt)\phi(t)\,\mathrm{d}t = f(x), & 0 < x < a, \\ \displaystyle\int_0^\infty J_0(xt)\phi(t)\,\mathrm{d}t = 0, & a < x < \infty; \end{cases}$

$\left(\text{解}: \phi(x) = \dfrac{2}{\pi}\displaystyle\int_0^a \sin(xt)\left[\dfrac{\mathrm{d}}{\mathrm{d}t}\displaystyle\int_0^t \dfrac{sf(s)\,\mathrm{d}s}{\sqrt{t^2-s^2}}\right]\mathrm{d}t.\right)$

(5) $\begin{cases} \displaystyle\int_0^\infty tJ_u(xt)\phi(t)\,\mathrm{d}t = f(x), & 0 < x < a, \\ \displaystyle\int_0^\infty J_u(xt)\phi(t)\,\mathrm{d}t = 0, & a < x < \infty, \end{cases}$

其中, $J_u(x)$ 是 u 阶 Bessel 函数.

$\left(\text{解}: \phi(x) = \sqrt{\dfrac{2x}{\pi}}\displaystyle\int_0^a t^{3/2}J_{u+1/2}(xt)\left[\displaystyle\int_0^{\pi/2} \sin^{u+1}\theta f(t\sin\theta)\,\mathrm{d}\theta\right]\mathrm{d}t.\right)$

12. 利用 Mellin 变换求解对偶积分方程

$$\begin{cases} \int_0^\infty t^{2\beta} J_u(xt)\,\phi(t)\,\mathrm{d}t = f(x), & 0 < x < 1, \\[2mm] \int_0^\infty J_u(xt)\,\phi(t)\,\mathrm{d}t = 0, & 1 < x < \infty, \end{cases}$$

其中, $J_u(x)$ 是 u 阶 Bessel 函数.

解: 当 $\beta > 0, \phi(x) = \dfrac{(2x)^{1-\beta}}{\Gamma(\beta)} \displaystyle\int_0^1 t^{1+\beta} J_{u+\beta}(xt) F(t)\mathrm{d}t,$

$$F(t) = \int_0^1 f(t\xi)\,\xi^{u+1} \left(1 - \xi^2\right)^{\beta-1}\,\mathrm{d}\xi,$$

当 $\beta > -1, -u - \dfrac{1}{2} < 2\beta < u + \dfrac{3}{2}$ 时,

$$\phi(x) = \frac{(2x)^{-\beta}}{\Gamma(1+\beta)} \left[x^{1+\beta} J_{u+\beta}(x) \int_0^1 t^{u+1} \left(1 - t^2\right)^\beta f(t)\,\mathrm{d}t + \int_0^1 t^{u+1} \left(1 - t^2\right)^\beta \varPhi(x,t)\,\mathrm{d}t \right],$$

$$\varPhi(x,t) = \int_0^1 (x\eta)^{2+\beta} J_{u+\beta+1}(x\eta)\, f(x\eta)\,\mathrm{d}\eta.)$$

13. 利用 Mellin 变换求解积分方程组

$$\sigma_0(r) = \frac{1}{2\pi} E_\theta^0\,|_{\theta=0} - \frac{\sin a}{\pi} \int_0^\infty \frac{\rho\sigma_a(\rho)}{\rho^2 + r^2 - 2r\rho\cos a}\mathrm{d}\rho,$$

$$\sigma_a(r) = \frac{1}{2\pi} E_\theta^0\,|_{\theta=0} - \frac{\sin a}{\pi} \int_0^\infty \frac{\rho\sigma_0(\rho)}{\rho^2 + r^2 - 2r\rho\cos a}\mathrm{d}\rho,$$

其中, $(E_r^0, E_\theta^0, 0)$ 是位于二面角 $0 < \theta < a$ 内, 具有接地导电壁的, 由线电源形成的自由空间电场强度的极坐标, $\sigma_0(r)$ 和 $\sigma_a(r)$ 是电荷密度.

$$\left[\int_0^\infty \frac{t^s \mathrm{d}t}{t^2 - 2t\cos a + 1} = \frac{\pi}{\sin a} \frac{\sin(\pi - a)s}{\sin \pi s}, \quad -1 < \mathrm{Re}s < 1. \right]$$

14. 求解对偶积分方程

$$\int_0^\infty J_0(\rho r)\,\phi(r)\mathrm{d}r = \frac{\pi}{2}, \quad 0 \leqslant \rho \leqslant 1,$$

$$\int_0^\infty r J_0(\rho r)\,\phi(r)\mathrm{d}r = 0, \quad 1 < \rho < \infty.$$

$\Bigg($ 提示: 设 $\displaystyle\int_0^\infty r J_0(\rho r)\,\phi(r)\mathrm{d}r = \frac{1}{\rho}\frac{\mathrm{d}}{\mathrm{d}\rho}\int_\rho^1 \frac{s\psi(s)}{\sqrt{s^2 - \rho^2}}\mathrm{d}s, 0 < \rho < 1$, 利用 Hankel 逆变换,

解: $\phi(r) = \dfrac{\sin r}{r}$. $\Bigg)$

15. 求解对偶积分方程

$$\int_0^\infty J_1\left(\rho r\right)\phi\left(r\right)\mathrm{d}r = \omega\rho, \quad 0\leqslant\rho\leqslant a,$$

$$\int_0^\infty rJ_1\left(\rho r\right)\phi\left(r\right)\mathrm{d}r = 0, \quad a<\rho<\infty.$$

$\Bigg($ 提示: 设 $\displaystyle\int_0^\infty rJ_0\left(\rho r\right)\phi\left(r\right)\mathrm{d}r = \frac{1}{\rho}\frac{\mathrm{d}}{\mathrm{d}\rho}\int_\rho^1 \frac{s\psi\left(s\right)}{\sqrt{s^2-\rho^2}}\mathrm{d}s, 0<\rho<1,$ 利用 Hankel 逆变换,

解: $\displaystyle\phi\left(r\right)=\int_0^a s\psi\left(s\right)J_1\left(sr\right)\mathrm{d}s, \psi\left(\rho\right)=\frac{4}{\pi}\omega\rho\left(a^2-\rho^2\right)^{-1/2}, 0\leqslant\rho\leqslant a.\Bigg)$

　　16. 求解对偶积分方程

$$\int_0^\infty J_v\left(\rho r\right)\phi\left(r\right)\mathrm{d}r = g\left(\rho\right), \quad 0\leqslant\rho\leqslant 1,$$

$$\int_0^\infty r^2 J_v\left(\rho r\right)\phi\left(r\right)\mathrm{d}r = 0, \quad 1<\rho<\infty,$$

其中, J_v 为 v 阶 Bessel 函数.

$\Bigg($ 解: $\displaystyle\phi\left(r\right)=g\left(1\right)J_v\left(\rho r\right)+r\int_0^1 \rho g\left(\rho\right)J_v\left(\rho r\right)\mathrm{d}\rho.\Bigg)$

　　17. 求解对偶积分方程

$$\int_0^\infty r^{-1}\sin\rho r\phi\left(r\right)\mathrm{d}r = \rho, \quad 0\leqslant\rho\leqslant 1,$$

$$\int_0^\infty \sin\rho r\phi\left(r\right)\mathrm{d}r = 0, \quad 1<\rho<\infty.$$

(解: $\phi\left(r\right)=J_1\left(r\right).$)

　　18. 求解对偶积分方程

$$\int_0^\infty \frac{\cos\rho r}{r}\phi\left(r\right)\mathrm{d}r = g\left(\rho\right), \quad 0\leqslant\rho\leqslant 1,$$

$$\int_0^\infty \cos\rho r\phi\left(r\right)\mathrm{d}r = 0, \quad 1<\rho<\infty.$$

$\Bigg($ 提示: 设 $\displaystyle\int_0^\infty \frac{\cos\rho r}{r}\phi\left(r\right)\mathrm{d}r = \int_\rho^1 \frac{\psi\left(s\right)\mathrm{d}s}{\sqrt{s^2-\rho^2}}, 0<\rho<1,$ 利用 Fourier 余弦逆变换, 解: $\phi\left(r\right)=$

$\displaystyle\frac{2r^2}{\pi}\int_0^1 sJ_0\left(sr\right)\left\{\int_0^s \frac{g\left(u\right)\mathrm{d}u}{\sqrt{s^2-u^2}}\right\}\mathrm{d}s - \frac{2rJ_1\left(r\right)}{\pi}\int_0^1 \frac{g\left(u\right)\mathrm{d}u}{\sqrt{1-u^2}}.\Bigg)$

　　19. 求解对偶积分方程

$$\int_0^\infty \sin\rho r\phi\left(r\right)\mathrm{d}r = g\left(\rho\right), \quad 0\leqslant\rho\leqslant 1,$$

$$\int_0^\infty \frac{\sin\rho r}{r}\phi\left(r\right)\mathrm{d}r = 0, \quad 1<\rho<\infty.$$

$\Bigg($ 提示: 设 $\displaystyle\int_0^\infty \frac{\sin \rho r}{r}\phi(r)\mathrm{d}r = \rho \int_\rho^1 \frac{\psi(s)}{\sqrt{s^2-\rho^2}}\mathrm{d}s, 0 \leqslant \rho \leqslant 1$, 利用 Fourier 正弦逆变换,

解: $\displaystyle \phi(r) = \frac{2r}{\pi}\int_0^1 J_1(sr)\left\{\int_0^s \frac{ug(u)}{\sqrt{s^2-u^2}}du\right\}\mathrm{d}s.\Bigg)$

20. 证明积分方程

$$f(x) = 2\int_x^1 \frac{t\phi(t)}{(t^2-x^2)^{1/2}}\mathrm{d}t$$

的解为

$$\phi(x) = -\frac{1}{\pi x}\frac{\mathrm{d}}{\mathrm{d}x}\int_x^1 \frac{tf(t)}{\sqrt{t^2-x^2}}\mathrm{d}t,$$

并求解该方程当

(1) $f(x) = \dfrac{2x^2}{\sqrt{1-x^2}}$;

(2) $f(x) = x^2$

两种特殊情况的解.

21. 求解积分方程

$$f(x) = x\int_x^\infty \frac{\phi'(t)}{(t^2-x^2)^{1/2}}\mathrm{d}t.$$

22. 求解第二类 Abel 积分方程

$$\phi(x) = \frac{1}{\sqrt{x}}\mathrm{e}^{-\frac{a}{4x}} + \frac{\mathrm{i}}{\sqrt{\pi}}\int_0^x \frac{\phi(t)}{\sqrt{x-t}}\mathrm{d}t.$$

23. 如果要求 Hilbert 变换 (3.6.10), (3.6.11) 中的 $q(-1)$ 是有限的, 证明

$$\int_{-1}^1 q(t)\mathrm{d}t = \int_{-1}^1 \sqrt{(1-t^2)}p(t)\frac{\mathrm{d}t}{1+t},$$

并检验在这种情况下解 $q(x)$ 变为

$$q(x) = \frac{1}{\pi}\left(\frac{1+x}{1-x}\right)^{1/2}\int_{-1}^1 \left(\frac{1-t}{1+t}\right)^{1/2}\frac{p(t)}{x-t}\mathrm{d}t.$$

24. 借助有限 Hilbert 变换, 求解方程

$$x^2 = \int_{-l}^l \frac{2t\phi(t)}{x^2-t^2}\mathrm{d}t,$$

其中, 假定 $\phi(t) = -\phi(-t)$.

25. 借助有限 Hilbert 变换, 求解方程

$$ax + b + \sigma_l(\log|l-x|) - \sigma_0\log|x| = \int_0^l \frac{\phi'(t)}{t-x}\mathrm{d}t,$$

其初始条件为

$$\phi'(0) = \sigma_0, \quad \phi'(l) = \sigma_l, \quad \phi(0) = \phi_0, \quad \phi(l) = \phi_l.$$

26. 解方程

$$\sum_{r=0}^{n} a_r x^r = \frac{1}{\pi} \int_0^l \frac{\phi(t)\mathrm{d}t}{t - x},$$

其中, a_r 是给定的常数.

27. 求解积分方程

$$\phi(x) = f(x) + \int_0^x (x^2 - t^2)\phi(t)\mathrm{d}t$$

的预解核.

28. 求解方程

$$\phi(x) = \phi(x) + \lambda \int_0^x J_1(x - t)\phi(t)\mathrm{d}t.$$

29. 求解积分方程

$$\phi(x) = f(x) + \int_0^x \frac{(x - t)^{m-1}}{(m - 1)!} \phi(t)\mathrm{d}t$$

的预解核.

30. 用无限 Hilbert 变换求解积分方程

$$\frac{1}{1 + x^2} = \int_{-\infty}^{\infty} \frac{\phi(t)}{x - t}\mathrm{d}t.$$

第 7 章　对偶积分方程的解法

对偶积分方程在许多实际问题中经常遇到, 如弹性理论、热传导、静电学等, 尤其近年来比较热门的研究领域, 如压电材料、压电压磁材料、功能梯度材料、功能梯度压电材料、功能梯度压电压磁材料以及各种新型的复合材料的断裂、接触以及其中波的散射问题等, 往往最后都归结为对偶积分方程的求解, 本章介绍求解对偶积分方程的一些主要方法.

7.1　对偶积分方程的投影解法

本节利用投影法研究对偶积分方程的解. 考虑对偶积分方程

$$\int_0^\infty f(u)J_v(\rho u)\mathrm{d}u = g(\rho), \quad 0 < \rho < 1, v > -\frac{1}{2}, \tag{7.1.1}$$

$$\int_0^\infty u^\alpha f(u)J_\mu(\rho u)\mathrm{d}u = g(\rho), \quad 0 < \rho < \infty, \mu > -\frac{1}{2}. \tag{7.1.2}$$

如果方程 (7.1.1) 对 $0 < \rho < \infty$ 成立, 则直接可用 Hankel 变换求解. 类似地, 若方程 (7.1.2) 对 $0 < \rho < \infty$ 成立, 则同样可直接用 Hankel 变换求解, 正是因为两个方程是对 ρ 的不同范围成立才组成了所谓的对偶方程.

为了能运用 Fourier 变换求解方程 (7.1.1) 和方程 (7.1.2), 作代换

$$u = \mathrm{e}^{-y}, \quad \rho = \mathrm{e}^x, \tag{7.1.3}$$

方程 (7.1.1) 乘以 $\mathrm{e}^{(1-k)x}$, k 为待定常数, 方程 (7.1.2) 乘以 $\mathrm{e}^{\alpha x}$, 则得

$$\int_{-\infty}^\infty \mathrm{e}^{-ky}f(\mathrm{e}^{-y})J_v(\mathrm{e}^{x-y})\mathrm{e}^{(1-k)(x-y)}\mathrm{d}y = \mathrm{e}^{(1-k)x}g(\mathrm{e}^x), \quad x < 0, \tag{7.1.4}$$

$$\int_{-\infty}^\infty \mathrm{e}^{\alpha(x-y)}\mathrm{e}^{-ky}f(\mathrm{e}^{-y})J_\mu(\mathrm{e}^{x-y})\mathrm{e}^{(1-k)(x-y)}\mathrm{d}y = 0, \quad x < 0. \tag{7.1.5}$$

于是方程 (7.1.4) 和 (7.1.5) 是卷积型积分方程, 然而其右端分别定义在 $x < 0$ 和 $x > 0$. 所以选择 k 使得

$$\int_{-\infty}^\infty \left|J_v(\mathrm{e}^x)\mathrm{e}^{(1-k)x}\right|^2\mathrm{d}x < \infty, \quad \int_{-\infty}^\infty \left|\mathrm{e}^{\alpha x}J_\mu(\mathrm{e}^x)\mathrm{e}^{(1-k)x}\right|^2\mathrm{d}x < \infty \tag{7.1.6}$$

成立.

为了分析积分 (7.1.6), 需要用到 Bessel 函数, 其标准级数表示是

$$J_v(x) = \left(\frac{x}{2}\right)^v \sum_{n=0}^{\infty} \frac{(\mathrm{i}s/2)^{2n}}{n!\Gamma(n+v+1)}. \tag{7.1.7}$$

由式 (7.1.7) 知对于充分大的 x, 有渐近估计 $J_v(x) = \sqrt{\dfrac{2}{\pi x}} \cos\left(x - \dfrac{\gamma\pi}{2} - \dfrac{\pi}{4}\right) + O\left(\dfrac{1}{x}\right)$, 对于小的 x, $J_v(x)$ 与 x^γ 同阶. 在 (7.1.6) 第一积分中令 $u = \mathrm{e}^x$, 则

$$\int_{-\infty}^{\infty} \left| J_v(\mathrm{e}^x)\mathrm{e}^{(1-k)x} \right|^2 \mathrm{d}x = \int_0^{\infty} |J_v(u)|^2 \, u^{(1-2k)} \mathrm{d}u.$$

对于充分大的 u, 上式中的积分与 u^{-2k} 同阶, 为了保证收敛性要求 $2k > 1$, 当 u 充分小时, 积分与 $u^{2v+1-2k}$ 同阶, 为了保证在 $u = 0$ 附近收敛, 要求 $k < 1 + v$.

类似处理 (7.1.6) 的第 2 个积分, 最后应该如下选取 k:

$$v + 1 > k > \frac{1}{2}, \quad \alpha + \mu + 1 > k > \alpha + \frac{1}{2}. \tag{7.1.8}$$

为了利用投影法求解, 定义下列函数:

$$h_+(x) = \begin{cases} \mathrm{e}^{(1-k)x}g(\mathrm{e}^x), & x < 0, \\ 0, & x > 0, \end{cases} \tag{7.1.9}$$

$$h_-(x) = \begin{cases} 0, & x < 0, \\ \displaystyle\int_{-\infty}^{\infty} \mathrm{e}^{-ky}f(\mathrm{e}^{-y})J_v(\mathrm{e}^{x-y})\mathrm{e}^{(1-k)(x-y)}\mathrm{d}y, & x > 0, \end{cases} \tag{7.1.10}$$

$$m_+(x) = \begin{cases} \displaystyle\int_{-\infty}^{\infty} \mathrm{e}^{-\alpha y}\mathrm{e}^{-ky}f(\mathrm{e}^{-y})J_\mu(\mathrm{e}^{x-y})\mathrm{e}^{(1-k)(x-y)}\mathrm{d}y, & x < 0, \\ 0, & x > 0. \end{cases} \tag{7.1.11}$$

利用这些函数, 方程 (7.1.4) 和 (7.1.5) 可重写为

$$\int_{-\infty}^{\infty} w(y)J_\gamma(\mathrm{e}^{x-y})\mathrm{e}^{(1-k)(x-y)}\mathrm{d}y = h_+(x) + h_-(x), \quad -\infty < x < \infty, \tag{7.1.12}$$

$$\int_{-\infty}^{\infty} \mathrm{e}^{\alpha(x-y)}w(y)J_\mu(\mathrm{e}^{x-y})\mathrm{e}^{(1-k)(x-y)}\mathrm{d}y = m_+(x), \quad -\infty < x < \infty, \tag{7.1.13}$$

其中,

$$w(y) = \mathrm{e}^{-ky}f(\mathrm{e}^{-y}). \tag{7.1.14}$$

当 $J_v(\mathrm{e}^x)\mathrm{e}^{\beta x} \in L_2[-\infty, \infty]$ 时, 由于

$$F^{-1}(J_v(\mathrm{e}^x)\mathrm{e}^{\beta x}) = \frac{2\beta^{-\mathrm{i}s-1}\rho^{\mathrm{i}s-\beta}\Gamma[(v+\beta-\mathrm{i}s)/2]}{\sqrt{2\pi}\Gamma[(v-\beta+\mathrm{i}s+2)/2]}, \tag{7.1.15}$$

这是因为

$$F\left(\frac{2\beta^{-is-1}\rho^{is-\beta}\Gamma[(v+\beta-is)/2]}{\sqrt{2\pi}\Gamma[(v-\beta+is+2)/2]}\right) = \frac{1}{2\pi}\int_{-\infty}^{\infty}\frac{2\beta^{-is-1}\rho^{is-\beta}\Gamma[(v+\beta-is)/2]}{\Gamma[(v-\beta+is+2)/2]}e^{isx}ds.$$

上积分在下平面以 $s=-i(2n+v+\beta)(n=0,1,2,\cdots)$ 为极点, 则由留数计算法得积分为

$$e^{\beta x}\left(\frac{e^{\alpha\rho}}{2}\right)^{v}\sum_{n=0}^{\infty}\frac{(-1)^{n}(e^{x}\rho/2)^{2n}}{n!\Gamma(n+1+v)},$$

则由 (7.1.7) 知上式等于 $e^{\beta x}J_{v}(e^{x})$, 即 (7.1.15) 成立.

如果方程 (7.1.12) 和 (7.1.13) 分别作用 Fourier 逆算子, 则得

$$\frac{F^{-1}(w)2^{-is-k}\Gamma[(v+1-k+is)/2]}{\sqrt{2\pi}\Gamma[(v+1-k+is)/2]} = F^{-1}(h_{+})+F^{-1}(h_{-}), \tag{7.1.16}$$

$$\frac{F^{-1}(w)2^{-is+\alpha-k}\Gamma[(\mu+\alpha+1-k-is)/2]}{\sqrt{2\pi}\Gamma[(\mu+\alpha+1-k-is)/2]} = F^{-1}(m_{+}), \tag{7.1.17}$$

其中, 假设 $h_{+}(x)\in L_{2}[-\infty,\infty]$, 即对 (7.1.1) 中的 $g(\rho)$ 提出了要求. 由 (7.1.9)~ (7.1.11) 可知 $F^{-1}(h_{+})$, $F^{-1}(m_{+})$ 在 L_{2}^{+}, $F^{-1}(h_{-})$ 在 L_{2}^{-}.

由 (7.1.16) 和 (7.1.17) 消去 $F^{-1}(w)$ 得

$$\frac{F^{-1}(m_{+})2^{-\alpha}\Gamma[(v+1-k+is)/2]\Gamma[(\mu+\alpha+1-k-is)/2]}{\sqrt{2\pi}\Gamma[(v+1-k+is)/2]\Gamma[(\mu+\alpha+1-k-is)/2]}$$
$$= F^{-1}(h_{+})+F^{-1}(h_{-}). \tag{7.1.18}$$

为了分出左端属于 L_{2}^{+}, 而右端属于 L_{2}^{-}, 先来看 Γ 函数的一些性质.

$$\Gamma(z) = \int_{0}^{\infty}e^{-t}t^{z-1}dt = \int_{0}^{1}e^{-t}t^{z-1}dt + \int_{1}^{\infty}e^{-t}t^{z-1}dt, \quad \text{Re}z > 0.$$

上式最右端第 2 个积分代表 z 的整函数, 第 1 个积分可用下式计算

$$\int_{0}^{1}e^{-t}t^{z-1}dt = \sum_{n=0}^{\infty}\frac{(-1)^{n}}{n!}\int_{0}^{1}t^{n+t+1}dt = \sum_{n=0}^{\infty}\frac{(-1)^{n}}{n!(n+z)}.$$

于是

$$\Gamma(z) = \sum_{n=0}^{\infty}\frac{(-1)^{n}}{n!(n+z)} + \int_{1}^{\infty}e^{-t}t^{z-1}dt. \tag{7.1.19}$$

从 (7.1.19) 可看出 $\Gamma(z)$ 是以 $z=0,-1,-2,-3,\cdots$ 为简单极点的亚纯函数, 在点 $z=-n$ 的留数是 $(-1)^{n}/n!$.

对于充分大的 $|z|$, 有关于 $\Gamma(z)$ 的标准渐近公式, 即 Stirling 公式

$$\ln \Gamma(z) = \left(z - \frac{1}{z}\right) \ln z - z + \frac{1}{2} \ln 2\pi + o\left(\frac{1}{z}\right). \tag{7.1.20}$$

由式 (7.1.20) 得逼近公式

$$\frac{\Gamma(a+z)}{\Gamma(b+z)} \approx z^{a-b}. \tag{7.1.21}$$

于是 (7.1.18) 可重写为

$$\frac{F^{-1}(m_+)2^{-\alpha}\Gamma\left[(v+1-k-\mathrm{i}s)/2\right]}{\Gamma\left[(\mu+\alpha+1-k-\mathrm{i}s)/2\right]} = \frac{\Gamma\left[(v+1+k+\mathrm{i}s)/2\right]}{\Gamma\left[(\mu-\alpha+1+k+\mathrm{i}s)/2\right]}F^{-1}(h_+)$$
$$+ \frac{\Gamma\left[(v+1+k+\mathrm{i}s)/2\right]}{\Gamma\left[(\mu-\alpha+1+k+\mathrm{i}s)/2\right]}F^{-1}(h_-). \tag{7.1.22}$$

由 (7.1.19) 知 $F^{-1}(m_+)$ 的系数有简单极点 $s = -\mathrm{i}(2n+v+1-k), n = 0, 1, 2, \cdots$. 考虑 (7.1.8), 显示这些极点都在下半平面. 同时该项有零点 $s = -\mathrm{i}(2n+\mu+\alpha+1-k), n = 0, 1, 2, \cdots$. 同样这些零点也都在下半平面. 这里补充要求

$$v - \mu \leqslant -|\alpha|. \tag{7.1.23}$$

由 (7.1.21) 知当 $|s|$ 较大时, 适当选择常数 K, 使得 $F^{-1}(m_+)$ 的系数满足

$$\left| \frac{\Gamma\left[(v+1-k-\mathrm{i}s)/2\right]}{\Gamma\left[(\mu+\alpha+1-k-\mathrm{i}s)/2\right]} \right| \leqslant K |s|^{(v-\mu-\alpha)/2},$$

即当 v, μ, α 满足 (7.1.23) 时 $F^{-1}(m_+)$ 的系数有界, 在上半平面解析, 故 (7.1.22) 的左端在 L_2^+.

现在观察 (7.1.23) 右端第 2 项, 它在上半平面有极点 $s = \mathrm{i}(2n+v+1+k), n = 0, 1, 2, \cdots$. 同样考虑 (7.1.23) 可得

$$\left| \frac{\Gamma\left[(v+1+k+\mathrm{i}s)/2\right]}{\Gamma\left[(\mu-\alpha+1+k+\mathrm{i}s)/2\right]} \right| \leqslant K |s|^{(v-\mu+\alpha)/2}.$$

由于 $F_-^{-1}(h)$ 在 L_2^- 且其系数对实的 s 有界, 在下半平面解析, 故右端第 2 项在 L_2^-.

将右端第 1 项分解为两项, 一项在 L_2^-, 一项在 L_2^+. 则

$$\frac{F^{-1}(m_+)2^{-\alpha}\Gamma\left[(v+1-k-\mathrm{i}s)/2\right]}{\Gamma\left[(\mu+\alpha+1-k-\mathrm{i}s)/2\right]} - \left[\frac{\Gamma\left[(v+1+k+\mathrm{i}s)/2\right]}{\Gamma\left[(\mu-\alpha+1+k+\mathrm{i}s)/2\right]}F^{-1}(h_+)\right]_+$$
$$= \frac{\Gamma\left[(v+1+k+\mathrm{i}s)/2\right]}{\Gamma\left[(\mu-\alpha+1+k+\mathrm{i}s)/2\right]}F^{-1}(h_-) + \left[\frac{\Gamma\left[(v+1+k+\mathrm{i}s)/2\right]}{\Gamma\left[(\mu-\alpha+1+k+\mathrm{i}s)/2\right]}F^{-1}(h_+)\right]_-. \tag{7.1.24}$$

故现在左端在 L_2^+, 右端在 L_2^-, 则两端都应为零. 于是得

$$
F^{-1}(m_+)
$$
$$
= \frac{2^\alpha \Gamma\left[(\mu+\alpha+1-k-\mathrm{i}s)/2\right]}{\Gamma\left[(v+1-k-\mathrm{i}s)/2\right]} \cdot \left[\frac{\Gamma\left[(v+1+k+\mathrm{i}s)/2\right]}{\Gamma\left[(\mu-\alpha+1+k+\mathrm{i}s)/2\right]}F^{-1}(h_+)\right]_+ .
$$
$$
(7.1.25)
$$

由 (7.1.17) 知

$$
F^{-1}(w)
$$
$$
= \frac{2^{k+\mathrm{i}s}\Gamma\left[(\mu-\alpha+1+k+\mathrm{i}s)/2\right]}{\Gamma\left[(v+1-k-\mathrm{i}s)/2\right]} \cdot \left[\frac{\Gamma\left[(v+1+k+\mathrm{i}s)/2\right]}{\Gamma\left[(\mu-\alpha+1+k+\mathrm{i}s)/2\right]}F^{-1}(h_+)\right]_+ .
$$
$$
(7.1.26)
$$

(7.1.26) 的导出是在下列假设条件下:

$$
\int_{-\infty}^{0} \left| \mathrm{e}^{(1-k)x} g(\mathrm{e}^x) \right|^2 \mathrm{d}x < \infty,
$$
$$
v - \mu \leqslant -|\alpha|,
$$
$$
v + 1 > k > \frac{1}{2}, \quad \alpha + \mu + 1 > k > \alpha + \frac{1}{2}.
$$
$$
(7.1.27)
$$

为了求出 $f(x)$ 按照 $g(\rho)$ 的显式解, 首先计算

$$
F^{-1}(h_+) = \frac{1}{\sqrt{2\pi}} \int_{-\infty}^{0} \mathrm{e}^{(1-k)t} g(\mathrm{e}^t) \mathrm{e}^{-\mathrm{i}st} \mathrm{d}t.
$$

令 $\mathrm{e}^t = V$, 则

$$
F^{-1}(h_+) = \frac{1}{\sqrt{2\pi}} \int_{0}^{1} V^{-\mathrm{i}s-k} g(V) \mathrm{d}V.
$$

于是

$$
\left[\frac{\Gamma\left[(v+1+k+\mathrm{i}s)/2\right]}{\Gamma\left[(\mu-\alpha+1+k+\mathrm{i}s)/2\right]}F^{-1}(h_+)\right]_+
$$
$$
= \frac{1}{\sqrt{2\pi}} \int_{0}^{1} V^{-k} g(V) \left[\frac{\Gamma\left[(v+1+k+\mathrm{i}s)/2\right]}{\Gamma\left[(\mu-\alpha+1+k+\mathrm{i}s)/2\right]}V^{-\mathrm{i}s}\right]_+ \mathrm{d}V, \quad (7.1.28)
$$

再计算

$$
\left[\frac{\Gamma\left[(v+1+k+\mathrm{i}s)/2\right]}{\Gamma\left[(\mu-\alpha+1+k+\mathrm{i}s)/2\right]}V^{-\mathrm{i}s}\right]_+ \equiv [\phi]_+ . \quad (7.1.29)
$$

当 $\phi(x) \in L_2(-\infty,\infty)$ 时,

$$
F(\phi_+) = \begin{cases} F(\phi), & s < 0, \\ 0, & s > 0. \end{cases}
$$

于是

$$\int_{-\infty}^{\infty} \left[\frac{\Gamma\left[(v+1+k+\mathrm{i}\xi)/2\right]}{\Gamma\left[(\mu-\alpha+1+k+\mathrm{i}\xi)/2\right]} V^{-\mathrm{i}\xi} \right]_+ \mathrm{e}^{\mathrm{i}s\xi}\mathrm{d}\xi = 0, \quad s > 0,$$

$$\int_{-\infty}^{\infty} \frac{\Gamma\left[(v+1+k+\mathrm{i}\xi)/2\right]}{\Gamma\left[(\mu-\alpha+1+k+\mathrm{i}\xi)/2\right]} V^{-\mathrm{i}\xi}\mathrm{e}^{\mathrm{i}s\xi}\mathrm{d}\xi = 0, \quad s < 0.$$

为了计算上述积分, 将其写为

$$\int_{-\infty}^{\infty} \frac{\Gamma\left[(v+1+k+\mathrm{i}\xi)/2\right]}{\Gamma\left[(\mu-\alpha+1+k+\mathrm{i}\xi)/2\right]} \mathrm{e}^{\mathrm{i}\xi(s-\ln V)}\mathrm{d}\xi. \tag{7.1.30}$$

当 $s < \ln V$, 通过计算知上积分为零;

当 $\ln V < s < 0$, 则

$$\frac{1}{\sqrt{2\pi}} \int_{-\infty}^{\infty} \frac{\Gamma\left[(v+1+k+\mathrm{i}\xi)/2\right]}{\Gamma\left[(\mu-\alpha+1+k+\mathrm{i}\xi)/2\right]} \mathrm{e}^{\mathrm{i}\xi(s-\ln V)}\mathrm{d}\xi$$

$$= \frac{4\pi}{\sqrt{2\pi}} \sum_{n=0}^{\infty} \frac{(-1)^n (\mathrm{e}^{-2s}V^2)^{n+[(v+1+k)/2]}}{n!\,\Gamma\left[(\mu-\alpha-v)/2-n\right]}$$

$$= \frac{2\sqrt{2\pi}(\mathrm{e}^{-s}V)^{v+1+k}}{\Gamma\left[(\mu-\alpha-v)/2\right]} (1 - \mathrm{e}^{-2s}V^2)^{(\mu-\alpha-v-3)/2}, \quad \ln V < s < 0, \tag{7.1.31}$$

这里用到了二项式定理.

最后, 应用

$$[\phi]_+ = \frac{1}{\sqrt{2\pi}} \int_{-\infty}^{0} F(\phi)\mathrm{e}^{-\mathrm{i}s\xi}\mathrm{d}s,$$

则得

$$\left[\frac{\Gamma\left[(v+1+k+\mathrm{i}\xi)/2\right]}{\Gamma\left[(\mu-\alpha+1+k+\mathrm{i}\xi)/2\right]} V^{-\mathrm{i}\xi} \right]_+$$

$$= \frac{1}{\sqrt{2\pi}} \int_{\ln V}^{0} \frac{2\sqrt{2\pi}(\mathrm{e}^{-s}V)^{v+1+k}}{\Gamma\left[(\mu-\alpha-v)/2\right]} (1 - \mathrm{e}^{-2s}V^2)^{(\mu-\alpha-v-3)/2}\mathrm{e}^{-\mathrm{i}s\xi}\mathrm{d}s.$$

将上式代入, 经过积分交换次序, 令 $V = \mathrm{e}^s\rho$, 最后令 $u = \mathrm{e}^s$, 则

$$\left[\frac{\Gamma\left[(v+1+k+\mathrm{i}s)/2\right]}{\Gamma\left[(\mu-\alpha+1+k+\mathrm{i}s)/2\right]} F^{-1}(h_+) \right]_+$$

$$= \frac{\sqrt{2/\pi}}{\Gamma\left[(\mu-\alpha-v)/2\right]} \int_0^1 u^{-\mathrm{i}s-k}\mathrm{d}u \int_0^1 \rho^{v+1}g(V\rho)(1-\rho^2)^{(\mu-v-\alpha-2)/2}\mathrm{d}\rho. \tag{7.1.32}$$

将 (7.1.32) 代入 (7.1.26), 则同前面

$$F\left[\frac{2^{k+\mathrm{i}s}\Gamma\left[(\mu-\alpha+1+k+\mathrm{i}s)/2\right]u^{-\mathrm{i}s-k}}{\Gamma\left[(v+1-k-\mathrm{i}s)/2\right]}\right]$$

$$=2\sqrt{2\pi}\mathrm{e}^{-kx}\left(\frac{u\mathrm{e}^{-x}}{2}\right)^{(\mu-\alpha-\nu+2)/2}J_{(\mu-\alpha+\nu)/2}(u\mathrm{e}^{-x}).$$

$$(7.1.33)$$

于是由 (7.1.26) 可得

$$w(x)=\frac{2^{(2+\nu+\alpha-\mu)/2}\mathrm{e}^{-x[k+(\mu-\alpha-\nu+2)/2]}}{\Gamma\left[(\mu-\alpha-\nu)/2\right]}\int_0^1 V^{(\mu-\alpha-\nu+2)/2}J_{(\mu-\alpha+\nu)/2}(V\mathrm{e}^{-x})\mathrm{d}V$$

$$\cdot\int_0^1\rho^{1+\nu}g(V\rho)(1-\rho^2)^{(\mu-\nu-\alpha-2)/2}\mathrm{d}\rho.$$

$$(7.1.34)$$

最后, 由 (7.1.14) 可得

$$f(x)=\frac{2^{(2+\nu+\alpha-\mu)/2}x^{(\mu-\alpha-\nu+2)/2}}{\Gamma\left[(\mu-\alpha-\nu)/2\right]}\int_0^1 V^{(\mu-\alpha-\nu+2)/2}J_{(\mu-\alpha+\nu)/2}(Vx)\mathrm{d}V$$

$$\cdot\int_0^1\rho^{1+\nu}g(V\rho)(1-\rho^2)^{(\mu-\nu-\alpha+2)/2}\mathrm{d}\rho,$$

$$(7.1.35)$$

即 (7.1.35) 给出了方程 (7.1.1) 和 (7.1.2) 在条件 (7.1.23) 下解的表达式.

方程 (7.1.1) 和 (7.1.2) 也许在 μ, ν 和 α 不满足条件 (7.1.23) 而满足其他条件时仍然有解, 但对 $g(\rho)$ 的条件要求更严格. 例如, 当 $\mu=\nu=0, \alpha=1$ 时, 方程 (7.1.1) 和 (7.1.2) 成为

$$\int_0^\infty f(u)J_0(\rho u)\mathrm{d}u=g(\rho), \quad 0<\rho<1, \tag{7.1.36}$$

$$\int_0^\infty uf(u)J_0(\rho u)\mathrm{d}u=g(\rho), \quad 1<\rho<\infty. \tag{7.1.37}$$

此时 (7.1.12) 和 (7.1.13) 变为

$$\int_{-\infty}^\infty w(y)J_0(\mathrm{e}^{x-y})\mathrm{e}^{(1-k)(x-y)}\mathrm{d}y=h_+(x)+h_-(x), \quad -\infty<x<\infty, \tag{7.1.38}$$

$$\int_{-\infty}^\infty \mathrm{e}^{(x-y)}w(y)J_0(\mathrm{e}^{x-y})\mathrm{e}^{(1-k)(x-y)}\mathrm{d}y=m_+(x), \quad -\infty<x<\infty, \tag{7.1.39}$$

$$w(y)=\mathrm{e}^{-ky}f(\mathrm{e}^{-y}). \tag{7.1.40}$$

$h_+(x), h_-(x)$ 以及 $m_+(x)$ 的定义见 (7.1.9), (7.1.10) 和 (7.1.11).

注意到 (7.1.8), 可以在 (7.1.38) 两边作用 F^{-1} 算子, 但在 (7.1.39) 两端不能, 这是因为不能选取 k 使得 (7.1.8) 中的两个不等式都满足, 因此将 (7.1.39) 重写为

$$\int_{-\infty}^{\infty} \mathrm{e}^{-y} w(y) J_0(\mathrm{e}^{x-y}) \mathrm{e}^{(1-k)(x-y)} \mathrm{d}y = \mathrm{e}^{-s} m_+(x), \quad -\infty < x < \infty. \tag{7.1.41}$$

上式作用 F^{-1} 并考虑到 (7.1.15) 得

$$\frac{1}{\sqrt{2\pi}} \int_{-\infty}^{\infty} w(y) \mathrm{e}^{-\mathrm{i}y(s-\mathrm{i})} \mathrm{d}y \frac{2^{-k-\mathrm{i}s} \Gamma[(1-k-\mathrm{i}s)/2]}{\Gamma[(1+k+\mathrm{i}s)/2]} = \frac{1}{\sqrt{2\pi}} \int_{-\infty}^{0} m_+(x) \mathrm{e}^{-\mathrm{i}x(s-\mathrm{i})} \mathrm{d}x. \tag{7.1.42}$$

这里假设 $\mathrm{e}^{-y} w(y)$ 和 $\mathrm{e}^{-x} m_+(x)$ 在 $L_2(-\infty, \infty)$. 为了方便引进下述记号:

$$F_s^{-1}(w) = \frac{1}{\sqrt{2\pi}} \int_{-\infty}^{\infty} w(y) \mathrm{e}^{-\mathrm{i}sy} \mathrm{d}y,$$

则 (7.1.42) 重写为

$$F_{s-\mathrm{i}}^{-1}(w) \frac{2^{-k-\mathrm{i}s} \Gamma[(1-k-\mathrm{i}s)/2]}{\Gamma[(1+k+\mathrm{i}s)/2]} = F_{s-\mathrm{i}}^{-1}(m_+), \tag{7.1.43}$$

在 (7.1.38) 两端作用 F^{-1} 得

$$F_s^{-1}(w) \frac{2^{-k-\mathrm{i}s} \Gamma[(1-k-\mathrm{i}s)/2]}{\Gamma[(1+k+\mathrm{i}s)/2]} = F^{-1}(h_+) + F^{-1}(h_-). \tag{7.1.44}$$

在 (7.1.43) 中将 s 代换为 $s+\mathrm{i}$, 则

$$F_s^{-1}(w) \frac{2^{1-k-\mathrm{i}s} \Gamma[(2-k-\mathrm{i}s)/2]}{\Gamma[(k+\mathrm{i}s)/2]} = F_s^{-1}(m_+). \tag{7.1.45}$$

现在可以从 (7.1.44) 和 (7.1.45) 消去 $F_s^{-1}(w)$ 得

$$F_s^{-1}(m_+) \frac{\Gamma[(1-k-\mathrm{i}s)/2]\Gamma[(k+\mathrm{i}s)/2]}{2\Gamma[(1+k+\mathrm{i}s)/2]\Gamma[(2-k-\mathrm{i}s)/2]} = F^{-1}(h_+) + F^{-1}(h_-). \tag{7.1.46}$$

方程 (7.1.46) 与 (7.1.18) 当 $\mu = \nu = 0, \alpha = 1$ 时的情况完全一致. 然而 (7.1.18) 是在不同的假定下导出的. 与 (7.1.22) 类似, 写

$$\frac{F_s^{-1}(m_+)\Gamma[(1-k-\mathrm{i}s)/2]}{2\Gamma[(2-k-\mathrm{i}s)/2]}$$
$$= \frac{\Gamma[(1+k+\mathrm{i}s)/2]}{\Gamma[(k+\mathrm{i}s)/2]} F^{-1}(h_+) + \frac{\Gamma[(1+k+\mathrm{i}s)/2]}{\Gamma[(k+\mathrm{i}s)/2]} F^{-1}(h_-). \tag{7.1.47}$$

下面将 (7.1.47) 两端重新分组, 使得一边在 L_2^+, 一边在 L_2^-. $F_s^{-1}(m_+)$ 在下半平面有极点, 在上半平面解析. 根据 (7.1.21) 也有

$$\left| \frac{\Gamma[(1-k-\mathrm{i}s)/2]}{\Gamma[(2-k-\mathrm{i}s)/2]} \right| \leqslant K |s|^{-1/2}.$$

于是 (7.1.47) 的左端在 L_2^-, 而 $F^{-1}(h_-)$ 的系数在下平面解析且在 x 轴上满足不等式

$$\left| \frac{\Gamma[(1+k+\mathrm{i}s)/2]}{\Gamma[(k+\mathrm{i}s)/2]} \right| \leqslant K \, |s|^{1/2},$$

而右端第 2 项仅当 $|s|$ 很大时 $F^{-1}(h_-)$ 充分快地趋于零, 使得

$$\left| \frac{\Gamma[(1+k+\mathrm{i}s)/2]}{\Gamma[(k+\mathrm{i}s)/2]} \right| F^{-1}(h_-) \in L_2(-\infty, \infty)$$

时才在 L_2^-.

函数 $F^{-1}(h_-)$ 是未知的, 是否满足这些条件依赖于非齐次项 $F^{-1}(h_+)$, 进而依赖于 (7.1.36) 中非齐次项 $g(\rho)$.

如果假定 $F^{-1}(h_+)$ 对于很大的 s 充分小, 使得 (7.1.47) 右端第 1 项在 $L_2(-\infty, \infty)$, 则有

$$F_s^{-1}(m_+) = \frac{2\Gamma[(2-k-\mathrm{i}s)/2]}{\Gamma[(1-k-\mathrm{i}s)/2]} \left[\frac{\Gamma[(1+k+\mathrm{i}s)/2]}{\Gamma[(k+\mathrm{i}s)/2]} F^{-1}(h_+) \right]_+. \tag{7.1.48}$$

上式与 (7.1.25) 一致, 但对 $F^{-1}(h_+)$ 附加了假设. 最后由 (7.1.45) 得

$$F_s^{-1}(w) = \frac{2^{k+\mathrm{i}s}\Gamma[(k+\mathrm{i}s)/2]}{\Gamma[(1-k-\mathrm{i}s)/2]} \left[\frac{\Gamma[(1+k+\mathrm{i}s)/2]}{\Gamma[(k+\mathrm{i}s)/2]} F^{-1}(h_+) \right]_+. \tag{7.1.49}$$

为了更方便处理 (7.1.49), 假定

$$g(\mathrm{e}^x) = \begin{cases} -2 \displaystyle\int_x^0 \mathrm{e}^{-(1-k)u} p(\mathrm{e}^u)\mathrm{d}u, & x < 0, \\ 0, & x > 0, \end{cases} \tag{7.1.50}$$

如此选择的优点将在后面的步骤显示出来.

$$h_+(x) = \begin{cases} \mathrm{e}^{(1-k)x} g(\mathrm{e}^x) = -2 \displaystyle\int_x^0 \mathrm{e}^{(1-k)(x-u)} p(\mathrm{e}^u)\mathrm{d}u, & x < 0, \\ 0, & x > 0, \end{cases} \tag{7.1.51}$$

$$F^{-1}(h_+) = \frac{2}{-1+k+\mathrm{i}s} F^{-1}(p). \tag{7.1.52}$$

利用 Γ 函数的性质 $\Gamma(1+z) = z\Gamma(z)$, 得到

$$\begin{aligned} \frac{\Gamma[(1+k+\mathrm{i}s)/2]}{\Gamma[(k+\mathrm{i}s)/2]} F^{-1}(h_+) &= \frac{2/(-1+k+\mathrm{i}s)\Gamma[(1+k+\mathrm{i}s)/2]}{\Gamma[(k+\mathrm{i}s)/2]} F^{-1}(p) \\ &= \frac{\Gamma[(-1+k+\mathrm{i}s)/2]}{\Gamma[(k+\mathrm{i}s)/2]} F^{-1}(p). \end{aligned}$$

$$\tag{7.1.53}$$

完全类似 (7.1.22) 的推导过程得

$$\left[\frac{\Gamma[(-1+k+\mathrm{i}s)/2]}{\Gamma[(k+\mathrm{i}s)/2]}F^{-1}(p)\right]_{+}$$
$$=\frac{\sqrt{2}}{\pi}\int_{0}^{1}u^{-\mathrm{i}s-k}\mathrm{d}u\int_{0}^{u}p(V)V^{k-2}\left[\left(1-\frac{V^{2}}{u^{2}}\right)^{-1/2}-1\right]\mathrm{d}V, \qquad (7.1.54)$$

最后可确定 $w(x)$ 为

$$w(x)=\frac{2}{\pi}\int_{0}^{1}(u\mathrm{e}^{-x})^{k}u^{-1}\cos(u\mathrm{e}^{-x})\mathrm{d}u\int_{0}^{1}p(\rho u)\rho^{k-2}[(1-\rho^{2})^{1/2}-1]\mathrm{d}\rho, \qquad (7.1.55)$$

则

$$f(x)=\frac{2}{\pi}\int_{0}^{1}u^{k-1}\cos(ux)\mathrm{d}u\int_{0}^{1}p(\rho u)\rho^{k-2}[(1-\rho^{2})^{-1/2}-1]\mathrm{d}\rho. \qquad (7.1.56)$$

注意到 (7.1.40),

$$g'(x)=2x^{k-2}p(x), \qquad (7.1.57)$$

故解 (7.1.56) 可以写为

$$f(x)=\frac{1}{\pi}\int_{0}^{1}u\cos(ux)\mathrm{d}u\int_{0}^{1}g'(\rho u)\rho^{k-2}[(1-\rho^{2})^{-1/2}-1]\mathrm{d}\rho. \qquad (7.1.58)$$

例 7.1.1 在许多物理问题, 如在弹性理论和势论中, 遇到下列对偶积分方程:

$$\int_{0}^{\infty}f(u)J_{0}(\rho u)\mathrm{d}u=1, \quad 0<\rho<1, \qquad (7.1.59)$$

$$\int_{0}^{\infty}uf(u)J_{0}(\rho u)\mathrm{d}u=1, \quad 1<\rho<\infty. \qquad (7.1.60)$$

解 该方程是当 $g(\rho)=1$ 时方程 (7.1.36) 和 (7.1.37) 的特殊情况, 此时由 (7.1.19) 知

$$h_{+}(x)=\left\{\begin{array}{ll}\mathrm{e}^{(1-k)x}, & x<0, \\ 0, & x>0.\end{array}\right.$$

故

$$F^{-1}(h_{+})=\frac{1}{\sqrt{2\pi}}\int_{-\infty}^{0}\mathrm{e}^{(1-k)x-\mathrm{i}sx}\mathrm{d}x=\frac{1}{\sqrt{2\pi}(1-k-\mathrm{i}s)}.$$

方程 (7.1.49) 现在具有形式

$$F^{-1}(w)=\frac{2^{k+\mathrm{i}s}\Gamma[(k+\mathrm{i}s)/2]}{\Gamma[(1-k-\mathrm{i}s)/2]}\left[\frac{\Gamma[(1+k+\mathrm{i}s)/2]}{\sqrt{2\pi}\Gamma[(k+\mathrm{i}s)/2](1-k-\mathrm{i}s)}\right]_{+}. \qquad (7.1.61)$$

当 $|s|$ 较大时括号内函数与 $|s|^{-1/2}$ 同阶, 故不在 $L_2(-\infty, \infty)$. 于是从其物理意义出发, 考虑其极限情况. 考虑 $\varepsilon \to 0$ 时,

$$\left[\frac{\Gamma[(1+k+\mathrm{i}s)/2]}{\sqrt{2\pi}\Gamma[(k+\mathrm{i}s)/2](1-k-\mathrm{i}s)(1-\mathrm{i}\varepsilon s)} \right]_+.$$

与前面的过程类似, 有

$$\frac{1}{\sqrt{2\pi}(1-k-\mathrm{i}s)(1-\varepsilon+\varepsilon k)} - \frac{\Gamma\{[1+k+(1/\varepsilon)]/2\}\varepsilon}{\sqrt{2\pi}\Gamma\{[k+(1/\varepsilon)/2]\}[1-k-(1/\varepsilon)](1-\varepsilon+\varepsilon k)}.$$

令 $\varepsilon \to 0$, 上式变为

$$\frac{1}{\sqrt{2\pi}(1-k-\mathrm{i}s)}.$$

于是

$$F^{-1}(w) = \frac{2^{k+\mathrm{i}s}\Gamma[(k+\mathrm{i}s)/2]}{\sqrt{2\pi}\Gamma[(1-k-\mathrm{i}s)/2](1-k-\mathrm{i}s)},$$

然后可用留数方法确定 $w(x)$, 进而得到

$$f(x) = \frac{2}{\pi}\frac{\sin x}{x}. \tag{7.1.62}$$

7.2 对偶积分方程的积分变换解法

本节利用 Hankel 变换、Mellin 变换和 Meler-Fock 积分变换等来给出一些重要类型的对偶积分方程的解.

首先利用 Hankel 变换法求解, 事实上已在例 6.4.2 中利用 Hankel 变换法求解了一组对偶积分方程. 利用 Hankel 变换求解对偶积分方程, 需要注意关于零阶 Bessel 函数 $J_0(\rho r)$ 的公式

$$\begin{cases} \displaystyle\int_0^\infty \frac{\sin r}{r} J_0(\rho r)\mathrm{d}r = \frac{\pi}{2}, & 0 \leqslant \rho < 1, \\ \displaystyle\int_0^\infty \sin r J_0(\rho r)\mathrm{d}r = 0, & 0 < \rho < \infty. \end{cases} \tag{7.2.1}$$

(1) 求解对偶积分方程

$$\begin{cases} \displaystyle\int_0^\infty J_0(\rho r)\phi(r)\mathrm{d}r = f(\rho), & 0 < \rho < a, \\ \displaystyle\int_0^\infty r J_0(\rho r)\phi(r)\mathrm{d}r = 0, & a < \rho < \infty. \end{cases} \tag{7.2.2}$$

类似于例 6.4.2, 利用 Hankel 变换得其解为

$$\phi(r) = \frac{2}{\pi} \int_0^a \cos(r\rho) \left[\frac{\mathrm{d}}{\mathrm{d}\rho} \int_0^\rho \frac{s f(s)\mathrm{d}s}{\sqrt{\rho^2 - s^2}} \right] \mathrm{d}\rho. \tag{7.2.3}$$

同样地, 可利用 Hankel 变换方法得到下列对偶积分方程的解:

(2) 对偶积分方程

$$\begin{aligned} \int_0^\infty r J_0(\rho r)\phi(r)\mathrm{d}r &= f(\rho), \quad 0 < \rho < a, \\ \int_0^\infty J_0(\rho r)\phi(r)\mathrm{d}r &= 0, \quad a < \rho < \infty \end{aligned} \tag{7.2.4}$$

的精确解为

$$\phi(r) = \frac{2}{\pi} \int_0^a \sin(r\rho) \left[\frac{\mathrm{d}}{\mathrm{d}\rho} \int_0^\rho \frac{s f(s)\mathrm{d}s}{\sqrt{\rho^2 - s^2}} \right] \mathrm{d}\rho. \tag{7.2.5}$$

(3) 对偶积分方程

$$\begin{aligned} \int_0^\infty r J_\mu(\rho r)\phi(r)\mathrm{d}r &= f(\rho), \quad 0 < \rho < a, \\ \int_0^\infty J_\mu(\rho r)\phi(r)\mathrm{d}r &= 0, \quad a < \rho < \infty. \end{aligned} \tag{7.2.6}$$

的精确解为

$$\phi(r) = \sqrt{\frac{2x}{\pi}} \int_0^a \rho^{3/2} J_{\mu+1/2}(r\rho) \left[\int_0^{\pi/2} \sin^{\mu+1}\theta f(\rho \sin\theta)\mathrm{d}\theta \right] \mathrm{d}\rho, \tag{7.2.7}$$

其中, $J_\mu(\rho r)$ 是 μ 阶 Bessel 函数.

利用 Mellin 变换可求解如下的对偶积分方程:

(4) 对偶积分方程

$$\begin{aligned} \int_0^\infty r^{2\beta} J_\mu(\rho r)\phi(r)\mathrm{d}r &= f(\rho), \quad 0 < \rho < 1, \\ \int_0^\infty J_\mu(\rho r)\phi(r)\mathrm{d}r &= 0, \quad 1 < \rho < \infty. \end{aligned} \tag{7.2.8}$$

作用 Mellin 变换后可得其精确解. 当 $\beta > 0$ 时, 其解为

$$\phi(r) = \frac{2x^{1-\beta}}{\Gamma(\beta)} \int_0^1 \rho^{1+\beta} J_{\mu+\beta}(r\rho) \left[\int_0^1 f(\rho\varsigma)\varsigma^{\mu+1}(1-\varsigma^2)^{\beta-1}\mathrm{d}\varsigma \right] \mathrm{d}\rho. \tag{7.2.9}$$

当 $\beta > -1$ 时, 其解为

$$\phi(r) = \frac{2x^{-\beta}}{\Gamma(1+\beta)}\left[x^{1+\beta}J_{\mu+\beta}(x)\int_0^1 \rho^{\mu+1}(1-\rho^2)^\beta f(\rho)\mathrm{d}\rho\right.$$
$$\left. + \int_0^1 \rho^{\mu+1}(1-\rho^2)^\beta \Phi(r,\rho)\mathrm{d}\rho\right], \tag{7.2.10}$$
$$\Phi(r,\rho) = \int_0^1 (r\xi)^{2+\beta}J_{\mu+\beta+1}(r\xi)f(\xi\rho)\mathrm{d}\xi.$$

方程 (7.2.8) 的解 (7.2.10) 是在 $\beta > -1$ 且 $-\mu - \dfrac{1}{2} < \beta < \mu + \dfrac{3}{2}$ 条件下成立的, 当 $\beta > 0$ 时解 (7.2.10) 与解 (7.2.9) 一致.

下面利用 Meler-Fock 积分变换求解对偶积分方程:

(5) 对偶积分方程

$$\int_0^\infty rP_{-1/2+\mathrm{i}r}(\cosh\rho)\phi(r)\mathrm{d}r = f(\rho), \quad 0 < \rho < a,$$
$$\int_0^\infty \tanh(\pi r)P_{-1/2+\mathrm{i}r}(\cosh\rho)\phi(r)\mathrm{d}r = 0, \quad a < \rho < \infty \tag{7.2.11}$$

可利用 Meler-Fock 积分变换得其精确解

$$\phi(r) = \frac{\sqrt{2}}{\pi}\int_0^a \sin(r\rho)\left[\int_0^\rho \frac{f(s)\sinh s}{\sqrt{\cosh\rho - \cos s}}\mathrm{d}s\right]\mathrm{d}\rho, \tag{7.2.12}$$

其中, $P_\mu(\rho)$ 是第一类 Legendre 球面函数, $\mathrm{i} = \sqrt{-1}$.

例 7.2.1　求解对偶积分方程

$$\int_0^\infty \cos\rho r\phi(r)\mathrm{d}r = g(\rho), \quad 0 \leqslant \rho \leqslant 1,$$
$$\int_0^\infty \frac{\cos\rho r}{r}\phi(r)\mathrm{d}r = 0, \quad 1 < \rho < \infty. \tag{7.2.13}$$

解　令

$$\int_0^\infty \frac{\cos\rho r}{r}\phi(r)\mathrm{d}r = \int_\rho^1 \frac{\psi(s)\,\mathrm{d}s}{\sqrt{s^2 - \rho^2}}, \quad 0 \leqslant \rho \leqslant 1,$$

其中, $\psi(s)$ 是一个新的未知待定函数.

由 Fourier 余弦逆变换以及等式

$$\int_0^r \frac{\cos\rho u}{\sqrt{r^2 - u^2}}\mathrm{d}u = \frac{\pi}{2}J_0(\rho r),$$

根据方程 (7.2.13) 可得

$$\phi(r) = r\int_0^1 J_0(r)\psi(s)\,\mathrm{d}s. \tag{7.2.14}$$

将 (7.2.14) 代入 (7.2.13), 考虑到等式

$$\int_0^\infty \cos\rho u J_0(ur)\mathrm{d}u = \begin{cases} \dfrac{1}{\sqrt{r^2-\rho^2}}, & \rho < r, \\[2mm] 0, & \rho > r, \end{cases}$$

可推导出

$$\psi(s) = \frac{2s}{\pi}\int_0^s \frac{g(u)\,\mathrm{d}u}{\sqrt{s^2-u^2}}, \quad 0 < s < 1. \tag{7.2.15}$$

结合 (7.2.14) 和 (7.2.15) 便可给出对偶积分方程 (7.2.13) 的解

$$\psi(s) = \frac{2r}{\pi}\int_0^1 s J_0(sr)\left\{\int_0^s \frac{g(u)\,\mathrm{d}u}{\sqrt{s^2-u^2}}\right\}\mathrm{d}s.$$

例 7.2.2   求解对偶积分方程

$$\begin{aligned} \int_0^\infty \frac{\sin\rho r}{r}\phi(r)\,\mathrm{d}r &= g(\rho), & 0 \leqslant \rho \leqslant 1, \\ \int_0^\infty \sin\rho r\phi(r)\,\mathrm{d}r &= 0, & 1 < \rho < \infty. \end{aligned} \tag{7.2.16}$$

解   令

$$\int_0^\infty \sin\rho r\phi(r)\,\mathrm{d}r = \frac{\mathrm{d}}{\mathrm{d}\rho}\int_\rho^1 \frac{\psi(s)\,\mathrm{d}s}{\sqrt{s^2-\rho^2}}, \quad 0 \leqslant \rho \leqslant 1,$$

其中, $\psi(s)$ 是一个新的可微的未知待定函数.

由 Fourier 正弦逆变换以及等式

$$\int_0^r \frac{\cos\rho u}{\sqrt{r^2-u^2}}\mathrm{d}u = \frac{\pi}{2}J_0(\rho r), \tag{7.2.17}$$

由方程 (7.2.16) 得

$$\phi(r) = -r\int_0^1 J_0(sr)\psi(s)\,\mathrm{d}s. \tag{7.2.18}$$

将等式 (7.2.18) 代入方程 (7.2.16), 再考虑等式

$$\int_0^\infty \sin\rho u J_0(ur)\mathrm{d}u = \begin{cases} 0, & \rho < r, \\[2mm] \dfrac{1}{\sqrt{\rho^2-r^2}}, & \rho > r. \end{cases}$$

可推导出未知待定函数

$$\psi(s) = -\frac{2}{\pi}\frac{\mathrm{d}}{\mathrm{d}s}\int_0^s \frac{ug(u)}{\sqrt{s^2-u^2}}\mathrm{d}u = -\frac{2s}{\pi}\int_0^s \frac{g'(u)\,\mathrm{d}u}{\sqrt{s^2-u^2}}, \quad 0 < s < 1, \tag{7.2.19}$$

这里用到了 $g(0) = 0$. 因此由 (7.2.18) 和 (7.2.19) 得原方程解

$$\psi(s) = \frac{2r}{\pi} \int_0^1 s J_0(sr) \left\{ \int_0^s \frac{g'(u)\,\mathrm{d}u}{\sqrt{s^2 - u^2}} \right\} \mathrm{d}s.$$

例 7.2.3 求解对偶积分方程

$$\int_0^\infty J_1(\rho r) \phi(r) \mathrm{d}r = \omega \rho, \quad 0 \leqslant \rho \leqslant a,$$
$$\int_0^\infty r^2 J_1(\rho r) \phi(r) \mathrm{d}r = 0, \quad \rho > a. \tag{7.2.20}$$

解 方程 (7.2.20) 第 2 个方程等价于常微分方程

$$\rho^2 \frac{\mathrm{d}^2 u}{\mathrm{d}\rho^2} + \rho \frac{\mathrm{d}u}{\mathrm{d}\rho} - u(\rho) = 0, \quad \rho > a, \tag{7.2.21}$$

其中, $u(\rho) = \int_0^\infty J_1(\rho r) \phi(r)\,\mathrm{d}r$.

而方程 (7.2.21) 的解是

$$u(\rho) = \frac{A_0}{\rho}, \quad \rho > a.$$

于是

$$\int_0^\infty J_1(\rho r) \phi(r)\,\mathrm{d}r = \frac{A_0}{\rho}, \quad \rho > a.$$

由于 $u(\rho)$ 在 $\rho = a$ 连续, 于是 $A_0 = \omega a^2$. 由 Hankel 逆变换, 从方程 (7.2.20) 得

$$\phi(r) = \omega a^2 \left[J_0(ar) + J_2(ar) \right].$$

7.3 对偶积分方程转化为 Fredholm 积分方程

求解第一类对偶积分方程的一个很有效的方法就是将其转化为通常的第二类 Fredholm 积分方程, 然后求解后者, 这也是求解第一类对偶积分方程的常用解法.

(1) 求解对偶积分方程

$$\begin{cases} \displaystyle\int_0^\infty g(r) J_0(\rho r) \phi(r) \mathrm{d}r = f(\rho), & 0 < \rho < a, \\ \displaystyle\int_0^\infty r J_0(\rho r) \phi(r) \mathrm{d}r = 0, & a < \rho < \infty, \end{cases} \tag{7.3.1}$$

其中, $g(\rho)$ 是已知函数.

引入新的未知函数 $\psi(r)$, 通过积分变换

$$\phi(r) = \int_0^a \psi(\rho)\cos(r\rho)\mathrm{d}\rho, \tag{7.3.2}$$

将原方程 (7.3.1) 转化为关于新未知函数 $\psi(r)$ 的第二类 Fredholm 积分方程

$$\psi(\rho) - \frac{1}{\pi}\int_0^a K(\rho, r)\psi(r)\mathrm{d}r = h(\rho), \quad 0 < \rho < a, \tag{7.3.3}$$

其中, 核

$$K(\rho, r) = 2\int_0^\infty [1 - g(s)]\cos(\rho s)\cos(rs)\mathrm{d}s,$$

自由项为

$$h(\rho) = \frac{2}{\pi}\frac{\mathrm{d}}{\mathrm{d}\rho}\int_0^x \frac{rf(r)}{\sqrt{\rho^2 - r^2}}\mathrm{d}r.$$

显然方程 (7.3.3) 是第 3 章详细研究过的对称核的第二类 Fredholm 积分方程. 一旦求出方程 (7.3.3) 的解 $\psi(r)$, 代入 (7.3.2) 便可求出方程 (7.3.1) 的解 $\phi(r)$.

(2) 求解对偶积分方程

$$\begin{cases} \displaystyle\int_0^\infty rg(r)J_0(\rho r)\phi(r)\mathrm{d}r = f(\rho), & 0 < \rho < a, \\ \displaystyle\int_0^\infty J_0(\rho r)\phi(r)\mathrm{d}r = 0, & a < \rho < \infty, \end{cases} \tag{7.3.4}$$

其中, $g(\rho)$ 是已知函数.

引入新的未知函数 $\psi(r)$, 通过积分变换

$$\phi(r) = \int_0^a \psi(\rho)\sin(r\rho)\mathrm{d}\rho, \tag{7.3.5}$$

将原方程 (7.3.4) 转化为关于新未知函数 $\psi(r)$ 的第二类 Fredholm 积分方程 (7.3.3), 其核为

$$K(\rho, r) = 2\int_0^\infty [1 - g(s)]\sin(\rho s)\sin(rs)\mathrm{d}s,$$

自由项为

$$h(\rho) = \frac{2}{\pi}\frac{\mathrm{d}}{\mathrm{d}\rho}\int_0^x \frac{rf(r)}{\sqrt{\rho^2 - r^2}}\mathrm{d}r.$$

显然核也是对称核. 一旦求出方程 (7.3.3) 的解 $\psi(r)$, 代入 (7.3.5) 便可求出方程 (7.3.4) 的解 $\phi(r)$.

(3) 求解对偶积分方程

$$\int_0^\infty g(r)J_\mu(\rho r)\phi(r)\mathrm{d}r = f(\rho), \quad 0 < \rho < a,$$
$$\int_0^\infty rJ_\mu(\rho r)\phi(r)\mathrm{d}r = 0, \qquad a < \rho < \infty. \tag{7.3.6}$$

引入新的未知函数 $\psi(r)$, 通过积分变换

$$\phi(r) = \sqrt{\frac{\pi r}{2}} \int_0^a \sqrt{\rho} J_{\mu-1/2}(r\rho)\psi(\rho)\mathrm{d}\rho, \tag{7.3.7}$$

将原方程 (7.3.6) 转化为关于新未知函数 $\psi(r)$ 的第二类 Fredholm 积分方程 (7.3.3), 其核为

$$K(\rho, r) = \pi\sqrt{\rho r} \int_0^\infty [1 - g(s)]sJ_{\mu-1/2}(\rho s)J_{\mu-1/2}(rs)\mathrm{d}s,$$

自由项为

$$h(\rho) = \frac{2}{\pi}\{f(0)\} + \int_0^{\pi/2} [\mu(\sin\theta)^{\mu-1}f(\rho\sin\theta) + \rho(\sin\theta)^\mu f'(\rho\sin\theta)]\mathrm{d}\theta.$$

显然核也是对称核. 一旦求出方程 (7.3.3) 的解 $\psi(r)$, 代入 (7.3.7) 便可求出方程 (7.3.6) 的解 $\phi(r)$.

(4) 求解对偶积分方程

$$\begin{cases} \int_0^\infty rg(r)J_\mu(\rho r)\phi(r)\mathrm{d}r = f(\rho), & 0 < \rho < a, \\ \int_0^\infty J_\mu(\rho r)\phi(r)\mathrm{d}r = 0, & a < \rho < \infty. \end{cases} \tag{7.3.8}$$

引入新的未知函数 $\psi(r)$, 通过积分变换

$$\phi(r) = \sqrt{\frac{\pi r}{2}} \int_0^a \sqrt{\rho} J_{\mu+1/2}(r\rho)\psi(\rho)\mathrm{d}\rho, \tag{7.3.9}$$

将原方程 (7.3.8) 转化为关于新未知函数 $\psi(r)$ 的第二类 Fredholm 积分方程 (7.3.3), 其核为

$$K(\rho, r) = \pi\sqrt{\rho r} \int_0^\infty [1 - g(s)]sJ_{\mu+1/2}(\rho s)J_{\mu+1/2}(rs)\mathrm{d}s,$$

自由项为

$$h(\rho) = \frac{2\rho}{\pi} \int_0^{\pi/2} f(\rho\sin\theta)(\sin\theta)^{\mu+1}\mathrm{d}\theta.$$

显然核也是对称核. 一旦求出方程 (7.3.3) 的解 $\psi(r)$, 代入 (7.3.9) 便可求出方程 (7.3.8) 的解 $\phi(r)$.

(5) 求解对偶积分方程

$$\begin{cases} \displaystyle\int_0^\infty g(r)J_\mu(\rho r)\phi(r)\mathrm{d}r = f(\rho), & 0 < \rho < a, \\ \displaystyle\int_0^\infty J_\mu(\rho r)\phi(r)\mathrm{d}r = 0, & a < \rho < \infty. \end{cases} \tag{7.3.10}$$

引入新的未知函数 $\psi(r)$, 通过积分变换

$$\phi(r) = r\sqrt{\frac{\pi r}{2}}\int_0^a \sqrt{\rho}J_{\mu-1/2}(r\rho)\psi(\rho)\mathrm{d}\rho, \tag{7.3.11}$$

将原方程 (7.3.10) 转化为关于新未知函数 $\psi(r)$ 的第二类 Fredholm 积分方程 (7.3.3), 其核为

$$K(\rho, r) = \rho^\mu\sqrt{2\pi r}\int_x^a \frac{p^{1-\mu}}{\sqrt{p^2 - \rho^2}}\int_0^\infty [1 - g(s)]s^{3/2}J_\mu(ps)J_{\mu-1/2}(rs)\mathrm{d}s\mathrm{d}p,$$

自由项为

$$h(\rho) = \frac{2}{\pi}\rho^\mu\int_x^a \frac{p^{1-\mu}}{\sqrt{p^2 - \rho^2}}\mathrm{d}p.$$

一旦求出方程 (7.3.3) 的解 $\psi(r)$, 代入 (7.3.11) 便可求出方程 (7.3.10) 的解 $\phi(r)$.

(6) 对偶积分方程

$$\begin{cases} \displaystyle\int_0^\infty r^{2\beta}g(r)J_\mu(\rho r)\phi(r)\mathrm{d}r = f(\rho), & 0 < \rho < a, \\ \displaystyle\int_0^\infty J_\mu(\rho r)\phi(r)\mathrm{d}r = 0, & a < \rho < \infty, \end{cases} \tag{7.3.12}$$

其中, $0 < \beta < 1$.

引入新的未知函数 $\psi(r)$, 通过积分变换

$$\phi(r) = \sqrt{\frac{\pi}{2}}r^{1-\beta}\int_0^a \sqrt{\rho}J_{\mu+\beta}(r\rho)\psi(\rho)\mathrm{d}\rho, \tag{7.3.13}$$

将原方程 (7.3.12) 转化为关于新未知函数 $\psi(r)$ 的第二类 Fredholm 积分方程 (7.3.3), 其核为

$$K(\rho, r) = \pi\sqrt{\rho r}\int_0^\infty [1 - g(s)]sJ_{\mu+\beta}(\rho s)J_{\mu+\beta}(rs)\mathrm{d}s,$$

自由项为

$$h(\rho) = \frac{2^{1-\beta}}{\Gamma(\beta)}\sqrt{\frac{2x}{\pi}}x^\beta\int_0^{\pi/2} f(\rho\sin\theta)(\sin\theta)^{\mu+1}(\cos\theta)^{2\beta-1}\mathrm{d}\theta.$$

显然核也是对称核. 一旦求出方程 (7.3.3) 的解 $\psi(r)$, 代入 (7.3.13) 便可求出方程 (7.3.12) 的解 $\phi(r)$.

(7) 对偶积分方程

$$\begin{cases} \displaystyle\int_0^\infty g(r)P_{-1/2+\mathrm{i}r}(\cosh\rho)\phi(r)\mathrm{d}r = f(\rho), & 0 < \rho < a, \\ \displaystyle\int_0^\infty r\tanh(\pi r)P_{-1/2+\mathrm{i}r}(\cosh\rho)\phi(r)\mathrm{d}r = 0, & a < \rho < \infty, \end{cases} \tag{7.3.14}$$

其中 $P_\mu(\rho)$ 是第一类 Legendre 球面函数, $\mathrm{i} = \sqrt{-1}$.

引入新的未知函数 $\psi(r)$, 通过积分变换

$$\phi(r) = \int_0^a \psi(\rho)\cos(r\rho)\mathrm{d}\rho, \tag{7.3.15}$$

将原方程 (7.3.14) 转化为关于新未知函数 $\psi(r)$ 的第二类 Fredholm 积分方程 (7.3.3), 其核为

$$K(\rho,r) = \int_0^\infty [1-g(s)]\{\cos[(\rho+r)s] + \cos[(\rho-r)s]\}\mathrm{d}s,$$

自由项为

$$h(\rho) = \frac{\sqrt{2}}{\pi}\frac{\mathrm{d}}{\mathrm{d}\rho}\int_0^\rho \frac{f(s)\sinh s}{\sqrt{\cosh\rho - \cos s}}\mathrm{d}s.$$

一旦求出方程 (7.3.3) 的解 $\psi(r)$, 代入 (7.3.15) 便可求出方程 (7.3.14) 的解 $\phi(r)$.

(8) 对偶积分方程

$$\begin{cases} \displaystyle\int_0^\infty rg(r)P_{-1/2+\mathrm{i}r}(\cosh\rho)\phi(r)\mathrm{d}r = f(\rho), & 0 < \rho < a, \\ \displaystyle\int_0^\infty \tanh(\pi r)P_{-1/2+\mathrm{i}r}(\cosh\rho)\phi(r)\mathrm{d}r = 0, & a < \rho < \infty. \end{cases} \tag{7.3.16}$$

引入新的未知函数 $\psi(r)$, 通过积分变换

$$\phi(r) = \int_0^a \psi(\rho)\sin(r\rho)\mathrm{d}\rho, \tag{7.3.17}$$

将原方程 (7.3.16) 转化为关于新未知函数 $\psi(r)$ 的第二类 Fredholm 积分方程 (7.3.3), 其核为

$$K(\rho,r) = \int_0^\infty [1-g(s)]\{\cos[(\rho-r)s] - \cos[(\rho+r)s]\}\mathrm{d}s,$$

自由项为

$$h(\rho) = \frac{\sqrt{2}}{\pi}\int_0^\rho \frac{f(s)\sinh s}{\sqrt{\cosh\rho - \cos s}}\mathrm{d}s.$$

一旦求出方程 (7.3.3) 的解 $\psi(r)$, 代入 (7.3.17) 便可求出方程 (7.3.16) 的解 $\phi(r)$.

7.4 对偶积分方程的数值解法

作为上节的应用, 这一节将通过数值求解一类对偶积分方程, 说明对偶积分方程数值解法的过程.

考虑如下的对偶积分方程:

$$\begin{cases} \displaystyle\int_0^\infty r^{2\nu+1} G(r)\,\phi(r)\cos(\rho r)\mathrm{d}r = g(\rho), & 0 < \rho < a, \\ \displaystyle\int_0^\infty \phi(r)\cos(\rho r)\,\mathrm{d}r = 0, & \rho > a, \end{cases} \tag{7.4.1}$$

其中, $G(r)$, $g(\rho)$ 是已知函数, $\phi(r)$ 是未知函数.

用 Copson-Sih 方法给出该对偶积分方程的数值解法. 首先给出一个有用的定理.

定理 7.4.1   如果 $g(\rho)$ 是区间 $[0,a]$ 上的连续函数, 函数 $rG(r)$ 和 $\phi(r)$ 是 $0 < r < \infty$ 上的连续函数并且平方可积, 则方程 (7.4.1) 可转化为第二类 Fredholm 积分方程

$$\psi(\xi) + \int_0^a \psi(\eta) K(\eta,\xi)\,d\eta = \frac{\xi^{1-\nu}}{\pi^{1/2} 2^{\nu-1/2-1}\Gamma(\nu)} \int_0^\xi \frac{g(\rho)}{(\xi^2-\rho^2)^{1-\nu}}\mathrm{d}\rho, \tag{7.4.2}$$

其中, 积分方程的核为

$$K(\eta,\xi) = \eta \int_0^\infty r[G(s)-1] J_{\nu-1/2}(r\xi) J_{\nu-1/2}(r\eta)\,\mathrm{d}r.$$

$\Gamma(\nu)$ 和 $J_{\nu-1/2}(r\xi)$ 分别为伽马函数和 $\nu - \dfrac{1}{2}$ 阶 Bessel 函数.

证明   令

$$f(\rho) = g(\rho) + \int_0^\infty r^{2\nu}[1 - rG(r)]\phi(r)\cos(\rho r)\mathrm{d}r,$$

将上式代入方程 (7.4.1) 中可得到如下的对偶积分方程:

$$\begin{cases} \displaystyle\int_0^\infty r^{2\nu}\phi(r)\cos(\rho r)\mathrm{d}r = f(\rho), & 0 < \rho < a, \\ \displaystyle\int_0^\infty \phi(r)\cos(\rho r)\,\mathrm{d}r = 0, & \rho > a. \end{cases} \tag{7.4.3}$$

引入一个新的未知函数 $\psi(t)$ 是 $[0,a]$ 上的连续函数, 并且满足

$$\lim_{t\to 0^+} t^{\nu-1/2-1}\psi(t) = 0, \tag{7.4.4}$$

$$\phi\left(r\right) = r^{1/2-\nu}\int_0^a \xi^{1/2}\psi\left(\xi\right)J_{\nu-1/2}\left(r\xi\right)\mathrm{d}\xi, \tag{7.4.5}$$

其中, $J_{\nu-1/2}(r\xi)$ 为 Bessel 函数, 对于 Bessel 函数有如下的 Weber-Schafheitlin 间断积分公式:

$$\int_0^\infty J_\lambda\left(at\right)J_\mu\left(bt\right)t^{1+\mu-\lambda}\mathrm{d}t = \begin{cases} 0, & 0 < a < b, \\ \dfrac{b^\mu\left(a^2-b^2\right)^{\lambda-\mu-1}}{2^{\lambda-\mu-1}a^\lambda\Gamma\left(\lambda-\mu\right)}, & 0 < b < a, \end{cases} \tag{7.4.6}$$

其中, $\Gamma\left(\lambda-\mu\right)$ 为伽马函数, $\lambda > \mu > -1$, 因为余弦函数和 Bessel 函数之间有如下的关系式:

$$\cos\left(r\rho\right) = \left(\frac{\pi r\rho}{2}\right)^{1/2}J_{-1/2}\left(r\rho\right). \tag{7.4.7}$$

将 (7.4.5) 代入 (7.4.3) 的第 2 式, 由 (7.4.6) 和 (7.4.7) 可知, 方程 (7.4.3) 的第 2 式自然成立. 将 (7.4.5) 的右边分部积分可得

$$\phi\left(r\right) = r^{-1/2-\nu}\left\{-a^{1/2}\psi\left(a\right)J_{\nu-3/2}\left(ar\right)+\int_0^a \xi^{-(\nu-3/2)}\frac{\mathrm{d}}{\mathrm{d}\xi}\left(\xi^{\nu-1}\psi\left(\xi\right)\right)J_{\nu-3/2}(r\xi)\mathrm{d}\xi\right\}. \tag{7.4.8}$$

将 (7.4.8) 代入 (7.4.3) 的第 1 式中, 并且利用 (7.4.6) 和 (7.4.7) 可得

$$-a^{1/2}\psi\left(a\right)\left(\frac{\pi\rho}{2}\right)^{1/2}\int_0^\infty r^\nu J_{-1/2}(r\rho)J_{\nu-3/2}(ar)\mathrm{d}r + \int_0^a -\xi^{-(\nu-3/2)}\frac{\mathrm{d}}{\mathrm{d}\xi}\left(\xi^{\nu-1}\psi\left(\xi\right)\right)$$

$$\cdot\left(\frac{\pi\rho}{2}\right)^{1/2}\left(\int_0^\infty r^\nu J_{-1/2}\left(r\rho\right)J_{\nu-3/2}\left(r\xi\right)\mathrm{d}r\right)\mathrm{d}\xi = f\left(\rho\right). \tag{7.4.9}$$

由 (7.4.6) 可以知道, (7.4.9) 中左边的积分, 第 1 项为 0, 第 2 项中的内层积分就是 (7.4.6) 中的第 2 式, 可得到

$$\int_0^a \xi^{-(\nu-3/2)}\frac{\mathrm{d}}{\mathrm{d}\xi}\left(\xi^{\nu-1/2}\psi\left(\xi\right)\right)\left(\frac{\pi\rho}{2}\right)^{1/2}\frac{2^\nu\rho^{1/2}\xi^{\nu-3/2}}{\Gamma\left(1-\nu\right)\left(\rho^2-\xi^2\right)^\nu}\mathrm{d}\xi = f\left(\rho\right). \tag{7.4.10}$$

积分限由 0 到 a 换作 0 到 x, 可得到 Abel 型积分方程

$$\int_0^\rho \frac{\mathrm{d}}{\mathrm{d}\xi}\left(\xi^{\nu-1}\psi\left(\xi\right)\right)\frac{\mathrm{d}\xi}{\left(\rho^2-\xi^2\right)^\nu} = \frac{\Gamma\left(1-\nu\right)}{\pi^{1/2}2^{\nu-1/2}}\frac{f\left(\rho\right)}{\rho}, \quad 0 < \nu < 1. \tag{7.4.11}$$

利用 Abel 变换的反演变换公式

$$\psi\left(\rho\right) = \frac{\sin(a\pi)}{\pi}\frac{\mathrm{d}}{\mathrm{d}\rho}\int_0^\rho \frac{p'\left(u\right)f\left(u\right)}{\left(p\left(\rho\right)-p\left(u\right)\right)^{1-a}}\mathrm{d}u, \quad \frac{\sin(a\pi)}{\pi} = \frac{\Gamma\left(1\right)}{\Gamma\left(1-a\right)\Gamma\left(a\right)}, \tag{7.4.12}$$

则可得到

$$\frac{\mathrm{d}}{\mathrm{d}\xi}\left(\xi^{\nu-1}\psi\left(\xi\right)\right) = \frac{\Gamma\left(1-\nu\right)}{\pi^{1/2}2^{\nu-1/2}}\frac{2\sin\nu\pi}{\pi}\frac{\mathrm{d}}{\mathrm{d}\xi}\int_0^\xi \frac{f\left(\rho\right)\mathrm{d}\rho}{\left(\xi^2-\rho^2\right)^{1-\nu}}$$

或

$$\frac{\mathrm{d}}{\mathrm{d}\xi}\left(\xi^{\nu-1}\psi\left(\xi\right)\right) = \frac{1}{\pi^{1/2}2^{\nu-1/2-1}\Gamma\left(\nu\right)}\frac{\mathrm{d}}{\mathrm{d}\xi}\int_0^\xi \frac{f\left(\rho\right)\mathrm{d}\rho}{\left(\xi^2-\rho^2\right)^{1-\nu}}.$$

由于 $f(\rho)$ 及其一阶导数在区间 $[0,a]$ 上连续, 将 (7.4.5) 和 (7.4.7) 代入上式可得

$$\psi\left(\xi\right) = \frac{\xi^{-(\nu-1)}}{\pi^{1/2}2^{\nu-1/2-1}\Gamma\left(\nu\right)}\int_0^\xi \frac{g\left(\rho\right)}{\left(\xi^2-\rho^2\right)^{1-\nu}}\mathrm{d}\rho + \frac{1}{\pi^{1/2}2^{\nu-1/2-1}\Gamma\left(\nu\right)}\int_0^a \xi^{-(\nu-1)+1/2}\psi(\xi)\cdot$$

$$\int_0^\infty r^{2\nu}[1-rG\left(r\right)]J_{\nu-1/2}\left(r\xi\right)r^{1/2-\nu}\cdot$$

$$\left(\frac{\pi r}{2}\right)^{1/2}\left(\int_0^\xi \rho^{-1/2+1}J_{-1/2}\left(r\rho\right)\frac{\mathrm{d}\rho}{\left(\xi^2-\rho^2\right)^{1-\nu}}\right)\mathrm{d}r\mathrm{d}\xi.$$

$$(7.4.13)$$

又因恒等式

$$\int_0^t s^{\nu+1}J_\nu\left(rs\right)\frac{\mathrm{d}s}{\left(t^2-s^2\right)^{1-\alpha}} = 2^{\alpha-1}\Gamma\left(r\right)r^{-\alpha}t^{\alpha+\nu}J_{\alpha+\nu}\left(rt\right) \qquad (7.4.14)$$

成立, 故可得到

$$\psi\left(\xi\right)+\int_0^a \psi\left(\eta\right)K\left(\eta,\xi\right)\mathrm{d}\eta = \frac{\xi^{1-\nu}}{\pi^{1/2}2^{\nu-1/2-1}\Gamma\left(\nu\right)}\int_0^\xi \frac{g\left(\rho\right)}{\left(\xi^2-\rho^2\right)^{1-\nu}}\mathrm{d}\rho. \qquad (7.4.15)$$

定理证毕.

对于 (7.4.15) 中可以作记号

$$q\left(\xi\right) = \frac{\xi^{1-\nu}}{\pi^{1/2}2^{\nu-1/2-1}\Gamma\left(\nu\right)}\int_0^\xi \frac{g\left(\rho\right)}{\left(\xi^2-\rho^2\right)^{1-\nu}}\mathrm{d}\rho. \qquad (7.4.16)$$

$K(\xi,\eta)$ 在 $0<\xi,\eta<a$ 上是连续函数, $q(\xi)$ 在 $0<\xi<a$ 上是连续函数, 求解方程 (7.4.15) 在区间 $[0,a]$ 上的连续解时, 可以看作有限个变数, n 个线性方程组 $n\to\infty$ 时的极限解. 不妨设 $n=N$, 将区间 $[0,a]$ 离散为 N 个小区间, 区间的长度为 $\delta=\dfrac{a}{N}\left(\text{即}\ \dfrac{a-0}{N}\right)$, 设第 i 个分点为 $\eta_i(i=1,2,3,\cdots,N)$, 第 j 个分点为 $\xi_j(j=1,2,3,\cdots,N)$, 则方程 (7.4.15) 可以离散为如下的线性方程组:

$$\psi\left(\xi_j\right)+\sum_{i=1}^N \psi\left(\eta_i\right)K\left(\eta_i,\xi_j\right)\delta = q\left(\xi_j\right). \qquad (7.4.17)$$

方程组写成矩阵形式为

$$\boldsymbol{AX}=\boldsymbol{b}, \qquad (7.4.18)$$

其中,

$$\boldsymbol{A} = \boldsymbol{E}_{N \times N} + (\boldsymbol{K}(\eta_i, \xi_j))_{N \times N}, \quad \boldsymbol{X} = (\psi(\xi_1), \psi(\xi_2), \cdots, \psi(\xi_N))^{\mathrm{T}},$$

$$\boldsymbol{b} = (q(\xi_1), q(\xi_2), \cdots, q(\xi_N))^{\mathrm{T}}.$$

通过求解方程组 (7.4.18) 就可以得到未知函数 $\psi(\xi)$ 的数值解. 得到了 $\psi(\xi)$ 后, 代入 (7.4.5) 中就可以确定 $\phi(r)$.

另外, 需要提出的是, 当对偶积分方程中的余弦函数变为正弦函数或复指数函数时, 仍然可以用该方法给出数值求解的公式. 当是正弦函数时, 要用到如下的关系式:

$$\sin(r\rho) = \left(\frac{\pi r \rho}{2}\right)^{1/2} J_{1/2}(r\rho). \tag{7.4.19}$$

对于复指数函数, 可以看成是余弦函数与正弦函数的和.

7.5 第二类卷积型对偶积分方程的解析函数边值解法

考虑第二类卷积型对偶积分方程

$$\begin{aligned}
&\phi(\rho) + \frac{1}{\sqrt{2\pi}} \int_{-\infty}^{\infty} K_1(\rho - r)\phi(r)\mathrm{d}r = f(\rho), \quad 0 < \rho < \infty, \\
&\phi(\rho) + \frac{1}{\sqrt{2\pi}} \int_{-\infty}^{\infty} K_2(\rho - r)\phi(r)\mathrm{d}r = f(\rho), \quad -\infty < \rho < 0.
\end{aligned} \tag{7.5.1}$$

为了应用 Fourier 变换, 将上面两方程的定义域扩展到整个实轴, 第 1 个方程加一个在正实轴上为零的项 $\psi_-(\rho)$, 第 2 个方程加一个在负实轴上为零的项 $\psi_+(\rho)$, 即

$$\begin{aligned}
&\phi(\rho) + \frac{1}{\sqrt{2\pi}} \int_{-\infty}^{\infty} K_1(\rho - r)\phi(r)\mathrm{d}r = f(\rho) + \psi_-(\rho), \\
&\phi(\rho) + \frac{1}{\sqrt{2\pi}} \int_{-\infty}^{\infty} K_2(\rho - r)\phi(r)\mathrm{d}r = f(\rho) + \psi_+(\rho),
\end{aligned} \quad -\infty < \rho < \infty, \tag{7.5.2}$$

其中, $\psi_-(\rho)$ 和 $\psi_+(\rho)$ 是未知函数, 表示式为

$$\psi_+(\rho) = \begin{cases} \psi(\rho), & \rho > 0, \\ 0, & \rho < 0, \end{cases} \quad \psi_-(\rho) = \begin{cases} 0, & \rho > 0, \\ -\psi(\rho), & \rho < 0, \end{cases} \tag{7.5.3}$$

也可表示

$$\psi_\pm(\rho) = \frac{1}{2}(\pm 1 + \mathrm{sgn}\rho)\psi(\rho), \tag{7.5.4}$$

则其 Fourier 积分 $\Psi^{\pm}(s)$ 分别是上、下半平面分别解析的分区全纯函数的边值, 这是因为

$$
\begin{aligned}
\Psi(s) &= \frac{1}{\sqrt{2\pi}} \int_{-\infty}^{\infty} \psi(\rho) \mathrm{e}^{\mathrm{i}s\rho} \mathrm{d}\rho \\
&= \frac{1}{\sqrt{2\pi}} \int_{0}^{\infty} \psi(\rho) \mathrm{e}^{\mathrm{i}s\rho} \mathrm{d}\rho + \frac{1}{\sqrt{2\pi}} \int_{-\infty}^{0} \psi(\rho) \mathrm{e}^{\mathrm{i}s\rho} \mathrm{d}\rho = \Psi^{+}(s) - \Psi^{-}(s).
\end{aligned}
\tag{7.5.5}
$$

方程 (7.5.2) 两边分别作用 Fourier 变换后得

$$
\begin{aligned}
{[1 + K_1(s)]\Phi(s)} &= F(s) + \Psi^{-}(s), \\
{[1 + K_2(s)]\Phi(s)} &= F(s) + \Psi^{+}(s).
\end{aligned}
\tag{7.5.6}
$$

于是

$$
\Phi(s) = \frac{F(s) + \Psi^{-}(s)}{[1 + K_1(s)]} = \frac{F(s) + \Psi^{+}(s)}{[1 + K_2(s)]}.
\tag{7.5.7}
$$

由等式 (7.5.6) 消去 $\Phi(s)$ 便可得到关于 $\Psi(z)$ 的 Riemann 边值问题

$$
\Psi^{+}(s) = \frac{[1 + K_2(s)]}{[1 + K_1(s)]} \Psi^{-}(s) + \frac{K_2(s) - K_1(s)}{[1 + K_1(s)]} F(s), \quad -\infty < s < \infty.
\tag{7.5.8}
$$

该边值问题是一个指标为

$$
\kappa = \operatorname{Ind} \frac{[1 + K_2(s)]}{[1 + K_1(s)]}
$$

经典的解析函数边值问题, 其解法可在任何关于解析函数边值问题的著作中查到. 一旦 Riemann 边值问题 (7.5.8) 解 $\Psi(z)$ 求得, 则可由 Fourier 逆变换可得方程 (7.5.1) 的解为

$$
\phi(\rho) = \frac{1}{\sqrt{2\pi}} \int_{-\infty}^{\infty} \frac{F(s) + \Psi^{-}(s)}{[1 + K_1(s)]} \mathrm{e}^{-\mathrm{i}s\rho} \mathrm{d}s = \frac{1}{\sqrt{2\pi}} \int_{-\infty}^{\infty} \frac{F(s) + \Psi^{+}(s)}{[1 + K_2(s)]} \mathrm{e}^{-\mathrm{i}s\rho} \mathrm{d}s.
\tag{7.5.9}
$$

第 7 章习题

1. 利用投影方法求解积分方程

$$
\int_{0}^{x} \frac{\phi(y)\mathrm{d}y}{(x-y)^{\alpha}} = f(x), \quad 0 \leqslant \alpha < 1, \quad f(x) \in L_2[0, \infty)
$$

2. 利用投影方法求解积分方程

$$
\frac{1}{\pi} \int_{0}^{x} \frac{\phi(y)\mathrm{d}y}{(x-y)} = f(x), \quad f(x) \in L_2[0, \infty).
$$

$$
\left(\text{提示: 考虑其极限情况 } \phi(x) - \frac{\lambda}{\pi} \int_{0}^{\infty} \frac{\phi(y)}{x-y} \mathrm{d}y = -\lambda f(x), \lambda \to \infty. \right)
$$

3. 求解对偶积分方程

$$\int_0^\infty r J_0\left(\rho r\right) \phi\left(r\right)\mathrm{d}r = \frac{\pi}{2}, \quad 0 \leqslant \rho \leqslant 1,$$

$$\int_0^\infty J_0\left(\rho r\right) \phi\left(r\right)\mathrm{d}r = 0, \quad 1 < \rho < \infty.$$

$\Bigg($ 提示: 先设 $\phi\left(r\right) = r\psi\left(r\right)$, 再设 $\int_0^\infty r\psi\left(r\right) J_0\left(\rho r\right)\mathrm{d}r = \Phi\left(\rho\right), 0 \leqslant \rho \leqslant 1$, 可用 Hankel 变换,

解 $\phi\left(r\right) = \dfrac{\sin r}{r^2} - \dfrac{\cos r}{r}.\Bigg)$

4. 求解对偶积分方程

$$\int_0^\infty r^{-1} J_0\left(\rho r\right) \phi\left(r\right)\mathrm{d}r = 1, \quad 0 \leqslant \rho \leqslant 1,$$

$$\int_0^\infty J_0\left(\rho r\right) \phi\left(r\right)\mathrm{d}r = 0, \quad 1 < \rho < \infty.$$

$\Bigg($ 提示: 设 $\int_0^\infty r^{-1/2}\phi\left(r\right) J_0\left(\rho r\right) \left(\rho r\right)^{1/2}\,\mathrm{d}r = \Phi\left(r\right) H\left(r\rho\right), 0 < \rho < \infty$, $H\left(\rho\right)$ 是 Heaviside 单位函数, Hankel 逆变换以及关系式

$$\int_0^\infty \cos \rho u J_0\left(ur\right)\mathrm{d}u = \begin{cases} \dfrac{1}{\sqrt{r^2 - \rho^2}}, & \rho < r \\ 0, & \rho > r, \end{cases} \qquad 解\phi\left(r\right) = \frac{2}{\pi}\sin r.\Bigg)$$

第8章 积分方程组与积分微分方程的解法

本章简要介绍一下 Fredholm 积分方程组, Volterra 积分方程组以及积分微分方程的解法.

8.1 积分方程组

8.1.1 Fredholm 积分方程组

考虑第二类 Fredholm 积分方程组的一般形式

$$\phi_i(x) - \lambda \sum_{j=1}^{n} \int_a^b K_{ij}(x,t)\,\phi_j(t)\,\mathrm{d}t = f_i(x), \quad a \leqslant x \leqslant b, \quad i = 1,2,\cdots,n. \quad (8.1.1)$$

假设核 $K_{ij}(x,t)$ 是 $S = \{a \leqslant x \leqslant b, a \leqslant t \leqslant b\}$ 上的连续或平方可积函数, 自由项 $f_i(x)$ 在 $[a,b]$ 上连续或平方可积. 则第二类 Fredholm 积分方程的理论和解法完全可推广到这样的方程组上来. 特别地, 当 λ 满足不等式

$$|\lambda| < \frac{1}{\widetilde{B}},$$

$$\widetilde{B}^2 = \sum_{i=1}^{m} \sum_{j=1}^{n} \int_a^b \int_a^b |K_{ij}(x,t)|^2\,\mathrm{d}x\mathrm{d}t < \infty$$

时逐次逼近法所得逼近解平均收敛于原方程的解.

如果核 $K_{ij}(x,t)$ 还满足条件

$$\int_a^b K_{ij}^2(x,t)\,\mathrm{d}t \leqslant B_{ij}, \quad a \leqslant x \leqslant b,$$

其中, B_{ij} 是常数, 则逐次逼近解绝对且一致收敛于原方程的解.

事实上, 方程组 (8.1.1) 可以转化为一个单一的 Fredholm 方程.
令

$$\Phi(x) = \phi_i(x - (i-1)(b-a)), \quad F(x) = f_i(x - (i-1)(b-a)),$$

$$(i-1)b - (i-2)a \leqslant x \leqslant ib - (i-1)a.$$

定义核函数

$$K(x,t) = K_{ij}(x - (i-1)(b-a), t - (j-1)(b-a)),$$

$$(i-1)b - (i-2)a \leqslant x \leqslant ib - (i-1)a, \quad (j-1)b - (j-2)a \leqslant t \leqslant jb - (j-1)a,$$

则方程组 (8.1.1) 立即可写为一个单一的第二类 Fredholm 积分方程

$$\Phi(x) - \lambda \int_a^{nb-(n-1)a} K(x,t)\,\Phi(t)\,\mathrm{d}t = F(x), \quad 0 \leqslant x \leqslant nb - (n-1)a. \tag{8.1.2}$$

当核 $K_{ij}(x,t)$ 是 $S = \{a \leqslant x \leqslant b, a \leqslant t \leqslant b\}$ 上的平方可积函数, 自由项 $f_i(x)$ 是 $[a,b]$ 上的平方可积函数, 则 $K(x,t)$ 便是 $S_n = \left\{ a < x < nb - (n-1)a, a < t < nb - (n-1)a \right\}$ 上的平方可积函数, $F(x)$ 是 $[a, nb - (n-1)a]$ 上的平方可积函数.

8.1.2　Volterra 积分方程组

对于第二类 Volterra 积分方程组

$$\phi_i(x) - \sum_{j=1}^n \int_a^x \sum_{j=1}^n K_{ij}(x,t)\phi_j(t)\,\mathrm{d}t = f_i(x), \tag{8.1.3}$$

其中, $\phi_1, \phi_2, \cdots, \phi_n$ 是 (a,b) 上的未知函数, $K_{ij}(x,t)$ 定义在 $S = \{a \leqslant x \leqslant b, a \leqslant t \leqslant x\}$. 方程组 (8.1.3) 可类似于一个 Volterra 方程的迭代法直接求解. 当 $\phi_1, \phi_2, \cdots, \phi_n$ 满足方程组 (8.1.3) 时, 它们也满足迭代组

$$\begin{aligned}
\phi_i(x) = {} & f_i(x) + \lambda \int_a^x \sum_{j=1}^n K_{ij}(x,t)\, f_j(t)\mathrm{d}t \\
& + \lambda^2 \int_a^x \sum_{j=1}^n K_{ij}(x,\tau) \left[\int_a^\tau \sum_{k=1}^n K_{jk}(\tau,t)\,\phi_k(t)\mathrm{d}t \right] d\tau
\end{aligned}$$

或

$$\phi_i(x) = f_i(x) + \lambda \int_a^x \sum_{j=1}^n K_{ij}(x,t)\, f_j(t)\mathrm{d}t + \lambda^2 \int_a^x \sum_{j=1}^n K_{ij}^{(1)}(x,t)\,\phi_j(t)\mathrm{d}t,$$

其中,

$$K_{ij}^{(l)}(x,t) = \sum_{j=1}^n \int_a^x K_{ik}(x,\tau)\, K_{kj}(\tau,t)\,\mathrm{d}\tau.$$

类似地, 重复迭代, 同单个方程情况一样, 如果存在函数 $\phi_1, \phi_2, \cdots, \phi_n$ 满足方程组 (8.1.3), 则其唯一的一组解由

$$\phi_i(x) = f_i(x) + \lambda \int_a^x \sum_{j=1}^n \Gamma_{ij}(x, t, \lambda) f_j(t)\mathrm{d}t, \quad i = 1, 2, \cdots, n \qquad (8.1.4)$$

给出, 其中, 核

$$\Gamma_{ij}(x, t, \lambda) = K_{ij}(x, t) + \lambda K_{ij}^{(1)}(x, t) + \cdots + \lambda^m K_{ij}^{(m)}(x, t) + \cdots, \qquad (8.1.5)$$

迭核 $K_{ij}^{(m+1)}(x, t) = \sum_{k=1}^n \int_t^x K_{ik}(x, \tau) K_{kj}^{(m)}(\tau, t)\,\mathrm{d}\tau$.

同单个 Volterra 积分方程一样, 级数 (8.1.5) 对于任何参数 λ 绝对且一致收敛, 且原方程组 (8.1.3) 的解由 (8.1.4) 给出.

当 Volterra 积分方程组含有卷积型核时, 常常直接利用 Laplace 变换可方便地求解.

考虑 Volterra 积分方程组

$$\phi_i(x) = f_i(x) + \sum_{j=1}^m \int_0^x K_{ij}(x - t)\phi_j(t)\,\mathrm{d}t, \quad i = 1, 2, \cdots, m. \qquad (8.1.6)$$

两端作用 Laplace 变换并利用 Laplace 变换的卷积的乘法定理得

$$\Phi_i(s) = F_i(s) + \sum_{j=1}^m K_{ij}(s)\,\Phi_j(s).$$

解上述关于 $\Phi_i(s)$ 的线性代数方程组可得 $\Phi_1(s), \Phi_2(s), \cdots, \Phi_m(s)$, 进而利用 Laplace 逆变换求得方程 (8.1.6) 的一组解 $\varphi_1(x), \varphi_2(x), \cdots, \varphi_m(x)$.

例 8.1.1   求解 Volterra 型积分方程组

$$\begin{cases} \phi_1(x) = 1 - 2\int_0^x \mathrm{e}^{2(x-t)}\phi_1(t)\,\mathrm{d}t + \int_0^x \phi_2(t)\,\mathrm{d}t, \\ \phi_2(x) = 4x - \int_0^x \phi_1(t)\,\mathrm{d}t + 4\int_0^x (x-t)\phi_2(t)\,\mathrm{d}t. \end{cases}$$

解   对上述方程两边作用 Laplace 变换并考虑到卷积的乘法定理得关于 $\Phi_1(s)$, $\Phi_2(s)$ 的代数方程组

$$\begin{cases} \Phi_1(s) = \dfrac{1}{s} - \dfrac{2}{s-2}\Phi_1(s) + \dfrac{1}{s}\Phi_2(s), \\ \Phi_2(s) = \dfrac{4}{s^2} - \dfrac{1}{s}\Phi_1(s) + \dfrac{4}{s^2}\Phi_2(s). \end{cases}$$

求解上述方程组得

$$\Phi_1(s) = \frac{s}{(s+1)^2} = \frac{1}{s+1} - \frac{1}{(s+1)^2},$$

$$\Phi_2(s) = \frac{3s+2}{(s-2)(s+1)^2} = \frac{8}{9} \times \frac{1}{s-2} + \frac{1}{3} \times \frac{1}{(s+1)^2} - \frac{8}{9} \times \frac{1}{s+1},$$

再由 Laplace 的逆变换可求得原方程的解为

$$\phi_1(x) = \mathrm{e}^{-x} - x\mathrm{e}^{-x},$$

$$\phi_2(x) = \frac{8}{9}\mathrm{e}^{2x} + \frac{1}{3}x\mathrm{e}^{-x} - \frac{8}{9}\mathrm{e}^{-x}.$$

8.2 积分微分方程

含有未知函数导数的积分方程称为积分微分方程. 当其未知函数只含一个变量时称为常积分微分方程, 其未知函数含有两个以上或含有未知函数偏导数时, 称为偏积分微分方程. 偏积分微分方程又可根据未知函数导数的组成形式分为椭圆型、双曲型和抛物型. 也可根据积分限分为 Fredholm 型和 Volterra 型. 所以, 积分微分方程原则上可用第 3 章、第 4 章求解 Fredholm 积分方程和 Volterra 积分方程的各种方法求解. 事实上, 积分微分方程不难转化为通常的积分方程.

(1) 对于 Fredholm 型积分微分方程

$$\varphi'(x) - \lambda \int_a^b K(x,t)\varphi(t)\,\mathrm{d}t = f(x). \tag{8.2.1}$$

当给定初值 $\phi(a)$ 时, 两端关于 x 分别求积分得

$$\varphi(x) - \lambda \int_a^b K_{\mathrm{I}x}(x,t)\varphi(t)\,\mathrm{d}t = F(x) + \varphi(a), \tag{8.2.2}$$

其中,

$$K_{\mathrm{I}x}(x,t) = \int_a^x K(\tau,t)\,\mathrm{d}\tau, \quad F(x) = \int_a^x f(\tau)\,\mathrm{d}\tau$$

都是已知函数, 所以方程 (8.2.2) 已经是通常的 Fredholm 积分方程.

(2) 对于 Volterra 型积分微分方程

$$\varphi''(x) + \alpha\varphi(x) - \int_a^x K(x,t)\varphi(t)\,\mathrm{d}t = f(x), \tag{8.2.3}$$

当给定初值 $\phi(a), \phi'(a)$ 时, 两端关于 x 分别求积分得

$$(\alpha+1)\varphi(x) - \int_a^x K_{\mathrm{II}x}(x,t)\varphi(t)\,\mathrm{d}t = F(t) + \varphi(a) + \varphi'(a)x, \tag{8.2.4}$$

其中,

$$K_{\mathrm{II}x}(x,t) = \int_t^x \left[-\alpha + \int_t^\tau K(\eta,t)\,d\eta \right] \mathrm{d}\tau,$$

$$F(x) = \int_a^x \mathrm{d}\tau \int_a^\tau f(t)\,\mathrm{d}t.$$

于是得到了通常的 Volterra 积分方程 (8.2.4).

(3) 对于**偏积分微分方程**可用分离变量法将其化为通常的积分方程, 不妨考虑双曲型积分微分方程

$$\frac{\partial^2 u(\tau,x)}{\partial x^2} - \frac{\partial^2 u(\tau,x)}{\partial \tau^2} - \int_0^x K(x,t)\,u_{\tau\tau}(\tau,t)\mathrm{d}t = 0. \tag{8.2.5}$$

令 $u(\tau,x) = \sin m(\tau+\alpha)\,v(x)$, 立得关于新未知函数 $v(x)$ 的常积分微分方程

$$v''(x) + m^2 \left[v(x) + \int_0^x K(x,t)\,v(t)\,\mathrm{d}t \right] = 0. \tag{8.2.6}$$

于是方程 (8.2.6) 便是方程 (8.2.3) 的形式了, 进而可化为通常的 Volterra 积分方程.

(4) 对于**未知函数导数在积分号下的积分微分方程**, 如

$$\varphi(x) - \lambda \int_a^b K(x,t)\,\varphi'(t)\mathrm{d}t = f(x). \tag{8.2.7}$$

两端可以对 x 分别求导, 得

$$\varphi'(x) - \lambda \int_a^b \frac{\partial K(x,t)}{\partial x}\varphi'(t)\mathrm{d}t = f'(x). \tag{8.2.8}$$

如果令 $\phi'(x) = \psi(x)$, 则方程 (8.2.8) 就是通常的 Fredholm 积分方程. 还可得到其初值条件

$$\varphi(a) = \lambda \int_a^b K(a,t)\,\varphi'(t)\mathrm{d}t + f(a).$$

这样方程 (8.2.8) 的解就可以确定.

一般地, 线性积分微分方程

$$\varphi(x) - \lambda \int_a^b \sum_{j=0}^n K_j(x,t)\,\varphi^{(j)}(t)\,\mathrm{d}t = f(x), \tag{8.2.9}$$

其中, $\varphi^{(j)}(x)$ 是未知函数 $\varphi(x)$ 的 j 阶导数且 $\varphi^{(0)}(x) = \varphi(x)$.

为了求解方程 (8.2.9), 可在方程两端 x 求导 α 阶, $\alpha = 1, 2, \cdots, n$, 即

$$\varphi^{(\alpha)}(x) - \lambda \int_a^b \sum_{j=0}^n K_j^{(\alpha)}(x,t)\,\varphi^{(\alpha)}(t)\,\mathrm{d}t = f^{(\alpha)}(x), \quad \alpha = 1, 2, \cdots, n, \tag{8.2.10}$$

其中, $k_j^{(\alpha)}(x,t) = \dfrac{\partial^\alpha k(x,t)}{\partial x^\alpha}$.

现在考虑 $n+1$ 个方程组成的方程组

$$\psi_\alpha(x) - \lambda \int_a^b \sum_{j=0}^n K_j^{(\alpha)}(x,t)\psi_\alpha(t)\,\mathrm{d}t = f^{(\alpha)}(x), \quad \alpha = 1,2,\cdots,n, \tag{8.2.11}$$

其中, $n+1$ 个未知函数是 $\psi_0,\psi_1,\cdots,\psi_n$ 且 $f^{(0)}(x) = f(x)$, $K_j^{(0)}(x,t) = K_j(x,t)$.

如果方程组 (8.2.11) 可求得解 $\psi_0,\psi_1,\cdots,\psi_n$, 则知 $\varphi(x) = \psi_0(x)$ 便是原积分微分方程 (8.2.9) 的解. 事实上方程 (8.2.11) 意味着关系式

$$\frac{\mathrm{d}^\alpha}{\mathrm{d}x^\alpha}[\psi_0(x)] = \psi_\alpha(x), \quad \alpha = 1,2,\cdots,n.$$

因此 $\psi_0(x) = f(x) + \lambda \int_a^b \sum_{j=0}^n k_j(x,t)\psi_0^{(j)}(t)\,\mathrm{d}t$.

反过来, 如果 $\varphi(x)$ 是方程 (8.2.9) 的解, 则 $\psi_0(x) = \varphi(x)$, $\psi_1(x) = \varphi'(x), \cdots$, $\psi_n(x) = \varphi^{(n)}(x)$ 就是方程组 (8.2.11) 的解, 即方程 (8.2.9) 与方程组 (8.2.11) 等价.

(5) 一般地, 对于**卷积型的线性积分微分方程**可利用 Laplace 变换直接求解. 为了方便, 给出两个公式

$$L[\phi'(x)] = \phi(x)\mathrm{e}^{-sx}\big|_0^\infty + s\int_0^\infty \mathrm{e}^{-sx}\phi(x)\,\mathrm{d}x$$
$$= -\phi(0) + s\Phi(s) = s\Phi(s) - \phi(0). \tag{8.2.12}$$

同理,

$$L[\phi''(x)] = s^2\Phi(s) - s\phi(0) - \phi'(0), \tag{8.2.13}$$

$$L\left[\frac{\mathrm{d}\phi^n(x)}{\mathrm{d}x^n}\right] = s^n\Phi(s) - s^{n-1}\phi(0) - \cdots - \phi^{(n-1)}(0). \tag{8.2.14}$$

考虑积分微分方程

$$\frac{\mathrm{d}\varphi^n(x)}{\mathrm{d}x^n} + a_1\frac{\mathrm{d}\varphi^{n-1}(x)}{\mathrm{d}x^{n-1}} + \cdots + a_n\varphi(x) + \sum_{j=0}^N \int_0^x K_j(x-t)\frac{\mathrm{d}\varphi^j(t)}{\mathrm{d}t^j}\,\mathrm{d}t = f(x), \tag{8.2.15}$$

其中, $a_1,a_2,\cdots,a_n$ 为已知常数, $K_j(x)$ $(j=0,1,2,\cdots,N)$, $f(x)$ 为已知函数, $\varphi(x)$ 为未知函数. 定解条件为

$$\varphi(0) = \varphi_0, \quad \varphi'(0) = \varphi'(0), \cdots, \frac{\mathrm{d}\varphi^{n-1}(x)}{\mathrm{d}x^{n-1}}\bigg|_{x=0} = \varphi^{(n-1)}(0). \tag{8.2.16}$$

方程 (8.2.15) 两端作用 Laplace 变换得

$$\left\{s^n\Phi(s) - s^{n-1}\varphi(0) - \cdots - \varphi^{(n-1)}(0)\right\} + a_1\left\{s^{n-1}\Phi(s) - s^{n-2}\varphi(0) - \cdots - \varphi^{(n-2)}(0)\right\}$$

$$+ \cdots + a_n \varPhi\left(s\right) + \sum_{j=0}^{N} K_j\left(s\right)\left\{s^j \varPhi\left(s\right) - s^{j-1}\varphi\left(0\right) - \cdots - \varphi^{(j-1)}\left(0\right)\right\} = F\left(s\right),$$

整理得

$$\varPhi\left(s\right)\widetilde{K}\left(s\right) = \widetilde{F}\left(s\right),$$

其中, $\widetilde{K}\left(s\right) = s^n + a_1 s^{n-1} + \cdots + a_n + \sum_{j=0}^{N} K_j\left(s\right)s^j,$

$$\begin{aligned}
\widetilde{F}\left(s\right) = {}& F\left(s\right) + \left[s^{n-1} + a_1 s^{n-2} + \cdots + a_{n-1}\right]\varphi\left(0\right) + \cdots \\
& + \left[\varphi^{(n-1)}\left(0\right) + a_1\varphi^{(n-2)}\left(0\right) + \cdots + a_{n-2}\varphi'\left(0\right)\right] \\
& + \sum_{j=0}^{N}\left[s^{j-1}\varphi\left(0\right) + \cdots + \varphi^{(j-1)}\left(0\right)\right].
\end{aligned}$$

于是当 $\widetilde{K}\left(s\right) \neq 0$ 时,

$$\varPhi\left(s\right) = \frac{\widetilde{F}\left(s\right)}{\widetilde{K}\left(s\right)}. \tag{8.2.17}$$

再利用 Laplace 逆变换就可求得原方程的解 $\varphi\left(x\right)$.

例 8.2.1　求解积分微分方程

$$\phi'(x) - \int_0^x k(x,t)\phi(t)\mathrm{d}t = f(x),$$

$$\phi(0) = \phi_0.$$

解　令

$$\phi'(x) = z(x),$$

则由原方程得

$$\begin{cases}
z(x) - \displaystyle\int_0^x k(x,t)\phi(t)\mathrm{d}t = f(x), \\
\phi(x) - \displaystyle\int_0^x z(t)\mathrm{d}t = \phi_0.
\end{cases}$$

这已经是 Volterra 第二类积分方程组.

例 8.2.2　求解积分微分方程

$$\phi'(x) - \int_0^x k(x,t)\phi(t)\mathrm{d}t = f(x),$$

$$\phi(0) = \phi_0.$$

解　原方程两端积分得

$$\phi(x) - \int_0^x \int_0^t K(\tau,t)\phi(t)\mathrm{d}t = F(x),$$

$$F(x) = \phi_0 + \int_0^x f(\tau)\mathrm{d}\tau.$$

交换积分次序得第二类 Volterra 积分方程

$$\phi(x) - \int_0^x M(\tau, t)\phi(t)\mathrm{d}t = F(x),$$

其中,

$$M(x, t) = \int_x^t K(\tau, t)\mathrm{d}\tau.$$

例 8.2.3 求解下列积分微分方程的初值问题:

$$\phi''(x) = \mathrm{e}^{2x} - \int_0^x \mathrm{e}^{2(x-t)}\phi'(t)\,\mathrm{d}t, \tag{8.2.18}$$

$$\phi(0) = 0, \tag{8.2.19}$$

$$\phi'(0) = 0. \tag{8.2.20}$$

解 在方程 (8.2.18) 两端作用 Laplace 变换, 考虑到 (8.2.12) , (8.2.13), 有

$$s^2 \Phi(s) - s\phi(0) - \phi'(0) = \frac{1}{s-2} - \frac{1}{s-2}\left[s\Phi(s) - \phi(0)\right]. \tag{8.2.21}$$

考虑到初始条件 (8.2.19) 和 (8.2.20), (8.2.21) 变为

$$s^2 \Phi(s) = \frac{1}{s-2} - \frac{s\Phi(s)}{s-2},$$

$$\Phi(s) = \frac{1}{s(s-1)^2} = \frac{1}{(s-1)^2} - \frac{1}{s-1} + \frac{1}{s}.$$

于是由 Laplace 逆变换立得

$$\phi(x) = L^{-1}\left\{\frac{1}{(s-1)^2} - \frac{1}{s-1} + \frac{1}{s}\right\} = x\mathrm{e}^x - \mathrm{e}^x + 1. \tag{8.2.22}$$

(6) 积分微分方程的数值解法

类似第 3 章、第 4 章介绍的数值积分法也可用来直接求解积分微分方程. 例如, 对于偏微分积分方程

$$\mu\frac{\partial\psi(t,\mu)}{\partial t} = \psi(t,\mu) - \frac{1}{2}\int_{-1}^1 \psi(t,\nu)d\nu - \mathrm{e}^t, \tag{8.2.23}$$

其中, $0 \leqslant t \leqslant 1, |\mu| \leqslant 1$. 边界条件为

$$\psi(0,\mu) = 0, \quad \mu < 0,$$

$$\psi(1,\mu)=0, \quad \mu>0.$$

在 t 固定时, 利用数值求积公式

$$\int_{-1}^{1}\phi(\nu)d\nu \cong \sum_{j=0}^{n} w_j \phi(\nu_j), \quad \nu_j \in [-1,1]$$

代替方程 (8.2.23) 中的积分后得关于函数 $\phi_i(t)=\tilde{\psi}(t,\nu_i)$ 的常微分方程边值问题

$$\mu\frac{d}{dt}\tilde{\psi}(t,\mu)=\tilde{\psi}(t,\mu)-\frac{1}{2}\sum_{j=0}^{n}w_j\tilde{\psi}(t,\nu_j)-\mathrm{e}^t,$$

$\tilde{\psi}(0,\mu)=0, \mu<0; \quad \tilde{\psi}(1,\mu)=0, \mu>0.$

令 $\mu=\nu_i(i=0,1,\cdots,n)$ 可得一 $n+1$ 阶关于 $n+1$ 个未知函数 $\phi_i(t)(i=0,1,\cdots,n)$ 的微分方程组, 进而可求出 $\phi_i(t)=\tilde{\psi}(t,v_i)$ 的数值解.

第 8 章习题

1. 证明解核

$$\Gamma(x,t:\lambda)=\sum_{n=1}^{\infty}\lambda^{n-1}k_n(x,t)$$

满足下列积分微分方程:

$$\frac{\partial \Gamma(x,t;\lambda)}{\partial \lambda}=\int_{a}^{b}\Gamma(x,s;\lambda)\,\Gamma(s,t;\lambda)\,\mathrm{d}s.$$

2. 利用 Laplace 变换求解下列积分微分方程:

$$\phi''(x)-2\phi'(x)+\phi(x)=\cos x-2\int_{0}^{x}\cos(x-t)\,\phi''(t)\,\mathrm{d}t-2\int_{0}^{x}\sin(x-t)\,\phi'(t)\,\mathrm{d}t,$$

$\phi(0)=0, \quad \phi'(0)=0.$

3. 证明积分微分方程

$$\phi(x)=\frac{2}{\sqrt{\pi}}\int_{0}^{x}(x-t)^{1/2}\,\phi'(t)\,\mathrm{d}t+\frac{2}{\sqrt{\pi}}x,$$

$$\phi(0)=0$$

的解为 $\phi(x)=\mathrm{e}^x\left[\mathrm{erf}(\sqrt{x})+1\right]-1$, 其中, 误差函数 $\mathrm{erf}(x)=\frac{2}{\sqrt{\pi}}\int_{0}^{x}\exp(-t^2)\,\mathrm{d}t.$

4. (1) 将积分微分方程

$$\phi''(x)-b(x)\phi(x)+\int_{0}^{x}k(x,t)\phi(t)\mathrm{d}t=f(x),$$

$$f(0)=\alpha, \quad f'(0)=\beta$$

转化为 Volterra 积分方程组;

(2) 直接积分上述积分微分方程将其化为单个的 Volterra 积分方程.

第 9 章 奇异积分方程

当积分的上限或下限是无穷时, 核在积分区间具有奇异性的积分方程称为奇异积分方程. 它们经常在数学物理等问题中遇到. 本章主要集中了包含 Cauchy 主值意义下的奇异积分方程. 值得提及的是前苏联数学家 Muskhelishvili 在 20 世纪四、五十年代系统地研究形成的著作 (Muskhelishvili, 1953).

9.1 Cauchy 型积分

设 L 是复变量 $z = x \pm \mathrm{i}y$ 平面上的封闭光滑曲线, 曲线内部的区域称为内域, 记为 Ω^+, 而 $\Omega^+ \cup L$ 的补域包括无穷远点称为外域, 记为 Ω^-.

如果 $f(z)$ 在区域 Ω^+ 内解析且连续到 $\Omega^+ + L$, 则有熟知的 Cauchy 积分公式

$$\frac{1}{2\pi\mathrm{i}}\int_L \frac{f(\tau)}{\tau - z}\mathrm{d}\tau = \begin{cases} f(z), & z \in \Omega^+, \\ 0, & z \in \Omega^-. \end{cases} \tag{9.1.1}$$

如果 $f(z)$ 在区域内解析且连续到 $\Omega^+ \cup L$, 则有

$$\frac{1}{2\pi\mathrm{i}}\int_L \frac{f(\tau)}{\tau - z}\mathrm{d}\tau = \begin{cases} f(\infty), & z \in \Omega^+, \\ -f(z) + f(\infty), & z \in \Omega^-, \end{cases} \tag{9.1.2}$$

其中, L 的正方向取使得 Ω^+ 在其左手边的方向, 通常是逆时针方向.

公式 (9.1.1) 和 (9.1.2) 左端的积分称为 Cauchy 积分.

设 L 是有限复平面上光滑封闭曲线或光滑开口弧段, τ 为 L 上的点, $\phi(\tau)$ 是 L 上点 τ 的连续函数, 则积分

$$\Phi(z) = \frac{1}{2\pi\mathrm{i}}\int_L \frac{\phi(\tau)}{\tau - z}\mathrm{d}\tau \tag{9.1.3}$$

称为 **Cauchy 型积分**, 函数 $\phi(\tau)$ 称为**密度函数**, $\dfrac{1}{\tau - z}$ 称为**核**.

如果 L 是光滑开口弧段, 则 $\Phi(z)$ 是以 L 为跳跃 (即除了 L 以外) 的整个复平面的解析函数. 如果 L 是光滑封闭曲线, 则 $\Phi(z)$ 分解为两个独立的, 分别在区域 Ω^+ 和 Ω^- 内解析的函数 $\Phi^+(z)$ 和 $\Phi^-(z)$, 此时 $\Phi(z)$ 称为分区全纯函数或分片解析函数.

注意到 Cauchy 型积分有一个性质, 即 $\Phi^-(\infty) = 0$.

9.2 Hölder 条 件

设 L 是复平面上的光滑曲线, $\phi(t)$ 是定义在 L 的函数. 称 $\phi(t)$ 在 L 上满足 **Hölder 条件**是指对任两点 $t_1, t_2 \in L$, 都有

$$|\phi(t_2) - \phi(t_1)| < A |t_2 - t_1|^{\lambda}, \quad 0 < \lambda \leqslant 1, \tag{9.2.1}$$

其中, $A > 0$ 称为 **Hölder 常数**, λ 称为 **Hölder 指数**, 当 $\lambda = 1$ 时 (9.2.1) 称为 **Lipschitz 条件**, 当 $\lambda > 1$ 时, $\phi(t)$ 是常数.

9.3 Cauchy 主值积分

考虑积分

$$\int_a^b \frac{\mathrm{d}x}{x-c}, \quad a < c < b$$

作为反常积分计算, 有

$$\int_a^b \frac{\mathrm{d}x}{x-c} = \lim_{\substack{\varepsilon_1 \to 0 \\ \varepsilon_2 \to 0}} \left(-\int_a^{c-\varepsilon_1} \frac{\mathrm{d}x}{c-x} + \int_{c+\varepsilon_2}^b \frac{\mathrm{d}x}{x-c} \right) = \ln \frac{b-c}{c-a} + \lim_{\substack{\varepsilon_1 \to 0 \\ \varepsilon_2 \to 0}} \ln \frac{\varepsilon_1}{\varepsilon_2}. \tag{9.3.1}$$

最后的极限项显然依赖 ε_1 和 ε_2 趋于零的方式, 如 $\varepsilon_1 = K\varepsilon_2$, K 为任意常数, 则极限为任意常数, 即反常积分此时不存在, 所以该积分称为**奇异积分**. 然而当取 $\varepsilon_1 = \varepsilon_2 = \varepsilon$ 时该极限存在. 即此时 Cauchy 主值意义的奇异积分存在. 事实上, **Cauchy 主值意义的奇异积分**

$$\int_a^b \frac{\mathrm{d}x}{x-c}, \quad a < c < b$$

就是

$$\lim_{\varepsilon \to \infty} \left(\int_a^{c-\varepsilon} \frac{\mathrm{d}x}{x-c} + \int_{c+\varepsilon}^b \frac{\mathrm{d}x}{x-c} \right).$$

由 (9.3.1) 知

$$\int_a^b \frac{\mathrm{d}x}{x-c} = \ln \frac{b-c}{c-a}. \tag{9.3.2}$$

现在考虑更一般的积分

$$\int_a^b \frac{\phi(x)}{x-c} \mathrm{d}x, \tag{9.3.3}$$

其中, $\phi(x)\,(x \in [a,b])$ 是满足 Hölder 条件的函数, 在 Cauchy 主值意义下计算该积分

$$\int_a^b \frac{\phi(x)}{x-c}\mathrm{d}x = \lim_{\varepsilon \to \infty} \left(\int_a^{c-\varepsilon} \frac{\phi(x)\,\mathrm{d}x}{x-c} + \int_{c+\varepsilon}^b \frac{\phi(x)\,\mathrm{d}x}{x-c} \right).$$

有等式

$$\int_a^b \frac{\phi(x)}{x-c}\mathrm{d}x = \int_a^b \frac{\phi(x)-\phi(c)}{x-c}\mathrm{d}x + \phi(c) \int_a^b \frac{\mathrm{d}x}{x-c}.$$

上式右端第一个积分是正常积分, 所以收敛, 这是因为由 $\phi(x)$ 满足 Hölder 条件得

$$\left| \frac{\phi(x)-\phi(c)}{x-c} \right| < \frac{A}{|x-c|^{1-\lambda}}, \quad 0 < \lambda \leqslant 1,$$

而上式右端第二个积分在 Cauchy 主值意义下就是 (9.3.2). 这样, 奇异积分 (9.3.3), 当 $\phi(x)$ 满足 Hölder 条件, 在 Cauchy 主值意义存在且等于

$$\int_a^b \frac{\phi(x)}{x-c}\mathrm{d}x = \int_a^b \frac{\phi(x)-\phi(c)}{x-c}\mathrm{d}x + \phi(c) \ln\frac{b-c}{c-a}.$$

9.4 曲线上的主值积分和 Plemelj 公式

设 L 是光滑曲线, τ 和 t 是其上的两点, 考虑积分

$$\int_L \frac{\phi(\tau)}{\tau-t}\mathrm{d}\tau. \tag{9.4.1}$$

以点 t 为圆心取半径为 ρ 的小圆, 小圆与曲线 L 的两个交点记为 t_1, t_2, L 上被小圆所截的以 t_1, t_2 为端点的部分记 l, 考虑积分

$$\int_{L-l} \frac{\phi(\tau)}{\tau-t}\mathrm{d}\tau. \tag{9.4.2}$$

当 $\rho \to 0$ 时, 积分 (9.4.2) 的极限称为曲线上奇异积分 (9.4.1) 的主值积分.

考虑到表示式

$$\int_L \frac{\phi(\tau)}{\tau-t}\mathrm{d}\tau = \int_L \frac{\phi(\tau)-\phi(t)}{\tau-t}\mathrm{d}\tau + \phi(t) \int_L \frac{\mathrm{d}\tau}{\tau-t}.$$

由上节知当 $\phi(\tau)$ 满足 Hölder 条件时奇异积分 (9.4.1) 在 Cauchy 主值意义下存在, 且有两种表示

$$\int_L \frac{\phi(\tau)}{\tau-t}\mathrm{d}\tau = \int_L \frac{\phi(\tau)-\phi(t)}{\tau-t}\mathrm{d}\tau + \phi(t) \left(\ln\frac{b-t}{a-t} + \mathrm{i}\pi \right),$$

$$\int_L \frac{\phi(\tau)}{\tau-t}\mathrm{d}\tau = \int_L \frac{\phi(\tau)-\phi(t)}{\tau-t}\mathrm{d}\tau + \phi(t) \ln\frac{b-t}{t-a},$$

其中, a 和 b 是 L 的两个端点.

特别是当 L 是封闭光滑曲线时,

$$\int_L \frac{\phi(\tau)}{\tau - t} \mathrm{d}\tau = \int_L \frac{\phi(\tau) - \phi(t)}{\tau - t} \mathrm{d}\tau + \mathrm{i}\pi\phi(t).$$

下面介绍一个重要公式, 即 Plemelj 公式. 设 L 是光滑开或闭的曲线, $\phi(\tau)$ 满足 Hölder 条件, 则 Cauchy 型积分

$$\Phi(z) = \frac{1}{2\pi\mathrm{i}} \int_L \frac{\phi(\tau)}{\tau - z} \mathrm{d}\tau. \tag{9.4.3}$$

当 z 沿 L 的左侧或右侧分别趋于 L 上的点 t(除端点) 时, 有极限值 $\Phi^+(t)$ 和 $\Phi^-(t)$ 分别称为 $\Phi(z)$ 的正负边值, 且正负边值可由密度函数 $\phi(t)$ 表示出来, 这就是很有用的Plemelj 公式

$$\begin{cases} \Phi^+(t) = \dfrac{1}{2}\phi(t) + \dfrac{1}{2\pi\mathrm{i}} \displaystyle\int_L \frac{\phi(\tau)}{\tau - t} \mathrm{d}\tau, \\ \Phi^-(t) = -\dfrac{1}{2}\phi(t) + \dfrac{1}{2\pi\mathrm{i}} \displaystyle\int_L \frac{\phi(\tau)}{\tau - t} \mathrm{d}\tau. \end{cases} \tag{9.4.4}$$

由式 (9.4.4) 可得 $\Phi(z)$ 的正负边值之差与之和分别为

$$\begin{cases} \Phi^+(t) - \Phi^-(t) = \phi(t), \\ \Phi^+(t) + \Phi^-(t) = \dfrac{1}{\pi\mathrm{i}} \displaystyle\int_L \frac{\phi(\tau)}{\tau - t} \mathrm{d}\tau. \end{cases} \tag{9.4.5}$$

特别当 L 为实轴时, Plemelj 公式为

$$\Phi^\pm(x) = \pm\frac{1}{2}\phi(x) + \frac{1}{2\pi\mathrm{i}} \int_{-\infty}^{\infty} \frac{\phi(\tau)}{\tau - x} \mathrm{d}\tau. \tag{9.4.6}$$

此外, 还有

$$\Phi^+(\infty) = \frac{1}{2}\phi(\infty), \quad \Phi^-(\infty) = -\frac{1}{2}\phi(\infty).$$

于是也有

$$\Phi^+(\infty) + \Phi^-(\infty) = 0, \tag{9.4.7}$$

$$\lim_{x \to \infty} \int_{-\infty}^{\infty} \frac{\phi(\tau)}{\tau - x} \mathrm{d}\tau = 0. \tag{9.4.8}$$

对于实轴上的 Cauchy 型积分

$$\Phi(z) = \frac{1}{2\pi\mathrm{i}} \int_{-\infty}^{\infty} \frac{\phi(x)}{x - z} \mathrm{d}x, \tag{9.4.9}$$

其中, $\phi(x)$ 在 x 轴上满足 Hölder 条件.

如果 $\phi(z)$ 是上半平面解析并可连续到 x 轴, 在 x 轴上满足 Hölder 条件, 则

$$\frac{1}{2\pi\mathrm{i}}\int_{-\infty}^{\infty}\frac{\phi(x)}{x-z}\mathrm{d}x = \begin{cases} \phi(z)-\dfrac{1}{2}\phi(\infty), & \mathrm{Im}\,z>0, \\ -\dfrac{1}{2}\phi(\infty), & \mathrm{Im}\,z<0. \end{cases} \tag{9.4.10}$$

如果 $\phi(z)$ 是下半平面解析并可连续到 x 轴, 在 x 轴上满足 Hölder 条件, 则

$$\frac{1}{2\pi\mathrm{i}}\int_{-\infty}^{\infty}\frac{\phi(x)-\phi(\infty)}{x-z}\mathrm{d}x = \begin{cases} \dfrac{1}{2}\phi(\infty), & \mathrm{Im}\,z>0, \\ -\phi(z)+\dfrac{1}{2}\phi(\infty), & \mathrm{Im}\,z<0. \end{cases} \tag{9.4.11}$$

例 9.4.1 当 L 为单位圆 $|z|=1$, 密度函数为 $\phi(\tau)=\dfrac{2}{\tau(\tau-2)}$ 时, 计算 Cauchy 型积分.

解

$$\begin{aligned} \Phi(z) &= \frac{1}{2\pi\mathrm{i}}\int_{L}\frac{2}{\tau(\tau-2)}\cdot\frac{\mathrm{d}\tau}{\tau-z} \\ &= \frac{1}{2\pi\mathrm{i}}\int_{L}\frac{1}{\tau-2}\cdot\frac{\mathrm{d}\tau}{\tau-z} - \frac{1}{2\pi\mathrm{i}}\int_{L}\frac{1}{\tau}\cdot\frac{\mathrm{d}\tau}{\tau-z}. \end{aligned}$$

由于函数 $\dfrac{1}{z-2}$ 在单位圆域 Ω^+ 解析, $\dfrac{1}{z}$ 在外域 Ω^- 解析且在 ∞ 点为零, 由式 (9.1.1) 知第 1 个积分当 $z\in\Omega^+$ 时为 $\dfrac{1}{z-2}$, 当 $z\in\Omega^-$ 时为零. 由式 (9.1.2) 知第 2 个积分, 当 $z\in\Omega^-$ 时为 $-\dfrac{1}{z}$, 当 $z\in\Omega^+$ 时为零, 因此

$$\Phi^+(z)=\frac{1}{z-2}, \quad \Phi^-(z)=\frac{1}{z}.$$

9.5 封闭曲线上的 Riemann 边值问题

设 L 是一简单封闭光滑曲线, 将复平面分成其内域 Ω^+ 和外域 Ω^-, $G(t)\,(G(t)\neq 0)$ 和 $g(t)$ 是 L 上的满足 Hölder 条件的函数.

所谓 **Riemann 边值问题**, 就是寻找两个函数 (或一个分片解析函数), 即一个在 Ω^+ 内解析的函数 $\Phi^+(z)$, 另一个在 Ω^- 内包括 $z=\infty$ 解析的函数 $\Phi^-(z)$, 使得其边值在 L 上满足如下关系:

$$\Phi^+(t)=G(t)\,\Phi^-(t)+g(t), \tag{9.5.1}$$

其中, $G(t)$ 称为 **Riemann 边值问题的系数**; $g(t)$ 称为**自由项**, 当 $g(t)$ 为零时称为**齐次 Riemann 边值问题**, $g(t)$ 不恒为零时称为**非齐次 Riemann 边值问题**.

通常定义 Riemann 边值问题的指标为

$$\kappa \equiv \mathrm{Ind}\, G\,(t) = \frac{1}{2\pi}\left[\arg G\,(t)\right]_L = \frac{1}{2\pi \mathrm{i}}\left[\log G\,(t)\right]_L, \tag{9.5.2}$$

即 κ 为当 t 沿逆时针方向绕 L 一周时, 函数 $G\,(t)$ 的幅角的增量除以 2π. 因为幅角的增量一定是 2π 的整数倍, 所以指标 κ 一定是整数. 也可用积分形式表示为

$$\kappa \equiv \mathrm{Ind}\, G\,(t) = \frac{1}{2\pi \mathrm{i}}\int_L \mathrm{d}\log G\,(t) = \frac{1}{2\pi}\int_L d\arg G\,(t). \tag{9.5.3}$$

例 9.5.1　当 $G\,(t) = t^n$, L 为包含原点的任一简单光滑曲线, 计算指标 κ.

解　函数 t^n 是函数 z^n 的边值, 而 z^n 在 L 内域只有 0 为其 n 阶零点, 因此

$$\kappa \equiv \mathrm{Ind}\, t^n = \frac{2n\pi}{2\pi} = n.$$

首先考虑 Riemann 跳跃问题, $g\,(t)$ 是简单光滑封闭曲线 L 上满足 Hölder 条件的函数, 跳跃问题就是寻求分片解析函数 $\Phi\,(z)\,(\Phi\,(z) = \Phi^+\,(z),\ z \in \Omega^+;\ \Phi\,(z) = \Phi^-\,(z),\ z \in \Omega^-)$ 在无穷为零, 在 L 上满足

$$\Phi^+\,(t) - \Phi^-\,(t) = g\,(t). \tag{9.5.4}$$

由 Plemelj 公式立得其唯一解为

$$\Phi\,(z) = \frac{1}{2\pi \mathrm{i}}\int_L \frac{g\,(\tau)}{\tau - z}\mathrm{d}\tau. \tag{9.5.5}$$

其次, 考虑齐次 Riemann 边值问题 $(G\,(t) \neq 0$, 正则型$)$

$$\Phi^+\,(t) = G\,(t)\,\Phi^-\,(t), \tag{9.5.6}$$

求出其一个特解.

记所求分片解析函数在区域 Ω^+ 和 Ω^- 内零点的个数分别为 N_+ 和 N_-, 则

$$N_+ + N_- = \mathrm{Ind}\, G\,(t) = \kappa. \tag{9.5.7}$$

当 $\kappa = 0$ 时, $\ln G\,(t)$ 是单值函数, 由 (9.5.7) 知 $N_+ = N_- = 0$, 即其解在整个平面没有零点, 此时函数 $\log \Phi^\pm\,(z)$ 分别在 $\Omega^\pm$ 解析且单值, 并有边值 $\log \Phi^\pm\,(z)$.

在 (9.5.6) 两端取对数得

$$\log \Phi^+\,(t) - \log \Phi^-\,(t) = \log G\,(t), \tag{9.5.8}$$

其中, $\log G\,(t)$ 已选定任一分枝而不影响最终结果.

于是 (9.5.8) 是一个 Riemann 跳跃问题, 它满足 $\log \Phi^{-}(\infty) = 0$ 的解由 (9.5.5) 知为

$$\log \Phi(z) = \frac{1}{2\pi i} \int_L \frac{\log G(\tau)}{\tau - z} d\tau. \tag{9.5.9}$$

记

$$\Gamma(z) = \frac{1}{2\pi i} \int_L \frac{\log G(\tau)}{\tau - z} d\tau. \tag{9.5.10}$$

由 Plemelj 公式得满足 $\Phi^{-}(\infty) = 1$ 的 Riemann 跳跃问题 (9.5.8) 的解为

$$\Phi^{\pm}(z) = e^{\Gamma^{\pm}(z)}. \tag{9.5.11}$$

如果去掉 $\Phi^{-}(\infty) = 1$ 的要求, 则 (9.5.9) 右端应加上一个任意常数, 于是 Riemann 跳跃问题 (9.5.8) 的解为

$$\Phi^{\pm}(z) = Ae^{\Gamma^{\pm}(z)}. \tag{9.5.12}$$

因为 $\Gamma^{-}(\infty) = 0$, 所以 $A = \Phi^{-}(\infty)$. 于是当 $\kappa = 0$ 时, 如果 $\Phi^{-}(\infty) \neq 0$, 则解包含一个任意常数, 因此有唯一一个线性独立解.

当 $\Phi^{-}(\infty) = 0$ 时, $A = 0$, 则原问题只有恒为零的平凡解. 于是得到一个重要推论: 对任给定的在 L 上满足 Hölder 条件的函数 $G(t) \neq 0$, 当指标 $\kappa = 0$ 时, 可以表示为分别在 Ω^{+} 和 Ω^{-} 内解析且在这些区域内没有零点的 $\Phi^{+}(z)$ 和 $\Phi^{-}(z)$ 的边值 $\Phi^{+}(t)$ 和 $\Phi^{-}(t)$ 的商, 而 $\Phi^{+}(z)$ 与 $\Phi^{-}(z)$ 由 (9.5.12) 给出.

当 $\kappa \neq 0$ 时, 将边界条件 (9.5.6) 改写为

$$\Phi^{+}(t) = t^{-\kappa}G(t) \quad t^{\kappa}\Phi^{-}(t).$$

于是零指标函数 $t^{-\kappa}G(t)$ 可以表示为解析函数边值的商

$$t^{-\kappa}G(t) = \frac{e^{\Gamma^{+}(t)}}{e^{\Gamma^{-}(t)}}, \quad \Gamma(z) = \frac{1}{2\pi i} \int_L \frac{\log[\tau^{-\kappa}G(\tau)]}{\tau - z} d\tau.$$

从而获得了所谓典则函数

$$X^{+}(z) = e^{\Gamma^{+}(z)}, \quad X^{-}(z) = z^{-\kappa}e^{\Gamma^{-}(z)} \tag{9.5.13}$$

满足 $X^{+}(t) = G(t)X^{-}(t)$ 的分片解析函数 $X(z)$, 即 Riemann 边值问题的系数可表示为典则函数边值的商

$$G(t) = \frac{X^{+}(t)}{X^{-}(t)}. \tag{9.5.14}$$

当 $\kappa > 0$ 时, 所求分片解析函数在全平面有唯一的奇点 ∞, 在 ∞ 处有不高于 κ 阶的极点. 于是由 Liouville 定理知此函数是次数不高于 κ 的任一复系数多项式.

因此问题的一般解为 $\Phi^+(z) = \mathrm{e}^{\Gamma^+(z)} P_\kappa(z)$, $\Phi^-(z) = z^\kappa \mathrm{e}^{\Gamma^-(z)} P_\kappa(z)$, 其中, $P_\kappa(z)$ 是一个次数不高于 κ 的任意多项式, 或其通解也可用典则函数表示为

$$\Phi(z) = X(z) P_\kappa(z), \tag{9.5.15}$$

即齐次 Riemann 边值问题当 $\kappa > 0$ 时有 $\kappa + 1$ 个线性无关解.

当 $\kappa < 0$ 时, 典则函数在 ∞ 处有 $|\kappa| = -\kappa$ 阶极点, 因而不是齐次 Riemann 边值问题的解, 但在求解非齐次问题时可作为辅助函数使用.

最后考虑满足边值条件 (9.5.1) 的非齐次 Riemann 边值问题的求解.

将边值条件 (9.5.1) 中的系数 $G(t)$ 用典则函数的边值的商代替, 则得

$$\frac{\Phi^+(t)}{X^+(t)} = \frac{\Phi^-(t)}{X^-(t)} + \frac{g(t)}{X^+(t)}. \tag{9.5.16}$$

由于函数 $\dfrac{g(t)}{X^+(t)}$ 满足 Hölder 条件, 由 Riemann 跳跃问题的解知分片解析函数

$$\Psi(z) = \frac{1}{2\pi \mathrm{i}} \int_L \frac{g(\tau)}{X^+(\tau)} \cdot \frac{\mathrm{d}\tau}{\tau - z} \tag{9.5.17}$$

的正负边值之差就是 $\dfrac{g(t)}{X^+(t)}$, 即

$$\Psi^+(t) - \Psi^-(t) = \frac{g(t)}{X^+(t)}. \tag{9.5.18}$$

于是边值条件 (9.5.16) 可重写为

$$\frac{\Phi^+(t)}{X^+(t)} - \Psi^+(t) = \frac{\Phi^-(t)}{X^-(t)} - \Psi^-(t).$$

设 $\kappa \geqslant 0$, 则

$$\frac{\Phi^+(t)}{X^+(t)} - \Psi^+(t) = \frac{\Phi^-(t)}{X^-(t)} - \Psi^-(t) = P_\kappa(t),$$

则得原问题的解

$$\Phi(z) = X(z) [\Psi(z) + P_\kappa(z)], \tag{9.5.19}$$

其中, $X(z)$ 和 $\Psi(z)$ 分别由 (9.5.13) 和 (9.5.17) 给出, $P_\kappa(z)$ 是 κ 阶的含任意系数的多项式.

现在设 $\kappa < 0$, 此时 $\dfrac{\Phi^-(z)}{X^-(z)}$ 在 ∞ 为零且

$$\frac{\Phi^+(t)}{X^+(t)} - \Psi^+(t) = \frac{\Phi^-(t)}{X^-(t)} - \Psi^-(t) = 0.$$

于是

$$\Phi(z) = X(z)\Psi(z), \tag{9.5.20}$$

但当 $\kappa < 0$ 时, 由于典则函数 $X(z)$ 在 ∞ 有 $|\kappa| = -\kappa$ 阶极点, 而 $\Psi(z)$ 在 ∞ 有一阶零点. 因此, $\Phi(z)$ 的表达式 (9.5.20) 右端的积有 $|\kappa| - 1 = -\kappa - 1$ 阶极点. 这样当 $\kappa + 1 < 0$ 时, 非齐次 Riemann 边值问题对任意自由项不可解, 只有当自由项满足某些条件使得 $\Phi(z)$ 在 ∞ 解析时才可解.

将函数 $\Psi(z)$ 展成级数 $\Psi^-(z) = \sum_{k=1}^{\infty} C_k z^{-k}$, 其中, 系数 $C_k = \dfrac{1}{2\pi i}\int_L \dfrac{g(\tau)}{X^+(\tau)}\tau^{k-1}\mathrm{d}\tau$. 为了保证 $\Phi^+(z)$ 在 ∞ 解析, 则 $\Psi^-(z)$ 的前 $-\kappa - 1$ 项的系数必须为零, 即当 $\kappa < 0$ 时, 非齐次 Riemann 边值问题可解的充要条件是下列 $-\kappa - 1$ 个条件满足:

$$\int_L \frac{g(\tau)}{X^+(\tau)}\tau^{k-1}\mathrm{d}\tau = 0, \quad k = 1, 2, \cdots, -\kappa - 1. \tag{9.5.21}$$

综上, 当 $\kappa \geqslant 0$ 时, 非齐次 Riemann 边值问题对任意自由项都可解, 且一般解为

$$\Psi(z) = \frac{X(z)}{2\pi i}\int_L \frac{g(\tau)}{X^+(\tau)} \cdot \frac{\mathrm{d}\tau}{\tau - z} + X(z)P_\kappa(z). \tag{9.5.22}$$

当 $\kappa < 0$ 时, 条件 (9.5.21) 满足时, 非齐次 Riemann 边值问题有唯一解 (9.5.22), 只是此时 $P_\kappa(z) \equiv 0$.

当 $G(t)$ 有零点时称为非正则型的, 这里不专门讨论, 有兴趣者可参考 (路见可, 1986).

9.6 开口弧段上的 Riemann 边值问题

本节讨论光滑弧段 $L = ab$(正方向取自 a 至 b) 上的 Riemann 边值问题

$$\Phi^+(t) = G(t)\Phi^-(t) + g(t), \quad t \in L = ab, t \neq a, b, \tag{9.6.1}$$

其中, $G(t), g(t)$ 都是在 L 上满足 Hölder 条件的已知函数, $G(t) \neq 0$.

注意边界条件 (9.6.1) 在 $t = a$ 和 b 没有要求一定满足, 通常允许 $\Phi^\pm(z)$ 有可积奇异性, 即在 $t = a$ 和 b 最多有阶数小于 1 的奇异性. 例如, 在 a 的邻域允许

$$|\Phi(z)| \leqslant \frac{K}{|z - a|^\alpha}, \quad 0 \leqslant \alpha < 1, \tag{9.6.2}$$

$$|\Phi^\pm(t)| \leqslant \frac{K}{|t - a|^\alpha}, \quad 0 \leqslant \alpha < 1. \tag{9.6.3}$$

当要求 $\Phi(z)$ 在 $z = a, b$ 有界, 则 $\Phi^\pm(t)$ 也在 $z = a, b$ 有界, 该类解记为 $h_2 = h(a, b)$, 当允许 $\Phi(z)$ 在 $z = a$ 或 b 无界 (但有可积奇异性) 时, 该解类记为

h_0, 当 $\Phi(z)$ 在 $z = a$ 有界, 在 $z = b$ 无界 (但有可积奇异性) 时, 该解类记为 h_a, 类似的当 $\Phi(z)$ 在 $z = b$ 有界, 在 $z = a$ 无界 (但有可积奇异性) 时, 该解类记为 h_b.

先考虑如下齐次 Riemann 边值问题在无穷为零, 即 $\Phi(\infty) = 0$ 的解:

$$\Phi^+(t) = G(t)\,\Phi^-(t). \tag{9.6.4}$$

类似上节, 定义

$$\Gamma(z) = \frac{1}{2\pi i}\int_L \frac{\log G(t)}{t - z}\mathrm{d}t, \quad z \notin L. \tag{9.6.5}$$

该函数在 L 割开的平面区域 S 解析且 $\Gamma(\infty) = 0$, 在 a, b 有对数阶奇异性, 即

$$\Gamma(z) = \begin{cases} \gamma_a \log(a - z) + \Phi_a(z), & \text{在} z = a \text{附近}, \\ \gamma_b \log(b - z) + \Phi_b(z), & \text{在} z = b \text{附近}, \end{cases} \tag{9.6.6}$$

其中,

$$\begin{cases} \gamma_a = \alpha_a + i\beta_a = -\dfrac{\log G(a)}{2\pi i}, \\ \gamma_b = \alpha_b + i\beta_b = \dfrac{\log G(b)}{2\pi i}. \end{cases} \tag{9.6.7}$$

$\Phi_a(z)$ 和 $\Phi_b(z)$ 分别是 $z = a$ 和 $z = b$ 附近被 L 割开的领域内解析的函数, 对数任意取定一个单值分支. 于是由 Plemelj 公式

$$\Gamma^+(t) - \Gamma^-(t) = \log G(t).$$

令

$$\chi(z) = \mathrm{e}^{\Gamma(z)},$$

则

$$G(t) = \frac{\chi^+(t)}{\chi^-(t)}.$$

于是

$$\frac{\Phi^+(t)}{\chi^+(t)} = \frac{\Phi^-(t)}{\chi^-(t)},$$

即 $\Psi(z) = \dfrac{\Phi(z)}{\chi(z)}$ 是可能除了 a, b 以外全平面解析的函数且 $\Psi(\infty) = 0$.

特别, 注意到

$$\chi(z) = \begin{cases} (z - a)^{\gamma_a}\chi_a(z), & \text{在} z = a \text{附近}, \\ (z - a)^{\gamma_a}\chi_b(z), & \text{在} z = b \text{附近}, \end{cases} \tag{9.6.8}$$

其中, $\chi_a(z)$ 和 $\chi_b(z)$ 分别当 $z = a$ 和 $z = b$ 附近被 L 割开区域内解析函数. 函数 $(z - a)^{\gamma_\alpha}$ 和 $(z - b)^{\gamma_b}$ 任意取定一单值分支.

如果在 h_2 类求解, 则定义 $\lambda_a = -[\alpha_a]$, $\lambda_b = -[\alpha_b]$. 记

$$X(z) = (z-a)^{\gamma_a}(z-b)^{\gamma_b}\chi(z), \qquad (9.6.9)$$

称

$$\kappa = -(\lambda_a + \lambda_b) \qquad (9.6.10)$$

为问题 (9.6.4) 在 h_2 类的指标, 则类似上节, 可得到齐次 Riemann 边值问题 (9.6.4) 当要求 $\Phi(\infty) = 0$ 且在 h_2 类的一般解为

$$\Phi(z) = X(z)P_{\kappa-1}(z), \qquad (9.6.11)$$

其中, $P_{\kappa-1}(z)$ 是一阶数为 $\kappa-1$ 的任意多项式, 当 $\kappa - 1 < 0$ 时, $P_{\kappa-1}(z) \equiv 0$.

$X(z)$ 称为原问题 (9.6.4) 在 h_2 类的典则解或典则函数

对于 h_0 类, 定义 $\lambda_a = [-\alpha_a]$, $\lambda_b = [-\alpha_b]$;

对于 h_a 类, 定义 $\lambda_a = -[\alpha_a]$, $\lambda_b = [-\alpha_b]$;

对于 h_b 类, 定义 $\lambda_a = [-\alpha_a]$, $\lambda_b = -[\alpha_b]$,

其他相同.

类似上节, 对于非齐次问题 (9.6.1), 有如下的定理:

定理 9.6.1   对于非齐次问题 (9.6.1), 在 $\Phi(\infty) = 0$ 的要求下, 在上述类中, 定义上述指标和典则函数后, 当 $\kappa \geqslant 0$ 时, 其一般解为

$$\Phi(z) = \frac{X(z)}{2\pi i}\int_L \frac{g(t)}{X^+(t)(t-z)}\mathrm{d}t + X(z)P_{\kappa-1}(z), \qquad (9.6.12)$$

其中, $P_{\kappa-1}(z)$ 是任一 $\kappa-1$ 阶多项式; 当 $\kappa < 0$ 时, 当且仅当

$$\int_L \frac{t^j g(t)}{X^+(t)}\mathrm{d}t = 0, \quad j = 0, 1, \cdots, -\kappa - 1 \qquad (9.6.13)$$

满足时原问题有唯一解 $(9.6.12)(P_{\kappa-1}(z) \equiv 0)$.

9.7 周期 Riemann 边值问题

首先, 介绍复平面的周期分片解析函数

$$\Phi(z) = \frac{1}{2\pi i}\int_L \phi(t)\cot(t-z)\,\mathrm{d}t. \qquad (9.7.1)$$

由 [路边] 知, 此时有推广的 Hilbert 核积分的 Plemelj 公式

$$\Phi^\pm(t) = \pm\frac{1}{2}\varphi(t) + \frac{1}{2\pi i}\int_L \varphi(\tau)\cot(\tau-t)\,\mathrm{d}\tau. \qquad (9.7.2)$$

现在考虑周期 Riemann 跳跃问题, $g(t)$ 是光滑曲线 L 上满足 Hölder 条件的函数, 周期 Riemann 跳跃问题就是寻求周期分片解析函数 $\Phi(z)$ 在 L 上满足

$$\Phi^+(t) - \Phi^-(t) = g(t), \quad t \in L.$$

由推广的 Hilbert 核积分的 Plemelj 公式立得其在无穷为零的唯一周期解

$$\Phi(z) = \frac{1}{2\pi i} \int_L g(t) \cot(t - z)\, \mathrm{d}t. \tag{9.7.3}$$

对于一般的周期 Riemann 边值问题可类似推广.

设 $L = \sum\limits_{k=-\infty}^{\infty} L_k$ 是光滑封闭曲线集合且互不相交, 形状相同, 沿 x 轴以 $a\pi$ 为周期分布, 逆时针方向为正, L_k 内域记为 S_k^+ (图 9.1), L 的外域记为 S^-, 设 $o \in S_0^+$, 记 $S^+ = \sum S_k^+$.

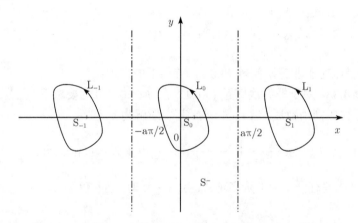

图 9.1　以 $a\pi$ 为周期的区域模型

对于一般的封闭曲线上, 周期 Riemann 边值问题

$$\Phi^+(t) = G(t)\,\Phi^-(t) + g(t), \tag{9.7.4}$$

当 $g(t)$ 不恒为零时, 其一般解为

(1) 要求 $\Phi(\pm\infty)$ 有限. 当 $\kappa \geqslant -1$ 时, 周期问题 (9.7.4) 的一般解为

$$\Phi(z) = X(z)\left[\Psi(z) + P_\kappa\left(\tan\frac{z}{a}\right)\right], \tag{9.7.5}$$

其中,

$$\Psi(z) = \frac{1}{2a\pi i} \int_{L_0} \frac{g(t)}{X^+(t)} \left(\cot\frac{t-z}{a} + \tan\frac{t}{a}\right) \mathrm{d}t, \tag{9.7.6}$$

$$X(z) = \begin{cases} e^{\Gamma(z)}, & z \in S^+, \\ \cot\dfrac{\kappa}{a} e^{\Gamma(z)}, & z \in S^+, \end{cases} \tag{9.7.7}$$

$$\Gamma(z) = \frac{1}{2a\pi i} \int_L \frac{\log\left[\cot^\kappa \dfrac{t}{a} G(t)\right]}{\tan\dfrac{t}{a} - \tan\dfrac{z}{a}} \frac{\mathrm{d}t}{\cos^2\dfrac{t}{a}}$$

$$= \frac{1}{2a\pi i} \int_{L_0} \log\left[\cot^\kappa \frac{t}{a} G(t)\right] \cot\frac{t-z}{a}\mathrm{d}t + C.$$

任意常数可并入任意多项式 $P_\kappa\left(\tan\dfrac{z}{a}\right)$, 所以通常记

$$\Gamma(z) = \frac{1}{2a\pi i} \int_L \log\left[\cot^\kappa \frac{t}{a} G(t)\right] \cot\frac{t-z}{a}\mathrm{d}t. \tag{9.7.8}$$

当 $\kappa < -1$ 时, 原问题 (9.7.4) 当且仅当条件

$$\int_{L_0} \frac{g(t)}{X^+(t)} \cdot \frac{\sin^{j-1}\dfrac{t}{a}}{\cos^{j+1}\dfrac{t}{a}}\mathrm{d}t = 0, \quad j = 1, 2, \cdots, -\kappa-1 \tag{9.7.9}$$

满足时有唯一解 $(9.7.5)(P_\kappa(z) \equiv 0)$.

(2) 要求 $\Phi(+\infty i) = \Phi(-\infty i)$. 当 $\kappa > 0$ 时, 其一般解为

$$\Phi(z) = X(z)\left\{\frac{1}{2a\pi i}\int_{L_0} \frac{g(t)}{X^+(t)}\cot\frac{t-z}{a}\mathrm{d}t + P_\kappa\left(\tan\frac{z}{a}\right)\right\}. \tag{9.7.10}$$

根据要求的条件还需满足

$$X(+\infty i)\left\{\frac{1}{2a\pi}\int_{L_0}\frac{g(t)}{X^+(t)}\mathrm{d}t + P_\kappa(+i)\right\} = X(-\infty i)\left\{-\frac{1}{2a\pi}\int_{L_0}\frac{g(t)}{X^+(t)}\mathrm{d}t + P_\kappa(-i)\right\}$$

或

$$\frac{G_\infty + 1}{2a\pi}\int_{L_0}\frac{g(t)}{X^+(t)}\mathrm{d}t = G_\infty P_\kappa(-i) - P_\kappa(+i), \tag{9.7.11}$$

其中,

$$G_\infty = \frac{X(-\infty i)}{X(+\infty i)} = (-1)^\kappa \exp\left\{-\frac{1}{a\pi}\int_{L_0}\log\left[\cot^\kappa \frac{t}{a}G(t)\right]\mathrm{d}t\right\}. \tag{9.7.12}$$

当 $\kappa = 0$ 时, 如果 $G_\infty \neq 1$, 则取 $P_0 \equiv C_0 = \dfrac{C_\infty + 1}{C_\infty - 1} \cdot \dfrac{1}{2a\pi}\int_{L_0}\dfrac{g(t)}{X^+(t)}\mathrm{d}t$, 原问题有唯一解

$$\Phi(z) = \frac{X(z)}{2a\pi i}\int_{L_0}\frac{g(t)}{X(t)}\left(\cot\frac{t-z}{a} + \frac{G_\infty + 1}{G_\infty - 1}\right)\mathrm{d}t. \tag{9.7.13}$$

当 $G_\infty = 1$ 时, 当且仅当

$$\int_{L_0} \frac{g(t)}{X^+(t)} \mathrm{d}t = 0 \tag{9.7.14}$$

时, 原方程有一般解

$$\Phi(z) = X(z) \left\{ \frac{1}{2a\pi i} \int_{L_0} \frac{g(t)}{X^+(t)} \cot \frac{t-z}{a} \mathrm{d}t + C \right\}. \tag{9.7.15}$$

当 $\kappa = -1$ 时, 原问题有唯一解

$$\Phi(z) = \frac{X(z)}{2a\pi i} \int_{L_0} \frac{g(t)}{X^+(t)} \left(\cot \frac{t-z}{a} + \tan \frac{t}{a} \right) \mathrm{d}t. \tag{9.7.16}$$

根据要求的条件, 还要满足

$$X(+\infty i) \int_{L_0} \frac{g(t)}{X^+(t)} \left(i + \tan \frac{t}{a} \right) \mathrm{d}t = X(-\infty i) \int_{L_0} \frac{g(t)}{X^+(t)} \left(-i + \tan \frac{t}{a} \right) \mathrm{d}t$$

或

$$(G_\infty - 1) \int_{L_0} \frac{g(t)}{X^+(t)} \tan \frac{t}{a} \mathrm{d}t = i (G_\infty + 1) \int_{L_0} \frac{g(t)}{X^+(t)} \mathrm{d}t. \tag{9.7.17}$$

当 $\kappa < -1$ 时, 原问题当条件 (9.7.9) 和 (9.7.17) 都满足时有唯一解 (9.7.16).

(3) 要求 $\Phi(+\infty i) = -\Phi(-\infty i)$. 当 $\kappa \geqslant 0$ 时, 要求的条件为

$$\frac{G_\infty - 1}{2a\pi} \int_L \frac{g(t)}{X^+(t)} \mathrm{d}t = G_\infty P_\kappa(-i) + P_\kappa(+i), \tag{9.7.18}$$

其一般解为 (9.7.10).

当 $\kappa = 0$ 时, 如果 $G_\infty \neq 1$, 则取

$$P_0 \equiv C_0 = \frac{G_\infty - 1}{G_\infty + 1} \cdot \frac{1}{2a\pi} \int_{L_0} \frac{g(t)}{X^+(t)} \mathrm{d}t,$$

其唯一解为

$$\Phi(z) = \frac{X(z)}{2\pi ai} \int_{L_0} \frac{g(t)}{X^+(t)} \left(\cot \frac{t-z}{a} + \frac{G_\infty - 1}{G_\infty + 1} i \right) \mathrm{d}t. \tag{9.7.19}$$

如果 $G_\infty = 1$, 当且仅当条件 (9.7.14) 满足时有解 (9.7.15).

当 $\kappa = -1$ 时, 条件

$$(G_\infty + 1) \int_L \frac{g(t)}{X^+(t)} \tan \frac{t}{a} \mathrm{d}t = i (G_\infty - 1) \int_L \frac{g(t)}{X^+(t)} \mathrm{d}t \tag{9.7.20}$$

满足时, 其唯一解是 (9.7.16).

当 $\kappa < -1$ 时, 当条件 (9.7.9) 和 (9.7.20) 都满足时有唯一解 (9.7.16).

(4) 要求 $\Phi(\pm\infty i) = 0$. 当 $\kappa \geqslant 0$ 时, 其一般解为 (9.7.5), 根据要求条件并考虑到 $X(\pm\infty i) \neq 0$. 则

$$\pm\frac{1}{2a\pi}\int_{L_0}\frac{g(t)}{X^+(t)}\mathrm{d}t + P_\kappa(\pm i) = 0. \tag{9.7.21}$$

于是当 $\kappa = 0$ 时, 当且仅当条件 (9.7.14) 满足时, 其唯一解为

$$\Phi(z) = \frac{X(z)}{2a\pi i}\int_{L_0}\frac{g(t)}{X^+(t)}\cot\frac{t-z}{a}\mathrm{d}t. \tag{9.7.22}$$

当 $\kappa = -1$ 时, 当且仅当条件 (9.7.14) 和

$$\int_{L_0}\frac{g(t)}{X^+(t)}\tan\frac{t}{a}\mathrm{d}t = 0 \tag{9.7.23}$$

都满足时, 原问题有唯一解 (9.7.22).

当 $\kappa < -1$ 时, 条件 (9.7.9), (9.7.14) 和 (9.7.23) 满足时, 原问题有唯一解 (9.7.22).

当 L 为开口弧线时, 仅以代表性情况给出其一般解, 以说明求解方法, 即

$$L_0 : -l \leqslant x \leqslant l, \quad l < \frac{a\pi}{2}, \quad L = \sum_{k=-\infty}^{+\infty}L_k.$$

$G(x) = -K$ 是一个负实数, 在 h_0 类中求解, 此时 $\kappa = 1$,

$$\Gamma(z) = \frac{\log(-K)}{2a\pi i}\int_{-l}^{l}\cot\frac{x-z}{a}\mathrm{d}x = \left(\frac{1}{2} - i\beta\right)\log\frac{\tan z/a - \tan l/a}{\tan z/a + \tan l/a},$$

$$X(z) = \left(\tan\frac{z}{a} + \tan\frac{l}{a}\right)^{-1/2+i\beta}\left(\tan\frac{z}{a} - \tan\frac{l}{a}\right)^{-1/2-i\beta},$$

其中, $\beta = \dfrac{\ln K}{2\pi}$. $X(z)$ 取定单值分支 $\displaystyle\lim_{z\to\pm\frac{1}{2}a\pi}\tan\frac{z}{a}X(z) = 1$.

例如, 当要求 $\Phi(\pm\infty i)$ 有界时, 其一般解为

$$\Phi(z) = \frac{X(z)}{2a\pi i}\int_{-1}^{1}\frac{g(x)}{X^+(t)}\cot\frac{x-z}{a}\mathrm{d}x + X(z)\left(C_0\tan\frac{z}{a} + C_1\right). \tag{9.7.24}$$

当 $\kappa = -1$ 时是一个重要的特例, 此时 $G_\infty = -1$,

$$X(z) = \frac{1}{i\sqrt{R(z)}}, \quad R(z) = \tan^2\frac{l}{a} - \tan^2\frac{z}{a}. \tag{9.7.25}$$

如果要求 $\Phi(+\infty i) = -\Phi(-\infty i)$, 其在 h_0 类中的一般解为

$$\Phi(z) = \frac{1}{2a\pi i\sqrt{R(z)}}\int_{-1}^{1} g(x)\sqrt{R(x)}\left(\cot\frac{x-z}{a} - \tan\frac{z}{a}\right)dx + \frac{C}{\sqrt{R(z)}}, \quad (9.7.26)$$

其中, $\sqrt{R(z)}$ 取定以 $[-l, l]$ 割线的任一单值分支.

9.8 第一类奇异积分方程

(1) 首先考虑封闭曲线 L 上的奇异积分方程

$$\frac{1}{\pi i}\int_L \frac{\phi(\tau)}{\tau - z}d\tau = f(t). \quad (9.8.1)$$

将 (9.8.1) 中变量 t 换为 τ_1, 方程两边乘以 $\frac{1}{\pi i}\frac{d\tau_1}{\tau_1 - t}$, 再沿 L 积分, 利用 Poincaré–Bertrand 公式, 即

$$\frac{1}{\pi i}\int_L \frac{d\tau}{\tau - t}\cdot\frac{1}{\pi i}\int_L \frac{K(\tau,\tau_1)}{\tau_1 - \tau}d\tau_1 = K(t,t) + \frac{1}{\pi i}\int_L d\tau_1\frac{1}{\pi i}\int_L \frac{K(\tau,\tau_1)}{(\tau - t)(\tau_1 - \tau)}d\tau, \quad (9.8.2)$$

得到

$$\frac{1}{\pi i}\int_L \frac{f(\tau_1)}{\tau_1 - t}d\tau_1 = \phi(t) + \frac{1}{\pi i}\int_L \phi(\tau)d\tau + \frac{1}{\pi i}\int_L \frac{d\tau_1}{(\tau_1 - t)(\tau - \tau_1)}.$$

上式右边的第 2 个积分

$$\int_L \frac{d\tau_1}{(\tau_1 - t)(\tau - \tau_1)} = \frac{1}{\tau - t}\left(\int_L \frac{d\tau_1}{\tau_1 - t} - \int_L \frac{d\tau_1}{\tau_1 - \tau}\right) = \frac{1}{\tau - t}(i\pi - i\pi) = 0.$$

于是得到

$$\phi(t) = \frac{1}{\pi i}\int_L \frac{f(\tau)}{\tau - t}d\tau. \quad (9.8.3)$$

这就是封闭曲线 L 上的第一类奇异积分方程 (9.8.1) 的解.

(2) 现在考虑有限区间上的第一类奇异积分方程

先考虑奇异积分方程

$$\int_0^1 \frac{\phi(\tau)}{\tau - t}d\tau = f(t), \quad 0 < t < 1, \quad (9.8.4)$$

两边同时乘以 t 后, 得到

$$\int_0^1 \frac{\tau\phi(\tau)}{\tau - t}d\tau = tf(t) + C, \quad (9.8.5)$$

其中, $C = \int_0^1 \phi(\tau)\mathrm{d}\tau$.

在方程 (9.8.5) 两边同时乘以 $\dfrac{\mathrm{d}t}{\sqrt{t(u-t)}}$, 并对 t 从 0 到 u 积分得

$$\int_0^u \frac{1}{\sqrt{t(u-t)}} \int_0^1 \frac{\tau\phi(\tau)}{\tau-t}\mathrm{d}\tau\mathrm{d}t = \int_0^u \frac{\sqrt{t}f(t)}{\sqrt{u-t}}\mathrm{d}t + C\int_0^u \frac{\mathrm{d}t}{\sqrt{u(u-t)}}$$

或

$$-\int_0^1 \tau\phi(\tau)\mathrm{d}\tau \int_0^u \frac{\mathrm{d}t}{(t-\tau)\sqrt{t(u-t)}} = \int_0^u \frac{\sqrt{t}f(t)}{\sqrt{u-t}}\mathrm{d}t + C\pi, \qquad (9.8.6)$$

其中, 已用到 Beta 函数值. 考虑到恒等式

$$\int_0^u \frac{\mathrm{d}t}{\sqrt{t(u-t)}(t-\tau)} = \begin{cases} 0, & 0 < \tau < u, \\ \dfrac{\pi}{\sqrt{\tau(\tau-u)}}, & \tau > u, \end{cases} \qquad (9.8.7)$$

得到

$$\int_u^1 \frac{\sqrt{\tau}\phi(\tau)}{\sqrt{\tau-u}}\mathrm{d}\tau = C + \frac{1}{\pi}\int_0^u \frac{\sqrt{t}f(t)}{\sqrt{u-t}}\mathrm{d}t. \qquad (9.8.8)$$

这是经典的 Abel 积分方程, 其解为

$$\sqrt{t}\phi(t) = -\frac{1}{\pi}\frac{\mathrm{d}}{\mathrm{d}t}\int_t^1 \frac{c\mathrm{d}u}{\sqrt{u-t}} - \frac{1}{\pi^2}\frac{\mathrm{d}}{\mathrm{d}t}\left\{\int_t^1 \frac{1}{\sqrt{u-t}}\int_0^u \frac{\sqrt{\tau}f(\tau)}{\sqrt{u-\tau}}\mathrm{d}u\right\}$$

或者

$$\sqrt{t}\phi(t) = \frac{c}{\pi\sqrt{1-t}} - \frac{1}{\pi^2}\frac{\mathrm{d}}{\mathrm{d}t}\left\{\int_t^1 \frac{1}{\sqrt{u-t}}\int_0^u \frac{\sqrt{\tau}f(\tau)}{\sqrt{u-\tau}}\mathrm{d}u\right\}. \qquad (9.8.9)$$

再进行积分交换次序得

$$\begin{aligned} \sqrt{t}\phi(t) &= \frac{c}{\pi\sqrt{1-t}} - \frac{1}{\pi^2}\frac{\mathrm{d}}{\mathrm{d}t}\left\{\int_0^t \sqrt{\tau}f(\tau)\mathrm{d}\tau \int_t^1 \frac{\mathrm{d}u}{\sqrt{(u-t)(u-\tau)}}\right. \\ &\quad \left. + \int_t^1 \sqrt{\tau}f(\tau)\mathrm{d}\tau \int_\tau^1 \frac{\mathrm{d}u}{\sqrt{(u-t)(u-\tau)}}\right\} \\ &= \frac{e}{\pi\sqrt{1-t}} - \frac{1}{\pi^2}\frac{\mathrm{d}}{\mathrm{d}t}\left\{\int_0^1 \sqrt{\tau}f(\tau)\mathrm{d}\tau \int_{\max(t,\tau)}^1 \frac{\mathrm{d}u}{\sqrt{(u-t)(u-\tau)}}\right\}. \end{aligned}$$

考虑到恒等式

$$\int_{\max\{t,\tau\}}^1 \frac{\mathrm{d}u}{\sqrt{(u-t)(u-\tau)}} = \ln\left|\frac{\sqrt{1-t}+\sqrt{1-\tau}}{\sqrt{1-t}-\sqrt{1-\tau}}\right|,$$

得积分方程 (9.8.4) 的解为

$$\phi(t) = \frac{c}{\pi\sqrt{t(1-t)}} + \frac{1}{\pi^2\sqrt{t(1-t)}} \int_0^1 \frac{\sqrt{\tau(1-\tau)}f(\tau)\,d\tau}{t-\tau}. \tag{9.8.10}$$

再考虑积分方程

$$\int_a^b \frac{\phi(\tau)}{\tau-t}d\tau = f(t), \quad a < t < b. \tag{9.8.11}$$

作变量代换

$$t = \frac{t'-a}{b-a},$$

由方程 (9.8.4) 和其解 (9.8.10) 得方程 (9.8.11) 的解为

$$\phi(t) = \frac{1}{\pi^2\sqrt{(t-a)(b-t)}} \left[\int_a^b \frac{\sqrt{(\tau-a)(\tau-b)}}{t-\tau} f(\tau)\,d\tau + \pi C \right], \quad a < t < b. \tag{9.8.12}$$

特别地, 当 $a = -1, b = 1$ 时, 由方程 (9.8.11) 的解可得所谓的机翼型 (airfoil) 方程

$$\frac{1}{\pi} \int_{-1}^1 \frac{\phi(x)}{x-y}dx = f(y), \quad |y| < 1. \tag{9.8.13}$$

的解

$$\phi(x) = \frac{2}{\pi\sqrt{1-x^2}} \int_{-1}^1 \frac{\sqrt{(1-y^2)}f(y)}{x-y}dy + \frac{C}{\sqrt{1-x^2}}, \quad |x| < 1. \tag{9.8.14}$$

例 9.8.1　求解积分方程

$$\int_a^b \frac{\phi(\tau)}{\tau-t}d\tau = 1, \quad a < t < b. \tag{9.8.15}$$

解　直接由 (9.8.12) 得

$$\phi(t) = \frac{1}{\pi^2\sqrt{(t-a)(b-t)}} \left[\int_a^b \frac{\sqrt{(\tau-a)(\tau-b)}}{t-\tau}d\tau + \pi C \right], \quad a < t < b$$

或

$$\phi(t) = \frac{t-(a+b)/C}{\pi\sqrt{(t-a)(b-t)}} + \frac{C}{\pi\sqrt{(t-a)(b-t)}}, \quad a < t < b. \tag{9.8.16}$$

(3) 第一类 Hilbert 核奇异积分方程

$$\frac{1}{2\pi} \int_0^{2\pi} \cot\left(\frac{\xi-x}{2}\right) \phi(\xi)d\xi = f(x), \quad 0 \leqslant x \leqslant 2\pi \tag{9.8.17}$$

在条件

$$\int_0^{2\pi} \phi(x)\mathrm{d}x = 0 \tag{9.8.18}$$

下的解.

先讨论方程 (9.8.17) 的可解条件, 方程 (9.8.17) 两端对 x 从 0 到 2π 积分, 考虑到关系式

$$\int_0^{2\pi} \cot\left(\frac{\xi - x}{2}\right)\mathrm{d}\xi = 0,$$

可得可解条件为

$$\int_0^{2\pi} f(x)\mathrm{d}x = 0. \tag{9.8.19}$$

借助于第一类 Cauchy 核奇异积分方程的解来求方程 (9.8.17) 在条件 (9.8.18) 下的解, 此时取 L 是中心在原点的单位圆周, 用 $\phi_1(t)$ 和 $\mathrm{i}^{-1}f_1(t)$ 分布代替方程 (9.8.1) 及其解 (9.8.3) 中的 $\phi(t)$ 和 $f(t)$, 则得

$$\frac{1}{\pi} \int_L \frac{\phi_1(\tau)}{\tau - t}\mathrm{d}\tau = f_1(t), \tag{9.8.20}$$

$$\phi_1(t) = -\frac{1}{\pi} \int_L \frac{f_1(\tau)}{\tau - t}\mathrm{d}\tau. \tag{9.8.21}$$

令 $t = \mathrm{e}^{\mathrm{i}x}, \tau = \mathrm{e}^{\mathrm{i}\xi}$, 则可发现 Cauchy 核和 Hilbert 核的关系

$$\frac{\mathrm{d}\tau}{\tau - t} = \frac{1}{2} \cot\left(\frac{\xi - x}{2}\right)\mathrm{d}\xi + \frac{\mathrm{i}}{2}\mathrm{d}\xi. \tag{9.8.22}$$

将关系式 (9.8.22) 代入方程 (9.8.20) 及其解 (9.8.4), 改变变量 $\phi(x) = \phi_1(t)$, $f(x) = f_1(t)$, 则得

$$\frac{1}{2\pi} \int_0^{2\pi} \cot\left(\frac{\xi - x}{2}\right)\phi(\xi)\mathrm{d}\xi + \frac{i}{2\pi} \int_0^2 \phi(\xi)\mathrm{d}\xi = f(x), \tag{9.8.23}$$

$$\phi(x) = -\frac{1}{2\pi} \int_0^{2\pi} \cot\left(\frac{\xi - x}{2}\right)f(\xi)\mathrm{d}\xi - \frac{\mathrm{i}}{2\pi} \int_0^{2\pi} f(\xi)\mathrm{d}\xi. \tag{9.8.24}$$

考虑到条件 (9.8.18) 和可解条件 (9.8.19), 由 (9.8.23) 和 (9.8.24) 得方程 (9.8.17) 的解为

$$\phi(x) = -\frac{1}{2\pi} \int_0^{2\pi} \cot\left(\frac{\xi - x}{2}\right)f(\xi)\mathrm{d}\xi. \tag{9.8.25}$$

(9.8.17) 和 (9.8.25) 分别与条件 (9.8.18) 和 (9.8.19) 称为 **Hilbert 反演公式**.

(4) 复平面上的第二类 Cauchy 核奇异积分方程的解法

(i) 当 L 为封闭曲线, 方程形式为

$$A\phi(t) = -\frac{B}{\pi i}\int_L \frac{\phi(\tau)}{\tau - t}\mathrm{d}\tau + f(t),\quad t \in L, \tag{9.8.26}$$

其中, A, B 是给定的复常数, $\phi(\tau)$ 是满足 Hölder 条件的函数.

为了求解积分方程 (9.8.26), 写成算子形式

$$M\phi = A\phi(t) + \frac{B}{\pi i}\int_L \frac{\phi(\tau)}{\tau - t}\mathrm{d}\tau = f(t). \tag{9.8.27}$$

定义其伴随算子

$$N\phi = A\phi(t) - \frac{B}{\pi i}\int_L \frac{\phi(\tau)}{\tau - t}\mathrm{d}\tau. \tag{9.8.28}$$

于是

$$NM\varphi = A\left[A\varphi(t) + \frac{B}{\pi i}\int_L \frac{\varphi(\tau)}{\tau - t}\mathrm{d}\tau\right] - \frac{B}{\pi i}\int_L \frac{\mathrm{d}\tau_1}{\tau_1 - t}\left[A\varphi(\tau_1) + \frac{B}{\pi i}\int_L \frac{\varphi(\tau)\mathrm{d}\tau}{\tau - \tau_1}\right] = Nf. \tag{9.8.29}$$

利用 Poincaré-Bertrand 变换公式 (Kanwal, 1997)

$$\frac{1}{(2\pi i)^2}\int_L \frac{\mathrm{d}\tau}{\tau_1 - t} - \int_L \frac{\phi(\tau)}{\tau - \tau_1}\mathrm{d}\tau = \frac{1}{4}\phi(t), \tag{9.8.30}$$

化简后得原方程 (9.8.26) 的解为

$$\phi(t) = \frac{A}{A^2 - B^2}f(t) - \frac{B}{(A^2 - B^2)\pi i}\int_L \frac{f(\tau)}{\tau - t}\mathrm{d}\tau, \tag{9.8.31}$$

其中, 已假定了 $A^2 - B^2 \neq 0$.

当 $A = 0, B = 1$ 时, 便得 (9.8.1) 和 (9.8.3) 为一对反演公式.

(ii) 当 L 是开口弧段时, 由于 Poincaré-Bertrand 变换公式不可用, 所以用另外的方法求解, 定义

$$\Phi(z) = \frac{1}{2\pi i}\int_L \frac{\phi(\tau)}{\tau - z}\mathrm{d}\tau,$$

此时 Plemelj 公式仍然成立, 即

$$\Phi^+(t) = \frac{1}{2}\phi(t) + \frac{1}{2\pi i}\int_L \frac{\phi(\tau)}{\tau - t}\mathrm{d}\tau, \tag{9.8.32}$$

$$\Phi^-(t) = -\frac{1}{2}\phi(t) + \frac{1}{2\pi i}\int_L \frac{\phi(\tau)}{\tau - t}\mathrm{d}\tau \tag{9.8.33}$$

或

$$\begin{aligned}&\phi(t) = \Phi^+(t) - \Phi^-(t),\\&\frac{1}{\pi i}\int_L \frac{\phi(\tau)}{\tau - t}\mathrm{d}\tau = \Phi^+(t) + \Phi^-(t).\end{aligned} \tag{9.8.34}$$

代入原方程 (9.8.26) 得 Riemann 边值问题

$$(A + B) \, \Phi^+ (t) - (A - B) \, \Phi^- (t) = f(t), \quad t \in L. \tag{9.8.35}$$

当 $L = [a, b]$ 时, 可得到该开口弧段的 Riemann 边值问题的解, 进而由 (9.8.34) 得

$$\varphi(t) = \frac{A}{A^2 - B^2} f(t) - \frac{B}{(A^2 - B^2) \pi i} \left(\frac{t-a}{t-b} \right)^\kappa \int_a^b \left(\frac{\tau-a}{\tau-b} \right)^\kappa f(\tau) \frac{\mathrm{d}\tau}{\tau-t}$$
$$+ \frac{c}{(t-a)^{1-\kappa} (t-b)^\kappa}, \tag{9.8.36}$$

其中, $\kappa = \dfrac{1}{2\pi i} \ln \dfrac{a+b}{a-b}$, c 为任意常数.

(5) 第二类 Hilbert 核奇异积分方程

$$A\phi(t) = f(t) - \frac{B}{2\pi} \int_0^{2\pi} \phi(\tau) \cot \left(\frac{\tau-t}{2} \right) \mathrm{d}\tau. \tag{9.8.37}$$

定义算子

$$M\phi = A\phi(t) + \frac{B}{2\pi} \int_0^{2\pi} \phi(\tau) \cot \left(\frac{\tau-t}{2} \right) \mathrm{d}\tau, \tag{9.8.38}$$

$$N\phi = A\phi(t) - \frac{B}{2\pi} \int_0^{2\pi} \phi(\tau) \cot \left(\frac{\tau-t}{2} \right) \mathrm{d}\tau, \tag{9.8.39}$$

则

$$NM\phi = A \left[A\phi(t) + \frac{B}{2\pi} \int_0^{2\pi} \phi(\tau) \cot \left(\frac{\tau-t}{2} \right) \mathrm{d}\tau \right]$$
$$- \frac{B}{2\pi} \int_0^{2\pi} \cot \left(\frac{\tau-t}{2} \right) \mathrm{d}\tau \left[A\phi(\tau) + \frac{B}{2\pi} \int_0^{2\pi} \phi(\sigma) \cot \left(\frac{\sigma-\tau}{2} \right) \mathrm{d}\sigma \right]$$
$$= F(t), \tag{9.8.40}$$

其中,

$$F(t) = Nf = Af(t) - \frac{B}{2\pi} \int_0^{2\pi} f(\tau) \cot \left(\frac{\tau-t}{2} \right) \mathrm{d}\tau.$$

利用 Hilbert 公式 (Kanwal, 1997)

$$\left(\frac{1}{2\pi} \right)^2 \int_0^{2\pi} \cot \left(\frac{\sigma-t}{2} \right) \mathrm{d}\sigma \int_0^{2\pi} \phi(\tau) \cot \left(\frac{\tau-\sigma}{2} \right) \mathrm{d}\tau = -\phi(t) + \frac{1}{2\pi} \int_0^{2\pi} \phi(\tau) \mathrm{d}\tau, \tag{9.8.41}$$

(9.8.40) 可化简为

$$(A^2 + B^2) \, \phi(t) - \left(\frac{B^2}{2\pi} \right) \int_0^{2\pi} \phi(\tau) \, \mathrm{d}\tau = F(t). \tag{9.8.42}$$

这是一个简单的退化核 $K(t, \tau) = 1$ 的方程.

　　为了求解, 两端从 0 到 2π 积分, 并记 $C = \displaystyle\int_0^{2\pi} \phi(\tau)\mathrm{d}\tau$, 得

$$A^2 C = A \int_0^{2\pi} f(t)\mathrm{d}t - \frac{B}{2\pi}\int_0^{2\pi}\mathrm{d}t\int_0^{2\pi} f(\tau)\cot\left(\frac{\tau - t}{2}\right)\mathrm{d}\tau.$$

右边第 2 个积分是

$$-\frac{B}{2\pi}\int_0^{2\pi}\mathrm{d}\tau f(\tau)\int_0^{2\pi}\cot\left(\frac{\tau - t}{2}\right)\mathrm{d}t$$

$$= -\frac{B}{2\pi}\int_0^{2\pi} f(\tau)\mathrm{d}\tau\left[\int_0^{t-\varepsilon}\frac{\cos(\tau - t)/2}{\sin(\tau - t)/2}\mathrm{d}t + \int_{t+\varepsilon}^{2\pi}\frac{\cos(\tau - t)/2}{\sin(\tau - t)/2}\mathrm{d}t\right].$$

　　当 $\varepsilon \to 0$ 时, 方括号内的项为零. 于是

$$C = \frac{1}{A}\int_0^{2\pi} f(\tau)\mathrm{d}\tau, \qquad \int_0^{2\pi} \phi(\tau)\mathrm{d}\tau = \frac{1}{A}\int_0^{2\pi} f(\tau)\mathrm{d}\tau.$$

最后, 由方程 (9.8.42) 得到

$$\varphi(t) - \frac{A}{A^2 + B^2} f(t) - \frac{B}{2\pi(A^2 + B^2)}\int_0^{2\pi} f(\tau)\cot\left(\frac{\tau - t}{2}\right)\mathrm{d}\tau$$

$$+ \frac{B^2}{2\pi A(A^2 + B^2)}\int_0^{2\pi} f(\tau)\,\mathrm{d}\tau, \tag{9.8.43}$$

其中, $A^2 + B^2 \neq 0$.

　　例 9.8.2　求解奇异积分方程

$$\frac{1}{2\pi}\int_0^{2\pi}\phi(\tau)\cot\left(\frac{\tau - t}{2}\right)\mathrm{d}\tau = \sum_{n=1}^{\infty}(a_n\cos nt + b_n\sin nt) \tag{9.8.44}$$

　　解　函数 $\displaystyle\sum_{n=1}^{\infty}(a_n\cos nt + b_n\sin nt)$ 是周期为 2π 的周期函数. 此外条件 $\displaystyle\int_0^{2\pi} f(\tau)\mathrm{d}\tau = 0$ 也满足. 因此由反演公式 (9.8.17) 和 (9.8.25) 得

$$\phi(t) = -\frac{1}{2\pi}\int_0^{2\pi}\left[\sum_{n=1}^{\infty}(a_n\cos n\tau + b_n\sin n\tau)\right]\cot\left(\frac{\tau - t}{2}\right)\mathrm{d}\tau$$

$$= \sum_{n=1}^{\infty}(a_n\sin nt - b_n\cos nt). \tag{9.8.45}$$

9.9 奇异积分方程数值积分法

同 Fredholm 积分方程一样, 数值积分法, 有时称为 Nyström 逼近方法对奇异积分方程也有效. 对 Fredholm 积分方程, 是将积分号下有核的积分项借助于某一数值积分方式离散化为求和形式, 即

$$\int_a^b K(x,t)\phi(t)\,\mathrm{d}t \approx \sum_{j=1}^n W_j K(x,t_j)\phi(t_j),$$

其中, $\left(\{w_j\}_{j=1}^n, \{t_j\}_{j=1}^n\right)$ 是求积公式的权和节点, 然后将原积分方程转化为代数方程组求出其数值近似解.

类似地, 对于 Cauchy 核奇异积分方程将含 Cauchy 核的奇异积分项, 也可利用某种积分方式将其离散化为求和形式, 即

$$S(\phi) = \int_a^b \frac{w(t)\phi(t)}{t-x}\mathrm{d}t \approx \sum_{j=1}^n \frac{w_j\phi(t_j)}{t_j-x} + \frac{q_n(x)\phi(x)}{\sigma_n(x)}, \quad t_j \neq x, \quad j=1,2,\cdots,n,$$

其中, $w(t)$ 为某权函数, $\left(\{w_j\}_{j=1}^n, \{t_j\}_{j=1}^n\right)$ 是求积公式的权系数和节点,

$$q_n = S(\sigma_n), \quad \sigma_n(t) = \prod_{j=1}^n (t-t_j).$$

对于第一类奇异积分方程

$$\frac{1}{\pi}\int_{-1}^1 \frac{w(t)\phi(t)\,\mathrm{d}t}{t-x} + \int_{-1}^1 w(t)K(x,t)\phi(t)\,\mathrm{d}t = f(x), \quad -1 < x < 1, \quad (9.9.1)$$

利用上述数值积分公式可离散化为

$$\frac{1}{\pi}\sum_{j=0}^n \frac{w_k\phi_n(t_j)}{t_j-x} + \sum_{j=0}^n w_k K(x,t_j)\phi(t_k) + \frac{q_{n+1}(x)\phi(x)}{\sigma_{n+1}(x)} = f(x), \quad -1 < x < 1, \quad x \neq t_j,$$

$$j = 0,1,2,\cdots,n. \quad (9.9.2)$$

注意到与 Fredholm 方程情况不同, 现在只是对 $x \neq t_j (j=0,1,2,\cdots,n)$ 成立, 因为如果取 $x = t_j$, $j=0,1,2,\cdots,n$, 则 (9.9.2) 第一项无意义, 因此可以选择 x, 使得 $q_{n+1}(x) = 0$, 通常可求出 $\{\phi(t_j)\}_{j=0}^n$, 此时 (9.9.2) 当指标为 1, 即允许解在端点 ± 1 无界时变为代数方程组

$$\frac{1}{\pi}\sum_{j=0}^m \frac{w_j\phi(t_j)}{t_j-x_i} + \sum_{j=0}^m w_j K(x_i,t_j)\phi(t_j) = f(x_i), \quad j=0,1,2,\cdots,N-1. \quad (9.9.3)$$

通常要求出其唯一解还需要一个辅助条件.

下面以一实例给出其数值结果并比较. 考虑方程

$$\frac{1}{\pi}\int_{-1}^{1}\frac{1}{\sqrt{1-t^2}}\frac{\phi(t)}{t-x}\mathrm{d}t+\frac{1}{\pi}\int_{-1}^{1}\frac{1}{\sqrt{1-t^2}}\frac{t\left(t^2-x^2\right)\phi(t)\,\mathrm{d}t}{\left(t^2+x^2\right)^2}=1 \tag{9.9.4}$$

与辅助条件

$$\int_{-1}^{1}\frac{1}{\sqrt{1-t^2}}\phi(t)\,\mathrm{d}t=0. \tag{9.9.5}$$

这是弹性力中的一个模型, 裂纹 $(-1,1)$ 的尖端处的应力弹度因子直接与 $\phi(1)$ 有关, 利用上述数值积分法, 通过使用 Gauss 求积分后再 Lagrange 插值, Gauss 求积后再自然插值以及直接使用 Lobatto 求积公式包括端点处的值, 不用再插值求出 $\phi(1)$ 的近似结果如表 9.1(Gerasoulis, 1982).

表 9.1　$\phi(1)$ 的数值结果比较

n	Gauss 求积再 Lagrange 插值	Gauss 求积再自然插值	Lobatto 求积
6	0.83363	0.86261	0.85970
8	0.87264	0.86435	0.86387
10	0.86289	0.86448	0.86449
12	0.86381	0.86433	0.86441
14	0.86257	0.86415	0.86424
16	0.86281	0.86401	0.86396
18	0.86503	0.86391	0.86387
20	0.86283	0.86383	0.86380
22	0.86463	0.86372	—
40	0.86335	0.86358	—
60	0.86348	0.86355	—

对于如下的 Hilbert 核奇异积分方程:

$$\frac{1}{a\pi\mathrm{i}}\int_{-1}^{1}\frac{\phi(t)}{\sqrt{1-t^2}}\cot\left(\frac{t-x}{a}\right)\mathrm{d}t+\frac{1}{a\pi\mathrm{i}}\int_{-1}^{1}\frac{1}{\sqrt{1-t^2}}K(x,t)\phi(t)\,\mathrm{d}t=f(x),\quad -1<x<1, \tag{9.9.6}$$

通常可利用 Labotto-Chebyshev 求积公式, 即

$$t_j=\cos\frac{2j-1}{2n}\pi,\quad j=0,1,2,\cdots,n,$$
$$x_i=\cos\frac{i}{n}\pi,\quad i=0,1,2,\cdots,n,$$
$$w_0=w_n=\frac{1}{2},\quad w_1=w_2=\cdots=w_{n-1}=1$$

直接离散含 Hilbert 核的奇异积分, 然后进行数值求解更为方便些 (Li, Wu, 2002).

考虑第二类奇异积分方程

$$a\phi\left(x\right) + \frac{b}{\pi}\int_{-1}^{1}\frac{\phi\left(t\right)}{t-x}\mathrm{d}t + \int_{-1}^{1}K\left(x,t\right)\phi\left(t\right)\mathrm{d}t = f\left(x\right), \quad -1 < x < 1, \qquad (9.9.7)$$

其中, a 和 b 是实常数, $K\left(x,t\right)$ 和 $f\left(x\right)$ 分别是满足 Hölder 条件的已知函数.

方程 (9.9.7) 的解通常可以表示为下列形式 (Muskhelishvili, 1953):

$$\phi\left(t\right) = \omega\left(t\right)w\left(t\right), \qquad (9.9.8)$$

其解 $\omega\left(t\right)$ 也是满足 Hölder 条件, 权函数 $w\left(t\right)$ 为

$$
\begin{aligned}
w\left(t\right) &= \left(1-t\right)^{\alpha}\left(1+t\right)^{\beta}, \\
\alpha &= \frac{1}{2\pi i}\log\left(\frac{a-ib}{a+ib}\right) + N, \\
\beta &= \frac{1}{2\pi i}\log\left(\frac{a-ib}{a+ib}\right) + M,
\end{aligned}
\qquad (9.9.9)
$$

其中, N 和 M 是整数, 通常由实际物理问题确定. 为了有可积奇异性, $\alpha > -1$, $\beta > -1$.

$$\kappa = -\left(\alpha+\beta\right) = -\left(N+M\right) \qquad (9.9.10)$$

称为奇异积分方程 (9.9.7) 的**指标**.

当指标确定后, 可按前述方法对第二类奇异积分方程利用求积公式离散化为代数方程解求出其近似数值解.

下面给出一个实例并对数值结果与真解比较. 考虑第二类奇异积分方程的特征方程

$$\phi\left(x\right) - \frac{1}{\pi}\int_{-1}^{1}\frac{\phi\left(t\right)}{t-x}\mathrm{d}t = 1, \qquad (9.9.11)$$

其精确解为

$$\phi\left(x\right) = \frac{1}{\sqrt{2}}\left(\frac{1-x}{1+x}\right)^{1/4}.$$

利用 Chebyshev 求积公式离散方程 (9.9.11) 求出其在 $x = -0.8, -0.4, 0.0, 0.4, 0.8$ 处的数值结果见表 9.2.

表 9.2　数值解与真解的比较

x	数值解	真解
-0.8	1.2243	1.2247
-0.4	0.8738	0.8739
0.0	0.7073	0.7071
0.4	0.5721	0.5721

9.10　超奇异积分方程的解法

超奇异积分方程的解法研究还不充分, 目前相关解析解法或数值解法散见于一些文章, 还未见有系统的专著出版, 本节介绍一种较为简洁的解析求解方法.

(1) 考虑如下的**超奇异积分方程 (Prandtl 方程)**:

$$\phi(x) - \frac{\alpha(1-x^2)^{1/2}}{\pi} \int_{-1}^{1} \frac{\phi(t)}{(t-x)^2} dt = f(x), \quad -1 < x < 1 \tag{9.10.1}$$

在辅助条件 $\phi(\pm 1) = 0$ 情况下的解法 (Chakrabakti, 1997), 其中, $\alpha > 0$ 为已知常数, $f(x)$ 是满足 Hölder 条件的已知函数.

方程 (9.10.1) 左端的积分是一个超奇异积分, 即阶数高于一阶的奇异积分, 它在 Cauchy 主值意义下仍然不存在, 而此时是在 Hadamard 有限主部的意义下积分才有意义, 即如下定义 (Fox, 1957):

$$(H\phi)(x) = \frac{1}{\pi} \int_{-1}^{1} \frac{\phi(t)}{(t-x)^2} dt$$
$$= \frac{1}{\pi} \lim_{\varepsilon \to 0} \left[\int_{-1}^{x-\varepsilon} \frac{\phi(t)}{(t-x)^2} dt + \int_{x+\varepsilon}^{1} \frac{\phi(t)}{(t-x)^2} dt - \frac{\phi(x-\varepsilon) + \phi(x+\varepsilon)}{\varepsilon} \right]. \tag{9.10.2}$$

假设 $\phi \in C^{1,\alpha}(-1,1), 0 < \alpha < 1$, 即要求 ϕ 有一阶导函数满足 Hölder 条件, 定义

$$\Phi(z) = \frac{1}{2\pi i} \int_{-1}^{1} \frac{\phi(t)}{t-z} dt, \tag{9.10.3}$$

则 $\Phi(z)$ 是 $(-1,1)$ 割开的复平面上的分片解析函数, 且 $\Phi(z) = o(1/2), |z| \to \infty$. 利用 Plemelj 公式 (9.4.4), 即

$$\Phi^{\pm}(x) = \pm \frac{1}{2} \phi(x) + \frac{1}{2\pi i} \int_{-1}^{1} \frac{\phi(t) dt}{t-x}, \quad -1 < x < 1,$$

则方程 (9.10.1) 就可写为

$$\left[1 - i\alpha(1-x^2)^{1/2} \frac{d}{dx}\right] \Phi^+(x) - \left[1 + i\alpha(1-x^2)^{1/2} \frac{d}{dx}\right] \Phi^-(x) = f(x), \quad -1 < x < 1. \tag{9.10.4}$$

于是 (9.10.4) 便成为了分片解析函数 $\Phi(z)$ 的微分 Riemann 边值问题的边界条件, 如果求出 $\Phi(z)$, 则立得

$$\phi(x) = \Phi^+(x) - \Phi^-(x). \tag{9.10.5}$$

由于在 $(-1, 1)$ 割开的复平面上分片解析函数 $\left(z^2 - 1\right)^{1/2}$ 的正负边值为

$$\lim_{y \to 0} \left(z^2 - 1\right)^{1/2} = \pm \mathrm{i} \left(1 - x^2\right)^{1/2},$$

其中, 根式函数取当 x 为正, $x^{1/2}$ 为正的单值支.

引进新的函数

$$\Psi(z) = \left[1 - \alpha \left(z^2 - 1\right)^{1/2} \frac{\mathrm{d}}{\mathrm{d}z}\right] \Phi(z), \tag{9.10.6}$$

由 (9.9.4) 立得

$$\Psi^+(x) - \Psi^-(x) = f(x), \quad -1 < x < 1.$$

这是 9.5 节讨论过 Riemann 跳跃问题, 其解为

$$\Psi(z) = \frac{1}{2\pi i} \int_{-1}^{1} \frac{f(t)}{t - z} \mathrm{d}t. \tag{9.10.7}$$

由于 $\Phi(z) = o(1/z)$, 同样由 (9.10.6) 知 $\Psi(z) = o(1/z)$, $|z| \to \infty$. 注意到 $\alpha > 0$, 求解常微分方程 (9.10.6) 得

$$\Phi(z) = \left\{-\frac{1}{\alpha} \int_{\infty}^{z} \frac{\left[z + \left(z^2 - 1\right)^{1/2}\right]^{-1/\alpha}}{\left(z^2 - 1\right)^{1/2}} \Psi(z) \mathrm{d}z + \lambda\right\} \left[z + \left(z^2 - 1\right)^{1/2}\right]^{1/\alpha},$$

其中, λ 为任意常数.

为了保证当 $|z| \to \infty$ 时, $\Phi(z) = o(1/z)$, 则必须 $\lambda = 0$. 于是

$$\Phi(z) = \left\{-\frac{1}{\alpha} \int_{\infty}^{z} \left[z + \left(z^2 - 1\right)^{1/2}\right]^{1/\alpha} \mathrm{d}z \int_{\infty}^{z} \frac{\left[z + \left(z^2 - 1\right)^{1/2}\right]^{-1/\alpha}}{\left(z^2 - 1\right)^{1/2}} \Psi(z) \mathrm{d}z\right\}. \tag{9.10.8}$$

当 $z \to \pm 1$ 时, $\Phi^+(\pm 1) = \Phi^-(\pm 1)$, 所以 $\phi(\pm 1) = 0$ 满足原要求. 于是最后由 (9.10.8) 和 (9.10.5) 给出原方程 (9.10.1) 的解.

例如, 对于 Prandtl 方程,

$$\alpha = \frac{\pi}{2\beta}, \beta > 0, f(x) = \frac{2\pi k}{\beta} \left(1 - x^2\right)^{1/2}. \tag{9.10.9}$$

于是由 (9.10.8) 得

$$\Phi(z) = \frac{2k\pi i}{\pi + 2\beta} \left[z - \left(z^2 - 1\right)^{1/2}\right]. \tag{9.10.10}$$

进一步由 (9.10.5) 得

$$\phi\left(x\right) = \frac{4k\pi^2}{\pi + 2\beta}\left(1 - x^2\right)^{1/2}. \tag{9.10.11}$$

(2) 现在考虑一类周期核超奇异积分方程(Li, 2000)

$$\phi\left(x\right) + \frac{w\left(x\right)}{\pi i}\int_{-1}^{1}\phi\left(t\right)\cot^2\left(t - x\right)\mathrm{d}t = f\left(x\right), \quad -1 < x < 1 \tag{9.10.12}$$

及辅助条件 $\phi\left(\pm 1\right) = 0$, 其中, $w\left(x\right)$ 和 $f\left(x\right)$ 是已知的周期为 π 的函数, 且 $w\left(x\right)$ 是周期分片解析函数 $W\left(z\right)$ 的边值, 即

$$w\left(x\right) = W^+\left(x\right) = -W^-\left(x\right), \quad x \in \left(-1, 1\right). \tag{9.10.13}$$

$\phi\left(x\right)$ 的要求同 (1), 方程 (9.10.12) 左端的积分在 Hadamard 有限部积分意义下存在, 即

$$\int_{-1}^{1}\phi\left(t\right)\cot^2\left(t - x\right)\mathrm{d}t = \lim_{\varepsilon \to 0}\left\{\int_{-1}^{x-\varepsilon}\phi\left(t\right)\cot^2\left(t - x\right)\mathrm{d}t + \int_{x+\varepsilon}^{1}\phi\left(t\right)\cot^2\left(t - x\right)\mathrm{d}t\right\}$$
$$- \lim_{\varepsilon \to 0}\left\{\left[\phi\left(x - \varepsilon\right) + \phi\left(x + \varepsilon\right)\right]\cot\varepsilon\right\}, \quad x \in \left(-1, 1\right). \tag{9.10.14}$$

而积分 (9.10.14) 与 Cauchy 主值意义下的 Hilbert 核积分有如下关系:

$$\int_{-1}^{1}\phi\left(t\right)\cot^2\left(t - x\right)\mathrm{d}t = -\frac{\mathrm{d}}{\mathrm{d}x}\int_{-1}^{1}\phi\left(t\right)\cot\left(t - x\right)\mathrm{d}t. \tag{9.10.15}$$

(9.10.15) 也可认为是含二阶周期核 $\cot^2\left(t - x\right)$ 的超奇异积分的定义. 为了求解方程 (9.10.12), 类似 (1), 引入复平面上的周期分片解析函数

$$\varPhi\left(z\right) = \frac{1}{2\pi i}\int_{-1}^{1}\phi\left(t\right)\cot\left(t - z\right)\mathrm{d}t. \tag{9.10.16}$$

利用 Hilbert 核积分的 Plemelj 公式, 即

$$\varPhi^\pm\left(x\right) = \pm\frac{1}{2}\phi\left(x\right) + \frac{1}{2\pi i}\int_{-1}^{1}\phi\left(t\right)\cot\left(t - x\right)\mathrm{d}t, \quad -1 < x < 1.$$

于是超奇异积分方程 (9.10.12) 转化为微分 Riemann 边值周期跳跃问题

$$\left[1 - W\left(x\right)\frac{\mathrm{d}}{\mathrm{d}x}\right]\varPhi^+\left(x\right) - \left[1 + W\left(x\right)\frac{\mathrm{d}}{\mathrm{d}x}\right]\varPhi^-\left(x\right) = f\left(x\right), \quad -1 < x < 1. \tag{9.10.17}$$

为了求解该微分 Riemann 边值周期问题, 引入周期分片解析函数

$$\varPsi\left(z\right) = \left[1 - W\left(z\right)\frac{\mathrm{d}}{\mathrm{d}z}\right]\varPhi\left(z\right), \tag{9.10.18}$$

其中, $W(z)$ 可以从满足边界条件 (9.10.13) 的周期 Riemann 边值问题的解获得, 在要求 $W(\pm\infty i)$ 有界时, 有

$$W(z) = X(z)(C_0 \tan z + C_1), \tag{9.10.19}$$

其中, C_0 和 C_1 是任意复常数,

$$X(z) = (\tan z + \tan 1)^{-1/2}(\tan z - \tan 1)^{-1/2}.$$

取定单值支

$$\lim_{z \to \pm 1/2\pi} \tan(z) X(z) = 1,$$

于是由 (9.10.17) 和 (9.10.18) 得

$$\Phi^+(x) - \Phi^-(x) = f(x), \quad -1 < x < 1. \tag{9.10.20}$$

这里 Riemann 边值周期跳跃问题, 其解为

$$\Phi(z) = \frac{1}{2\pi i} \int_{-1}^{1} f(t) \cot(t - z) \, \mathrm{d}t. \tag{9.10.21}$$

当 C_0 和 C_1 不同时为零时, 记

$$G(Z) = \frac{1}{W(z)} = \frac{1}{C_0 \tan z + C_1}(\tan z + \tan 1)^{1/2}(\tan z - \tan 1)^{1/2},$$

则 (9.10.18) 可写为关于未知函数 $\Phi(z)$ 的一阶线性微分方程的标准形式

$$\frac{\mathrm{d}}{\mathrm{d}z}\Phi(z) = G(z)\Phi(z) - G(z)\Psi(z). \tag{9.10.22}$$

于是

$$\Phi(z) = -\mathrm{e}^{\int G(z)\,\mathrm{d}z}\left[G(z)\Psi(z)\mathrm{e}^{-\int G(z)\,\mathrm{d}z}\,\mathrm{d}z + C\right]. \tag{9.10.23}$$

由 (9.10.16) 和 (9.10.21) 知当 $|z| \to \infty$ 时, $\Phi(z) = O\left(\dfrac{1}{z}\right)$, $\Psi(z) = O\left(\dfrac{1}{z}\right)$. 于是任意常数 C 便可确定. 最后考虑到 (9.10.17) 和 (9.10.23) 便可由 (9.10.5) 求出 $\phi(x)$.

(3) $n+1$ 阶超奇异积分方程的封闭解 (Li,2000) 问题.

考虑 $n+1$ 阶超奇异积分方程

$$\phi(x) + \frac{W(z)}{\pi i}\int_a^b \frac{\phi(t)}{(t-x)^{n+1}}\,\mathrm{d}t = f(x), \quad x \in (a, b), \quad n = 1, 2, \cdots \tag{9.10.24}$$

及辅助条件

$$\phi^{(j)}(a) = \phi^{(j)}(b) = 0, \quad j = 0, 1, \cdots, n-1, \tag{9.10.25}$$

其中, 假设 $\phi(x)$ 有 n 阶导函数且满足 Hölder 条件.

方程 (9.10.24) 左端的超奇异积分在 Hadamard 有限部积分意义下存在, 定义为 (Fox , 1957; 王传荣, 1982)

$$\int_a^b \frac{\phi(t)}{(t-x)^{n+1}} \mathrm{d}t = \lim_{\varepsilon \to 0} \left\{ \int_a^{x-\varepsilon} \frac{\phi(t)}{(t-x)^{n+1}} \mathrm{d}t + \int_{x+\varepsilon}^b \frac{\phi(t)}{(t-x)^{n+1}} \mathrm{d}t \right\}$$

$$- \lim_{\varepsilon \to 0} \sum_{j=0}^{n-1} \frac{f^{(j)}(x)}{j!} \left\{ \frac{1-(-1)^{n-j}}{(n-j)\,\varepsilon^{n-j}} \right\}$$

$$= \frac{1}{n!} \int_a^b \frac{\phi^{(n)}(t)}{t-x} \mathrm{d}t + \sum_{j=0}^{n-1} \frac{1}{n \cdots (n-j)} \left\{ \phi^{(j)}(a)(a-x)^{n-j} \right.$$

$$\left. - \phi^{(j)}(b)(b-x)^{n-j} \right\}, \quad x \in (a,b). \tag{9.10.26}$$

由于 $\phi^n(t)$ 满足 Hölder 条件, 所以 (9.10.26) 右端关于密度函数 $\phi^n(t)$ 的 Cauchy 主值积分存在.

由条件 (9.10.25) 知此时

$$\int_a^b \frac{\phi(t)}{(t-x)^{n+1}} \mathrm{d}t = \frac{1}{n!} \int_a^b \frac{\phi^{(n)}(t)}{t-x} \mathrm{d}t, \quad x \in (a,b). \tag{9.10.27}$$

进一步, 有更方便的公式

$$\int_a^b \frac{\phi(t)}{(t-x)^{n+1}} \mathrm{d}t = \frac{1}{n!} \frac{\mathrm{d}^n}{\mathrm{d}x^n} \int_a^b \frac{\phi(t)}{t-x} \mathrm{d}t, \quad x \in (a,b). \tag{9.10.28}$$

为了求解超奇异积分方程 (9.10.24), 引入复平面分片解析函数

$$\Phi(z) = \frac{1}{2\pi i} \int_a^b \frac{\phi(t)}{t-z} \mathrm{d}t. \tag{9.10.29}$$

由 Plemelj 公式可将方程 (9.10.24) 转化为微分 Riemann 边值问题

$$\left[1 + \frac{w(x)}{n!} \frac{\mathrm{d}^n}{\mathrm{d}x^n} \right] \Phi^+(x) - \left[1 - \frac{w(x)}{n!} \frac{\mathrm{d}^n}{\mathrm{d}x^n} \right] \Phi^-(x) = f(x), \quad x \in (a,b). \tag{9.10.30}$$

为求解该微分 Riemann 边值问题, 引进新的分区解析函数

$$\Psi(z) = \left[1 + \frac{W(z)}{n!} \frac{\mathrm{d}^n}{\mathrm{d}z^n} \right] \Phi(z), \tag{9.10.31}$$

其中, $W(z) = (z-a)^{1/2} (z-b)^{1/2}$. 取定任一单值分支.

由 (9.10.30) 得

$$\Psi^+(x) - \Psi^-(x) = f(x), \quad x \in (a, b), \tag{9.10.32}$$

于是得到

$$\Psi(z) = \frac{1}{2\pi i} \int_a^b \frac{f(t)}{t-z} dt, \tag{9.10.33}$$

然后由 (9.10.31) 求出 $\Phi(z)$, 最后由 (9.10.5) 求出 $\phi(x)$.

(4) **超奇异积分微分方程的解法**(Li,2003).

考虑超奇异积分微分方程

$$\frac{d^{n+k}\phi(x)}{dx^{n+k}} + \frac{W(x)}{\pi i} \int_a^b \frac{\phi(t)}{(t-x)^{n+1}} dt = f(x), \quad x \in (a, b), \quad n, k = 1, 2, \cdots \tag{9.10.34}$$

在辅助条件

$$\phi^{(j)}(a) = \phi^{(j)}(b) = 0, \quad j = 0, 1, \cdots, n-1 \tag{9.10.35}$$

下的解法, 其中, 已假定 $\phi(x)$ 有直到 $n+k$ 阶的导函数, 且 $\phi^{(n)}(x)$ 满足 Hölder 条件, $W(x)$ 同上部分. 这里, 采用与上部分相比更直接的方法, 引入函数

$$\Phi(z) = \frac{1}{2\pi i} \int_a^b \frac{\phi(t)}{(t-z)^{n+1}} dt. \tag{9.10.36}$$

由文献 (Fox, 1957) 知此时对于积分 (9.10.36), 扩展的 Plemelj 公式成立, 即

$$\Phi^\pm(x) = \pm \frac{1}{2n!} \phi^{(n)}(x) + \frac{1}{2\pi i} \int_a^b \frac{\phi(t)}{(t-x)^{n+1}} dt, \quad x \in (a, b). \tag{9.10.37}$$

于是由 (9.10.37), (9.10.34) 和 (9.10.35) 得微分 Riemann 边值问题

$$\left[n! \frac{d^k}{dx^k} + W(x)\right] \Phi^+(x) - \left[n! \frac{d^k}{dx^k} - W(x)\right] \Phi^-(x) = f(x), \quad x \in (a, b). \tag{9.10.38}$$

再引入一个新的未知函数

$$\Psi(z) = \left[n! \frac{d^k}{dz^k} + W(z)\right] \Phi(z), \tag{9.10.39}$$

则满足边界条件 (9.10.38) 的边值问题变为满足下列边界条件的 Riemann 边值跳跃问题:

$$\Psi^+(x) - \Psi^-(x) = f(x), \quad x \in (a, b), \tag{9.10.40}$$

其解为

$$\Psi(z) = \frac{1}{2\pi i} \int_a^b \frac{f(t)}{t-z} \mathrm{d}t. \tag{9.10.41}$$

由 (9.10.39) 和 (9.10.37) 得

$$\phi^{(n)}(x) = n!\left[\Phi^+(x) - \Phi^-(x)\right], \tag{9.10.42}$$

从而

$$\phi(x) = \underbrace{\iint\cdots\int}_{n} n!\left[\Phi^+(x) - \Phi^-(x)\right]\mathrm{d}x^n + c_1 x^{n-1} + c_2 x^{n-2} + \cdots + c_{n-1} x + c_n. \tag{9.10.43}$$

例如, 当 $k = 1$ 时, 式 (9.10.39) 变为

$$\frac{\mathrm{d}}{\mathrm{d}z}\Phi(z) = \frac{W(z)}{n!}\Phi(z) + \frac{\Psi(z)}{n!}, \tag{9.10.44}$$

其解为

$$\Phi(z) = \mathrm{e}^{\int (W(z)/n!)\mathrm{d}z}\left(\int \frac{\Psi(z)}{n!}\mathrm{e}^{-(W(z)/n!)}\mathrm{d}z + C\right)\cdot[z + W(z)]^{-(n!/2)}$$

$$\mathrm{e}^{(n!/2)zW(z)}\left(\int \frac{\Psi(z)}{n!}[z + W(z)]^{(n!/2)}\mathrm{e}^{-(n!/2)zW(z)}\mathrm{d}z + C\right). \tag{9.10.45}$$

由 (9.10.36) 和 (9.10.41) 知当 $|z| \to \infty$ 时, $\Phi(z) = O\left(\frac{1}{z}\right)$, $\Psi(z) = O\left(\frac{1}{z}\right)$. 因此常数 C 就可以被确定, 最后由 (9.10.43) 便可求出 $\phi(x)$.

第 9 章习题

1. 证明 Cauchy 奇异积分方程

$$\int_0^1 \frac{\phi(\tau)\mathrm{d}\tau}{\tau - t} = 1 - 2t, \quad 0 \leqslant t \leqslant 1$$

的解为

$$\phi(t) = \frac{2}{\pi}\sqrt{t(1-t)} + \frac{c}{\sqrt{t(1-t)}},$$

其中, c 是任意常数.

2. 求解 Hilbert 核奇异积分方程

$$\phi(t) = -\frac{1}{2\pi}\int_0^{2\pi}\phi(\tau)\cot\left(\frac{\tau - t}{2}\right)\mathrm{d}\tau + \sin t.$$

3. 求解第二类 Cauchy 奇异积分方程

$$\phi(t) = \frac{1}{\pi}\int_0^1 \frac{\phi(\tau)}{\tau - t}\mathrm{d}\tau + t.$$

第 10 章　非线性积分方程

前面章节主要讨论了线性积分方程, 即未知函数 $\phi(x)$ 不论在积分号下或积分号外都是一次的, 本章主要介绍非线性积分方程. 此时, 线性积分方程的理论和解法大部分不再适用, 尤其非线性积分方程的解的存在与唯一性有待进一步研究, 在某些特殊条件下线性积分方程的某些求解方法也可用来求解非线性积分方程.

10.1　非线性积分方程的类型

非线性积分方程通常有下列几种类型:

$$\phi(x) - \int_a^b H[x, t, \phi(t)]\mathrm{d}t = f(x), \tag{10.1.1}$$

$$G[\phi(x)] - \int_a^b K(x, t)\phi(t)\mathrm{d}t = f(x), \tag{10.1.2}$$

$$G[\phi(x)] - \int_a^b H[x, t, \phi(t)]\mathrm{d}t = f(x), \tag{10.1.3}$$

其中, G 是关于一个自变量的已知函数, H 是关于 3 个自变量的已知函数, 有时方程 (10.1.1), (10.1.2) 和 (10.1.3) 分别称为**正常型**、**例外型**和**一般型**的非线性积分方程. 这些方程都是第二类 Fredholm 型非线性积分方程. 下面是第一类非线性积分方程:

$$\int_a^b H[x, t, \phi(t)]\mathrm{d}t = f(x). \tag{10.1.4}$$

当 $t > x$ 时, 如果 $H \equiv 0$ 或 $K \equiv 0$, 则就有相应的 Volterra 型非线性积分方程

$$\phi(x) - \int_a^x H[x, t, \phi(t)]\mathrm{d}t = f(x), \tag{10.1.5}$$

$$G[\phi(x)] - \int_a^x K(x, t)\phi(t)\mathrm{d}t = f(x), \tag{10.1.6}$$

$$G[\phi(x)] - \int_a^x H[x, t, \phi(t)]\mathrm{d}t = f(x), \tag{10.1.7}$$

$$\int_a^x H[x, t, \phi(t)]\mathrm{d}t = f(x). \tag{10.1.8}$$

10.2   非线性积分方程解的存在唯一性

本节利用逐次逼近法讨论非线性积分方程解的存在唯一性.

定理 10.2.1   对于第二类非线性 Fredholm 积分方程

$$\phi(x) - \int_a^b H(x, t, \phi(t))\, \mathrm{d}t = f(x). \tag{10.2.1}$$

当 (1) 函数 $H(x, t, \phi(t))$ 在 x, t 的定义域 S 和满足

$$A - m \leqslant \phi(t) \leqslant A + m \tag{10.2.2}$$

的连续函数 $\phi(x)$ 时是一个单值函数, 其中, A, m 是常数.

(2) 存在常数 M, N, 使得

$$H(x, t, \phi_i) < M, \tag{10.2.3}$$

$$|H(x, t, \phi_i) - H(x, t, \phi_j)| < N |\phi_i - \phi_j| \tag{10.2.4}$$

对任何函数满足 (10.2.2) 的 $\phi_i(t), \phi_j(t)$ 成立.

(3) $f(x)$ 在 (a, b) 上连续且存在 ε, 使得

$$A - \varepsilon \leqslant f(x) \leqslant A + \varepsilon, \tag{10.2.5}$$

$$\varepsilon + M(b - a) < m, \tag{10.2.6}$$

则存在唯一连续函数解的充分条件是

$$N(b - a) < 1. \tag{10.2.7}$$

于是原方程的解就是下列逐次逼近解的极限函数:

$$\phi_0(x) = f(x),$$

$$\phi_1(x) = f(x) + \int_a^b H(x, t, \phi_0(t))\, \mathrm{d}t,$$

$$\phi_2(x) = f(x) + \int_a^b H(x, t, \phi_1(t))\, \mathrm{d}t,$$

$$\cdots\cdots$$

$$\phi_n(x) = f(x) + \int_a^b H(x, t, \phi_{n-1}(t))\, \mathrm{d}t,$$

$$\cdots\cdots$$

证明 首先证明收敛性. 如果有

$$\phi(x) = \phi_0 + (\phi_1 - \phi_0) + (\phi_2 - \phi_1) + \cdots + (\phi_n - \phi_{n-1}) + \cdots, \tag{10.2.8}$$

由于不等式 (10.2.5) 和 (10.2.6), 所有逼近解满足条件 (10.2.2), 然后由于不等式 (10.2.3) 和 (10.2.4), 得

$$|\phi_1 - \phi_0| < M(b-a),$$
$$|\phi_2 - \phi_1| < MN(b-a)^2,$$
$$\cdots\cdots$$
$$|\phi_n - \phi_{n-1}| < MN^{n-1}(b-a)^n,$$
$$\cdots\cdots$$

因此在 (10.2.7) 的条件下 (10.2.8) 右端的级数绝对并一致收敛, 且和函数也连续, 就是原方程的解.

其次证明唯一性. 假设还存在连续解 $\tilde{\phi}(x)$, 当然也满足条件 (10.2.2), 则

$$\left|\phi(x) - \tilde{\phi}(x)\right| = \int_a^b \left[H(x,t,\phi(t)) - H\left(x,t,\tilde{\phi}(t)\right)\right] dt < N\int_a^b \left|\phi(t) - \tilde{\phi}(t)\right| dt. \tag{10.2.9}$$

如果

$$\left|\phi(x) - \tilde{\phi}(x)\right| < 2m,$$

由不等式 (10.2.9) 知

$$\left|\phi(x) - \tilde{\phi}(x)\right| < 2mN(b-a). \tag{10.2.10}$$

将不等式 (10.2.10) 再代入不等式 (10.2.9) 的右端得

$$\left|\phi(x) - \tilde{\phi}(x)\right| < 2mN^2(b-a)^2,$$

重复这个过程得

$$\left|\phi(x) - \tilde{\phi}(x)\right| < 2mN^n(b-a)^n.$$

考虑到 (10.2.7), 上式右端极限为零. 于是

$$\phi(x) \equiv \tilde{\phi}(x)$$

类似地可以证明,

定理 10.2.2 对于带参数 λ 的第二类非线性 Fredholm 积分方程

$$\phi(x) - \lambda\int_a^b H(x,t,\phi(t)) dt = f(x). \tag{10.2.11}$$

当也满足定理 10.2.1 的 3 个条件时, 存在唯一连续解的充分条件是 λ 满足

$$|\lambda| < \min\left\{\frac{m-\varepsilon}{M\,(b-a)}, \frac{1}{N\,(b-a)}\right\}, \tag{10.2.12}$$

原方程就有逐次逼近解

$$\phi_n\,(x) = f\,(x) + \lambda \int_a^b H\,(x,t,\phi_{n-1}\,(t))\,\mathrm{d}t$$

的极限函数为其解.

例 10.2.1　对于非线性第二类 Fredholm 积分方程

$$\phi\,(x) - \int_0^{0.1} xt\,\left[1+\phi^2\,(t)\right]\mathrm{d}t = x+1,$$

其逼近解为

$$\phi\,(x) = 1.13x + 1.$$

验证定理 10.2.1 的条件.

(1) 有

$$1.056 - 0.057 \leqslant \phi\,(x) \leqslant 1.056 + 0.057,$$

于是

$$A = 1.056, \quad m = 0.057.$$

(2) 对满足条件 (1) 的函数有

$$\left|xt\,\left[1+\phi^2\,(t)\right]\right| < \frac{2}{100},$$

$$\left|xt\,\left(1+\phi_1^2\right) - xt\,\left(1+\phi_2^2\right)\right| = |xt|\,\left|(\phi_1+\phi_2)\,(\phi_1-\phi_2)\right| < \frac{3}{100}\,|\phi_1 - \phi_2|.$$

于是

$$M = \frac{2}{100}, \quad N = \frac{3}{100}.$$

(3) $1.056 - 0.056 \leqslant f\,(x) = x+1 \leqslant 1.056 + 0.056,$

$$0.056 + \frac{2}{100} \times \frac{1}{10} < 0.057,$$

所以可取 $\varepsilon = 0.056$. 这些结果保证了 $N\,(b-a) < 1$. 因此唯一连续解通过逐次逼近法获得

$$\phi_0 = x + 1,$$
$$\phi_1 = 1.01x + 1,$$
$$\cdots\cdots$$

其精确解为

$$\phi(x) = \frac{9920 - \sqrt{98272000}}{6}x + 1.$$

这样, 定理 10.2.1 保证了 $f(x)$ 在区间 $(A - \varepsilon, A + \varepsilon)$, 如果取宽度 m 再比 ε 宽一些, 对于在区间 $(A - m, A + m)$ 上的解, 逐次逼近法从 $\phi_0(x) = f(x)$ 开始的逼近解是收敛且唯一的. 但是原方程可能还存在其他不满足条件 (10.2.2) 的解.

如例 10.2.1 中的方程还存在另一个连续解

$$\phi(x) = \frac{9920 + \sqrt{98272000}}{6}x + 1.$$

这里因为该解不满足

$$1.056 - 0.057 \leqslant \phi(x) \leqslant 1.056 + 0.057,$$

它是一个不能用上述逐次逼近法求得的解.

考虑非线性 Volterra 积分方程

$$\phi(x) = f(x) + \int_0^x k(x, t, \phi(t))\mathrm{d}t, \quad 0 \leqslant x \leqslant T. \tag{10.2.13}$$

定理 10.2.3 设 $f(x)$ 和 $k(x, t, u)$ 连续, $0 \leqslant t \leqslant x \leqslant T$ 且 $-\infty < u < \infty$, 且核满足 Lipschitz 条件, 即 $|k(x, t, y) - k(x, t, z)| \leqslant L|y - z|$, 其中 L 与 x, t, y 和 z 无关, 则方程 (10.2.13) 对所有有限 T 有唯一的连续解.

证明 逐次迭代

$$\phi_n(x) = f(x) + \int_0^x k(x, t, \phi_{n-1}(t))\mathrm{d}t, \quad \phi_0(x) = f(x). \tag{10.2.14}$$

方程 (10.2.14) 减去一个用 $n - 1$ 代替 n 的类似方程得

$$\phi_n(x) - \phi_{n-1}(x) = \int_0^x \{k(x, t, \phi_{n-1}(t)) - k(x, x, \phi_{n-2}(t))\}\mathrm{d}t.$$

令

$$\varphi_n(x) = \phi_n(x) - \phi_{n-1}(x), \quad \varphi_0(x) = f(x), \tag{10.2.15}$$

则

$$\phi_n(x) = \sum_{i=0}^n \varphi_i(x)$$

且

$$|\varphi_n(x)| = L\int_0^x |\varphi_{n-1}(t)|\,\mathrm{d}t.$$

进一步,

$$|\varphi_n(x)| = \frac{F(Lx)^n}{n!}, \quad F = \max_{0 \leqslant x \leqslant T} |f(x)|,$$

所以 $\phi_n(x) = \sum_{i=0}^{n} \varphi_i(x)$ 当 $n \to \infty$ 时收敛于极限函数 $\phi(x)$, 且 $\phi(x)$ 是一个连续函数, 现证明该 $\phi(x)$ 满足原方程, 即是原方程的解.

设

$$\phi(x) = \phi_n(x) + \Delta_n(x),$$

由 (10.2.14) 知

$$\phi(x) - \Delta_n(x) = f(x) + \int_0^x k(x, t, \phi(t) - \Delta_{n-1}(t)) \mathrm{d}t.$$

于是

$$\phi(x) - f(x) - \int_0^x k(x, t, \phi(t)) \mathrm{d}t = \Delta_n(x) + \int_0^x \{k(x, t, \phi(t) - \Delta_{n-1}(t)) - k(x, t, \phi(t))\} \mathrm{d}t.$$

考虑 Lipschitz 条件, 则

$$\left| \phi(x) - f(x) - \int_0^x k(x, t, \phi(t)) \mathrm{d}t \right| \leqslant |\Delta_n(x)| + Lx \|\Delta_{n-1}\|, \tag{10.2.16}$$

其中, $\|\Delta_{n-1}\| = \max_{0 \leqslant t \leqslant x} |\Delta_{n-1}(t)|$. 但是 $\lim_{n \to \infty} |\Delta_n(x)| = 0$, 当 n 充分大且不等式 (10.2.16) 左端可以要多小有多小, 故满足 $\phi(x) = f(x) + \int_0^x k(x, t, \phi(t)) \mathrm{d}t$, 即是方程 (10.2.13) 的解.

为证其唯一性, 可设有另一连续解 $\tilde{\phi}(x)$, 则

$$\phi(x) - \tilde{\phi}(x) = \int_0^x \{k(x, t, \phi(t)) - k(x, t, \tilde{\phi}(t))\} \mathrm{d}t,$$

$$\left| \phi(x) - \tilde{\phi}(x) \right| \leqslant L \int_0^x \left| \phi(t) - \tilde{\phi}(t) \right| \mathrm{d}t. \tag{10.2.17}$$

因为 $\left| \phi(x) - \tilde{\phi}(x) \right|$ 一定是有界的, 所以存在 B, 使得

$$\left| \phi(x) - \tilde{\phi}(x) \right| \leqslant BLx. \tag{10.2.18}$$

再重复将 (10.2.18) 代入不等式 (10.2.17) 得

$$\left| \phi(x) - \tilde{\phi}(x) \right| \leqslant B \frac{(Lx)^n}{n!}$$

对任何正整数 n 成立. 于是 $\phi(x) = \tilde{\phi}(x)$.

例 10.2.2 考察非线性积分方程

$$\phi(x) = 1 + \int_0^x \frac{\sin(x-t)}{1+\phi^2(t)} \mathrm{d}t$$

的解存在唯一性.

先检验是否满足定理 10.2.3 的条件, 设 L 为一常数, 观察不等式

$$\left| y^2 - z^2 \right| \leqslant L \left| y - z \right|,$$

即

$$|y+z| \leqslant L.$$

但明显地对任意的变量 y 和 z 是不可能成立的, 于是原方程不满足定理 10.2.3 的 Lipschitz 条件. 但对原方程两端关于 x 求导得

$$\phi'(x) = \phi^2(x), \quad \phi(0) = 1.$$

由此得出其解为

$$\phi(x) = \frac{1}{1-x}, \quad 0 \leqslant x < 1,$$

即原方程在区间 $0 \leqslant x < 1$ 内存在一个解, 但在此区间外无解.

一般, 有如下定理:

定理 10.2.4 考虑方程 (10.2.13) 中 $f(x)$ 在 $0 \leqslant x \leqslant T$ 上连续, 假设存在常数 α, β, L, 使得

(1) $\alpha < f(x) < \beta, 0 \leqslant x \leqslant T$;

(2) 对所有的 $0 \leqslant t \leqslant x \leqslant T$ 和 $\alpha < u < \beta$, 核 $k(x,t,u)$ 对所有的变量连续;

(3) 对所有的 $0 \leqslant t \leqslant x \leqslant T$ 和 $\alpha < y < \beta, \alpha < z < \beta$, 该核满足 Lipschitz 条件

$$|k(x,t,y) - k(x,t,z)| \leqslant L|y-z|, \tag{10.2.19}$$

则存在一个 $\delta > 0$, 使得方程 (10.2.13) 在 $0 \leqslant x \leqslant \delta$ 上有一个唯一的连续解.

证明 (1) 和 (2). 能找到一个常数 C, 使得

$$\int_0^x |k(x,t,f(t))| \mathrm{d}t \leqslant Cx, \quad 0 \leqslant x \leqslant T, \tag{10.2.20}$$

然后选取一个函数 d, 使得

$$\alpha < f(x) - Cde^{Ld} < f(x) < f(x) + Cde^{Ld} < \beta, \quad 0 \leqslant x \leqslant T. \tag{10.2.21}$$

这是因为 (1) 是严格不等式, 所以式 (10.2.21) 总是成立.

令 $\delta = \min\{d, T\}$. 定义和 (10.2.14) 及 (10.2.15) 中一样的 ϕ_n 和 φ_n, 利用归纳法来证明. 当 $n = 1, 2, \cdots$ 时,

$$\alpha < \phi_n(x) < \beta, \tag{10.2.22}$$

$$|\varphi_n(x)| \leqslant c\frac{L^{n-1}x^n}{n!}, \tag{10.2.23}$$

$$|\phi_n(x) - f(x)| \leqslant c\sum_{i=1}^{n}\frac{L^{i-1}x^i}{i!}. \tag{10.2.24}$$

假定不等式 (10.2.22)~(10.2.24) 对 $1, 2, \cdots, n-1$ 成立, 则

$$|\varphi_n(x)| = |\phi_n(x) - \phi_{n-1}(x)|$$
$$= \left|\int_0^x k(x, t, \phi_{n-1}(t)) - k(x, t, \phi_{n-2}(t))\mathrm{d}t\right| \leqslant L\int_0^x |\phi_{n-1}(t) - \phi_{n-2}(t)|\mathrm{d}t.$$

再由 Lipschitz 条件

$$|\varphi_n(x)| \leqslant L\int_0^x |\varphi_{n-1}(t)|\mathrm{d}t \leqslant c\frac{L^{n-1}x^n}{n!},$$

即不等式 (10.2.23) 满足

$$|\phi_n(x) - f(x)| = |\phi_{n-1}(x) - f(x) + \varphi_n(x)|$$
$$\leqslant |\phi_n(x) - f(x)| + |\varphi_n(x)| \leqslant c\sum_{i=1}^{n-1}\frac{L^{i-1}x^i}{i!} + c\frac{L^{n-1}x^n}{n!},$$

即不等式 (10.2.24) 满足. 最后由于

$$0 \leqslant x \leqslant \delta, \quad \sum_{i=1}^{n-1}\frac{L^{i-1}x^i}{i!} < de^{Ld}.$$

由 (10.2.20) 和 (10.2.24) 知 $\alpha < \phi_n(x) < \beta$.

当 $n=1$ 时, $|\phi_1(x) - f(x)| = \left|\int_0^x k(x, t, f(t))\mathrm{d}t\right| \leqslant Cx$. 于是 (10.2.22) 和 (10.2.24) 满足. 同样 $\varphi_1(x) = \phi_1(x) - f(x)$ 及 (10.2.23) 当 $n = 1$ 时满足. 这样证明了当 $0 \leqslant x \leqslant \delta$ 时, 对所有的 n 有 $\alpha < \phi_n(x) < \beta$, 剩下的证明完全类似定理 10.2.3.

例 10.2.3   考虑非线性积分方程

$$\phi(x) = 1 - \int_0^x \frac{\mathrm{e}^{xt}}{\phi(t)}\mathrm{d}t \tag{10.2.25}$$

在 $0 \leqslant x \leqslant 1$ 内的解, 如果取 $\alpha = \dfrac{1}{2}$, $\beta = 2$, 则定理 10.2.4 的条件 (1), (2) 满足, 当 $0 \leqslant x \leqslant 1$ 时, $\displaystyle\int_0^x \mathrm{e}^{xt}\mathrm{d}t \leqslant \mathrm{e}x$, 则不等式 (10.2.20) 满足且 $C = \mathrm{e}$.

当 $\dfrac{1}{2} < y < 2$ 和 $\dfrac{1}{2} < z < 2$,

$$\left|\frac{\mathrm{e}}{y} - \frac{\mathrm{e}}{z}\right| \leqslant \mathrm{e}\left|\frac{1}{y} - \frac{1}{z}\right| \leqslant \mathrm{e}\left|\frac{z-y}{yz}\right| \leqslant 4\mathrm{e}\left|y - z\right|,$$

于是不等式 (10.2.19) 中的 L 可以取成 $4\mathrm{e}$. 因此应该找到 $d > 0$, 使得 $\dfrac{1}{2} < 1 - \mathrm{e}d\mathrm{e}^{4\mathrm{e}d} < 2$. 估计 $d = 0.07$ 时满足上不等式, 所以得出结论 (10.2.25) 在 $0 \leqslant x \leqslant 0.07$ 上有唯一解.

定理 10.2.5 对于带参数 λ 的第二类非线性 Volterra 积分方程

$$\phi(x) - \lambda \int_a^x H(x, t, \phi(t))\,\mathrm{d}t = f(x), \tag{10.2.26}$$

假设 $f(x)$ 在定义区间 (a, b) 上连续, 函数 $H(x, t, u)$ 在区域

$$a \leqslant x \leqslant b, \quad a \leqslant t \leqslant x, \quad p \leqslant u \leqslant q \tag{10.2.27}$$

上有定义且对所有变量连续. 此外 $p < m_1 \leqslant m_2 < q$, 其中, m_1 和 m_2 分别记函数 $f(x)$ 的下确界和上确界. 假设 $H(x, t, u)$ 在区域 (10.2.27) 上满足关于 u 的 Lipschitz 条件

$$|H(x, t, u_1) - H(x, t, u_2)| < K|u_1 - u_2|, \tag{10.2.28}$$

其中, K 是一个正常数. 则当

$$|\lambda| < \min\left\{\frac{m_1 - a}{M(b-a)}, \frac{b - m_2}{M(b-a)}\right\}, \tag{10.2.29}$$

其中, M 是函数 $|H|$ 的上确界. 原方程就有逐次逼近解

$$\phi(x) = \lim_{n \to \infty} \phi_n(x),$$

$$\phi_n(x) = f(x) + \lambda \int_a^x H(x, t, \phi_{n-1}(t))\,\mathrm{d}t$$

且此解唯一.

证明 收敛性. 由条件 (10.2.27) 和 (10.2.28) 知

$$|\phi_n(x) - \phi_{n-1}(x)| < K|\lambda| \int_a^x |\phi_{n-1}(t) - \phi_{n-2}(t)|\,\mathrm{d}t,$$

即

$$|\phi_2(x) - \phi_1(x)| < K|\lambda| \int_a^x |\phi_1(t) - \phi_0(t)|\,\mathrm{d}t < K|\lambda| \cdot |p-q|\,|x-a|,$$

$$|\phi_3(x) - \phi_2(x)| < K^2|\lambda|^2|p-q|\frac{|x-a|^2}{2},$$

$$|\phi_4(x) - \phi_3(x)| < K^3|\lambda|^3|p-q|\frac{|x-a|^3}{3!},$$

$$\cdots\cdots$$

$$|\phi_n(x) - \phi_{n-1}(x)| < |p-q|\,|k\lambda|^{n-1}\frac{|x-a|^{n-1}}{(n-1)!}.$$

从而当满足条件 (10.2.29) 时, 级数

$$\phi_0(x) + (\phi_1 - \phi_0) + (\phi_2 - \phi_1) + \cdots + (\phi_n - \phi_{n-1}) + \cdots$$

绝对且一致收敛.

唯一性同上可证明.

10.3   非线性积分方程的逐次逼近解法

上节在定理的证明过程中, 给出了非线性积分方程逐次逼近解法的求解过程. 本节将通过实例演示逐次逼近解法求解非线性积分方程的具体过程.

例 10.3.1   求非线性 Fredholm 积分方程

$$\phi(x) = \int_0^1 (x+t)^2 \phi^2(t)\,\mathrm{d}t$$

的二次近似逐次逼近解.

解   原方程有平凡解 $\phi(x) = 0$, 又由于定理 10.2.1 的 3 个条件满足, 所以原方程一定存在唯一的一个连续逼近解.

取 $\phi_0(x) = c, c \neq 0$, 若 $c = 0$, 则由迭代公式

$$\phi_n(x) = \int_0^1 (x+t)^2 \phi_{n-1}^2(t)\,\mathrm{d}t$$

只能得平凡解.

由

$$\int_0^1 c\mathrm{d}x = \int_0^1 \mathrm{d}x \int_0^1 (x+t)^2 c^2 \mathrm{d}t$$

确定出 $c = \dfrac{6}{7}$, 于是一次近似解

$$\phi_1(x) = \int_0^1 (x+t) \left(\frac{6}{7}\right)^2 \mathrm{d}t = \left(\frac{6}{7}\right)^2 \left(x^2 + x + \frac{1}{3}\right),$$

二次近似解

$$\phi_2(x) = \left(\frac{6}{7}\right)^2 \int_0^1 (x+t)^2 \left(t^2 + t + \frac{1}{3}\right)^2 \mathrm{d}t = \left(\frac{6}{7}\right)^2 \left(\frac{17}{10}x^2 + \frac{227}{90}x + \frac{383}{378}\right).$$

例 10.3.2   利用逐次逼近法求解非线性 Fredholm 积分方程

$$\phi(x) = \int_0^1 xt\phi^2(t)\,\mathrm{d}t - \frac{5}{12}x + 1.$$

解   利用迭代公式

$$\phi_n(x) = \int_0^1 xt\phi_{n-1}^2(t)\,\mathrm{d}t - \frac{5}{12}x + 1, \quad n = 1,2,\cdots,$$

如果取 $\phi_0(x) = 1$, 则逐次逼近解为

$$\phi_1(x) = 1 + 0.083x, \quad \phi_2(x) = 1 + 0.14x, \quad \phi_3(x) = 1 + 0.18x, \cdots,$$
$$\phi_8(x) = 1 + 0.27x, \quad \phi_9(x) = 1 + 0.26x, \quad \phi_{10}(x) = 1 + 0.29x, \cdots,$$
$$\phi_{16}(x) = 1 + 0.318x, \quad \phi_{17}(x) = 1 + 0.321x, \quad \phi_{18}(x) = 1 + 0.323x, \cdots.$$

事实上, 该方程可用 10.6 节的方法求得精确解

$$\phi(x) = 1 + \frac{1}{3}x.$$

例 10.3.3   利用逐次逼近法求解非线性 Volterra 积分方程

$$\phi(x) = \int_0^x \frac{1 + \phi^2(t)}{1 + t^2}\,\mathrm{d}t.$$

解   利用迭代公式

$$\phi_n(x) = \int_0^x \frac{1 + \phi_{n-1}^2(t)}{1 + t^2}\,\mathrm{d}t, \quad n = 1,2,\cdots,$$

如果取 $\phi_0(x) = 0$, 则逐次逼近解为

$$\phi_1(x) = \int_0^x \frac{\mathrm{d}t}{1 + t^2} = \arctan x,$$

$$\phi_2(x) = \int_0^x \frac{1 + \arctan^2 t}{1 + t^2}\,\mathrm{d}t = \arctan x + \frac{1}{3}\arctan^3 x,$$

$$\phi_3(x) = \int_0^x \frac{1 + \left(\arctan t + \dfrac{1}{3}\arctan^3 t\right)^2}{1 + t^2}\,\mathrm{d}t$$

$$= \arctan x + \frac{1}{3}\arctan^3 x + \frac{4}{7}\arctan^5 x + \frac{10}{79}\arctan^7 x.$$

继续该过程, 当 $n \to \infty$ 时,

$$\phi_n(x) \to \tan(\arctan x) = x.$$

事实上, 原方程可用 10.6 节的方法求出其精确解为

$$\phi(x) = x.$$

例 10.3.4   求非线性的 Volterra 积分方程

$$\phi(x) = \int_0^x \left[t\phi^2(t) - 1\right]\mathrm{d}t$$

的三次逐次逼近解.

解   利用迭代公式

$$\phi_n(x) = \int_0^x \left[t\phi_{n-1}^2(t) - 1\right]\mathrm{d}t,$$

如果取 $\phi_0(x) = 0$, 则得逐次逼近解

$$\phi_1(x) = \int_0^x (-1)\mathrm{d}t = -x,$$

$$\phi_2(x) = \int_0^x \left(t^3 - 1\right)\mathrm{d}t = -x + \frac{1}{4}x^4,$$

$$\phi_3(x) = \int_0^x \left[t\left(\frac{1}{16}t^8 - \frac{1}{2}t^5 + t^2\right)\right]\mathrm{d}t = -x + \frac{1}{4}x^4 - \frac{1}{14}x^7 + \frac{1}{160}x^{10}.$$

10.4   非线性积分方程与非线性微分方程的联系

在第 3 章、第 4 章发现线性 Fredhlom 积分方程和线性 Volterra 积分方程, 可以与某些线性常微分方程或偏微分方程的边值问题互相转化, 对于非线性 Fredhlom 积分方程和非线性 Volterra 积分方程, 也可以与某些非线性常微分方程或非线性偏微分方程的边值问题互相转化. 这也提供了一种借助非线性微分方程的理论研究非线性积分方程的解法.

例 10.4.1   对于给定的非线性微分方程

$$\frac{\mathrm{d}\phi}{\mathrm{d}x} = H(\phi, x), \tag{10.4.1}$$

初始条件

$$\phi(a) = \phi_a, \tag{10.4.2}$$

通过积分得

$$\phi(x) = \phi_a + \int_a^x H(\phi(t), t)\mathrm{d}t, \tag{10.4.3}$$

方程 (10.4.3) 便是一个 Volterra 型的非线性积分方程.

反过来, 方程 (10.4.3) 通过将 $x = a$ 代入可得初始条件 (10.4.2) 和方程两端对 x 求导可得方程 (10.4.1).

例 10.4.2　Riemann 问题, 即非线性偏微分方程

$$\frac{\partial^2 u}{\partial x \partial t} = H(u, x, t), \tag{10.4.4}$$

边界条件为

$$u(a, t) = h(t), \quad u(x, b) = k(x), \quad h(b) = k(a), \tag{10.4.5}$$

则通过累次积分得

$$u(x, t) = \int_a^x \mathrm{d}\xi \int_b^t H(u(\xi, \eta), \xi, \eta)\mathrm{d}\eta + h(t) + K(x) + K(a). \tag{10.4.6}$$

这就是一个 Volterra 型的非线性积分方程. 反过来, 将 $x = a, t = b$ 分别代入方程 (10.4.6) 得边界条件 (10.4.5) 和对 x, t 分别求偏导可得方程 (10.4.4).

例 10.4.3　求解非线性 Volterra 积分方程

$$\phi(x) + \int_a^x (x - t)^n H(t, \phi(t))\mathrm{d}t = f(x). \tag{10.4.7}$$

解　对方程两端关于 x 求 $n+1$ 次导数, 可得 $n+1$ 阶非线性常微分方程

$$\frac{\mathrm{d}^{n+1}\phi(x)}{\mathrm{d}x^{n+1}} + n!H(x, \phi) - \frac{\mathrm{d}^{n+1}f(x)}{\mathrm{d}x^{n+1}} = 0. \tag{10.4.8}$$

将 $x = a$ 分别代入方程 (10.4.7) 及求导后的各方程可得初始条件

$$\phi(a) = f(a), \quad \phi'(a) = f'(a), \quad \cdots, \quad \phi^n(a) = f^n(a), \tag{10.4.9}$$

即非线性积分方程 (10.4.7) 转化为非线性常微分方程边值问题 (10.4.8) 及其初始条件 (10.4.9).

例 10.4.4　求解非线性 Volterra 积分方程

$$\phi(x) + \int_a^x \cos(\lambda(x - t)) H(t, \phi(t))\mathrm{d}t = f(x). \tag{10.4.10}$$

解　对方程 (10.4.10) 两端关于 x 求两次导数分别得

$$\phi'(x) + H(x, \phi(x)) - \lambda \int_a^x \sin(\lambda(x - t)) H(t, \phi(t))\mathrm{d}t = f'(x), \tag{10.4.11}$$

$$\phi''(x) + [H(x,\phi(x))]'_x - \lambda^2 \int_a^x \cos(\lambda(x-t)) H(t,\phi(t))\mathrm{d}t = f''(x). \quad (10.4.12)$$

于是由方程 (10.4.10)~(10.4.12) 得

$$\phi''(x) + [H(x,\phi(x))]'_x + \lambda^2 \phi(x) - \lambda^2 f(x) = f''(x). \quad (10.4.13)$$

令 $x=a$ 代入方程 (10.4.10) 和 (10.4.11) 得初始条件

$$\phi(a) = f(a), \quad \phi'(a) = f'(a) - H(a, f(a)), \quad (10.4.14)$$

即非线性积分方程 (10.4.10) 转化为非线性常微分方程边值问题 (10.4.13) 及其初始条件 (10.4.14).

例 10.4.5　求解非线性 Fredholm 积分方程

$$\phi(x) + \int_a^b \sin(\lambda|x-t|) H(t,\phi(t))\,\mathrm{d}t = f(x). \quad (10.4.15)$$

解　原方程 (10.4.15) 可写为

$$\phi(x) + \int_a^x \sin(\lambda(x-t)) H(t,\phi(t))\,\mathrm{d}t + \int_x^b \sin(\lambda(t-x)) H(t,\phi(t))\,\mathrm{d}t = f(x).$$
$$(10.4.16)$$

方程 (10.4.16) 两端关于 x 求导两次得

$$\phi''(x) + 2\lambda H(x,\phi(x)) - \lambda^2 \int_a^x \sin(\lambda(x-t)) H(t,\phi(t))\,\mathrm{d}t$$
$$- \lambda^2 \int_x^b \sin(\lambda(t-x)) H(t,\phi(t))\,\mathrm{d}t = f''(x). \quad (10.4.17)$$

由方程 (10.4.16) 和 (10.4.17) 消去积分项得

$$\phi''(x) + 2\lambda H(x,\phi(x)) + \lambda^2 \phi(x) = f''(x) + \lambda^2 f(x). \quad (10.4.18)$$

分别令 $x=a$ 和 $x=b$ 代入方程 (10.4.16) 得

$$y(a) + \int_a^b \sin(\lambda(t-a)) H(t,\phi(t))\,\mathrm{d}t = f(a),$$
$$y(b) + \int_a^b \sin(\lambda(b-t)) H(t,\phi(t))\,\mathrm{d}t = f(b). \quad (10.4.19)$$

从方程 (10.4.18) 求出 $H(x,\phi)$, 再令 $\psi(x) = \phi(x) - f(x)$, 利用分部积分法, 初始条件 (10.4.19) 可变为

$$\sin(\lambda(b-a))\psi'(b) - \lambda\cos(\lambda(b-a))\psi(b) = \lambda\psi(a),$$
$$\sin(\lambda(b-a))\psi'(a) + \lambda\cos(\lambda(b-a))\psi(a) = -\lambda\psi(b), \quad (10.4.20)$$

即非线性积分方程转化为非线性微分方程边值问题 (10.4.18) 及其初始条件 (10.4.20).

例 10.4.6 求解非线性 Fredholm 积分方程

$$\phi\left(x\right)+\int_{a}^{b}\mathrm{e}^{\lambda|x-t|}H\left(t,\phi\left(x\right)\right)\mathrm{d}t=f\left(x\right),\quad a\leqslant x\leqslant b. \tag{10.4.21}$$

解 原方程可写为

$$\phi\left(x\right)+\int_{a}^{x}\mathrm{e}^{\lambda(x-t)}H\left(t,\phi\left(x\right)\right)\mathrm{d}t+\int_{x}^{b}\mathrm{e}^{\lambda(t-x)}H\left(t,\phi\left(x\right)\right)\mathrm{d}t=f\left(x\right). \tag{10.4.22}$$

方程 (10.4.22) 两端对 x 求导两次得

$$\phi''\left(x\right)+2\lambda H\left(x,\phi\left(x\right)\right)+\lambda^{2}\int_{a}^{x}\mathrm{e}^{\lambda(x-t)}H\left(t,\phi\left(x\right)\right)\mathrm{d}t$$

$$+\lambda^{2}\int_{x}^{b}\mathrm{e}^{\lambda(t-x)}H\left(t,\phi\left(x\right)\right)\mathrm{d}t=f''\left(x\right), \tag{10.4.23}$$

方程 (10.4.22) 和 (10.4.23) 中消去积分项得二阶常微分方程

$$\phi''\left(x\right)+2\lambda H\left(x,\phi\left(x\right)\right)-\lambda^{2}\phi\left(x\right)=f''\left(x\right)-\lambda^{2}f\left(x\right). \tag{10.4.24}$$

分别令 $x=a, x=b$ 代入方程 (10.4.22) 得

$$\phi\left(a\right)+\mathrm{e}^{-\lambda a}\int_{a}^{b}\mathrm{e}^{\lambda t}H\left(x,\phi\left(x\right)\right)\mathrm{d}t=f\left(a\right),$$

$$\phi\left(b\right)+\mathrm{e}^{-\lambda b}\int_{a}^{b}\mathrm{e}^{\lambda t}H\left(x,\phi\left(x\right)\right)\mathrm{d}t=f\left(b\right). \tag{10.4.25}$$

从方程 (10.4.24) 中求出 $H\left(x,\phi\right)$ 代入 (10.4.25), 令 $\psi\left(x\right)=\phi\left(x\right)-f\left(x\right)$, 通过分部积分便得

$$\psi'\left(a\right)+\lambda\psi\left(a\right)=0,$$

$$\psi'\left(b\right)+\lambda\psi\left(b\right)=0, \tag{10.4.26}$$

即非线性积分方程 (10.4.21) 转化为非线性常微分方程边值问题 (10.4.24) 及其初始条件 (104.26).

10.5 非线性积分方程的退化核解法

(1) 考虑第二类 Hammerstein 齐次方程

$$\phi\left(x\right)=\int_{a}^{b}K\left(x,t\right)G\left(t,\phi\left(t\right)\right)\mathrm{d}t. \tag{10.5.1}$$

假设核 $K(x,t)$ 是退化的, 即

$$K(x,t) = \sum_{i=1}^{m} g_i(x) h_i(t),$$

则方程 (10.5.1) 可写为

$$\phi(x) = \sum_{i=1}^{m} g_i(x) \int_{a}^{b} h_i(x) G(t, \phi(x)) \mathrm{d}t. \tag{10.5.2}$$

如果记

$$A_i = \int_{a}^{b} h_i(t) G(t, \phi(x)) \mathrm{d}t, \quad i = 1, 2, 3, \cdots, m,$$

则由 (10.5.2) 可知方程 (10.5.1) 的解具有形式

$$\phi(x) = \sum_{i=1}^{m} A_i g_i(x). \tag{10.5.3}$$

将 (10.5.3) 代入原方程可以得到关于未知数 $A_i, i = 1, 2, 3, \cdots, m$ 的 n 阶超越方程组

$$A_i = \Psi_i(A_1, A_1, \cdots, A_1), \quad i = 1, 2, 3, \cdots, m. \tag{10.5.4}$$

例如, 当 $G(t, \phi)$ 是一个关于 ϕ 的多项式函数, 即

$$G(t, \phi) = P_0(t) + P_1(t)\phi + \cdots + P_n(t)\phi^n, \quad P_0(t), P_1(t), \cdots, P_n(t) \text{ 是连续函数},$$

则超越方程组就变成了一个关于 $A_1, A_2, A_3, \cdots, A_m$ 的非线性代数方程组, 方程 (10.5.2) 的解的个数与方程组 (10.5.4) 的解的个数相同.

(2) 考虑具退化核的第一类 Urysohn 方程

$$\phi(x) + \int_{a}^{b} \left[\sum_{i=1}^{m} g_i(x) f_i(t, \phi(t)) \right] \mathrm{d}t = h(x). \tag{10.5.5}$$

由上面内容可知方程 (10.5.5) 的解具有形式

$$\phi(x) = h(x) + \sum_{i=1}^{m} \lambda_i g_i(x). \tag{10.5.6}$$

将 (10.5.6) 代入原方程可得关于 $\lambda_i, i = 1, 2, \cdots, n$ 的代数方程组

$$\lambda_m + \int_{a}^{b} f_m \left(t, h(t) + \sum_{i=1}^{m} \lambda_i g_i(t) \right) \mathrm{d}t = 0, \quad m = 1, 2, \cdots, n.$$

如果求出 $\lambda_i, i = 1, 2, \cdots, n$, 则代入 (10.5.6) 便得原方程 (10.5.5) 的解.

例 10.5.1 求解非线性积分方程

$$\phi(x) = \lambda \int_0^1 xt\phi^3(t)\mathrm{d}t. \tag{10.5.7}$$

解 由上面内容可知设方程 (10.5.7) 的解具有形式

$$\phi(x) = \lambda Ax, \tag{10.5.8}$$

$$A = \int_0^1 t\phi^3(t)\mathrm{d}t. \tag{10.5.9}$$

将 (10.5.8) 代入 (10.5.9) 得

$$A = \int_0^1 t\lambda^3 A^3 t^3 \mathrm{d}t,$$

即

$$A = \frac{1}{5}\lambda^3 A^3. \tag{10.5.10}$$

当 $\lambda > 0$ 时, 方程 (10.5.10) 有 3 个根

$$A_1 = 0, \quad A_2 = \left(\frac{5}{\lambda^3}\right)^{1/2}, \quad A_3 = -\left(\frac{5}{\lambda^3}\right)^{1/2}.$$

因此当 $\lambda > 0$ 时, 原方程 (10.5.7) 相应的有 3 个解

$$\phi_1(x) \equiv 0, \quad \phi_2(x) = \left(\frac{5}{\lambda^3}\right)^{1/2} x, \quad \phi_3(x) = -\left(\frac{5}{\lambda^3}\right)^{1/2} x.$$

当 $\lambda \leqslant 0$ 时, 原方程只有平凡解.

例 10.5.2 求解方程

$$\phi(x) = \int_0^1 g(x)g(t)\phi(t)\sin\left[\frac{\phi(t)}{g(t)}\right]\mathrm{d}t, \tag{10.5.11}$$

其中, $g(x) > 0, x \in [0,1]$.

解 由上面内容可设原方程 (10.5.11) 有解

$$\phi(x) = Ag(x), \tag{10.5.12}$$

$$A = \int_0^1 g(t)\phi(t)\sin\left[\frac{\phi(t)}{g(t)}\right]\mathrm{d}t. \tag{10.5.13}$$

将 (10.5.12) 代入 (10.5.13) 得

$$1 = \int_0^1 g^2(t)\,\mathrm{d}t\sin A. \tag{10.5.14}$$

于是当 $\int_0^1 g^2(t)\mathrm{d}t \geqslant 1$ 时, 由于反正弦函数的多值性, A 有无穷个根, 所以原方程 (10.5.11) 有无穷个解. 特别当 $\int_0^1 g^2(t)\,\mathrm{d}t = 1$, $A = 2k\pi + \dfrac{\pi}{2}, k = 0, \pm1, \cdots$, 原方程 (10.5.11) 有无穷个解

$$\phi(x) = \left(2k\pi + \frac{\pi}{2}\right)g(x), \quad k = 0, \pm1, \cdots$$

当 $\int_0^1 g^2(t)\,\mathrm{d}t < 1$ 时, 方程 (10.5.14) 无根, 因而原方程 (10.5.11) 无解.

10.6　特殊非线性积分方程的特殊解法

对于某些特殊类型的非线性积分方程可以用比较简单的方法直接求解.

例 10.6.1　求解正常的非线性 Fredholm 积分方程

$$\phi(x) - 60\int_0^1 xt\phi^2(t)\,\mathrm{d}t = 1 + 20x - x^2. \tag{10.6.1}$$

解　比较方程 (10.6.1) 两端, 设 $\phi(x) = a + bx + cx^2$ 是原方程解的形式, 将其代入原方程 (10.6.1), 并比较关于 x 的多项式的系数, 可得

$$a = 1, \quad c = -1,$$
$$b - 60\left(\frac{1}{2} + \frac{2}{3}b + \frac{1}{4}b - \frac{1}{2} - \frac{2}{5}b + \frac{1}{6}\right) = 20 \Rightarrow b = -1.$$

于是得到原方程 (10.6.1) 的解

$$\phi(x) = 1 - x - x^2.$$

例 10.6.2　求解正常的含参数的非线性 Fredholm 积分方程

$$\phi(x) - \lambda\int_0^1 xt(1 + \phi^2(t))\mathrm{d}t = x + 1. \tag{10.6.2}$$

解　比较方程 (10.6.2) 两端, 可设其解具有形式

$$\phi(x) = ax + 1.$$

将其代入原方程 (10.6.2), 得关于 a 的代数方程

$$\frac{\lambda}{4}a^2 + \left(\frac{2}{3}\lambda - 1\right)a + (\lambda + 1) = 0. \tag{10.6.3}$$

当 $\lambda(\lambda+1) - \left(\dfrac{2}{3}\lambda - 1\right)^2 \leqslant 0$ 时, 此时代数方程有实根, 即 $-4.6 \leqslant \lambda \leqslant 0.4$.

一般情况下, 方程 (10.6.2) 有两个不同的解, 如 $\lambda = -1$ 时, 由方程 (10.6.3) 可得 $a = 0$ 或 $a = -\dfrac{20}{3}$. 于是原方程 (10.6.2) 有解

$$\phi(x) = 1$$

或

$$\phi(x) = -\frac{20}{3}x + 1.$$

例 10.6.3 求解例外型的非线性 Fredholm 积分方程

$$\phi^2(x) - \int_0^1 xt\phi(t)\mathrm{d}t = 4 + 10x + 9x^2. \tag{10.6.4}$$

解 观察方程 (10.6.4) 两端, 可设原方程解具有形式

$$\phi(x) = ax + b,$$

将其代入方程 (10.6.4) 并比较系数后可得

$$b^2 = 4,$$

$$2ab - \left(\frac{b}{2} + \frac{a}{3}\right) = 10,$$

$$a^2 = 9.$$

3 个方程同时满足的解为 $a = 3, b = 2$, 所以原方程有解

$$\phi(x) = 3x + 2.$$

例 10.6.4 求解例外型含参数的非线性 Fredhom 积分方程

$$\phi^2(x) - \lambda \int_0^1 xt\phi(t)\mathrm{d}t = x^2 + 1. \tag{10.6.5}$$

解 类似上例可设原方程 (10.6.5) 的解具有形式

$$\phi(x) = ax + b.$$

将其代入方程 (10.6.5), 并比较多项式系数得

$$a^2 = 1, \quad b^2 = 1,$$

$$\lambda = \frac{2ab}{a/3 + b/2}.$$

于是 $a = \pm 1$, $b = \pm 1$, 则相应 $\lambda = \pm 12$, $\pm \dfrac{12}{5}$.

因此原方程当 $\lambda = 12$ 时, 有解

$$\phi(x) = x + 1,$$

当 $\lambda = -12$ 时, 有解

$$\phi(x) = -x + 1,$$

当 $\lambda = \dfrac{12}{5}$ 时, 有解

$$\phi(x) = x + 1,$$

当 $\lambda = -\dfrac{12}{5}$ 时, 有解

$$\phi(x) = -x - 1.$$

例 10.6.5   求解一般型非线性 Fredhom 积分方程

$$\phi^2(x) + \int_0^2 \phi^3(t)\mathrm{d}t = x^2 - 2x - 1. \tag{10.6.6}$$

解   观察方程 (10.6.6) 两端, 可设其解有形式

$$\phi(x) = x + b,$$

代入原方程并比较系数得

$$b = -1.$$

于是原方程 (10.6.6) 的解为

$$\phi(x) = x - 1.$$

例 10.6.6   求解正常型非线性 Volterra 积分方程

$$\phi(x) - \int_0^x (xt+1)\phi^2(t)\,\mathrm{d}t = 1 - x - \frac{x^2}{2}. \tag{10.6.7}$$

解   观察方程 (10.6.7) 两端可设原方程解有形式

$$\phi(x) = a,$$

代入并比较系数得

$$a = 1.$$

于是求得原方程 (10.6.7) 的解

$$\phi(x) = 1.$$

例 10.6.7 求解例外型非线性 Volterra 积分方程

$$\phi^2(x) - \int_0^x (x-t)\phi(t)\,\mathrm{d}t = -\frac{1}{2}x^2 + \frac{7}{2}x + 1. \tag{10.6.8}$$

解 观察方程 (10.6.8) 两端可设原方程解有形式

$$\phi(x) = ax + b.$$

将其代入方程 (10.6.8) 并比较系数后可得

$$a = 1, \quad b = 1.$$

因此, 原方程 (10.6.8) 有解

$$\phi(x) = x + 1.$$

10.7 非线性积分方程的积分变换解法

本节运用 Laplace 积分变换法求解非线性卷积型 Volterra 积分方程

$$\phi(x) = f(x) + \lambda \int_0^x \phi(t)\phi(x-t)\,\mathrm{d}t. \tag{10.7.1}$$

在方程 (10.7.1) 两端作用 Laplace 变换, 并运用 Laplace 变换卷积的乘积定理得

$$\Phi(s) = F(s) + \lambda\Phi(s)\,\Phi(s),$$

即

$$\lambda\Phi^2(s) - \Phi(s) + F(s) = 0.$$

求解此关于 $\Phi(s)$ 的二阶代数方程得

$$\Phi(s) = \frac{1 \pm \sqrt{1 - 4\lambda F(s)}}{2\lambda},$$

然后利用 Laplace 逆变换求出原方程 (10.7.1) 的解 $\phi(x)$.

例 10.7.1 求解第一类非线性卷积型 Volterra 积分方程

$$\int_0^x \phi(t)\,\phi(x-t)\mathrm{d}t = \frac{x^3}{6}. \tag{10.7.2}$$

解 利用上面的类似过程得

$$\Phi^2(s) = \frac{1}{s^4},$$

即

$$\Phi\left(s\right)=\pm\frac{1}{s^2}.$$

于是通过 Laplace 逆变换求出原方程的解

$$\phi\left(x\right)=x\quad\text{或}\quad\phi\left(x\right)=-x.$$

将它们代入原方程 (10.7.2) 验证均为其解, 即方程 (10.7.2) 的解不唯一.

更一般地, 类似地可以用 Fourier 变换求解第一类, 第二类非线性卷积型 Fredholm 积分方程.

例 10.7.2   求解第一类非线性卷积型 Volterra 积分方程

$$\int_0^x \phi(x-t)\phi(t)\,\mathrm{d}t = Ax^m, \quad m > -1. \tag{10.7.3}$$

解   方程 (10.7.3) 两端作用 Laplace 变换, 考虑到

$$L\left[x^m\right]=\Gamma\left(m+1\right)s^{-m-1},\quad\Gamma\left(m\right)\text{ 是}\Gamma\text{ 函数},$$

得到

$$\Phi^2\left(s\right)=A\Gamma\left(m+1\right)s^{-m-1}.$$

于是

$$\Phi\left(s\right)=\pm\sqrt{A\Gamma\left(m+1\right)}s^{-\frac{m+1}{2}}.$$

由 Laplace 逆变换得原方程 (10.7.3) 的解为

$$\phi\left(x\right)=-\frac{\sqrt{A\Gamma\left(m+1\right)}}{\Gamma((m+1)/2)}x^{\frac{m-1}{2}}\text{ 或 }\phi\left(x\right)=\frac{\sqrt{A\Gamma\left(m+1\right)}}{\Gamma((m+1)/2)}x^{\frac{m-1}{2}}.$$

还可用 Mellin 变换求解非线性 Fredholm 积分方程.

例 10.7.3   求解非线性 Fredholm 积分方程

$$\mu\phi\left(x\right)-\lambda\int_0^\infty\frac{1}{t}\phi\left(\frac{x}{t}\right)\phi\left(t\right)\mathrm{d}t=f\left(x\right). \tag{10.7.4}$$

解   方程 (10.7.4) 两端作用 Mellin 变换, 并考虑到卷积定理得

$$\mu\Phi\left(s\right)-\lambda\Phi^2\left(s\right)=F\left(s\right),$$

从而

$$\Phi\left(s\right)=\frac{\mu\pm\sqrt{\mu^2-4\lambda F\left(s\right)}}{2\lambda},$$

再利用 Mellin 逆变换就可求得方程 (10.7.4) 的两个解.

利用 Mellin 变换还可求解如下形式的非线性 Fredholm 积分方程:

例 10.7.4 求解方程

$$\phi(x) - \lambda \int_0^\infty t^\beta \phi(xt) \phi(t) \mathrm{d}t = f(x). \tag{10.7.5}$$

解 方程 (10.7.5) 两端作用 Mellin 变换得

$$\Phi(s) - \lambda \Phi(s) \Phi(1-s+\beta) = F(s), \tag{10.7.6}$$

如果将 s 由 $1-s+\beta$ 替换, 则 (10.7.6) 变为

$$\Phi(1-s+\beta) - \lambda \Phi(s) \Phi(1-s+\beta) = F(1-s+\beta). \tag{10.7.7}$$

方程 (10.7.6) 和 (10.7.7) 中消除乘积项得

$$\Phi(s) - F(s) = \Phi(1-s+\beta) - F(1-s+\beta), \tag{10.7.8}$$

由方程 (10.7.8) 求出 $\Phi(1-s+\beta)$ 的表达式, 再代入方程 (10.7.6) 得

$$\lambda \Phi^2(s) - [1+F(s)-F(1-s+\beta)]\Phi(s) + F(s) = 0. \tag{10.7.9}$$

如果从关于 $\Phi(s)$ 的二阶线性代数方程 (10.7.9) 中求出 $\Phi(s)$, 便可利用 Mellin 逆变换求出原方程 (10.7.5) 的解 $\phi(x)$.

10.8　非线性积分方程的数值积分解法

通常有些求解线性积分方程的数值解法可用来求解某些非线性积分方程. 例如, 求解下列非线性 Volterra 积分方程:

$$\phi(x) - \int_0^x (xt-1)\phi^2(t)\,\mathrm{d}t = -\frac{1}{4}x^5 - \frac{2}{3}x^4 - \frac{5}{6}x^3 - x^2 + 1. \tag{10.8.1}$$

对于该方程可利用 10.6 节的特殊方法求得其精确解为

$$\phi(x) = x + 1.$$

现在利用 Newton 数值积分公式给出方程 (10.8.1) 的数值解. 取步长为 $h=0.1$, 记 $\phi(x)$ 在点 $0.0, 0.1, 0.2, 0.3, \cdots$ 处的值为

$$\phi(0) = \phi_0, \quad \phi(0.1) = \phi_1, \quad \phi(0.2) = \phi_2, \quad \phi(0.3) = \phi_3, \cdots.$$

由原方程 (10.8.1) 知当 $x=0$ 时, $\phi(0) = \phi_0 = 1$.

令 $x = 0.1$ 代入方程 (10.8.1) 并用 Newton 数值积分公式, 将方程中的积分项变为和式得

$$\phi_1 - \left(\frac{1}{2} \times 1 \times \phi_0^2 + \frac{1}{2} \times 1.01 \times \phi_1^2\right) \times 0.1 = 0.9891.$$

求解这个关于 ϕ_1 的二次代数方程得

$$\phi_1 = 1.1010 \ \text{或} \ \phi_1 = 18.4020.$$

令 $x = 0.2$, 同上步骤得关于 ϕ_2 的二次代数方程

$$\phi_2 - \left(\frac{1}{6} \times 1 \times \phi_0^2 + \frac{4}{6} \times 1.02 \times \phi_1^2 + \frac{1}{6} \times 1.04 \times \phi_2^2\right) \times 0.2 = 0.9521.$$

当 $\phi_1 = 1.1010$ 时得 $\phi_2 = 1.2019$ 或 $\phi_2 = 27.6442$. 当 $\phi_1 = 18.4020$ 时得 $\phi_2 = 15 \pm 11$i, 则舍去此解, 也舍去 $\phi_1 = 18.4020$.

令 $x = 0.3$, 再同上步骤得关于未知数 ϕ_3 的二次代数方程

$$\phi_3 - \frac{1}{8}\left(1 \times 1 \times 1^2 + 3 \times 1.03 \times \phi_1^2 + 3 \times 1.06 \times \phi_2^2 + 1.09 \times \phi_3^2\right) = 0.8815.$$

当 $\phi_2 = 1.2019$ 时得到 $\phi_3 = 1.2722$ 或 $\phi_3 = 23.1926$. 当 $\phi_2 = 27.6442$ 时得到的 ϕ_3 是复数舍去, 同时舍去 $\phi_2 = 27.6442$. 类似地重复此过程, 最后得到原方程 (10.8.1) 的逼近解如表 10.1.

表 10.1   非线性积分方程 (10.8.1) 的逼近解与精确解比较

x	逼近解	精确解	绝对误差	相对误差
0.0	1.0000	1.0000	0.0000	0.00%
0.1	1.1010	1.1000	0.0010	0.09%
0.2	1.2019	1.2000	0.0019	0.16%
0.3	1.2722	1.3000	−0.0278	2.14%
0.4	1.3875	1.4000	−0.0125	0.89%
0.5	1.4844	1.5000	−0.0156	0.10%

第 10 章习题

1. 利用函数逼近法求解下列非线性 Fredholm 积分方程:

$$\phi(x) = \int_0^1 xt\,[\phi(t)]^3\,\mathrm{d}t - 3x + 2.$$

2. 利用函数逼近法求解下列非线性 Volterra 积分方程:

$$\phi(x) = \int_0^x (x-t)^2\,[\phi(t)]^2\,\mathrm{d}t + x.$$

3. 将非线性振动方程

$$\frac{\mathrm{d}^2 \phi\left(x\right)}{\mathrm{d}x^2} + n^2\phi\left(x\right) + \alpha g\left(\phi, \frac{\mathrm{d}\phi}{\mathrm{d}x}\right) = f\left(x\right),$$

$$\phi\left(0\right) = \phi_0, \quad \phi'\left(0\right) = \phi_1$$

转化为非线性 Volterra 积分方程.

提示: 令 $\dfrac{\mathrm{d}^2\phi}{\mathrm{d}x^2} = \Phi$, 解

$$\Phi\left(x\right) + n^2\left\{\int_0^x \left(x-t\right)\Phi\left(t\right)\mathrm{d}t + \phi_1 x + \phi_0\right\}$$

$$+ \alpha g\left(\int_0^x \left(x-t\right)\Phi\left(t\right)\mathrm{d}t + \phi_1 x + \phi_0, \int_0^x \Phi\left(t\right)\mathrm{d}t + \phi_1\right) = f\left(x\right).$$

4. 求下列积分方程的二次近似解:

(1) $\phi\left(x\right) = \displaystyle\int_{-1}^1 \frac{xt}{1+\phi^2\left(t\right)}\mathrm{d}t;$

(2) $\phi\left(x\right) = \displaystyle\int_0^1 \frac{xt}{1+\phi^2\left(t\right)}\mathrm{d}t;$

(3) $\phi\left(x\right) = \lambda\displaystyle\int_0^x \left[1 + x\phi^2\left(t\right)\right]\mathrm{d}t + x;$

(4) $\phi\left(x\right) = \displaystyle\int_0^x \sqrt{1+\phi^2\left(t\right)}\mathrm{d}t;$

(5) $\phi\left(x\right) = \displaystyle\int_0^x t\sin\phi\left(t\right)\mathrm{d}t + x - \pi;$

(6) $\phi\left(x\right) = \displaystyle\int_0^x \left[\phi^2\left(t\right) + t\phi\left(t\right) + t^2\right]\mathrm{d}t + 1;$

(7) $\phi^2\left(x\right) = -\displaystyle\int_0^x \sin\left(x-t\right)\phi\left(t\right)\mathrm{d}t + \mathrm{e}^x;$

(8) $\phi\left(x\right) = \displaystyle\int_0^x \left(x-t\right)^2 \phi^2\left(t\right)\mathrm{d}t + x;$

(9) $\phi^2\left(x\right) = \displaystyle\int_0^x \left(x-t\right)^3 \phi^3\left(t\right)\mathrm{d}t + x^2 + 1.$

5. 利用退化核解法求解下列方程:

(1) $\phi\left(x\right) = 2\displaystyle\int_0^1 xt\phi^3\left(t\right)\mathrm{d}t;$

(2) $\phi\left(x\right) = \displaystyle\int_{-1}^1 \left(xt + x^2t^2\right)\phi^2\left(t\right)\mathrm{d}t;$

(3) $\phi\left(x\right) = \displaystyle\int_{-1}^1 x^2t^2\phi^3\left(t\right)\mathrm{d}t;$

(4) $\phi\left(x\right) = \displaystyle\int_0^x t\mathrm{e}^{-\phi\left(t\right)}\mathrm{d}t;$

(5) $\phi(x) = \int_0^x (x+t)^2 \phi^2(t)\,\mathrm{d}t.$

6. 求解下列非线性 Fredholm 积分方程:

(1) $\int_0^1 \phi(x)\phi(t)\,\mathrm{d}t = Ax^\lambda, \quad A>0, \lambda>-1;$

$\left(\text{解}:\ \phi(x) = \pm\sqrt{\dfrac{A\beta}{\mathrm{e}^\beta-1}}\mathrm{e}^{\beta x}.\right)$

(2) $\int_0^1 \phi(x)\phi(t)\,\mathrm{d}t = A\mathrm{e}^{\beta x}, \quad A>0;$

$\left(\text{解}:\ \phi(x) = \pm\sqrt{\dfrac{A\beta}{\mathrm{e}^\beta-1}}\mathrm{e}^{\beta x}.\right)$

(3) $\int_0^1 \phi(x)\phi(t)\,\mathrm{d}t = A\ln(\beta x), \quad A(\ln\beta-1)>0;$

$\left(\text{解}:\ \phi(x) = \pm\sqrt{\dfrac{A}{\sin\beta-1}}\ln(\beta x).\right)$

(4) $\int_0^1 \phi(x)\phi(t)\,\mathrm{d}t = A\sin(\beta x), \quad A\beta>0;$

$\left(\text{解}:\ \phi(x) = \pm\sqrt{\dfrac{A\beta}{1-\cos\beta}}\sin(\beta x).\right)$

(5) $\int_0^1 \phi(x)\phi(t)\,\mathrm{d}t = A\tan(\beta x), \quad A\beta>0;$

$\left(\text{解}:\ \phi(x) = \pm\sqrt{\dfrac{-A\beta}{\ln|\cos\beta|}}\tan(\beta x).\right)$

(6) $\int_0^1 \phi(x)\phi(t)\,\mathrm{d}t = A\cosh(\beta x), \quad A>0;$

$\left(\text{解}:\ \phi(x) = \pm\sqrt{\dfrac{A\beta}{\sinh\beta}}\cosh(\beta x).\right)$

(7) $\int_0^1 t^u\phi(x)\phi(t)\,\mathrm{d}t = Ax^\lambda, \quad A>0, u+\lambda>-1;$

$\left(\text{解}:\ \phi(x) = \pm\sqrt{A(u+\lambda+1)}x^\lambda.\right)$

(8) $\int_0^1 \mathrm{e}^{ut}\phi(x)\phi(t)\,\mathrm{d}t = A\mathrm{e}^{\beta x}, \quad A>0;$

$\left(\text{解}:\ \phi(x) = \pm\sqrt{\dfrac{A(u+\beta)}{\mathrm{e}^{u+\beta}-1}}\mathrm{e}^{\beta x}.\right)$

(9) $\int_0^\infty \mathrm{e}^{-\lambda t}\phi\left(\dfrac{x}{t}\right)\phi(t)\,\mathrm{d}t = Ax^b, \quad \lambda>0;$

$\left(\text{解}:\ \phi(x) = \pm\sqrt{A\lambda}x^b.\right)$

(10) $\phi(x) = -A\int_a^b x^\lambda\phi^2(t)\,\mathrm{d}t;$

$\left(\text{解}:\ \phi_1(x)=0, \quad \phi_2(x) = -\dfrac{2\lambda+1}{A(b^{2\lambda+1}-a^{2\lambda+1})}x^\lambda.\right)$

(11) $\phi(x) = -A\int_a^b x^\lambda t^u\phi^2(t)\,\mathrm{d}t;$

$\left(\text{解}:\ \phi_1(x)=0, \quad \phi_2(x) = -\dfrac{2\lambda+u+1}{A(b^{2\lambda+u+1}-a^{2\lambda+u+1})}x^\lambda.\right)$

(12) $\phi(x) = -A \int_a^b e^{-\lambda x} \phi^2(t) dt;$

$\left(\text{解}: \quad \phi_1(x) = 0, \quad \phi_2(x) = \dfrac{2\lambda}{A(b^{-2\lambda b} - a^{-2\lambda a})} e^{-\lambda x}. \right)$

(13) $\phi(x) = -A \int_a^b e^{-\lambda x - ut} \phi^2(t) dt;$

$\left(\text{解}: \quad \phi_1(x) = 0, \quad \phi_2(x) = \dfrac{2\lambda + u}{A(b^{-(2\lambda+u)b} - a^{-(2\lambda+u)a})} e^{-\lambda x}. \right)$

(14) $\phi(x) = -A \int_0^1 \phi^2(t) dt + Bx^u, \quad u > -1;$

$\left(\text{解}: \phi(x) = Bx^u + \lambda, \lambda \text{ 由下列方程确定}: \right.$

$$\lambda^2 + \frac{1}{A}\left(1 + \frac{2AB}{u+1}\right)\lambda + \frac{B^2}{2u+1} = 0. \Big)$$

7. 研究方程

$$\phi(x) = \int_0^1 a(x) a(t) \phi(t) \sin\left(\frac{\phi(t)}{a(t)}\right) dt,$$

其中, $a(t) > 0, t \in [0,1]$ 的解的方程.

8. 求解下列非线性 Volterra 积分方程:

(1) $\int_0^x \phi(t)\phi(x-t) dt = Ax + B, \quad A, B > 0;$

$\left(\text{解}: \quad \phi(x) = \pm\sqrt{B}\left[\dfrac{1}{\sqrt{\pi x}}\exp\left(-\dfrac{A}{B}x\right) + \sqrt{\dfrac{A}{B}}\,\text{erf}\left(\sqrt{\dfrac{A}{B}}x\right)\right]. \right)$

(2) $\int_0^x \phi(t)\phi(x-t) dt = A^2 x^\lambda;$

$\left(\text{解}: \quad \phi(x) = \pm A\dfrac{\sqrt{\Gamma(\lambda+1)}}{\Gamma((\lambda+1)/2)} x^{\frac{\lambda-1}{2}}, \text{其中}, \Gamma(z) \text{ 是} \Gamma \text{ 函数}. \right)$

(3) $\int_0^x \phi(t)\phi(x-t) dt = A^2 e^{\lambda x};$

$\left(\text{解}: \quad \phi(x) = \pm\dfrac{A}{\sqrt{\pi x}}e^{\lambda x}. \right)$

(4) $\int_0^x \phi(t)\phi(x-t) dt = (Ax + B)e^{\lambda x}, \quad A, B > 0;$

$\left(\text{解}: \quad \phi(x) = \pm\sqrt{B}e^{\lambda x}\left[\dfrac{1}{\sqrt{\pi x}}\exp\left(-\dfrac{A}{B}x\right) + \sqrt{\dfrac{A}{B}}\,\text{erf}\left(\sqrt{\dfrac{A}{B}}x\right)\right]. \right)$

(5) $\int_0^x \phi(t)\phi(x-t) dt = A^2 x^\mu e^{\lambda x};$

$\left(\text{解}: \quad \phi(x) = \pm A\dfrac{\sqrt{\Gamma(\mu+1)}}{\Gamma((\mu+1)/2)} x^{\frac{\mu-1}{2}} e^{\lambda x}. \right)$

(6) $\int_0^x \phi(t)\phi(x-t) dt = A\sin(\lambda x);$

$\left(\text{解}: \quad \phi(x) = \pm\sqrt{A\lambda}J_0(\lambda x), J_0 \text{ 是 Bessel 函数}. \right)$

(7) $\int_0^x \phi(t)\phi(x-t) dt = A^2\cos(\lambda x);$

$$\left(\text{解:}\quad \phi(x) = \pm \frac{A}{\sqrt{\pi}} \frac{\mathrm{d}}{\mathrm{d}x} \int_0^x \frac{J_0(\lambda t)}{\sqrt{x-t}} \mathrm{d}t.\right)$$

(8) $\displaystyle\int_0^x \phi(t)\phi(x-t)\mathrm{d}t = A\mathrm{e}^{\mu x}\sin(\lambda x);$

$$\left(\text{解:}\quad \phi(x) = \pm\sqrt{A\lambda}\,\mathrm{e}^{\mu x} J_0(\lambda x).\right)$$

(9) $\displaystyle\int_0^x \phi(t)\phi(x-t)\mathrm{d}t = A^2\mathrm{e}^{\mu x}\cos(\lambda x);$

$$\left(\text{解:}\quad \phi(x) = \pm\frac{A}{\sqrt{\pi}}\mathrm{e}^{\mu x}\frac{\mathrm{d}}{\mathrm{d}x}\int_0^x \frac{J_0(\lambda t)}{\sqrt{x-t}}\mathrm{d}t.\right)$$

(10) $\displaystyle\int_0^x t^k\phi(t)\phi(x-t)\mathrm{d}t = Ax^\lambda,\quad A>0;$

$$\left(\text{解:}\quad \phi(x) = \pm\left[\frac{A\Gamma(\lambda+1)}{\Gamma((\lambda+1+k)/2)\,\Gamma((\lambda+1-k)/2)}\right]^{1/2} x^{\frac{\lambda-k-1}{2}}.\right)$$

(11) $\displaystyle\int_0^x t^k\phi(t)\phi(x-t)\mathrm{d}t = A\mathrm{e}^{\lambda x};$

$$\left(\text{解:}\quad \phi(x) = \pm\left[\frac{A}{\Gamma((1+k)/2)\,\Gamma((1-k)/2)}\right]^{1/2} x^{-\frac{k+1}{2}}\mathrm{e}^{\lambda x}.\right)$$

(12) $\displaystyle\int_0^x t^k\phi(t)\phi(x-t)\mathrm{d}t = Ax^\mu\mathrm{e}^{\lambda x};$

$$\left(\text{解:}\quad \phi(x) = \pm\left[\frac{A\Gamma(\mu+1)}{\Gamma((\mu+1+k)/2)\,\Gamma((\mu+1-k)/2)}\right]^{1/2} x^{\frac{\mu-k-1}{2}}\mathrm{e}^{\lambda x}.\right)$$

(13) $\displaystyle\phi(x) = -A\int_a^x \phi^2(t)\mathrm{d}t + Bx + C;$

$$\Bigg(\text{解:}\quad \text{(i) 当}$$

$$AB>0,\quad \phi(x) = k\frac{(k+\phi_a)\exp[2Ak(x-a)]+\phi_a-k}{(k+\phi_a)\exp[2Ak(x-a)]-\phi_a+k},\quad k=\sqrt{\frac{B}{A}},\quad \phi_a = aB+C;$$

(ii) 当 $AB<0,\quad \phi(x) = k\tan\left[Ak(a-x)+\arctan\dfrac{\phi_a}{k}\right],\quad k=\sqrt{-\dfrac{B}{A}},\quad \phi_a = aB+C;$

$$\text{(iii) 当 } B=0,\quad \phi(x) = \frac{C}{AC(x-a)+1}.\Bigg)$$

(14) $\displaystyle\phi(x) = -\int_a^x f(t)\phi^k(t)\mathrm{d}t + A;$

$$\left(\text{解:}\quad \phi(x) = \left[A^{1-k}+(k-1)\int_a^x f(t)\mathrm{d}t\right]^{1/(1-k)}.\right)$$

(15) $\displaystyle\phi(x) = -A\int_a^x \exp[\lambda\phi(t)]\mathrm{d}t + B;$

$$\left(\text{解:}\quad \phi(x) = -\frac{1}{\lambda}\ln\left[A\lambda(x-a)+\mathrm{e}^{-B\lambda}\right].\right)$$

(16) $\displaystyle\phi(x) = -\int_a^x f(t)\exp[\lambda\phi(t)]\mathrm{d}t + A.$

$$\left(\text{解:}\quad \phi(x) = -\frac{1}{\lambda}\ln\left(\lambda\int_a^x f(t)\mathrm{d}t + \mathrm{e}^{-A\lambda}\right).\right)$$

9. 证明非线性积分方程:

$$2\phi(x) = \int_0^x k(x-t)\phi(t)\mathrm{d}t + f(x).$$

此解的 Laplace 变换为

$$\Phi(s) = \frac{F(s)}{1 + [1 - F(s)]^{1/2}},$$

其中, $\Phi(s)$ 和 $F(s)$ 分别为 $f(x)$ 和 $\phi(x)$ 的 Laplace 变换, 并证明当 $f(x) = \sin x$ 时, 原方程的解为 $\phi(x) = J_1(x)$.

10. 利用积分变换方法求解积分微分方程:

$$\phi(x) = \frac{2}{\sqrt{\pi}} \int_0^x (x-t)^{1/2}\phi'(t)\mathrm{d}t + \frac{2}{\sqrt{\pi}}x,$$
$$\phi(0) = 0.$$

(解: $\phi(x) = \mathrm{e}^x\,(\mathrm{erf}\sqrt{x} + 1) - 1$.)

11. 利用数值积分解法求解下列非线性积分方程:

(1) $\phi(x) = \displaystyle\int_0^x (x-t)^2\phi^2(t)\mathrm{d}t + x$;

(2) $\phi^2(x) = \displaystyle\int_0^x (x-t)^3\phi^3(t)\mathrm{d}t + x^2 + 1$;

(3) $\phi^2(x) = -\displaystyle\int_0^x \sin(x-t)\phi(t)\mathrm{d}t + \mathrm{e}^x$.

12. 验证例 10.2.1 中的方程满足定理 10.2.4 的所有条件. 找到 $\delta > 0$ 的一个值, 保证在 $0 \leqslant x \leqslant \delta$ 上连续解的存在.

13. 研究下列方程在 $x = 0$ 附近的解的存在与唯一性:

$$\phi(x) = 1 - \int_0^x \frac{\mathrm{e}^{xt}}{\phi(t)}\mathrm{d}t.$$

14. 找到 $\delta > 0$ 的一个值, 保证在 $0 \leqslant x \leqslant \delta$ 上下列方程的唯一连续解的存在:

$$\phi(x) = x + \int_0^x \sin(x-t)\phi^3(t)\mathrm{d}t.$$

参 考 文 献

陈传璋, 侯宗义, 李明忠. 1987. 积分方程论及其应用. 上海: 上海科学技术出版社.

郭大钧, 孙经先. 1987. 非线性积分方程. 济南: 山东科学技术出版社.

侯宗义, 李明忠, 张万国. 1990. 奇异积分方程论及其应用. 上海: 上海科学技术出版社.

路见可, 杜金元. 1991. 奇异积分方程的数值解法. 数学进展, 20(3): 278~293.

路见可, 钟寿国. 1990. 积分方程论. 北京: 高等教育出版社.

路见可. 1977. 高阶奇异积分及其在求解奇异积分方程中的应用. 武大科技, 2: 106~122.

路见可. 1986. 解析函数边值问题. 上海: 上海科学技术出版社.

路见可. 1989. 某些带平移的奇异积分方程. 武汉大学学报 (自然科学版), 1: 1~8.

沈以淡. 1992. 积分方程. 北京: 北京理工大学出版社.

王传荣. 1982. 奇异积分 $\int_L \frac{f(\tau)}{(\tau-t)^{n+1}} \mathrm{d}\tau$ 的 Hadamard 主值. 数学年刊 A 集, 2: 195~202.

闻国椿. 1985. 共形映射与边值问题. 北京: 高等教育出版社.

张石生. 1988. 积分方程. 重庆: 重庆出版社.

赵桢. 1984. 奇异积分方程. 北京: 北京师范大学出版社.

Anderssen R, Hoog F de. 1974. Abel integral equations, in Numerical Solution of Integral Equations, ed. by M. Golberg. New York: Plenum Publishing Corp, 373~410.

Atkinson K. 1991. A survey of boundary integral equation methods for the numerical solution of Laplace's equation in three dimensions, in Numerical Solution of Integral Equations, ed. By M.Golberg. New York: Plenum Publishing Corp, 1~34.

Bart G, Warnock R. 1973. Linear equations of the third kind. SIAM J. Math. Annal. 4(4): 609~622.

Bateman H, Erdelyi A. 1954. Tables of Integral Transforms. Vol.1. New York: McGraw-Hill Book Co..

Bateman H, Erdelyi A. 1954. Tables of Integral Transforms. Vol.2. New York: McGraw-Hill Book Co..

Brumer H, Riele H de. 1986. The Numerical Solution of Volterra Equations. Elserier.

Chakrabarti A, Hansapriye. 1999. Numerical solution of a singular integro-differential equation. Z. Angew. Math. Mech., 79(4): 233~241.

Chakrabarti A, Mandal B, Basu U et al. 1997. Solution of a hypersingular integral equation of the second kind. Z. Angew. Math. Mech. 77(4): 319~320.

Delliott. 1989. A comprehensive approach to the approximate solution of S I Es over the arc $(-1, 1)$. J. Integral Eqns. & Appl. 2: 59~94.

Ditkin V A, Prudnikov A P. 1965. Integral Transforms and Operstional Calculus. New York: Pergamon Press.

F.dehoog, Sloan I. 1987. The finite section approximation for integral equations on the half line. J. Austral. Math. Soc., Series B. 28: 415~434.

Fox C. 1957. A generalization of the Cauchy principal value. Canadian J. Math., 9(1): 110~119.

Gabbasov N S. 2005. A special version of the collocation method for integral equations of the third kind. Differential Equations, 41(12): 1768~1774.

Gakhov F. 1966. Boundary Value Problems. Oxford: Pergamon Press.

Gerasoulis A. 1982. Singular integral equations-The convergence of the Nyström interpolant of the Gauss-Chebyshev method, BIT. 22: 200~210.

Green C D. 1969. Integral Equation Methods. New York: Barnes & Noble.

Groetsch C. 1984. The theory of Tikhonov Regularization for Fredholm Equations of the First Kind. Marshfield, MA.: Pitman Publishing.

Harry H. 1989. Integral Equations. New York: John Wiley & Sons.

Jaswon M, Symm G. 1977. Integral Equation Methods in Potential Theory and Elastostatics. New York: Academic Press.

Jerri A J. 1999. Introduction to Integral Equations with Applications. 2nd Edition. New York: Wiley.

KamKin M S. 1957. A moving boundary filteration problem or the cigarette problem. AM: Math. Monthly. 64: 710~715.

Kanwal R P, 1997. Linear Integral Equations. Second Edition. Boston: Birkhauser; Berlin: Basel.

Kneser A. 1924. Die Integralgleichungen und ihre Anwendungen in der Mathematisch Physik. Braunschweig.

Kondo J. 1991. Integral Equations. Oxford: Clarendon Press.

Krein M. 1963. Integral equations on the half-line with kernel depending on the difference of the arguments. AMS Translations. Series II, 22: 163~288.

Kress R. 1989. Linear Integral Equations. Berlin: Springer-Verlag.

Li X. 2000. Solution of a class of periodic hypersingular integral equations, in Finite or Infinite Dimensional Complex Analysis. Marcel Dekker, Inc.. 289~292.

Li X. 2003. General solution of a hypersingular integro-differential equation. Complex Variables, 48(6): 543~546.

Li X. 2000. Closed form solution for a hypersingular integral equation of order $n + 1$, Proceedings of the ISAAC, Japan,1999, Kluwer Academic Publishers, Dordrecht/Boston/London, 163~167.

Lix, Wu Y J. 2002. The numerical solution of the periodic crack problem of anisotropic strip. International Journal of Fracture, 118(1): 41~56.

Lin Q, Sloan I H, Xie R. 1990. Extrapolation of the iterated-collocation method for integral equations of the second kind. SIAM Journal on Numerical Analysis, 27(6): 1535~1541.

Linz P. 1985. Analytical and Numerical Methods for Volterra Equations. Philadelphias PA: SIAM.

Linz P. 1985. Nonlinear Volterra Integral Equations. Menlo Park, CA: Benjamin/Cummings Publishing.

Lu J K. 1993. Boundary Value Problems for Analytic Functions. Singapore: World Scientific Publisher.

Mandal B N. Nanigopal M. 1999.   Advances in Dual Integral Equations.   Chapman &
    Hall/CRC, Boca Raton/London/New York/Washington,D.C..
Mikhlin S, S Prößdorf. 1986. Singular Integral Operators. Berlin: Springer-Verlag.
Miller R. 1971. Nonlinear Volterra Integral Equations. Menlo Park, CA: Benjamin/Cumm-
    ings Publishing.
Muskhelishvili N I. 1953. Singular Integral Equations, Noordhoff. International, Leyden.
Pipkin A C. 1991. A Course on Integral Equations. New York: Springer-Verlag.
Pogorzelski W. 1966. Integral Equations and Their Applications. Oxford, London: Perga-
    mon Press.
Polyanin A D, Manzhirov A V. 1998. Handbook of Integral Equations. Boca Raton, Boston,
    London, New York, Washington D.C.: CRC Press.
Rashevsky N. 1960. Mathematical Biophysics: Physico-Mathematical Foundations of Biol-
    ogy. Vol.1. New York: Dover.
S Prößdorf, Silbermann B. 1991.   Numerical Analysis for Integral and Related Operator
    Equations. Basel, Switzerland: Birkhäuser Verlag.
Shulaia D. 1997. On one Fredholm integral equation of third kind. Georgian Mathematical
    Journal, 40(5): 461~476.
Thomas J B. 1969. An Introdution to Statistical Communications Theory. New York: Wiley.
Wing G. 1991. A primer on integral equations of the first kind: The Problem of Deconvolu-
    tion and Unfolding. Philadelphia, PA.: Society for Industrial and Applied Mathematics.

附录 A   Laplace 积分变换表[①]

A.1   一般公式表

No.	原函数 $f(x)$	Laplace 变换 $F(p) = \int_0^\infty \mathrm{e}^{-px} f(x)\mathrm{d}x$
1	$af_1(x) + bf_2(x)$	$aF_1(p) + bF_2(p)$
2	$f\left(\dfrac{x}{a}\right), \quad a > 0$	$aF(ap)$
3	$\begin{cases} 0, & 0 < x < a, \\ f(x-a), & a < x \end{cases}$	$\mathrm{e}^{-ap}F(p)$
4	$x^n f(x), \quad n = 1, 2, \cdots$	$(-1)^n \dfrac{\mathrm{d}^n}{\mathrm{d}p^n} F(p)$
5	$\dfrac{1}{x} f(x)$	$\displaystyle\int_p^\infty F(q)\mathrm{d}q$
6	$\mathrm{e}^{ax} f(x)$	$F(p-a)$
7	$\sinh(ax) f(x)$	$\dfrac{1}{2}[F(p-a) - F(p+a)]$
8	$\cosh(ax) f(x)$	$\dfrac{1}{2}[F(p-a) + F(p+a)]$
9	$\sin(wx) f(x)$	$-\dfrac{\mathrm{i}}{2}[F(p-\mathrm{i}\omega) - F(p+\mathrm{i}\omega)], \quad \mathrm{i}^2 = -1$
10	$\cos(wx) f(x)$	$\dfrac{1}{2}[F(p-\mathrm{i}\omega) + F(p+\mathrm{i}\omega)], \quad \mathrm{i}^2 = -1$
11	$f\left(x^2\right)$	$\dfrac{1}{\sqrt{\pi}} \displaystyle\int_0^\infty \exp\left(-\dfrac{p^2}{4t^2}\right) F(t^2)\mathrm{d}t$
12	$x^{a-1} f\left(\dfrac{1}{x}\right), \quad a > -1$	$\displaystyle\int_0^\infty \left(\dfrac{t}{p}\right)^{a/2} J_a\left(2\sqrt{pt}\right) F(t)\mathrm{d}t$
13	$f(a \sinh x), a > 0$	$\displaystyle\int_0^\infty J_p(at) F(t)\mathrm{d}t$
14	$f(x+a) = f(x)$（周期函数）	$\dfrac{1}{1 - \mathrm{e}^{-ap}} \displaystyle\int_0^a f(x) \mathrm{e}^{-px} \mathrm{d}x$
15	$f(x+a) = -f(x)$（反周期函数）	$\dfrac{1}{1 + \mathrm{e}^{-ap}} \displaystyle\int_0^a f(x) \mathrm{e}^{-px} \mathrm{d}x$
16	$f_x'(x)$	$pF(p) - f(+0)$
17	$f_x^{(n)}(x)$	$p^n F(p) - \displaystyle\sum_{k=1}^n p^{n-k} f_x^{(k-1)}(+0)$

[①] 本附录内容参考了文献 (Doetsch, 1950, 1956, 1958; Bateman and Ditkin and Prudnikov, 1965).

No.	原函数 $f(x)$	Laplace 变换 $F(p) = \int_0^\infty \mathrm{e}^{-px} f(x)\mathrm{d}x$
18	$x^m f_x^{(n)}(x), \quad m \geqslant n$	$\left(-\dfrac{\mathrm{d}}{\mathrm{d}p}\right)^m [p^n F(p)]$
19	$\dfrac{\mathrm{d}^n}{\mathrm{d}x^n}\left[x^m f(x)\right], \quad m \geqslant n$	$(-1)^m p^n \dfrac{\mathrm{d}^m}{\mathrm{d}p^m} F(p)$
20	$\displaystyle\int_0^x f(t)\mathrm{d}t$	$\dfrac{F(p)}{p}$
21	$\displaystyle\int_0^x (x-t) f(t)\mathrm{d}t$	$\dfrac{1}{p^2} F(p)$
22	$\displaystyle\int_0^x (x-t)^v f(t)\mathrm{d}t, \quad v > -1$	$\Gamma(v+1)\, p^{-v-1} F(p)$
23	$\displaystyle\int_0^x \mathrm{e}^{-a(x-t)} f(t)\mathrm{d}t$	$\dfrac{1}{p+a} F(p)$
24	$\displaystyle\int_0^x \sinh\left(a(x-t)\right) f(t)\mathrm{d}t$	$\dfrac{a F(p)}{p^2 - a^2}$
25	$\displaystyle\int_0^x \sin\left(a(x-t)\right) f(t)\mathrm{d}t$	$\dfrac{a F(p)}{p^2 + a^2}$
26	$\displaystyle\int_0^x f_1(t) f_2(x-t)\mathrm{d}t$	$F_1(p) F_2(p)$
27	$\displaystyle\int_0^x \dfrac{1}{t} f(t)\mathrm{d}t$	$\dfrac{1}{p}\displaystyle\int_p^\infty F(q)\mathrm{d}q$
28	$\displaystyle\int_x^\infty \dfrac{1}{t} f(t)\mathrm{d}t$	$\dfrac{1}{p}\displaystyle\int_0^p F(q)\mathrm{d}q$
29	$\displaystyle\int_0^\infty \dfrac{1}{\sqrt{t}} \sin\left(2\sqrt{xt}\right) f(t)\mathrm{d}t$	$\dfrac{\sqrt{\pi}}{p\sqrt{p}} F\left(\dfrac{1}{p}\right)$
30	$\dfrac{1}{\sqrt{x}}\displaystyle\int_0^\infty \cos\left(2\sqrt{xt}\right) f(t)\mathrm{d}t$	$\dfrac{\sqrt{\pi}}{\sqrt{p}} F\left(\dfrac{1}{p}\right)$
31	$\displaystyle\int_0^\infty \dfrac{1}{\sqrt{\pi x}} \exp\left(-\dfrac{t^2}{4x}\right) f(t)\mathrm{d}t$	$\dfrac{1}{\sqrt{p}} F\left(\sqrt{p}\right)$
32	$\displaystyle\int_0^\infty \dfrac{t}{2\sqrt{\pi x^3}} \exp\left(-\dfrac{t^2}{4x}\right) f(t)\mathrm{d}t$	$F\left(\sqrt{p}\right)$
33	$f(x) - a\displaystyle\int_0^x f\left(\sqrt{x^2 - t^2}\right) J_1(at)\mathrm{d}t$	$F\left(\sqrt{p^2 + a^2}\right)$
34	$f(x) + a\displaystyle\int_0^x f\left(\sqrt{x^2 - t^2}\right) I_1(at)\mathrm{d}t$	$F\left(\sqrt{p^2 - a^2}\right)$

A.2 幂级数函数的 Laplace 变换表

No.	原函数 $f(x)$	Laplace 变换 $F(p) = \int_0^\infty \mathrm{e}^{-px} f(x)\mathrm{d}x$
1	1	$\dfrac{1}{p}$
2	$\begin{cases} 0, & 0 < x < a, \\ 1, & a < x < b, \\ 0, & b < x \end{cases}$	$\dfrac{1}{p}(\mathrm{e}^{-ap} - \mathrm{e}^{-bp})$
3	x	$\dfrac{1}{p^2}$
4	$\dfrac{1}{x+a}$	$-\mathrm{e}^{ap}\mathrm{Ei}(-ap)$
5	$x^n, \quad n = 1, 2, \cdots$	$\dfrac{n!}{p^{n+1}}$
6	$x^{n-1/2}, \quad n = 1, 2, \cdots,$	$\dfrac{1 \cdot 3 \cdot \cdots \cdot (2n-1)\sqrt{\pi}}{2^n p^{n+1/2}}$
7	$\dfrac{1}{\sqrt{x+a}}$	$\sqrt{\dfrac{\pi}{p}}\mathrm{e}^{ap}\mathrm{erfc}\left(\sqrt{ap}\right)$
8	$\dfrac{\sqrt{x}}{x+a}$	$\sqrt{\dfrac{\pi}{p}} - \pi\sqrt{a}\mathrm{e}^{ap}\mathrm{erfc}(\sqrt{ap})$
9	$(x+a)^{-3/2}$	$2a^{-1/2} - 2\left(\pi p^{1/2}\right)\mathrm{e}^{ap}\mathrm{erfc}\left(\sqrt{ap}\right)$
10	$x^{1/2}(x+a)^{-1}$	$\left(\dfrac{\pi}{p}\right)^{1/2} - \pi a^{1/2}\mathrm{e}^{ap}\mathrm{erfc}\left(\sqrt{ap}\right)$
11	$x^{-1/2}(x+a)^{-1}$	$\pi a^{1/2}\mathrm{e}^{ap}\mathrm{erfc}\left(\sqrt{ap}\right)$
12	$x^v, \quad v > -1$	$\Gamma(v+1)p^{-v-1}$
13	$(x+a)^v, \quad v > -1$	$p^{-v-1}\mathrm{e}^{-ap}\Gamma(v+1, ap)$
14	$x^v(x+a)^{-1}, \quad v > -1$	$k\mathrm{e}^{-ap}\Gamma(-v, ap), \quad k = a^v\Gamma(v+1)$
15	$(x^2 + 2ax)^{-1/2}(x+a)$	$a\mathrm{e}^{ap}k_1(ap)$

A.3 指数函数的 Laplace 变换表

No.	原函数 $f(x)$	Laplace 变换 $F(p) = \int_0^\infty \mathrm{e}^{-px} f(x)\mathrm{d}x$
1	e^{-ax}	$(p+a)^{-1}$
2	$x\mathrm{e}^{-ax}$	$(p+a)^{-2}$
3	$x^{v-1}\mathrm{e}^{-ax}, \quad v > 0$	$\Gamma(v)(p+a)^{-v}$
4	$\dfrac{1}{x}\left(\mathrm{e}^{-ax} - \mathrm{e}^{-bx}\right)$	$\ln(p+b) - \ln(p+a)$
5	$\dfrac{1}{x^2}\left(1 - \mathrm{e}^{-ax}\right)^2$	$(p+2a)\ln(p+2a) + p\ln p - 2(p+a)\ln(p+a)$
6	$\exp\left(-ax^2\right), \quad a > 0$	$(\pi p)^{1/2}\exp\left(bp^2\right)\mathrm{erfc}\left(p\sqrt{b}\right), \quad a = \dfrac{1}{4b}$

No.	原函数 $f(x)$	Laplace 变换 $F(p) = \int_0^\infty \mathrm{e}^{-px} f(x)\mathrm{d}x$
7	$x \exp(-ax^2)$	$2b - 2\pi^{1/2}b^{2/3}\,\mathrm{perfc}\left(p\sqrt{b}\right), \quad a = \dfrac{1}{4b}$
8	$\exp\left(\dfrac{-a}{x}\right), \quad a \geqslant 0$	$2\sqrt{\dfrac{a}{p}}K_1\left(2\sqrt{ap}\right)$
9	$\sqrt{x}\exp\left(\dfrac{-a}{x}\right), \quad a \geqslant 0$	$\dfrac{1}{2}\sqrt{\dfrac{\pi}{p^3}}\left(1 + 2\sqrt{ap}\right)\exp\left(-2\sqrt{ap}\right)$
10	$\dfrac{1}{\sqrt{x}}\exp\left(\dfrac{-a}{x}\right), \quad a \geqslant 0$	$\sqrt{\dfrac{\pi}{p}}\exp\left(-2\sqrt{ap}\right)$
11	$\dfrac{1}{x\sqrt{x}}\exp\left(\dfrac{-a}{x}\right), \quad a > 0$	$\sqrt{\dfrac{\pi}{a}}\exp\left(-2\sqrt{ap}\right)$
12	$x^{v-1}\exp\left(\dfrac{-a}{x}\right), \quad a > 0$	$2\left(\dfrac{a}{p}\right)^{v/2}K_v\left(2\sqrt{ap}\right)$
13	$\exp\left(-2\sqrt{ax}\right)$	$p^{-1} - (\pi a)^{1/2}p^{-3/2}\mathrm{e}^{a/p}\mathrm{erfc}\left(\sqrt{\dfrac{a}{p}}\right)$
14	$\dfrac{1}{\sqrt{x}}\exp\left(-2\sqrt{ax}\right)$	$\left(\dfrac{\pi}{p}\right)^{1/2}\mathrm{e}^{a/p}\mathrm{erfc}\left(\sqrt{\dfrac{a}{p}}\right)$

A.4　双曲函数的 Laplace 变换表

No.	原函数 $f(x)$	Laplace 变换 $F(p) = \int_0^\infty \mathrm{e}^{-px} f(x)\mathrm{d}x$
1	$\sinh(ax)$	$\dfrac{a}{p^2 - a^2}$
2	$\sinh^2(ax)$	$\dfrac{2a^2}{p^3 - 4a^2 p}$
3	$\dfrac{1}{x}\sinh(ax)$	$\dfrac{1}{2}\ln\dfrac{p+a}{p-a}$
4	$x^{v-1}\sinh(ax), \quad v > -1$	$\dfrac{1}{2}\Gamma(v)\left[(p-a)^{-v} - (p+a)^{-v}\right]$
5	$\sinh(2\sqrt{ax})$	$\dfrac{\sqrt{\pi a}}{p\sqrt{p}}\mathrm{e}^{a/p}$
6	$\sqrt{x}\sinh\left(2\sqrt{ax}\right)$	$\pi^{1/2}p^{-5/2}\left(\dfrac{1}{2}p + a\right)\mathrm{e}^{a/p}\mathrm{erf}\left(\sqrt{\dfrac{a}{p}}\right) - a^{1/2}p^{-2}$
7	$\dfrac{1}{\sqrt{x}}\sinh\left(2\sqrt{ax}\right)$	$\pi^{1/2}p^{-1/2}\mathrm{e}^{a/p}\mathrm{erf}\left(\sqrt{\dfrac{a}{p}}\right)$
8	$\dfrac{1}{\sqrt{x}}\sinh^2\left(2\sqrt{ax}\right)$	$\dfrac{1}{2}\pi^{1/2}p^{-1/2}\left(\mathrm{e}^{a/p} - 1\right)$
9	$\cosh(ax)$	$\dfrac{p}{p^2 - a^2}$
10	$\cosh^2(ax)$	$\dfrac{p^2 - 2a^2}{p^3 - 4a^2 p}$

No.	原函数 $f(x)$	Laplace 变换 $F(p) = \int_0^\infty \mathrm{e}^{-px} f(x)\mathrm{d}x$
11	$x^{v-1}\cosh(ax), \quad v > 0$	$\frac{1}{2}\Gamma(v)\left[(p-a)^{-v} + (p+a)^{-v}\right]$
12	$\cosh\left(2\sqrt{ax}\right)$	$\frac{1}{p} + \frac{\sqrt{\pi a}}{p\sqrt{p}}\mathrm{e}^{a/p}\mathrm{erf}\left(\sqrt{\frac{a}{p}}\right)$
13	$\sqrt{x}\cosh\left(2\sqrt{ax}\right)$	$\pi^{1/2}p^{-5/2}\left(\frac{1}{2}p + a\right)\mathrm{e}^{a/p}$
14	$\frac{1}{\sqrt{x}}\cosh\left(2\sqrt{ax}\right)$	$\pi^{1/2}p^{-1/2}\mathrm{e}^{a/p}$
15	$\frac{1}{\sqrt{x}}\cosh^2\left(2\sqrt{ax}\right)$	$\frac{1}{2}\pi^{1/2}p^{-1/2}(\mathrm{e}^{a/p} + 1)$

A.5 对数函数的 Laplace 变换表

No.	原函数 $f(x)$	Laplace 变换 $F(p) = \int_0^\infty \mathrm{e}^{-px} f(x)\mathrm{d}x$
1	$\ln x$	$-\frac{1}{p}(\ln p + c), \quad c = 0.5772\cdots$ 是 Euler 常数
2	$\ln(1 + ax)$	$-\frac{1}{p}\mathrm{e}^{p/a}Ei\left(\frac{-p}{a}\right)$
3	$\ln(x + a)$	$\frac{1}{p}\left[\ln a - \mathrm{e}^{ap}Ei\left(\frac{-p}{a}\right)\right]$
4	$x^n\ln x, \quad n = 1, 2, \cdots$	$\frac{n!}{p^{n+1}}\left(1 + \frac{1}{2} + \frac{1}{3} + \cdots + \frac{1}{n} - \ln p - c\right)$ $c = 0.5772\cdots$ 是 Euler 常数.
5	$\frac{\ln x}{\sqrt{x}}$	$-\sqrt{\frac{\pi}{p}}\left[\ln 4p + c\right], \quad c = 0.5772\cdots$
7	$x^{v-1}\ln x, \quad v > 0$	$\Gamma(v)p^{-v}\left[\psi(v) - \ln p\right], \quad \psi(v)$ 是 Γ 函数导数的对数
8	$(\ln x)^2$	$\frac{1}{p}\left[(\ln x + c)^2 + \frac{1}{6\pi^2}\right], \quad c = 0.5772\cdots$
9	$\mathrm{e}^{-ax}\ln x$	$\frac{\ln(p + a) + c}{p + a}, \quad c = 0.5772\cdots$

A.6 三角函数的 Laplace 变换表

No.	原函数 $f(x)$	Laplace 变换 $F(p) = \int_0^\infty \mathrm{e}^{-px} f(x)\mathrm{d}x$
1	$\sin(ax)$	$\frac{a}{p^2 + a^2}$
2	$\left|\sin(ax)\right|, \quad a > 0$	$\frac{a}{p^2 + a^2}\coth\left(\frac{\pi p}{2a}\right)$

No.	原函数 $f(x)$	Laplace 变换 $F(p) = \displaystyle\int_0^\infty \mathrm{e}^{-px} f(x)\mathrm{d}x$
3	$\sin^{2n}(ax), \quad n = 1, 2, \cdots$	$\dfrac{a^{2n}(2n)!}{p\,[p^2+(2a)^2]\,[p^2+(4a)^2]\cdots[p^2+(2na)^2]}$
4	$\sin^{2n+1}(ax), \quad n = 1, 2, \cdots$	$\dfrac{a^{2n+1}(2n+1)!}{p\,(p^2+a^2)\,(p^2+3^2a^2)\cdots[p^2+(2n+1)^2a^2]}$
5	$x^n \sin(ax), \quad n = 1, 2, \cdots$	$\dfrac{n!p^{n+1}}{(p^2+a^2)^{n+1}} \displaystyle\sum_{0\leqslant 2k\leqslant n} (-1)^k \mathrm{C}_{n+1}^{2k+1} \left(\dfrac{a}{p}\right)^{2k+1}$
6	$\dfrac{1}{x}\sin(ax)$	$\arctan\left(\dfrac{a}{p}\right)$
7	$\dfrac{1}{x}\sin^2(ax)$	$\dfrac{1}{4}\ln(1+4a^2p^{-2})$
8	$\dfrac{1}{x^2}\sin^2(ax)$	$a\arctan\left(\dfrac{2a}{p}\right) - \dfrac{1}{4}p\ln(1+4a^2p^{-2})$
9	$\sin\left(2\sqrt{ax}\right)$	$\dfrac{\sqrt{\pi a}}{p\sqrt{p}}\mathrm{e}^{-a/p}$
10	$\dfrac{1}{x}\sin\left(2\sqrt{ax}\right)$	$\pi\,\mathrm{erf}\left(\sqrt{\dfrac{a}{p}}\right)$
11	$\cos(ax)$	$\dfrac{p}{p^2+a^2}$
12	$\cos^2(ax)$	$\dfrac{p^2+2a^2}{p\,(p^2+4a^2)}$
13	$x^n \cos(ax), \quad n = 1, 2, \cdots$	$\dfrac{n!p^{n+1}}{(p^2+a^2)^{n+1}} \displaystyle\sum_{0\leqslant 2k\leqslant n+1} (-1)^k \mathrm{C}_{n+1}^{2k} \left(\dfrac{a}{p}\right)^{2k}$
14	$\dfrac{1}{x}[1-\cos(ax)]$	$\dfrac{1}{2}\ln(1+a^2p^{-2})$
15	$\dfrac{1}{x}[\cos(ax)-\cos(bx)]$	$\dfrac{1}{2}\ln\dfrac{p^2+b^2}{p^2+a^2}$
16	$\sqrt{x}\cos\left(2\sqrt{ax}\right)$	$\dfrac{1}{2}\pi^{1/2}p^{-5/2}(p-2a)\mathrm{e}^{-a/p}$
17	$\dfrac{1}{\sqrt{x}}\cos\left(2\sqrt{ax}\right)$	$\sqrt{\dfrac{\pi}{p}}\mathrm{e}^{-a/p}$
18	$\sin(ax)\sin(bx)$	$\dfrac{2abp}{\left[p^2+(a+b)^2\right]\left[p^2+(a-b)^2\right]}$
19	$\cos(ax)\sin(bx)$	$\dfrac{b\,(p^2-a^2+b^2)}{\left[p^2+(a+b)^2\right]\left[p^2+(a-b)^2\right]}$
20	$\cos(ax)\cos(bx)$	$\dfrac{b\,(p^2+a^2+b^2)}{\left[p^2+(a+b)^2\right]\left[p^2+(a-b)^2\right]}$
21	$\dfrac{ax\cos(ax)-\sin(ax)}{x^2}$	$p\arctan\dfrac{a}{x} - a$

续表

No.	原函数 $f(x)$	Laplace 变换 $F(p) = \int_0^\infty e^{-px} f(x) \mathrm{d}x$
22	$e^{bx} \sin(ax)$	$\dfrac{a}{(p-b)^2 + a^2}$
23	$e^{bx} \cos(ax)$	$\dfrac{p-b}{(p-b)^2 + a^2}$
24	$\sin(ax) \sinh(ax)$	$\dfrac{2ap^2}{p^4 + 4a^4}$
25	$\sin(ax) \cosh(ax)$	$\dfrac{a\left(p^2 + 2a^2\right)}{p^4 + 4a^4}$
26	$\cos(ax) \sinh(ax)$	$\dfrac{a\left(p^2 - 2a^2\right)}{p^4 + 4a^4}$
27	$\cos(ax) \cosh(ax)$	$\dfrac{p^3}{p^4 + 4a^4}$

A.7 特殊函数的 Laplace 变换表

No.	原函数 $f(x)$	Laplace 变换 $F(p) = \int_0^\infty e^{-px} f(x) \mathrm{d}x$
1	$\mathrm{erf}(ax)$	$\dfrac{1}{p} \exp(b^2 p^2) \mathrm{erfc}(bp), \quad b = \dfrac{1}{2a}$
2	$\mathrm{erf}(\sqrt{ax})$	$\dfrac{\sqrt{a}}{p\sqrt{p+a}}$
3	$e^{ax} \mathrm{erf}\left(\sqrt{ax}\right)$	$\dfrac{\sqrt{a}}{\sqrt{p}\,(p-a)}$
4	$\mathrm{erf}\left(\dfrac{1}{2}\sqrt{\dfrac{a}{x}}\right)$	$\dfrac{1}{p}\left[1 - \exp(-\sqrt{ap})\right]$
5	$\mathrm{erfc}\left(\sqrt{ax}\right)$	$\dfrac{\sqrt{p+a} - \sqrt{a}}{p\sqrt{p+a}}$
6	$e^{ax} \mathrm{erfc}\left(\sqrt{ax}\right)$	$\dfrac{1}{p + \sqrt{ap}}$
7	$\mathrm{erfc}\left(\dfrac{1}{2}\sqrt{ax}\right)$	$\dfrac{1}{p} \exp\left(-\sqrt{ap}\right)$
8	$\mathrm{Ci}\,(x)$	$\dfrac{1}{2p} \ln(p^2 + 1)$
9	$\mathrm{Si}(x)$	$\dfrac{1}{p} \mathrm{arc\,cot}\, p$
10	$\mathrm{Ei}(-x)$	$-\dfrac{1}{p} \ln(p + 1)$
11	$J_0(ax)$	$\dfrac{1}{\sqrt{p^2 + a^2}}$

No.	原函数 $f(x)$	Laplace 变换 $F(p) = \displaystyle\int_0^\infty \mathrm{e}^{-px} f(x)\mathrm{d}x$
12	$J_v(ax), \quad v > -1$	$\dfrac{a^v}{\sqrt{p^2+a^2}(p+\sqrt{p^2+a^2})^v}$
13	$x^n J_n(ax), \quad n = 1, 2, \cdots$	$1 \cdot 3 \cdot 5 \cdot \cdots \cdot (2n-1)a^n(p^2+a^2)^{-n-1/2}$
14	$x^v J_v(ax), \quad v > -\dfrac{1}{2}$	$2^v \pi^{-1/2} \Gamma\left(v + \dfrac{1}{2}\right) a^v p (p^2+a^2)^{-v-1/2}$
15	$x^{v+1} J_v(ax), \quad v > -1$	$2^{v+1} \pi^{-1/2} \Gamma\left(v + \dfrac{3}{2}\right) a^v p (p^2+a^2)^{-v-3/2}$
16	$J_0\left(2\sqrt{ax}\right)$	$\dfrac{1}{p}\mathrm{e}^{-a/p}$
17	$\sqrt{x} J_1\left(2\sqrt{ax}\right)$	$\dfrac{\sqrt{a}}{p^2}\mathrm{e}^{-a/p}$
18	$x^{v/2} J_v(2\sqrt{ax}), \quad v > -1$	$a^{v/2} p^{-v-1} \mathrm{e}^{-a/p}$
19	$I_0(ax)$	$\dfrac{1}{\sqrt{p^2-a^2}}$
20	$I_v(ax), \quad v > -1$	$\dfrac{a^v}{\sqrt{p^2-a^2}\left(p+\sqrt{p^2-a^2}\right)^v}$
21	$x^v I_v(ax), \quad v > -\dfrac{1}{2}$	$2^v \pi^{-1/2} \Gamma\left(v + \dfrac{1}{2}\right) a^v (p^2-a^2)^{-v-1/2}$
22	$x^{v+1} I_v(ax), \quad v > -1$	$2^{v+1} \pi^{-1/2} \Gamma\left(v + \dfrac{3}{2}\right) a^v (p^2-a^2)^{-v-3/2}$
23	$I_0\left(2\sqrt{ax}\right)$	$\dfrac{1}{p}\mathrm{e}^{a/p}$
24	$\dfrac{1}{\sqrt{x}} I_1\left(2\sqrt{ax}\right)$	$\dfrac{1}{\sqrt{a}}\left(\mathrm{e}^{a/p}-1\right)$
25	$x^{v/2} I_v\left(2\sqrt{ax}\right), \quad v > -1$	$a^{v/2} p^{-v-1}\mathrm{e}^{a/p}$
26	$Y_0(ax)$	$-\dfrac{2}{\pi}\dfrac{Arsinh(p/a)}{\sqrt{p^2+a^2}}$
27	$K_0(ax)$	$\dfrac{\ln\left(p+\sqrt{p^2+a^2}\right)-\ln a}{\sqrt{p^2-a^2}}$

附录 B   Laplace 逆变换表

B.1   一般公式表

No.	Laplace 变换 $F(p)$	Laplace 逆变换 $f(x) = \dfrac{1}{2\pi\mathrm{i}}\displaystyle\int_{c-\mathrm{i}\infty}^{c+\mathrm{i}\infty}\mathrm{e}^{px}F(p)\mathrm{d}p$
1	$F(p+a)$	$\mathrm{e}^{-ax}f(x)$
2	$F(ap), \quad a>0$	$\dfrac{1}{a}f\left(\dfrac{x}{a}\right)$
3	$F(ap+b), \quad a>0$	$\dfrac{1}{a}\exp\left(-\dfrac{b}{a}x\right)f\left(\dfrac{x}{a}\right)$
4	$F(p-a)+F(p+a)$	$2f(x)\cosh(ax)$
5	$F(p-a)-F(p+a)$	$2f(x)\sinh(ax)$
6	$\mathrm{e}^{-ap}F(p), \quad a\geqslant 0$	$\begin{cases} 0, & 0\leqslant x<a, \\ f(x-a), & a<x \end{cases}$
7	$pF(p)$	$\dfrac{\mathrm{d}f(x)}{\mathrm{d}x}, \quad f(+0)=0$
8	$\dfrac{1}{p}F(p)$	$\displaystyle\int_0^x f(t)\mathrm{d}t$
9	$\dfrac{1}{p+a}F(p)$	$\mathrm{e}^{-ax}\displaystyle\int_0^x \mathrm{e}^{at}f(t)\mathrm{d}t$
10	$\dfrac{1}{p^2}F(p)$	$\displaystyle\int_0^x (x-t)f(t)\mathrm{d}t$
11	$\dfrac{1}{p(p+a)}F(p)$	$\dfrac{1}{a}\displaystyle\int_0^x \left[1-\mathrm{e}^{a(x-t)}\right]f(t)\mathrm{d}t$
12	$\dfrac{F(p)}{(p+a)^2}$	$\displaystyle\int_0^x (x-t)\mathrm{e}^{-a(x-t)}f(t)\mathrm{d}t$
13	$\dfrac{F(p)}{(p+a)(p+b)}$	$\dfrac{1}{b-a}\displaystyle\int_0^x \left[\mathrm{e}^{-a(x-t)}-\mathrm{e}^{-b(x-t)}\right]f(t)\mathrm{d}t$
14	$\dfrac{F(p)}{(p+a)^2+b^2}$	$\dfrac{1}{b}\displaystyle\int_0^x \mathrm{e}^{-a(x-t)}\sin\left(b(x-t)\right)f(t)\mathrm{d}t$
15	$\dfrac{1}{p^n}F(p), \quad n=1,2,\cdots$	$\dfrac{1}{(n-1)!}\displaystyle\int_0^x (x-t)^{n-1}f(t)\mathrm{d}t$
16	$F_1(p)F_2(p)$	$\displaystyle\int_0^x f_1(t)f_2(x-t)\mathrm{d}t$

续表

No.	Laplace 变换 $F(p)$	Laplace 逆变换 $f(x) = \dfrac{1}{2\pi i} \displaystyle\int_{c-i\infty}^{c+i\infty} e^{px} F(p) \mathrm{d}p$
17	$\dfrac{1}{\sqrt{p}} F\left(\dfrac{1}{p}\right)$	$\displaystyle\int_0^\infty \dfrac{\cos\left(2\sqrt{xt}\right)}{\sqrt{\pi x}} f(t)\,\mathrm{d}t$
18	$\dfrac{1}{p\sqrt{p}} F\left(\dfrac{1}{p}\right)$	$\displaystyle\int_0^\infty \dfrac{\sin\left(2\sqrt{xt}\right)}{\sqrt{\pi t}} f(t)\,\mathrm{d}t$
19	$\dfrac{1}{p^{2v+1}} F\left(\dfrac{1}{p}\right)$	$\displaystyle\int_0^\infty \left(\dfrac{x}{t}\right)^v J_{2v}\left(2\sqrt{xt}\right) f(t)\,\mathrm{d}t$
20	$\dfrac{1}{p} F\left(\dfrac{1}{p}\right)$	$\displaystyle\int_0^\infty J_0\left(2\sqrt{xt}\right) f(t)\,\mathrm{d}t$
21	$\dfrac{1}{p} F\left(p+\dfrac{1}{p}\right)$	$\displaystyle\int_0^\infty J_0\left(2\sqrt{xt-t^2}\right) f(t)\,\mathrm{d}t$
22	$\dfrac{1}{p^{2v+1}} F\left(p+\dfrac{a}{p}\right)$	$\displaystyle\int_0^\infty \left(\dfrac{x-t}{at}\right)^v J_{2v}\left(2\sqrt{axt-at^2}\right) f(t)\,\mathrm{d}t$
23	$F\left(\sqrt{p}\right)$	$\displaystyle\int_0^\infty \dfrac{t}{2\sqrt{\pi x^3}} \exp\left(-\dfrac{t^2}{4x}\right) f(t)\mathrm{d}t$
24	$\dfrac{1}{\sqrt{p}} F\left(\sqrt{p}\right)$	$\dfrac{1}{\sqrt{\pi x}} \displaystyle\int_0^\infty \exp\left(-\dfrac{t^2}{4x}\right) f(t)\mathrm{d}t$
25	$F\left(p+\sqrt{p}\right)$	$\dfrac{1}{2\sqrt{\pi}} \displaystyle\int_0^x \dfrac{t}{(x-t)^{3/2}} \exp\left[-\dfrac{t^2}{4(x-t)}\right] f(t)\mathrm{d}t$
26	$F\left(\sqrt{p^2+a^2}\right)$	$f(x) - a \displaystyle\int_0^x f\left(\sqrt{x^2-t^2}\right) J_1(at)\mathrm{d}t$
27	$F\left(\sqrt{p^2-a^2}\right)$	$f(x) + a \displaystyle\int_0^x f\left(\sqrt{x^2-t^2}\right) I_1(at)\mathrm{d}t$
28	$\dfrac{F\left(\sqrt{p^2+a^2}\right)}{\sqrt{p^2+a^2}}$	$\displaystyle\int_0^x J_0\left(a\sqrt{x^2-t^2}\right) f(t)\mathrm{d}t$
29	$\dfrac{F\left(\sqrt{p^2-a^2}\right)}{\sqrt{p^2-a^2}}$	$\displaystyle\int_0^x I_0\left(a\sqrt{x^2-t^2}\right) f(t)\mathrm{d}t$
30	$F\left(\sqrt{(p+a)^2-b^2}\right)$	$e^{-ax} f(x) + b e^{-ax} \displaystyle\int_0^x f\left(\sqrt{x^2-t^2}\right) I_1(bt)\mathrm{d}t$
31	$F(\ln p)$	$\displaystyle\int_0^\infty \dfrac{x^{t-1}}{\Gamma(t)} f(t)\,\mathrm{d}t$
32	$\dfrac{1}{p} F(\ln p)$	$\displaystyle\int_0^\infty \dfrac{x^t}{\Gamma(t+1)} f(t)\,\mathrm{d}t$
33	$F(p-ia) + F(p+ia),$ $i^2 = -1$	$2f(x)\cos(ax)$
34	$i\left[F(p-ia) - F(p+ia)\right],$ $i^2 = -1$	$2f(x)\sin(ax)$
35	$\dfrac{\mathrm{d}F(p)}{\mathrm{d}p}$	$-xf(x)$

No.	Laplace 变换 $F(p)$	Laplace 逆变换 $f(x) = \dfrac{1}{2\pi\mathrm{i}} \displaystyle\int_{c-\mathrm{i}\infty}^{c+\mathrm{i}\infty} \mathrm{e}^{px} F(p)\mathrm{d}p$
36	$\dfrac{\mathrm{d}^n F(p)}{\mathrm{d}p^n}$	$(-x)^n f(x)$
37	$p^n \dfrac{\mathrm{d}^m F(p)}{\mathrm{d}p^m}, \quad m \geqslant n$	$(-1)^m \dfrac{\mathrm{d}^n}{\mathrm{d}x^n} [x^m f(x)]$
38	$\displaystyle\int_p^\infty F(q)\mathrm{d}q$	$\dfrac{1}{x} f(x)$
39	$\dfrac{1}{p} \displaystyle\int_0^p F(q)\mathrm{d}q$	$\displaystyle\int_x^\infty \dfrac{f(t)}{t}\mathrm{d}t$
40	$\dfrac{1}{p} \displaystyle\int_p^\infty F(q)\mathrm{d}q$	$\displaystyle\int_0^x \dfrac{f(t)}{t}\mathrm{d}t$

B.2 有理函数的 Laplace 逆变换表

No.	Laplace 变换 $F(p)$	Laplace 逆变换 $f(x) = \dfrac{1}{2\pi\mathrm{i}} \displaystyle\int_{c-\mathrm{i}\infty}^{c+\mathrm{i}\infty} \mathrm{e}^{px} F(p)\mathrm{d}p$
1	$\dfrac{1}{p}$	1
2	$\dfrac{1}{p+a}$	e^{-ax}
3	$\dfrac{1}{p^2}$	x
4	$\dfrac{1}{p(p+a)}$	$\dfrac{1}{a}\left(1 - \mathrm{e}^{-ax}\right)$
5	$\dfrac{1}{(p+a)^2}$	$x\mathrm{e}^{-ax}$
6	$\dfrac{p}{(p+a)^2}$	$(1 - ax)\,\mathrm{e}^{-ax}$
7	$\dfrac{1}{p^2 - a^2}$	$\dfrac{1}{a}\sinh(ax)$
8	$\dfrac{p}{p^2 - a^2}$	$\cosh(ax)$
9	$\dfrac{1}{(p+a)(p+b)}$	$\dfrac{1}{a-b}\left(\mathrm{e}^{-bx} - \mathrm{e}^{-ax}\right)$
10	$\dfrac{p}{(p+a)(p+b)}$	$\dfrac{1}{a-b}\left(a\mathrm{e}^{-bx} - b\mathrm{e}^{-ax}\right)$
11	$\dfrac{1}{p^2 + a^2}$	$\dfrac{1}{a}\sin(ax)$
12	$\dfrac{p}{p^2 + a^2}$	$\cos(ax)$
13	$\dfrac{1}{(p+b)^2 + a^2}$	$\dfrac{1}{a}\mathrm{e}^{-bx}\sin(ax)$

No.	Laplace 变换 $F(p)$	Laplace 逆变换 $f(x) = \dfrac{1}{2\pi i}\displaystyle\int_{c-i\infty}^{c+i\infty} e^{px} F(p)\mathrm{d}p$
14	$\dfrac{p}{(p+b)^2 + a^2}$	$e^{-bx}\left[\cos(ax) - \dfrac{b}{a}\sin(ax)\right]$
15	$\dfrac{1}{p^3}$	$\dfrac{1}{2}x^2$
16	$\dfrac{1}{p^2(p+a)}$	$\dfrac{1}{a^2}(e^{-ax} + ax - 1)$
17	$\dfrac{1}{p(p+a)(p+b)}$	$\dfrac{1}{ab(a-b)}(a - b + be^{-ax} - ae^{-bx})$
18	$\dfrac{1}{p(p+a)^2}$	$\dfrac{1}{a^2}(1 - e^{-ax} - axe^{-ax})$
19	$\dfrac{1}{(p+a)(p+b)(p+c)}$	$\dfrac{(c-b)e^{-ax} + (a-c)e^{-bx} + (b-a)e^{-cx}}{(a-b)(b-c)(c-a)}$
20	$\dfrac{p}{(p+a)(p+b)(p+c)}$	$\dfrac{a(b-c)e^{-ax} + b(c-a)e^{-bx} + c(a-b)e^{-cx}}{(a-b)(b-c)(c-a)}$
21	$\dfrac{p^2}{(p+a)(p+b)(p+c)}$	$\dfrac{a^2(c-b)e^{-ax} + b^2(a-c)e^{-bx} + c^2(b-a)e^{-cx}}{(a-b)(b-c)(c-a)}$
22	$\dfrac{1}{(p+a)(p+b)^2}$	$\dfrac{1}{(a-b)^2}\left[e^{-ax} - e^{-bx} + (a-b)xe^{-bx}\right]$
23	$\dfrac{p}{(p+a)(p+b)^2}$	$\dfrac{1}{(a-b)^2}\left\{-ae^{-ax} + [a + b(b-a)x] - e^{-bx}\right\}$
24	$\dfrac{p^2}{(p+a)(p+b)^2}$	$\dfrac{1}{(a-b)^2}\left[a^2e^{-ax} + b(b - 2a - b^2x + abx)e^{-bx}\right]$
25	$\dfrac{1}{(p+a)^3}$	$\dfrac{1}{2}x^2e^{-ax}$
26	$\dfrac{p}{(p+a)^3}$	$x\left(1 - \dfrac{1}{2}ax\right)e^{-ax}$
27	$\dfrac{p^2}{(p+a)^3}$	$\left(1 - 2ax + \dfrac{1}{2}a^2x^2\right)e^{-ax}$
28	$\dfrac{1}{p(p^2 + a^2)}$	$\dfrac{1}{a^2}[1 - \cos(ax)]$
29	$\dfrac{1}{p\left[(p+b)^2 + a^2\right]}$	$\dfrac{1}{a^2 + b^2}\left\{1 - e^{-bx}\left[\cos(ax) + \dfrac{b}{a}\sin(ax)\right]\right\}$
30	$\dfrac{1}{(p+a)(p^2 + b^2)}$	$\dfrac{1}{a^2 + b^2}\left[e^{-ax} + \dfrac{a}{b}\sin(ax) - \cos(bx)\right]$
31	$\dfrac{p}{(p+a)(p^2 + b^2)}$	$\dfrac{1}{a^2 + b^2}\left[-ae^{-ax} + a\cos(bx) + b\sin(bx)\right]$
32	$\dfrac{p^2}{(p+a)(p^2 + b^2)}$	$\dfrac{1}{a^2 + b^2}\left[a^2e^{-ax} - ab\sin(bx) + b^2\cos(bx)\right]$
33	$\dfrac{1}{p^3 + a^3}$	$\dfrac{1}{3a^2}e^{-ax}a^2 - \dfrac{1}{3a^2}e^{ax/2}\left[\cos(kx) - \sqrt{3}\sin(kx)\right],$ $k = \dfrac{1}{2}a$

续表

No.	Laplace 变换 $F(p)$	Laplace 逆变换 $f(x) = \dfrac{1}{2\pi i}\displaystyle\int_{c-i\infty}^{c+i\infty} e^{px} F(p)\mathrm{d}p$
34	$\dfrac{p}{p^3 + a^3}$	$-\dfrac{1}{3a^2}e^{-ax}a^2 + \dfrac{1}{3a^2}e^{ax/2}\left[\cos(kx) + \sqrt{3}\sin(kx)\right]$, $k = \dfrac{1}{2}a\sqrt{3}$
35	$\dfrac{p^2}{p^3 + a^3}$	$\dfrac{1}{3}e^{-ax} + \dfrac{2}{3}e^{ax/2}\cos(kx), \quad k = \dfrac{1}{2}a\sqrt{3}$
36	$\dfrac{1}{(p+a)\left[(p+b)^2 + c^2\right]}$	$\dfrac{e^{-ax} + e^{-bx}\cos(cx) + ke^{-cx}\sin(cx)}{(a-b)^2 + c^2}, \quad k = \dfrac{a-b}{c}$
37	$\dfrac{p}{(p+a)\left[(p+b)^2 + c^2\right]}$	$\dfrac{-ae^{-ax} + ae^{-bx}\cos(cx) + ke^{-cx}\sin(cx)}{(a-b)^2 + c^2}, \quad k = \dfrac{b^2 + c^2 - ab}{c}$
38	$\dfrac{p^2}{(p+a)\left[(p+b)^2 + c^2\right]}$	$\dfrac{a^2 e^{-ax} + (b^2 + c^2 - 2ab)e^{-bx}\cos(cx) + ke^{-cx}\sin(cx)}{(a-b)^2 + c^2},$ $k = -ac - bc + \dfrac{ab^2 - b^3}{c}$
39	$\dfrac{1}{p^4}$	$\dfrac{1}{6}x^3$
40	$\dfrac{1}{p^3(p+a)}$	$\dfrac{1}{a^3} - \dfrac{1}{a^2}x + \dfrac{1}{2a}x^2 - \dfrac{1}{a^3}e^{-ax}$
41	$\dfrac{1}{p^2(p+a)^2}$	$\dfrac{1}{a^2}x\left(1 + e^{-ax}\right) + \dfrac{2}{a^3}(e^{-ax} - 1)$
42	$\dfrac{1}{p^2(p+a)(p+b)}$	$-\dfrac{a+b}{a^2 b^2} + \dfrac{1}{ab}x + \dfrac{1}{a^2(b-a)}e^{-ax} + \dfrac{1}{b^2(a-b)}e^{-bx}$
43	$\dfrac{1}{(p+a)^2(p+b)^2}$	$\dfrac{1}{(a-b)^2}\left[e^{-ax}\left(x + \dfrac{2}{a-b}\right) + e^{-bx}\left(x - \dfrac{2}{a-b}\right)\right]$
44	$\dfrac{1}{(p+a)^4}$	$\dfrac{1}{6}x^3 e^{-ax}$
45	$\dfrac{p}{(p+a)^4}$	$\dfrac{1}{2}x^2 e^{-ax} - \dfrac{1}{6}ax^3 e^{-ax}$
46	$\dfrac{1}{p^2(p^2 + a^2)}$	$\dfrac{1}{a^3}\left[ax - \sin(ax)\right]$
47	$\dfrac{1}{p^4 - a^4}$	$\dfrac{1}{2a^3}\left[\sinh(ax) - \sin(ax)\right]$
48	$\dfrac{p}{p^4 - a^4}$	$\dfrac{1}{2a^2}\left[\cosh(ax) - \cos(ax)\right]$
49	$\dfrac{p^2}{p^4 - a^4}$	$\dfrac{1}{2a}\left[\sinh(ax) + \sin(ax)\right]$
50	$\dfrac{p^3}{p^4 - a^4}$	$\dfrac{1}{2}\left[\cosh(ax) + \cos(ax)\right]$
51	$\dfrac{1}{p^4 + a^4}$	$\dfrac{1}{a^3\sqrt{2}}\left(\cosh\xi\sin\xi - \sinh\xi\cos\xi\right), \quad \xi = \dfrac{ax}{\sqrt{2}}$
52	$\dfrac{p}{p^4 + a^4}$	$\dfrac{1}{a^2}\sin\left(\dfrac{ax}{\sqrt{2}}\right)\sinh\left(\dfrac{ax}{\sqrt{2}}\right)$

No.	Laplace 变换 $F(p)$	Laplace 逆变换 $f(x) = \dfrac{1}{2\pi i} \displaystyle\int_{c-i\infty}^{c+i\infty} e^{px} F(p)\mathrm{d}p$
53	$\dfrac{p^2}{p^4 + a^4}$	$\dfrac{1}{a\sqrt{2}}\left(\cos\xi\sinh\xi - \sin\xi\cosh\xi\right),\quad \xi = \dfrac{ax}{\sqrt{2}}$
54	$\dfrac{1}{(p^2 + a^2)^2}$	$\dfrac{1}{2a^3}\left[\sin(ax) - ax\cos(ax)\right]$
55	$\dfrac{p}{(p^2 + a^2)^2}$	$\dfrac{1}{2a}x\sin(ax)$
56	$\dfrac{p^2}{(p^2 + a^2)^2}$	$\dfrac{1}{2a}\left[\sin(ax) + ax\cos(ax)\right]$
57	$\dfrac{p^3}{(p^2 + a^2)^2}$	$\cos(ax) - \dfrac{1}{2}ax\sin(ax)$
58	$\dfrac{1}{\left[(p+b)^2 + a^2\right]^2}$	$\dfrac{1}{2a^3}e^{-bx}\left[\sin(ax) - ax\cos(ax)\right]$
59	$\dfrac{1}{(p^2 - a^2)(p^2 - b^2)}$	$\dfrac{1}{a^2 - b^2}\left[\dfrac{1}{a}\sinh(ax) - \dfrac{1}{b}\sinh(bx)\right]$
60	$\dfrac{p}{(p^2 - a^2)(p^2 - b^2)}$	$\dfrac{\cosh(ax) - \cosh(bx)}{a^2 - b^2}$
61	$\dfrac{p^2}{(p^2 - a^2)(p^2 - b^2)}$	$\dfrac{a\sinh(ax) - b\sinh(bx)}{a^2 - b^2}$
62	$\dfrac{p^3}{(p^2 - a^2)(p^2 - b^2)}$	$\dfrac{a^2\cosh(ax) - b^2\cosh(bx)}{a^2 - b^2}$
63	$\dfrac{1}{(p^2 + a^2)(p^2 + b^2)}$	$\dfrac{1}{b^2 - a^2}\left[\dfrac{1}{a}\sin(ax) - \dfrac{1}{b}\sin(bx)\right]$
64	$\dfrac{p}{(p^2 + a^2)(p^2 + b^2)}$	$\dfrac{\cos(ax) - \cos(bx)}{b^2 - a^2}$
65	$\dfrac{p^2}{(p^2 + a^2)(p^2 + b^2)}$	$\dfrac{-a\sin(ax) + b\sin(bx)}{b^2 - a^2}$
66	$\dfrac{p^3}{(p^2 + a^2)(p^2 + b^2)}$	$\dfrac{-a^2\cos(ax) + b^2\cos(bx)}{b^2 - a^2}$
67	$\dfrac{1}{p^n},\quad n = 1,2,\cdots$	$\dfrac{1}{(n-1)!}x^{n-1}$
68	$\dfrac{1}{(p+a)^n},\quad n = 1,2,\cdots$	$\dfrac{1}{(n-1)!}x^{n-1}e^{-ax}$
69	$\dfrac{1}{p(p+a)^n},\quad n = 1,2,\cdots$	$a^{-n}\left[1 - e^{-ax}e_n(ax)\right],\quad e_n(z) = 1 + \dfrac{z}{1!} + \cdots + \dfrac{z^n}{n!}$
70	$\dfrac{1}{p^{2n} + a^{2n}},\quad n = 1,2,\cdots$	$-\dfrac{1}{na^{2n}}\displaystyle\sum_{k=1}^{n}\exp(a_k x)\left[a_k\cos(b_k x) - b_k\sin(b_k x)\right],$ $a_k = a\cos\varphi_k,\quad b_k = a\sin\varphi_k,\quad \varphi_k = \dfrac{\pi(2k-1)}{2n}$
71	$\dfrac{1}{p^{2n} - a^{2n}},\quad n = 1,2,\cdots$	$\dfrac{1}{na^{2n-1}}\sinh(ax) + \dfrac{1}{na^{2n}}$ $\displaystyle\sum_{k=2}^{n}\exp(a_k x)\left[a_k\cos(b_k x) - b_k\sin(b_k x)\right],$ $a_k = a\cos\varphi_k,\quad b_k = a\sin\varphi_k,\quad \varphi_k = \dfrac{\pi(k-1)}{2n}$

No.	Laplace 变换 $F(p)$	Laplace 逆变换 $f(x) = \dfrac{1}{2\pi i} \displaystyle\int_{c-i\infty}^{c+i\infty} e^{px} F(p)\mathrm{d}p$
		$\dfrac{e^{-ax}}{(2n+1)\,a^{2n}} - \dfrac{2}{(2n+1)\,a^{2n+1}}$
72	$\dfrac{1}{p^{2n+1}+a^{2n+1}}, \quad n = 0, 1, \cdots$	$\displaystyle\sum_{k=1}^{n} \exp(a_k x)\left[a_k \cos(b_k x) - b_k \sin(b_k x)\right],$
		$a_k = a\cos\varphi_k, \quad b_k = a\sin\varphi_k, \quad \varphi_k = \dfrac{\pi(2k-1)}{2n+1}$
		$\dfrac{e^{ax}}{(2n+1)\,a^{2n}} + \dfrac{2}{(2n+1)\,a^{2n+1}}$
73	$\dfrac{1}{p^{2n+1}-a^{2n+1}}, \quad n = 0, 1, \cdots$	$\displaystyle\sum_{k=1}^{n} \exp(a_k x)\left[a_k \cos(b_k x) - b_k \sin(b_k x)\right],$
		$a_k = a\cos\phi_k, \quad b_k = a\sin\phi_k, \quad \phi_k = \dfrac{2\pi k}{2n+1}$
74	$\dfrac{Q(p)}{P(p)}, \quad P(p) =$ $(p-a_1)\cdots(p-a_n);$ $a_i \neq a_j, \quad i \neq j, \quad Q(p)$ 是阶数 $\leqslant n-1$的多项式	$\displaystyle\sum_{k=1}^{n} \dfrac{Q(a_k)}{P'(a_k)}\exp(a_k x)$
75	$\dfrac{Q(p)}{P(p)}, \quad P(p) =$ $(p-a_1)^{m_1}\cdots(p-a_n)^{m_n};$ $a_i \neq a_j, \quad i \neq j, \quad Q(p)$ 是阶数 $\leqslant m_1 + m_2 + \cdots + m_n - 1$ 的多项式	$\displaystyle\sum_{k=1}^{n}\sum_{l=1}^{m_k} \dfrac{\Phi_{kl}(a_k)}{(m_k-l)!\,(l-1)!} x^{m_k-l}\exp(a_k x),$ $\Phi_{kl}(p) = \dfrac{\mathrm{d}^{l-1}}{\mathrm{d}p^{l-1}}\left[\dfrac{Q(p)}{P_k(p)}\right], \quad P_k(p) = \dfrac{P(p)}{(p-a_k)^{m_k}}$
76	$\dfrac{Q(p)+pR(p)}{P(p)}, P(p) =$ $(p^2+a_1^2)\cdots(p^2+a_n^2);$ $a_i \neq a_j, \quad i \neq j,$ $Q(p), R(p)$ 是阶数 $\leqslant 2n-2$ 的多项式	$\displaystyle\sum_{k=1}^{n} \dfrac{Q(ia_k)\sin(a_k x) + a_k R(ia_k)\cos(a_k x)}{a_k P_k(ia_k)},$ $P_m(p) = \dfrac{P(p)}{p^2+a_m^2}, \quad i^2 = -1$

B.3　平方根函数的 Laplace 逆变换表

No.	Laplace 变换 $F(p)$	逆变换 $f(x) = \dfrac{1}{2\pi i} \displaystyle\int_{c-i\infty}^{c+i\infty} e^{px} F(p)\,\mathrm{d}p$
1	$\dfrac{1}{\sqrt{p}}$	$\dfrac{1}{\sqrt{\pi x}}$
2	$\sqrt{p-a} - \sqrt{p-b}$	$\dfrac{e^{bx} - e^{ax}}{2\sqrt{\pi x^3}}$

No.	Laplace 变换 $F(p)$	逆变换 $f(x) = \dfrac{1}{2\pi \mathrm{i}} \displaystyle\int_{c-\mathrm{i}\infty}^{c+\mathrm{i}\infty} \mathrm{e}^{px} F(p)\,\mathrm{d}p$
3	$\dfrac{1}{\sqrt{p+a}}$	$\dfrac{1}{\sqrt{\pi x}}\mathrm{e}^{-ax}$
4	$\sqrt{\dfrac{p+a}{p}} - 1$	$\dfrac{1}{2}a\mathrm{e}^{-ax/2}\left[I_1\left(\dfrac{1}{2}ax\right) + I_0\left(\dfrac{1}{2}ax\right)\right]$
5	$\dfrac{\sqrt{p+a}}{p+b}$	$\dfrac{\mathrm{e}^{-ax}}{\sqrt{\pi x}} + (a-b)^{1/2}\,\mathrm{e}^{-bx}\mathrm{erf}\left((a-b)^{1/2}x^{1/2}\right)$
6	$\dfrac{1}{p\sqrt{p}}$	$2\sqrt{\dfrac{x}{\pi}}$
7	$\dfrac{1}{(p+a)\sqrt{p+b}}$	$(b-a)^{-1/2}\,\mathrm{e}^{-ax}\mathrm{erf}\left((b-a)^{1/2}x^{1/2}\right)$
8	$\dfrac{1}{\sqrt{p}\,(p-a)}$	$\dfrac{1}{\sqrt{a}}\mathrm{e}^{ax}\mathrm{erf}\left(\sqrt{ax}\right)$
9	$\dfrac{1}{p^{3/2}(p-a)}$	$a^{-3/2}\mathrm{e}^{ax}\mathrm{erf}\left(\sqrt{ax}\right) - 2a^{-1}\pi^{-1/2}x^{1/2}$
10	$\dfrac{1}{\sqrt{p}+a}$	$\pi^{-1/2}x^{-1/2} - a\mathrm{e}^{a^2x}\mathrm{erfc}\left(a\sqrt{x}\right)$
11	$\dfrac{a}{p\left(\sqrt{p}+a\right)}$	$1 - \mathrm{e}^{a^2x}\mathrm{erfc}\left(a\sqrt{x}\right)$
12	$\dfrac{1}{p+a\sqrt{p}}$	$\mathrm{e}^{a^2x}\mathrm{erfc}\left(a\sqrt{x}\right)$
13	$\dfrac{1}{\left(\sqrt{p}+\sqrt{a}\right)^2}$	$1 - \dfrac{2}{\sqrt{\pi}}(ax)^{1/2} + (1-2ax)\,\mathrm{e}^{ax}\left[\mathrm{erf}\left(\sqrt{ax}\right) - 1\right]$
14	$\dfrac{1}{p\left(\sqrt{p}+\sqrt{a}\right)^2}$	$\dfrac{1}{a} + \left(2x - \dfrac{1}{a}\right)\mathrm{e}^{ax}\mathrm{erfc}\left(\sqrt{ax}\right) - \dfrac{2}{\sqrt{\pi a}}\sqrt{x}$
15	$\dfrac{1}{\sqrt{p}\left(\sqrt{p}+a\right)^2}$	$2\pi^{-1/2}x^{1/2} - 2ax\mathrm{e}^{a^2x}\mathrm{erfc}\left(a\sqrt{x}\right)$
16	$\dfrac{1}{\left(\sqrt{p}+a\right)^3}$	$\dfrac{2}{\sqrt{\pi}}\left(a^2x+1\right)\sqrt{x} - ax\left(2a^2x+3\right)\mathrm{e}^{a^2x}\mathrm{erfc}\left(a\sqrt{x}\right)$
17	$p^{-n-1/2}, \quad n = 1,2,\cdots$	$\dfrac{2^n}{1\cdot 3\cdot\,\cdots\,\cdot(2n-1)\sqrt{\pi}}x^{n-1/2}$
18	$(p+a)^{-n-1/2}$	$\dfrac{2^n}{1\cdot 3\cdot\,\cdots\,\cdot(2n-1)\sqrt{\pi}}x^{n-1/2}\mathrm{e}^{-ax}$
19	$\dfrac{1}{\sqrt{p^2+a^2}}$	$J_0(ax)$
20	$\dfrac{1}{\sqrt{p^2-a^2}}$	$I_0(ax)$
21	$\dfrac{1}{\sqrt{p^2+ap+b}}$	$\exp\left(-\dfrac{1}{2}ax\right)J_0\left[\left(b - \dfrac{1}{4}a^2\right)^{1/2}x\right]$
22	$\left(\sqrt{p^2+a^2}-p\right)^{1/2}$	$\dfrac{1}{\sqrt{2\pi x^3}}\sin(ax)$
23	$\dfrac{1}{\sqrt{p^2+a^2}}\left(\sqrt{p^2+a^2}+p\right)^{1/2}$	$\dfrac{\sqrt{2}}{\sqrt{\pi x}}\cos(ax)$

No.	Laplace 变换 $F(p)$	逆变换 $f(x) = \dfrac{1}{2\pi \mathrm{i}} \displaystyle\int_{c-\mathrm{i}\infty}^{c+\mathrm{i}\infty} \mathrm{e}^{px} F(p)\,\mathrm{d}p$
24	$\dfrac{1}{\sqrt{p^2-a^2}}\left(\sqrt{p^2-a^2}+p\right)^{1/2}$	$\dfrac{\sqrt{2}}{\sqrt{\pi x}}\cosh(ax)$
25	$\left(\sqrt{p^2+a^2}+p\right)^{-n}$	$na^{-n}x^{-1}J_n(ax)$
26	$\left(\sqrt{p^2-a^2}+p\right)^{-n}$	$na^{-n}x^{-1}I_n(ax)$
27	$(p^2+a^2)^{-n-1/2}$	$\dfrac{(x/a)^n J_n(ax)}{1\cdot 3\cdot 5\cdot\cdots\cdot(2n-1)}$
28	$(p^2-a^2)^{-n-1/2}$	$\dfrac{(x/a)^n I_n(ax)}{1\cdot 3\cdot 5\cdot\cdots\cdot(2n-1)}$

B.4 任意幂函数的 Laplace 逆变换表

No.	Laplace 变换 $F(p)$	逆变换 $f(x) = \dfrac{1}{2\pi \mathrm{i}} \displaystyle\int_{c-\mathrm{i}\infty}^{c+\mathrm{i}\infty} \mathrm{e}^{px} F(p)\,\mathrm{d}p$
1	$(p+a)^{-v}, \quad v>0$	$\dfrac{1}{\Gamma(v)}x^{v-1}\mathrm{e}^{-ax}$
2	$\left[(p+a)^{1/2}+(p+b)^{1/2}\right]^{-2v}, \quad v>0$	$\dfrac{v}{(a-b)^v}x^{-1}\exp\left[-\dfrac{1}{2}(a+b)x\right]I_v\left[\dfrac{1}{2}(a-b)x\right]$
3	$[(p+a)(p+b)]^{-v}, \quad v>0$	$\dfrac{\sqrt{\pi}}{\Gamma(v)}\left(\dfrac{x}{a-b}\right)^{v-1/2}\exp\left[-\dfrac{1}{2}(a+b)x\right]\cdot I_{v-1/2}\left[\dfrac{1}{2}(a-b)x\right]$
4	$(p^2+a^2)^{-v-1/2}, \quad v>-\dfrac{1}{2}$	$\dfrac{\sqrt{\pi}}{(2a)^v\,\Gamma(v+1/2)}x^v J_v(ax)$
5	$(p^2-a^2)^{-v-1/2}, \quad v>-\dfrac{1}{2}$	$\dfrac{\sqrt{\pi}}{(2a)^v\,\Gamma(v+1/2)}x^v I_v(ax)$
6	$p(p^2+a^2)^{-v-1/2}, \quad v>0$	$\dfrac{a\sqrt{\pi}}{(2a)^v\,\Gamma(v+1/2)}x^v J_{v-1}(ax)$
7	$p(p^2-a^2)^{-v-1/2}, \quad v>0$	$\dfrac{a\sqrt{\pi}}{(2a)^v\,\Gamma(v+1/2)}x^v I_{v-1}(ax)$
8	$\left[(p^2+a^2)^{1/2}+p\right]^{-v}$ $=a^{-2v}\left[(p^2+a^2)^{1/2}-p\right]^v, \quad v>0$	$va^{-v}x^{-1}J_v(ax)$
9	$\left[(p^2-a^2)^{1/2}+p\right]^{-v}$ $=a^{-2v}\left[p-(p^2-a^2)^{1/2}\right]^v, \quad v>0$	$va^{-v}x^{-1}I_v(ax)$

No.	Laplace 变换 $F(p)$	逆变换 $f(x) = \dfrac{1}{2\pi i}\int_{c-i\infty}^{c+i\infty} e^{px} F(p)\, dp$
10	$p\left[\left(p^2+a^2\right)^{1/2}+p\right]^{-v}, \quad v>1$	$va^{1-v}x^{-1}J_{v-1}(ax)$ $-v(v+1)a^{-v}x^{-2}J_v(ax)$
11	$p\left[\left(p^2-a^2\right)^{1/2}+p\right]^{-v}, \quad v>1$	$va^{1-v}x^{-1}I_{v-1}(ax)$ $-v(v+1)a^{-v}x^{-2}I_v(ax)$
12	$\dfrac{\left(\sqrt{p^2+a^2}+p\right)^{-v}}{\sqrt{p^2+a^2}}, \quad v>-1$	$a^{-v}J_v(ax)$
13	$\dfrac{\left(\sqrt{p^2-a^2}+p\right)^{-v}}{\sqrt{p^2-a^2}}, \quad v>-1$	$a^{-v}I_v(ax)$

B.5　指数函数的 Laplace 逆变换表

No.	Laplace 变换 $F(p)$	逆变换 $f(x) = \dfrac{1}{2\pi i}\int_{c-i\infty}^{c+i\infty} e^{px} F(p)\, dp$
1	$p^{-1}e^{-ap}, \quad a>0$	$\begin{cases} 0, & 0<x<a, \\ 1, & a<x \end{cases}$
2	$p^{-1}\left(1-e^{-ap}\right), \quad a>0$	$\begin{cases} 1, & 0<x<a, \\ 0, & a<x \end{cases}$
3	$p^{-1}\left(e^{-ap}-e^{-bp}\right), \quad 0\leqslant a<b$	$\begin{cases} 0, & 0<x<a, \\ 1, & a<x<b, \\ 0, & b<x \end{cases}$
4	$p^{-2}\left(e^{-ap}-e^{-bp}\right), \quad 0\leqslant a<b$	$\begin{cases} 0, & 0<x<a, \\ x-a, & a<x<b, \\ b-a, & b<x \end{cases}$
5	$(p+b)^{-1}e^{-ap}, \quad a>0$	$\begin{cases} 0, & 0<x<a, \\ e^{-b(x-a)}, & a<x \end{cases}$
6	$p^{-v}e^{-ap}, \quad v>0$	$\begin{cases} 0, & 0<x<a, \\ \dfrac{(x-a)^{v-1}}{\Gamma(v)}, & a<x \end{cases}$
7	$p^{-1}\left(e^{ap}-1\right)^{-1}, \quad a>0$	$f(x)=n, \quad na<x<(n+1)a, n=0,1,2,\cdots$
8	$e^{a/p}-1$	$\sqrt{\dfrac{a}{x}}I_1\left(2\sqrt{ax}\right)$
9	$p^{-1/2}e^{a/p}$	$\dfrac{1}{\sqrt{\pi x}}\cosh\left(2\sqrt{ax}\right)$
10	$p^{-3/2}e^{a/p}$	$\dfrac{1}{\sqrt{\pi a}}\sinh\left(2\sqrt{ax}\right)$
11	$p^{-5/2}e^{a/p}$	$\sqrt{\dfrac{x}{\pi a}}\cosh\left(2\sqrt{ax}\right)-\dfrac{1}{2\sqrt{\pi a^3}}\sinh\left(2\sqrt{ax}\right)$

续表

No.	Laplace 变换 $F(p)$	逆变换 $f(x) = \dfrac{1}{2\pi \mathrm{i}} \displaystyle\int_{c-\mathrm{i}\infty}^{c+\mathrm{i}\infty} \mathrm{e}^{px} F(p)\,\mathrm{d}p$
12	$p^{-v-1}\mathrm{e}^{a/p}, \quad v > -1$	$\left(\dfrac{x}{a}\right)^{v/2} I_v\left(2\sqrt{ax}\right)$
13	$1 - \mathrm{e}^{-a/p}$	$\sqrt{\dfrac{a}{x}} J_1\left(2\sqrt{ax}\right)$
14	$p^{-1/2}\mathrm{e}^{-a/p}$	$\dfrac{1}{\sqrt{\pi x}}\cos\left(2\sqrt{ax}\right)$
15	$p^{-3/2}\mathrm{e}^{-a/p}$	$\dfrac{1}{\sqrt{\pi a}}\sin\left(2\sqrt{ax}\right)$
16	$p^{-5/2}\mathrm{e}^{-a/p}$	$\dfrac{1}{2\sqrt{\pi a^3}}\sin\left(2\sqrt{ax}\right) - \sqrt{\dfrac{x}{\pi a}}\cos\left(2\sqrt{ax}\right)$
17	$p^{-v-1}\mathrm{e}^{-a/p}, \quad v > -1$	$\left(\dfrac{x}{a}\right)^{v/2} J_v\left(2\sqrt{ax}\right)$
18	$\exp\left(-\sqrt{ap}\right), \quad a > 0$	$\dfrac{\sqrt{a}}{2\sqrt{\pi}} x^{-3/2}\exp\left(-\dfrac{a}{4x}\right)$
19	$p\exp\left(-\sqrt{ap}\right), \quad a > 0$	$\dfrac{\sqrt{a}}{8\sqrt{\pi}}(a - 6x) x^{-7/2}\exp\left(-\dfrac{a}{4x}\right)$
20	$\dfrac{1}{p}\exp\left(-\sqrt{ap}\right), \quad a \geqslant 0$	$\mathrm{erfc}\left(\dfrac{\sqrt{a}}{2\sqrt{x}}\right)$
21	$\sqrt{p}\exp\left(-\sqrt{ap}\right), \quad a > 0$	$\dfrac{1}{4\sqrt{\pi}}(a - 2x) x^{-5/2}\exp\left(-\dfrac{a}{4x}\right)$
22	$\dfrac{1}{\sqrt{p}}\exp\left(-\sqrt{ap}\right), \quad a \geqslant 0$	$\dfrac{1}{\sqrt{\pi x}}\exp\left(-\dfrac{a}{4x}\right)$
23	$\dfrac{1}{p\sqrt{p}}\exp\left(-\sqrt{ap}\right), \quad a \geqslant 0$	$\dfrac{2\sqrt{x}}{\sqrt{\pi}}\exp\left(-\dfrac{a}{4x}\right) - \sqrt{a}\,\mathrm{erfc}\left(\dfrac{\sqrt{a}}{2\sqrt{x}}\right)$
24	$\dfrac{\exp\left(-k\sqrt{p^2 + a^2}\right)}{\sqrt{p^2 + a^2}}, \quad k > 0$	$\begin{cases} 0, & 0 < x < k, \\ J_0\left(a\sqrt{x^2 - k^2}\right), & k < x \end{cases}$
25	$\dfrac{\exp\left(-k\sqrt{p^2 - a^2}\right)}{\sqrt{p^2 - a^2}}, \quad k > 0$	$\begin{cases} 0, & 0 < x < k, \\ I_0\left(a\sqrt{x^2 - k^2}\right), & k < x \end{cases}$

B.6 双曲函数的 Laplace 逆变换表

No.	Laplace 变换 $F(p)$	逆变换 $f(x) = \dfrac{1}{2\pi \mathrm{i}} \displaystyle\int_{c-\mathrm{i}\infty}^{c+\mathrm{i}\infty} \mathrm{e}^{px} F(p)\,\mathrm{d}p$	
1	$\dfrac{1}{p\sinh(ap)}, \quad a > 0$	$f(x) = 2n,$	$a(2n-1) < x < a(2n+1),$ $n = 0, 1, 2, \cdots, x > 0$
2	$\dfrac{1}{p^2\sinh(ap)}, \quad a > 0$	$f(x) = 2n(x - an),$	$a(2n-1) < x < a(2n+1),$ $n = 0, 1, 2, \cdots, x > 0$

No.	Laplace 变换 $F(p)$	逆变换 $f(x) = \dfrac{1}{2\pi i}\displaystyle\int_{c-i\infty}^{c+i\infty} e^{px}F(p)\,dp$
3	$\dfrac{\sinh(a/p)}{\sqrt{p}}$	$\dfrac{1}{2\sqrt{\pi x}}\left[\cosh\left(2\sqrt{ax}\right) - \cos\left(2\sqrt{ax}\right)\right]$
4	$\dfrac{\sinh(a/p)}{p\sqrt{p}}$	$\dfrac{1}{2\sqrt{\pi x}}\left[\sinh\left(2\sqrt{ax}\right) - \sin\left(2\sqrt{ax}\right)\right]$
5	$p^{-v-1}\sinh\left(\dfrac{a}{p}\right),\quad v>-2$	$\dfrac{1}{2}\left(\dfrac{x}{a}\right)^{v/2}\left[I_v\left(2\sqrt{ax}\right) - J_v\left(2\sqrt{ax}\right)\right]$
6	$\dfrac{1}{p\cosh(ap)},\quad a>0$	$f(x) = \begin{cases} 0, & a(4n-1) < x < a(4n+1), \\ 2, & a(4n+1) < x < a(4n+3), \end{cases}$ $n = 0,1,2,\cdots, x>0$
7	$\dfrac{1}{p^2\cosh(ap)},\quad a>0$	$x - (-1)^n(x-2an),\quad \begin{array}{l} 2n-1 < \dfrac{x}{a} < 2n+1, \\ n = 0,1,2,\cdots, x>0 \end{array}$
8	$\dfrac{\cosh(a/p)}{\sqrt{p}}$	$\dfrac{1}{2\sqrt{\pi x}}\left[\cosh\left(2\sqrt{ax}\right) + \cos\left(2\sqrt{ax}\right)\right]$
9	$\dfrac{\cosh(a/p)}{p\sqrt{p}}$	$\dfrac{1}{2\sqrt{\pi x}}\left[\sinh\left(2\sqrt{ax}\right) + \sin\left(2\sqrt{ax}\right)\right]$
10	$p^{-v-1}\cosh\left(\dfrac{a}{p}\right),\quad v>-1$	$\dfrac{1}{2}\left(\dfrac{x}{a}\right)^{v/2}\left[I_v\left(2\sqrt{ax}\right) + J_v\left(2\sqrt{ax}\right)\right]$
11	$\dfrac{1}{p}\tanh(ap), a>0$	$f(x) = (-1)^{n-1},\quad \begin{array}{l} 2a(n-1) < x < 2an, \\ n = 1,2,\cdots \end{array}$
12	$\dfrac{1}{p}\coth(ap),\quad a>0$	$f(x) = (2n-1),\quad \begin{array}{l} 2a(n-1) < x < 2an, \\ n = 1,2,\cdots \end{array}$
13	$\operatorname{ar\,coth}\left(\dfrac{p}{a}\right)$	$\dfrac{1}{x}\sinh(ax)$

B.7   对数函数的 Laplace 逆变换表

No.	Laplace 变换 $F(p)$	逆变换 $f(x) = \dfrac{1}{2\pi i}\displaystyle\int_{c-i\infty}^{c+i\infty} e^{px}F(p)\,dp$
1	$\dfrac{1}{p}\ln p$	$-\ln x - c,\quad c = 0.5772\cdots$ 是 Euler 常数
2	$p^{-n-1}\ln p$	$\left(1 + \dfrac{1}{2} + \dfrac{1}{3} + \cdots \dfrac{1}{n} - \ln x - c\right)\dfrac{x^n}{n!},\quad c = 0.5772\cdots$ 是 Euler 常数
3	$p^{-n-1/2}\ln p$	$k_n\left[2 + \dfrac{2}{3} + \dfrac{2}{5} + \cdots + \dfrac{2}{2n-1} - \ln(4x) - c\right]x^{n-1/2}$, $k_n = \dfrac{2^n}{1\cdot 3\cdot 5\cdot \cdots \cdot(2n-1)\sqrt{\pi}},\quad c = 0.5772\cdots$
4	$p^{-v}\ln p,\quad v>0$	$\dfrac{1}{\Gamma(v)}x^{v-1}\left[\psi(v) - \ln x\right],\quad \psi(v)$ 是 Γ 函数导数的对数
5	$\dfrac{1}{p}\ln^2 p$	$(\ln x + c)^2 - \dfrac{1}{6}\pi^2,\quad c = 0.5772\cdots$

No.	Laplace 变换 $F(p)$	逆变换 $f(x) = \dfrac{1}{2\pi i}\displaystyle\int_{c-i\infty}^{c+i\infty} e^{px}F(p)\,dp$
6	$\dfrac{1}{p^2}\ln^2 p$	$x\left[(\ln x + c - 1)^2 + 1 - \dfrac{1}{6}\pi^2\right]$
7	$\dfrac{\ln(p+b)}{p+a}$	$e^{-ax}\{\ln(b-a) - \mathrm{Ei}\,[(a-b)\,x]\}$
8	$\dfrac{\ln p}{p^2 + a^2}$	$\dfrac{1}{a}\cos(ax)\,\mathrm{Si}\,(ax) + \dfrac{1}{a}\sin(ax)\,[\ln a - \mathrm{Ci}\,(ax)]$
9	$\dfrac{p\ln p}{p^2 + a^2}$	$\cos(ax)\,[\ln a - \mathrm{Ci}\,(ax)] - \sin(ax)\,\mathrm{Si}\,(ax)$
10	$\ln\dfrac{p+b}{p+a}$	$\dfrac{1}{x}\left(e^{-ax} - e^{-bx}\right)$
11	$\ln\dfrac{p^2 + b^2}{p^2 + a^2}$	$\dfrac{2}{x}\left[\cos(ax) - \cos(bx)\right]$
12	$p\ln\dfrac{p^2 + b^2}{p^2 + a^2}$	$\dfrac{2}{x}\left[\cos(bx) + bx\sin(bx) - \cos(ax) - ax\sin(ax)\right]$
13	$\ln\dfrac{(p+a)^2 + k^2}{(p+b)^2 + k^2}$	$\dfrac{2}{x}\cos(kx)\left(e^{-bx} - e^{-ax}\right)$
14	$p\ln\left(\dfrac{1}{p}\sqrt{p^2 + a^2}\right)$	$\dfrac{1}{x^2}\left[\cos(ax) - 1\right] + \dfrac{a}{x}\sin(ax)$
15	$p\ln\left(\dfrac{1}{p}\sqrt{p^2 - a^2}\right)$	$\dfrac{1}{x^2}\left[\cosh(ax) - 1\right] - \dfrac{a}{x}\sinh(ax)$

B.8 三角函数的 Laplace 逆变换

No.	Laplace 变换 $F(p)$	逆变换 $f(x) = \dfrac{1}{2\pi i}\displaystyle\int_{c-i\infty}^{c+i\infty} e^{px}F(p)\,dp$
1	$\dfrac{\sin(a/p)}{\sqrt{p}}$	$\dfrac{1}{\sqrt{\pi x}}\sinh\left(\sqrt{2ax}\right)\sin\left(\sqrt{2ax}\right)$
2	$\dfrac{\sin(a/p)}{p\sqrt{p}}$	$\dfrac{1}{\sqrt{\pi a}}\cosh\left(\sqrt{2ax}\right)\sin\left(\sqrt{2ax}\right)$
3	$\dfrac{\cos(a/p)}{\sqrt{p}}$	$\dfrac{1}{\sqrt{\pi x}}\cosh\left(\sqrt{2ax}\right)\cos\left(\sqrt{2ax}\right)$
4	$\dfrac{\cos(a/p)}{p\sqrt{p}}$	$\dfrac{1}{\sqrt{\pi a}}\sinh\left(\sqrt{2ax}\right)\cos\left(\sqrt{2ax}\right)$
5	$\dfrac{1}{\sqrt{p}}\exp\left(-\sqrt{ap}\right)\sin\left(\sqrt{ap}\right)$	$\dfrac{1}{\sqrt{\pi x}}\sin\left(\dfrac{a}{2x}\right)$
6	$\dfrac{1}{\sqrt{p}}\exp\left(-\sqrt{ap}\right)\cos\left(\sqrt{ap}\right)$	$\dfrac{1}{\sqrt{\pi x}}\cos\left(\dfrac{a}{2x}\right)$
7	$\arctan\dfrac{a}{p}$	$\dfrac{1}{x}\sin(ax)$

No.	Laplace 变换 $F(p)$	逆变换 $f(x) = \dfrac{1}{2\pi i}\displaystyle\int_{c-i\infty}^{c+i\infty} e^{px} F(p)\,dp$
8	$\dfrac{1}{p}\arctan\dfrac{a}{p}$	$\mathrm{Si}\,(ax)$
9	$p\arctan\dfrac{a}{p} - a$	$\dfrac{1}{x^2}\left[ax\cos(ax) - \sin(ax)\right]$
10	$\arctan\dfrac{2ap}{p^2 + b^2}$	$\dfrac{2}{x}\sin(ax)\cos\left(x\sqrt{a^2+b^2}\right)$

B.9   特殊函数的 Laplace 逆变换

No.	Laplace 变换 $F(p)$	逆变换 $f(x) = \dfrac{1}{2\pi i}\displaystyle\int_{c-i\infty}^{c+i\infty} e^{px} F(p)\,dp$
1	$\exp\left(ap^2\right)\mathrm{erfc}\left(p\sqrt{a}\right)$	$\dfrac{1}{\sqrt{\pi a}}\exp\left(-\dfrac{x^2}{4a}\right)$
2	$\dfrac{1}{p}\exp\left(ap^2\right)\mathrm{erfc}\left(p\sqrt{a}\right)$	$\mathrm{erf}\left(\dfrac{x}{2\sqrt{a}}\right)$
3	$\mathrm{erfc}\left(\sqrt{ap}\right),\quad a>0$	$\begin{cases} 0, & 0<x<a, \\[2mm] \dfrac{\sqrt{a}}{\pi x\sqrt{x-a}}, & a<x \end{cases}$
4	$e^{ap}\mathrm{erfc}\left(\sqrt{ap}\right)$	$\dfrac{\sqrt{a}}{\pi\sqrt{x}\,(x+a)}$
5	$\dfrac{1}{\sqrt{p}}e^{ap}\mathrm{erfc}\left(\sqrt{ap}\right)$	$\dfrac{1}{\sqrt{\pi\,(x+a)}}$
6	$\mathrm{erf}\left(\sqrt{\dfrac{a}{p}}\right)$	$\dfrac{1}{\pi x}\sin\left(2\sqrt{ax}\right)$
7	$\dfrac{1}{\sqrt{p}}\exp\left(\dfrac{a}{p}\right)\mathrm{erf}\left(\sqrt{\dfrac{a}{p}}\right)$	$\dfrac{1}{\sqrt{\pi x}}\sinh\left(2\sqrt{ax}\right)$
8	$\dfrac{1}{\sqrt{p}}\exp\left(\dfrac{a}{p}\right)\mathrm{erfc}\left(\sqrt{\dfrac{a}{p}}\right)$	$\dfrac{1}{\sqrt{\pi x}}\exp\left(-2\sqrt{ax}\right)$
9	$p^{-a}\gamma\left(a, bp\right),\quad a,b>0$	$\begin{cases} x^{a-1}, & 0<x<b, \\[2mm] 0, & b<x \end{cases}$
10	$\gamma\left(a, \dfrac{b}{p}\right),\quad a>0$	$b^{a/2}x^{a/2-1}J_a\left(2\sqrt{bx}\right)$
11	$a^{-p}\gamma\left(p, a\right)$	$\exp\left(-ae^{-x}\right)$
12	$K_0(ap),\quad a>0$	$\begin{cases} 0, & 0<x<a, \\[2mm] \left(x^2-a^2\right)^{-1/2}, & a<x \end{cases}$

续表

No.	Laplace 变换 $F(p)$	逆变换 $f(x) = \dfrac{1}{2\pi i} \displaystyle\int_{c-i\infty}^{c+i\infty} e^{px} F(p)\, dp$
13	$K_v(ap), \quad a > 0$	$\begin{cases} 0, & 0 < x < a, \\ \dfrac{\cosh\left[var\cosh(x/a)\right]}{\sqrt{x^2 - a^2}}, & a < x \end{cases}$
14	$K_0\left(a\sqrt{p}\right)$	$\dfrac{1}{2x} \exp\left(-\dfrac{a^2}{4x}\right)$
15	$\dfrac{1}{\sqrt{p}} K_1\left(a\sqrt{p}\right)$	$\dfrac{1}{a} \exp\left(-\dfrac{a^2}{4x}\right)$

附录 C   Fourier 余弦变换表

C.1   一般公式表

No.	原函数 $f(x)$	余弦变换 $F_c(u) = \int_0^\infty f(x)\cos(ux)\mathrm{d}x$
1	$af_1(x) + bf_2(x)$	$aF_{1c}(u) + bF_{2c}(u)$
2	$f(ax), \quad a > 0$	$\dfrac{1}{a} F_c\left(\dfrac{u}{a}\right)$
3	$x^{2n}f(x), \quad n = 1, 2, \cdots$	$(-1)^n \dfrac{\mathrm{d}^{2n}}{\mathrm{d}u^{2n}} F_c\left(\dfrac{u}{a}\right)$
4	$x^{2n+1}f(ax), \quad n = 0, 1, \cdots$	$(-1)^n \dfrac{\mathrm{d}^{2n+1}}{\mathrm{d}u^{2n+1}} F_s(u), \quad F_s(u) = \int_0^\infty f(x)\sin(xu)\mathrm{d}x$
5	$f(ax)\cos(bx), \quad a, b > 0$	$\dfrac{1}{2a}\left[F_c\left(\dfrac{u+b}{a}\right) + F_c\left(\dfrac{u-b}{a}\right)\right]$

C.2   幂律函数的余弦变换表

No.	原函数 $f(x)$	余弦变换 $F_c(u) = \int_0^\infty f(x)\cos(ux)\mathrm{d}x$
1	$\begin{cases} 1, & 0 < x < a, \\ 0, & a < x \end{cases}$	$\dfrac{1}{u}\sin(au)$
2	$\begin{cases} x, & 0 < x < 1, \\ 2-x, & 1 < x < 2, \\ 0, & 2 < x \end{cases}$	$\dfrac{4}{u^2}\cos u \sin^2\left(\dfrac{u}{2}\right)$
3	$\dfrac{1}{a+x}, \quad a > 0$	$-\sin(au)\mathrm{si}(au) - \cos(au)\mathrm{Ci}(au)$
4	$\dfrac{1}{a^2+x^2}, \quad a > 0$	$\dfrac{\pi}{2a}\mathrm{e}^{-au}$(积分理解为 Cauchy 主值意义下)
5	$\dfrac{1}{a^2-x^2}, \quad a > 0$	$\dfrac{\pi\sin(au)}{2u}$
6	$\dfrac{a}{a^2+(b+x)^2} + \dfrac{a}{a^2+(b-x)^2}$	$\pi\mathrm{e}^{-au}\cos(bu)$
7	$\dfrac{b+x}{a^2+(b+x)^2} + \dfrac{b-x}{a^2+(b-x)^2}$	$\pi\mathrm{e}^{-au}\sin(bu)$

续表

No.	原函数 $f(x)$	余弦变换 $F_c(u) = \displaystyle\int_0^\infty f(x)\cos(ux)\mathrm{d}x$
8	$\dfrac{1}{a^4 + x^4}, \quad a > 0$	$\dfrac{1}{2}\pi a^{-3}\exp\left(-\dfrac{au}{\sqrt{2}}\right)\sin\left(\dfrac{\pi}{4}+\dfrac{au}{\sqrt{2}}\right)$
9	$\dfrac{1}{(a^2+x^2)(b^2+x^2)}, \quad a,b>0$	$\dfrac{\pi}{2}\dfrac{ae^{-bu}-be^{-au}}{ab(a^2-b^2)}$
10	$\dfrac{x^{2m}}{(x^2+a)^{n+1}}, \quad n,m=1,2,\cdots,$ $n+1>m\geqslant 0$	$(-1)^{n+m}\dfrac{\pi}{2n!}\dfrac{\partial^n}{\partial a^n}\left(a^{1/\sqrt{m}}e^{-u\sqrt{a}}\right)$
11	$\dfrac{1}{\sqrt{x}}$	$\sqrt{\dfrac{\pi}{2u}}$
12	$\begin{cases} \dfrac{1}{\sqrt{x}}, & 0<x<a, \\ 0, & a<x \end{cases}$	$2\sqrt{\dfrac{\pi}{2u}}C(au), \quad C(u)$ 是 Fresnel 积分
13	$\begin{cases} 0, & 0<x<a, \\ \dfrac{1}{\sqrt{x}}, & a<x \end{cases}$	$\sqrt{\dfrac{\pi}{2u}}[1-2C(au)], \quad C(u)$ 是 Fresnel 积分
14	$\begin{cases} 0, & 0<x<a, \\ \dfrac{1}{\sqrt{x-a}}, & a<x \end{cases}$	$\sqrt{\dfrac{\pi}{2u}}[\cos(au)-\sin(au)]$
15	$\dfrac{1}{\sqrt{a^2+x^2}}$	$K_0(au)$
16	$\begin{cases} \dfrac{1}{\sqrt{a^2-x^2}}, & 0<x<a, \\ 0, & a<x \end{cases}$	$\dfrac{\pi}{2}J_0(au)$
17	$x^{-v}, \quad 0<v<1$	$\sin\left(\dfrac{1}{2}\pi v\right)\Gamma(1-v)u^{v-1}$

C.3 指数函数的余弦变换表

No.	原函数 $f(x)$	余弦变换 $F_c(u) = \displaystyle\int_0^\infty f(x)\cos(ux)\mathrm{d}x$
1	e^{-ax}	$\dfrac{a}{a^2+u^2}$
2	$\dfrac{1}{x}(e^{-ax}-e^{-bx})$	$\dfrac{1}{2}\ln\dfrac{b^2+u^2}{a^2+u^2}$
3	$\sqrt{x}e^{-ax}$	$\dfrac{1}{2}\sqrt{\pi}(a^2+u^2)^{-3/4}\cos\left(\dfrac{3}{2}\arctan\dfrac{u}{a}\right)$
4	$\dfrac{1}{\sqrt{x}}e^{-ax}$	$\sqrt{\dfrac{\pi}{2}}\left[\dfrac{a+(a^2+u^2)^{1/2}}{a^2+u^2}\right]^{1/2}$

续表

No.	原函数 $f(x)$	余弦变换 $F_c(u) = \int_0^\infty f(x)\cos(ux)\mathrm{d}x$
5	$x^n \mathrm{e}^{-ax}, \quad n=1,2,\cdots$	$\dfrac{a^{n+1}n!}{(a^2+u^2)^{n+1}}\displaystyle\sum_{0\leqslant 2k\leqslant n+1}(-1)^k C_{n+1}^{2k}\left(\dfrac{u}{a}\right)^{2k}$
6	$x^{n-1/2}\mathrm{e}^{-ax}, \quad n=1,2,\cdots$	$k_n u \dfrac{\partial^n}{\partial a^n}\dfrac{1}{r\sqrt{r-a}},$ $r=\sqrt{a^2+u^2}, \quad k_n=(-1)^n\sqrt{\dfrac{\pi}{2}}$
7	$x^{v-1}\mathrm{e}^{-ax}$	$\Gamma(v)(a^2+u^2)^{-v/2}\cos\left(v\arctan\dfrac{u}{a}\right)$
8	$\dfrac{x}{\mathrm{e}^{ax}-1}$	$\dfrac{1}{2u^2}-\dfrac{\pi^2}{2a^2\sinh^2(\pi a^{-1}u)}$
9	$\dfrac{1}{x}\left(\dfrac{1}{2}-\dfrac{1}{x}+\dfrac{1}{\mathrm{e}^x-1}\right)$	$-\dfrac{1}{2}\ln(1-\mathrm{e}^{-2\pi u})$
10	$\exp(-ax^2)$	$\dfrac{1}{2}\sqrt{\dfrac{\pi}{a}}\exp\left(-\dfrac{u^2}{4a}\right)$
11	$\dfrac{1}{\sqrt{x}}\exp\left(-\dfrac{a}{x}\right)$	$\sqrt{\dfrac{\pi}{2u}}\mathrm{e}^{-\sqrt{2au}}\left[\cos(\sqrt{2au})-\sin(\sqrt{2au})\right]$
12	$\dfrac{1}{x\sqrt{x}}\exp\left(-\dfrac{a}{x}\right)$	$\sqrt{\dfrac{\pi}{a}}\mathrm{e}^{-\sqrt{2au}}\cos\left(\sqrt{2au}\right)$

C.4 双曲函数的余弦变换表

No.	原函数 $f(x)$	余弦变换 $F_c(u) = \int_0^\infty f(x)\cos(ux)\mathrm{d}x$
1	$\dfrac{1}{\cosh(ax)}, \quad a>0$	$\dfrac{\pi}{2a\cosh(\pi a^{-1}u/2)}$
2	$\dfrac{1}{\cosh^2(ax)}, \quad a>0$	$\dfrac{\pi u}{2a^2\sinh(1/2\pi a^{-1}u)}$
3	$\dfrac{\cosh(ax)}{\cosh(bx)}, \quad |a|<b$	$\dfrac{\pi}{b}\left[\dfrac{\cos(1/2\pi ab^{-1})\cosh(1/2\pi b^{-1}u)}{\cos(\pi ab^{-1})+\cosh(\pi b^{-1}u)}\right]$
4	$\dfrac{1}{\cosh(ax)+\cos b}$	$\dfrac{\pi\sinh(a^{-1}bu)}{a\sin b\sinh(\pi a^{-1}u)}$
5	$\exp(-ax^2)\cosh(bx), \quad a>0$	$\dfrac{1}{2}\sqrt{\dfrac{\pi}{a}}\exp\left(\dfrac{b^2-u^2}{4a}\right)\cos\left(\dfrac{abu}{2}\right)$
6	$\dfrac{x}{\sinh(ax)}$	$\dfrac{\pi^2}{4a^2\cosh^2(1/2\pi a^{-1}u)}$
7	$\dfrac{\sinh(ax)}{\sinh(bx)}, \quad |a|<b$	$\dfrac{\pi}{2b}\dfrac{\sin(\pi ab^{-1})}{\cos(\pi ab^{-1})+\cosh(\pi b^{-1}u)}$
8	$\dfrac{1}{x}\tanh(ax), \quad a>0$	$\ln\left[\coth\left(\dfrac{1}{4}\pi a^{-1}u\right)\right]$

C.5 对数函数的余弦变换表

No.	原函数 $f(x)$	余弦变换 $F_c(u) = \int_0^\infty f(x)\cos(ux)\mathrm{d}x$
1	$\begin{cases} \ln x, & 0 < x < 1, \\ 0, & 1 < x \end{cases}$	$-\dfrac{1}{u}\mathrm{Si}(u)$
2	$\dfrac{\ln x}{\sqrt{x}}$	$-\sqrt{\dfrac{\pi}{2u}}\left[\ln(4u) + c + \dfrac{\pi}{2}\right], \quad c = 0.5772\cdots$ 是 Euler 常数
3	$x^{v-1}\ln x, \quad 0 < v < 1$	$\Gamma(v)\cos\left(\dfrac{\pi v}{2}\right)u^{-v}\left[\psi(v) - \dfrac{\pi}{2}\tan\left(\dfrac{\pi v}{2}\right) - \ln u\right]$
4	$\ln\left\|\dfrac{a+x}{a-x}\right\|, \quad a > 0$	$\dfrac{2}{u}\left[\cos(au)\mathrm{Si}(au) - \sin(au)\mathrm{Ci}(au)\right]$
5	$\ln\left(1 + \dfrac{a^2}{x^2}\right), \quad a > 0$	$\dfrac{\pi}{u}\left(1 - \mathrm{e}^{-au}\right)$
6	$\ln\dfrac{a^2+x^2}{b^2+x^2}, \quad a,b > 0$	$\dfrac{\pi}{u}(\mathrm{e}^{-bu} - \mathrm{e}^{-au})$
7	$\mathrm{e}^{-au}\ln x, \quad a > 0$	$\dfrac{aC + \dfrac{1}{2}a\ln(u^2+a^2) + u\arctan(u/a)}{u^2 + a^2},$
8	$\ln(1 + \mathrm{e}^{-ax}), \quad a > 0$	$\dfrac{a}{2u^2} - \dfrac{\pi}{2u\sinh(\pi a^{-1}u)}$
9	$\ln(1 - \mathrm{e}^{-ax}), \quad a > 0$	$\dfrac{a}{2u^2} - \dfrac{\pi}{2u}\coth(\pi a^{-1}u)$

C.6 三角函数的余弦变换表

No.	原函数 $f(x)$	余弦变换 $F_c(u) = \int_0^\infty f(x)\cos(ux)\mathrm{d}x$
1	$\dfrac{\sin(ax)}{x}, \quad a > 0$	$\begin{cases} \dfrac{1}{2}\pi, & u < a, \\ \dfrac{1}{4}\pi, & u = a, \\ 0, & u > a \end{cases}$
2	$x^{v-1}\sin(ax), \quad a > 0, |v| < 1$	$\pi\dfrac{(u+a)^{-v} - |u+a|^{-v}\,\mathrm{sign}(u-a)}{4\Gamma(1-v)\cos(1/2\pi v)}$
3	$\dfrac{x\sin(ax)}{x^2+b^2}, \quad a,b > 0$	$\begin{cases} \dfrac{1}{2}\pi\mathrm{e}^{-ab}\cosh(bu), & u < a, \\ -\dfrac{1}{2}\pi\mathrm{e}^{-bu}\sinh(ab), & u > a \end{cases}$
4	$\dfrac{\sin(ax)}{x(x^2+b^2)}, \quad a,b > 0$	$\begin{cases} \dfrac{1}{2}\pi b^{-2}[1 - \mathrm{e}^{-ab}\cosh(bu)], & u < a, \\ \dfrac{1}{2}\pi b^{-2}\mathrm{e}^{-bu}\sinh(ab), & u > a \end{cases}$

No.	原函数 $f(x)$	余弦变换 $F_c(u) = \int_0^\infty f(x)\cos(ux)\mathrm{d}x$
5	$\mathrm{e}^{-bx}\sin(ax),\quad a,b>0$	$\dfrac{1}{2}\left[\dfrac{a+u}{(a+u)^2+b^2}+\dfrac{a-u}{(a-u)^2+b^2}\right]$
6	$\dfrac{1}{x}\sin^2(ax),\quad a>0$	$\dfrac{1}{4}\ln\left|1-4\dfrac{a^2}{u^2}\right|$
7	$\dfrac{1}{x^2}\sin^2(ax),\quad a>0$	$\begin{cases}\dfrac{1}{4}\pi(2a-u), & u<2a,\\[2mm] 0, & u>2a\end{cases}$
8	$\dfrac{1}{x}\sin\left(\dfrac{a}{x}\right),\quad a>0$	$\dfrac{\pi}{2}J_0\left(2\sqrt{au}\right)$
9	$\dfrac{1}{\sqrt{x}}\sin\left(a\sqrt{x}\right)\sin\left(b\sqrt{x}\right),a>0$	$\sqrt{\dfrac{\pi}{u}}\sin\left(\dfrac{ab}{2u}\right)\sin\left(\dfrac{a^2+b^2}{4u}-\dfrac{\pi}{4}\right)$
10	$\sin(ax^2),\quad a>0$	$\sqrt{\dfrac{\pi}{8a}}\left[\cos\left(\dfrac{u^2}{4a}\right)-\sin\left(\dfrac{u^2}{4a}\right)\right]$
11	$\exp(-ax^2)\sin(bx^2),a>0$	$\dfrac{\sqrt{\pi}}{(A^2+B^2)^{1/4}}\exp\left(-\dfrac{Au^2}{A^2+B^2}\right)\sin\left(\varphi-\dfrac{Bu^2}{A^2+B^2}\right)$ $A=4a,B=4b,\varphi=\dfrac{1}{2}\arctan\left(\dfrac{b}{a}\right)$
12	$\dfrac{1-\cos(ax)}{x},\quad a>0$	$\dfrac{1}{2}\ln\left|1-\dfrac{a^2}{u^2}\right|$
13	$\dfrac{1-\cos(ax)}{x^2},\quad a>0$	$\begin{cases}\dfrac{1}{2}\pi(a-u), & u<a,\\[2mm] 0, & u>a\end{cases}$
14	$x^{v-1}\cos(ax),a>0,0<v<1$	$\dfrac{1}{2}\Gamma(v)\cos\left(\dfrac{1}{2}\pi v\right)\left[|u-a|^{-v}+(u+v)^{-v}\right]$
15	$\dfrac{\cos(ax)}{x^2+b^2},\quad a,b>0$	$\begin{cases}\dfrac{1}{2}\pi b^{-1}\mathrm{e}^{-ab}\cosh(bu), & u<a,\\[2mm] \dfrac{1}{2}\pi b^{-1}\mathrm{e}^{-bu}\cosh(ab), & u>a\end{cases}$
16	$\mathrm{e}^{-bx}\cos(ax),\quad a,b>0$	$\dfrac{b}{2}\left[\dfrac{1}{(a+u)^2+b^2}+\dfrac{1}{(a-u)^2+b^2}\right],$
17	$\dfrac{1}{\sqrt{x}}\cos\left(a\sqrt{x}\right)$	$\sqrt{\dfrac{\pi}{u}}\sin\left(\dfrac{a^2}{4u}+\dfrac{\pi}{4}\right)$
18	$\dfrac{1}{\sqrt{x}}\cos(a\sqrt{x})\cos(b\sqrt{x})$	$\sqrt{\dfrac{\pi}{u}}\cos\left(\dfrac{ab}{2u}\right)\sin\left(\dfrac{a^2+b^2}{4u}+\dfrac{\pi}{4}\right)$
19	$\exp(-bx^2)\cos(ax),\quad b>0$	$\dfrac{1}{2}\sqrt{\dfrac{\pi}{b}}\exp\left(-\dfrac{a^2+u^2}{4b}\right)\cosh\left(\dfrac{au}{2b}\right)$
20	$\cos(ax^2),\quad a>0$	$\sqrt{\dfrac{\pi}{8a}}\left[\cos\left(\dfrac{1}{4}a^{-1}u^2\right)+\sin\left(\dfrac{1}{4}a^{-1}u^2\right)\right]$

No.	原函数 $f(x)$	余弦变换 $F_c(u) = \int_0^\infty f(x)\cos(ux)\mathrm{d}x$
21	$\exp(-ax^2)\cos(bx^2), a > 0$	$\dfrac{\sqrt{\pi}}{(A^2+B^2)^{1/4}}\exp\left(-\dfrac{Au^2}{A^2+B^2}\right)$ $\cdot\cos\left(\varphi - \dfrac{Bu^2}{A^2+B^2}\right),$ $A = 4a, B = 4b, \varphi = \dfrac{1}{2}\arctan\left(\dfrac{b}{a}\right)$

C.7　特殊函数的余弦变换表

No.	原函数 $f(x)$	余弦变换 $F_c(u) = \int_0^\infty f(x)\cos(ux)\mathrm{d}x$
1	$Ei(-ax)$	$-\dfrac{1}{u}\arctan\left(\dfrac{u}{a}\right)$
2	$Ci(ax)$	$\begin{cases} 0, & 0 < u < a, \\ -\dfrac{\pi}{2u}, & a < u \end{cases}$
3	$Si(ax)$	$-\dfrac{1}{2u}\ln\left\|\dfrac{u+a}{u-a}\right\|, \quad u \neq a$
4	$J_0(ax), \quad a > 0$	$\begin{cases} \dfrac{1}{\sqrt{a^2-u^2}}, & 0 < u < a, \\ 0, & a < u \end{cases}$
5	$J_v(ax), \quad a > 0, v > 1$	$\begin{cases} \dfrac{\cos[v\,\arcsin(u/a)]}{\sqrt{a^2-u^2}}, & 0 < u < a, \\ -\dfrac{a^v\sin(\pi v/2)}{\xi(u+\xi)^v}, & a < u \end{cases}$
6	$\dfrac{1}{x}J_v(ax), \quad a > 0, v > 0$	$\begin{cases} v^{-1}\cos\left[v\arcsin\left(\dfrac{u}{a}\right)\right], & 0 < u < a, \\ \dfrac{a^v\cos(\pi v/2)}{v(u+\sqrt{u^2-a^2})}, & a < u \end{cases}$
7	$x^{-v}J_v(ax), \quad a > 0, v > -\dfrac{1}{2}$	$\begin{cases} \dfrac{\sqrt{\pi}(a^2-u^2)^{v-1/2}}{(2a)^v\Gamma(v+1/2)}, & 0 < u < a, \\ 0, & a < u \end{cases}$
8	$x^{v+1}J_v(ax), a > 0, -1 < v < -\dfrac{1}{2}$	$\begin{cases} 0, & 0 < u < a, \\ \dfrac{2^{v+1}\sqrt{\pi}a^v u}{\Gamma(-v-1/2)(u^2-a^2)^{v+3/2}}, & a < u \end{cases}$
9	$J_0\left(a\sqrt{x}\right), \quad a > 0$	$\dfrac{1}{u}\sin\left(\dfrac{a^2}{4u}\right)$
10	$\dfrac{1}{\sqrt{x}}J_1\left(a\sqrt{x}\right), \quad a > 0$	$\dfrac{4}{u}\sin^2\left(\dfrac{a^2}{8u}\right)$

No.	原函数 $f(x)$	余弦变换 $F_c(u) = \displaystyle\int_0^\infty f(x)\cos(ux)\mathrm{d}x$
11	$x^{v/2}J_v(a\sqrt{x})$, $a > 0, -1 < v < \dfrac{1}{2}$	$\left(\dfrac{a}{2}\right)^v u^{-v-1}\sin\left(\dfrac{a^2}{4u} - \dfrac{\pi v}{2}\right)$
12	$J_0\left(a\sqrt{x^2+b^2}\right)$	$\begin{cases}\dfrac{\cos\left(b\sqrt{a^2-u^2}\right)}{\sqrt{a^2-u^2}}, & 0 < u < a, \\[3mm] 0, & a < u\end{cases}$
13	$Y_0(ax), \quad a > 0$	$\begin{cases}0, & 0 < u < a, \\[3mm] -\dfrac{1}{\sqrt{u^2-a^2}}, & a < u\end{cases}$
14	$x^v Y_v(ax), \quad a > 0, |v| < \dfrac{1}{2}$	$\begin{cases}0, & 0 < u < a, \\[3mm] -\dfrac{(2a)^v\sqrt{\pi}}{\Gamma\left(\dfrac{1}{2}-v\right)(u^2-a^2)^{v+1/2}}, & a < u\end{cases}$
15	$K_0\left(a\sqrt{x^2+b^2}\right), \quad a, b > 0$	$\dfrac{\pi}{2\sqrt{u^2+a^2}}\exp\left(-b\sqrt{u^2+a^2}\right)$

附录 D Fourier 正弦变换表

D.1 一般公式表

No.	原函数 $f(x)$	正弦变换 $F_s(u) = \displaystyle\int_0^\infty f(x)\sin(ux)\mathrm{d}x$
1	$af_1(x) + bf_2(x)$	$aF_{1s}(u) + bF_{2s}(u)$
2	$f(ax), \quad a > 0$	$\dfrac{1}{a}F_s\left(\dfrac{u}{a}\right)$
3	$x^{2n}f(x), \quad n = 1, 2, \cdots$	$(-1)^n \dfrac{\mathrm{d}^{2n}}{\mathrm{d}u^{2n}}F_s(u)$
4	$x^{2n+1}f(ax), \quad n = 0, 1, \cdots$	$(-1)^n \dfrac{\mathrm{d}^{2n+1}}{\mathrm{d}u^{2n+1}} F_c(u), \; F_c(u) = \displaystyle\int_0^\infty f(x)\cos(xu)\mathrm{d}x$
5	$f(ax)\cos(bx), \quad a, b > 0$	$\dfrac{1}{2a}\left[F_s\left(\dfrac{u+b}{a}\right) + bF_s\left(\dfrac{u-b}{a}\right)\right]$

D.2 幂律函数的正弦变换表

No.	原函数 $f(x)$	正弦变换 $F_s(u) = \displaystyle\int_0^\infty f(x)\sin(ux)\mathrm{d}x$
1	$\begin{cases} 1, & 0 < x < a, \\ 0, & a < x \end{cases}$	$\dfrac{1}{u}[1 - \cos(au)]$
2	$\begin{cases} x, & 0 < x < 1, \\ 2 - x, & 1 < x < 2, \\ 0, & 2 < x \end{cases}$	$\dfrac{4}{u^2}\sin u \sin^2\left(\dfrac{u}{2}\right)$
3	$\dfrac{1}{x}$	$\dfrac{\pi}{2}$
4	$\dfrac{1}{a+x}, \quad a > 0$	$\sin(au)\mathrm{Ci}(au) - \cos(au)Si(au)$
5	$\dfrac{x}{a^2+x^2}, \quad a > 0$	$\dfrac{\pi}{2}\mathrm{e}^{-au}$
6	$\dfrac{1}{x(a^2+x^2)}, \quad a > 0$	$\dfrac{\pi}{2a^2}(1 - \mathrm{e}^{-au})$
7	$\dfrac{a}{a^2+(x-b)^2} - \dfrac{a}{a^2+(x+b)^2}$	$\pi\mathrm{e}^{-au}\sin(bu)$
8	$\dfrac{x+b}{a^2+(x+b)^2} - \dfrac{x-b}{a^2+(x-b)^2}$	$\pi\mathrm{e}^{-au}\cos(bu)$

No.	原函数 $f(x)$	正弦变换 $F_s(u) = \displaystyle\int_0^\infty f(x)\sin(ux)\mathrm{d}x$
9	$\dfrac{x}{(x^2+a^2)^n}$, $\quad a>0, n=1,2,\cdots$	$\dfrac{\pi u \mathrm{e}^{-au}}{2^{2n-2}(n-1)! a^{2n-3}} \displaystyle\sum_{k=1}^{n-2} \dfrac{(2n-k-4)!}{k!(n-k-2)!}(2au)^k$
10	$\dfrac{x^{2m+1}}{(x^2+a)^{n+1}}$, $\quad$ $n,m=0,1,\cdots,0\leqslant m\leqslant n$	$(-1)^{n+m}\dfrac{\pi}{2n!}\dfrac{\partial^n}{\partial a^n}\left(a^m \mathrm{e}^{-u\sqrt{a}}\right)$
11	$\dfrac{1}{\sqrt{x}}$	$\sqrt{\dfrac{\pi}{2u}}$
12	$\dfrac{1}{x\sqrt{x}}$	$\sqrt{2\pi u}$
13	$x(a^2+x^2)^{-3/2}$	$uK_0(au)$
14	$\dfrac{(\sqrt{a^2+x^2}-a)^{1/2}}{\sqrt{a^2+x^2}}$	$\sqrt{\dfrac{\pi}{2u}}\mathrm{e}^{-au}$
15	x^{-v}, $\quad 0<v<2$	$\cos\left(\dfrac{1}{2}\pi v\right)\Gamma(1-v)u^{v-1}$

D.3   指数函数的正弦变换表

No.	原函数 $f(x)$	正弦变换 $F_s(u) = \displaystyle\int_0^\infty f(x)\sin(ux)\mathrm{d}x$
1	e^{-ax}, $\quad a>0$	$\dfrac{u}{a^2+u^2}$
2	$x^n \mathrm{e}^{-ax}$, $\quad a>0, n=1,2,\cdots$	$n!\left(\dfrac{a}{a^2+u^2}\right)^{n+1}\displaystyle\sum_{k=0}^{[n/2]}(-1)^k C_{n+1}^{2k+1}\left(\dfrac{u}{a}\right)^{2k+1}$
3	$\dfrac{1}{x}\mathrm{e}^{-ax}$, $\quad a>0$	$\arctan\dfrac{u}{a}$
4	$\sqrt{x}\mathrm{e}^{-ax}$, $\quad a>0$	$\dfrac{\sqrt{\pi}}{2}(a^2+u^2)^{-3/4}\sin\left(\dfrac{3}{2}\arctan\dfrac{u}{a}\right)$
5	$\dfrac{1}{\sqrt{x}}\mathrm{e}^{-ax}$, $\quad a>0$	$\sqrt{\dfrac{\pi}{2}}\dfrac{\left(\sqrt{a^2+u^2}-a\right)^{1/2}}{\sqrt{a^2+u^2}}$
6	$\dfrac{1}{x\sqrt{x}}\mathrm{e}^{-ax}$, $\quad a>0$	$\sqrt{2\pi}\left(\sqrt{a^2+u^2}-a\right)^{1/2}$
7	$x^{n-1/2}\mathrm{e}^{-ax}$, $\quad a>0, n=1,2,\cdots$	$(-1)^n\sqrt{\dfrac{\pi}{2}}\dfrac{\partial^n}{\partial a^n}\left[\dfrac{\left(\sqrt{a^2+u^2}-a\right)^{1/2}}{\sqrt{a^2+u^2}}\right]$
8	$x^{v-1}\mathrm{e}^{-ax}$, $\quad a>0, v>-1$	$\Gamma(v)(a^2+u^2)^{-v/2}\sin\left(v\arctan\dfrac{u}{a}\right)$
9	$x^{-2}(\mathrm{e}^{-ax}-\mathrm{e}^{-bx})$, $\quad a,b>0$	$\dfrac{u}{2}\ln\dfrac{u^2+b^2}{u^2+a^2}+b\arctan\left(\dfrac{u}{b}\right)-a\arctan\left(\dfrac{u}{a}\right)$

续表

No.	原函数 $f(x)$	正弦变换 $F_s(u) = \int_0^\infty f(x)\sin(ux)\mathrm{d}x$
10	$\dfrac{1}{\mathrm{e}^{ax}+1}, \quad a>0$	$\dfrac{1}{2u} - \dfrac{\pi}{2a\sinh(\pi u/a)}$
11	$\dfrac{1}{\mathrm{e}^{ax}-1}, \quad a>0$	$\dfrac{\pi}{2a}\coth\left(\dfrac{\pi u}{a}\right) - \dfrac{1}{2u}$
12	$\dfrac{\mathrm{e}^{x/2}}{\mathrm{e}^{x}-1}$	$-\dfrac{1}{2}\tanh(\pi u)$
13	$x\exp(-ax^2)$	$\dfrac{\sqrt{\pi}}{4a^{3/2}}u\exp\left(-\dfrac{u^2}{4a}\right)$
14	$\dfrac{1}{x}\exp(-ax^2)$	$\dfrac{\pi}{2}\mathrm{erf}\left(\dfrac{u}{2\sqrt{a}}\right)$
15	$\dfrac{1}{\sqrt{x}}\exp\left(-\dfrac{a}{x}\right)$	$\sqrt{\dfrac{\pi}{2u}}\mathrm{e}^{-\sqrt{2au}}\left[\cos\left(\sqrt{2au}\right) + \sin\left(\sqrt{2au}\right)\right]$
16	$\dfrac{1}{x\sqrt{x}}\exp\left(-\dfrac{a}{x}\right)$	$\sqrt{\dfrac{\pi}{a}}\mathrm{e}^{-\sqrt{2au}}\sin\left(\sqrt{2au}\right)$

D.4 双曲函数的正弦变换表

No.	原函数 $f(x)$	正弦变换 $F_s(u) = \int_0^\infty f(x)\sin(ux)\mathrm{d}x$
1	$\dfrac{1}{\sinh(ax)}, \quad a>0$	$\dfrac{\pi}{2a}\tanh\left(\dfrac{1}{2}\pi a^{-1}u\right)$
2	$\dfrac{x}{\sinh(ax)}, \quad a>0$	$\dfrac{\pi^2}{4a^2}\dfrac{\sinh(1/2\pi a^{-1}u)}{\cosh^2(1/2\pi a^{-1}u)}$
3	$\dfrac{1}{x}\mathrm{e}^{-bx}\sinh(ax), \quad b>|a|$	$\dfrac{1}{2}\arctan\left(\dfrac{2au}{u^2+b^2-a^2}\right)$
4	$\dfrac{1}{x\cosh(ax)}, \quad a>0$	$\arctan\left[\sinh\left(\dfrac{1}{2}\pi a^{-1}u\right)\right]$
5	$1-\tanh\left(\dfrac{1}{2}ax\right), \quad a>0$	$\dfrac{1}{u} - \dfrac{\pi}{a\sinh(\pi a^{-1}u)}$
6	$\coth\left(\dfrac{1}{2}ax\right)-1, \quad a>0$	$\dfrac{\pi}{a}\coth(\pi a^{-1}u) - \dfrac{1}{u}$
7	$\dfrac{\cosh(ax)}{\sinh(bx)}, \quad |a|<b$	$\dfrac{\pi}{2b}\left[\dfrac{\sinh(1/2\pi b^{-1}u)}{\cos(\pi ab^{-1}) + \cosh(\pi b^{-1}u)}\right]$
8	$\dfrac{\sinh(ax)}{\cosh(bx)}, \quad |a|<b$	$\dfrac{\pi}{b}\left[\dfrac{\sin(1/2\pi ab^{-1})\sinh(1/2\pi b^{-1}u)}{\cos(\pi ab^{-1}) + \cosh(\pi b^{-1}u)}\right]$

D.5　对数函数的正弦变换表

No.	原函数 $f(x)$	正弦变换 $F_s(u) = \int_0^\infty f(x)\sin(ux)\mathrm{d}x$
1	$\begin{cases} \ln x, & 0 < x < 1, \\ 0, & 1 < x \end{cases}$	$\dfrac{1}{u}[Ci(u) - \ln u - c],\quad c = 0.5772\cdots$ 是 Euler 常数
2	$\dfrac{\ln x}{x}$	$-\dfrac{1}{2}\pi(\ln u + c)$
3	$\dfrac{\ln x}{\sqrt{x}}$	$-\sqrt{\dfrac{\pi}{2u}}\left[\ln(4u) + c - \dfrac{\pi}{2}\right]$
4	$x^{v-1}\ln x,\quad |v| < 1$	$\dfrac{\pi u^{-v}\left[\psi(v) + \pi/2\cot(\pi v/2) - \ln u\right]}{2\Gamma(1-v)\cos(\pi v/2)}$
5	$\ln\left|\dfrac{a+x}{a-x}\right|,\quad a > 0$	$\dfrac{\pi}{u}\sin(au)$
6	$\ln\dfrac{(x+b)^2 + a^2}{(x-b)^2 + b^2},\quad a,b > 0$	$\dfrac{2\pi}{u}\mathrm{e}^{-au}\sin(bu)$
7	$\mathrm{e}^{-au}\ln x,\quad a > 0$	$\dfrac{a\arctan(u/a) - (1/2)u\ln(u^2 + a^2) - \mathrm{e}^c u}{u^2 + a^2}$
8	$\dfrac{1}{x}\ln(1 + a^2\mathrm{e}^{-ax}),\quad a > 0$	$-\pi\mathrm{Ei}\left(-\dfrac{u}{a}\right)$

D.6　三角函数的正弦变换表

No.	原函数 $f(x)$	正弦变换 $F_s(u) = \int_0^\infty f(x)\sin(ux)\mathrm{d}x$
1	$\dfrac{\sin(ax)}{x},\quad a > 0$	$\dfrac{1}{2}\ln\left|\dfrac{u+a}{u-a}\right|$
2	$\dfrac{\sin(ax)}{x^2},\quad a > 0$	$\begin{cases} \dfrac{1}{2}\pi u, & 0 < u < a, \\ \dfrac{1}{2}\pi a, & u > a \end{cases}$
3	$x^{v-1}\sin(ax),\quad a > 0, -2 < v < 1$	$\pi\dfrac{|u+a|^{-v} - |u+a|^{-v}}{4\Gamma(1-v)\sin \pi v/2},\quad v \ne 0$
4	$\dfrac{\sin(ax)}{x^2 + b^2},\quad a,b > 0$	$\begin{cases} \dfrac{1}{2}\pi b^{-1}\mathrm{e}^{-ab}\sinh(bu), & 0 < u < a, \\ \dfrac{1}{2}\pi b^{-1}\mathrm{e}^{-bu}\sinh(ab), & u > a \end{cases}$
5	$\dfrac{\sin(\pi x)}{1 - x^2}$	$\begin{cases} \sin u, & 0 < u < \pi, \\ 0, & u > \pi \end{cases}$
6	$\mathrm{e}^{-ax}\sin(bx),\quad a > 0$	$\dfrac{a}{2}\left[\dfrac{1}{a^2 + (b-u)^2} - \dfrac{1}{a^2 + (b+u)^2}\right]$

No.	原函数 $f(x)$	正弦变换 $F_s(u) = \displaystyle\int_0^\infty f(x)\sin(ux)\mathrm{d}x$
7	$x^{-1}\mathrm{e}^{-ax}\sin(bx), \quad a > 0$	$\dfrac{1}{4}\ln\dfrac{(u+b)^2+a^2}{(u-b)^2+a^2}$
8	$\dfrac{1}{x}\sin^2(ax), \quad a > 0$	$\begin{cases} \dfrac{1}{4}\pi, & 0 < u < 2a, \\[2mm] \dfrac{1}{8}\pi, & u = 2a, \\[2mm] 0, & u > 2a \end{cases}$
9	$\dfrac{1}{x^2}\sin^2(ax), \quad a > 0$	$\dfrac{1}{4}(u+2a)\ln|u+2a| + \dfrac{1}{4}(u-2a)\ln|u-2a|$ $-\dfrac{1}{2}u\ln u$
10	$\exp(-ax^2)\sin(bx), \quad a > 0$	$\dfrac{1}{2}\sqrt{\dfrac{\pi}{a}}\exp\left(-\dfrac{u^2+b^2}{4a}\right)\sinh\left(\dfrac{bu}{2a}\right)$
11	$\dfrac{1}{x}\sin(ax)\sin(bx), \quad a \geqslant b \geqslant 0$	$\begin{cases} 0, & 0 < u < a-b, \\[2mm] \dfrac{\pi}{4}, & a-b < u < a+b, \\[2mm] 0, & a+b < u \end{cases}$
12	$\sin\left(\dfrac{a}{x}\right), \quad a > 0$	$\dfrac{\pi\sqrt{a}}{2\sqrt{u}}J_1\left(2\sqrt{au}\right)$
13	$\dfrac{1}{\sqrt{x}}\sin\left(\dfrac{a}{x}\right), \quad a > 0$	$\sqrt{\dfrac{\pi}{8u}}\left[\sin\left(2\sqrt{au}\right) - \cos\left(2\sqrt{au}\right) + \exp\left(-2\sqrt{au}\right)\right]$
14	$\exp\left(-a\sqrt{x}\right)\sin\left(a\sqrt{x}\right), \quad a > 0$	$a\sqrt{\dfrac{\pi}{8}}u^{-3/2}\exp\left(-\dfrac{a^2}{2u}\right)$
15	$\dfrac{\cos(ax)}{x}, \quad a > 0$	$\begin{cases} 0, & 0 < u < a, \\[2mm] \dfrac{1}{4}\pi, & u = a, \\[2mm] \dfrac{1}{2}\pi, & a < u \end{cases}$
16	$x^{v-1}\cos(ax), \quad a > 0, |v| < 1$	$\dfrac{\pi(u+a)^{-v} - \mathrm{sgn}(u-a)\,|u-a|^{-v}}{4\Gamma(1-v)\cos(1/2\pi v)}$
17	$\dfrac{x\cos(ax)}{x^2+b^2}, \quad a, b > 0$	$\begin{cases} -\dfrac{1}{2}\pi\mathrm{e}^{-ab}\sinh(bu), & u < a, \\[2mm] \dfrac{1}{2}\pi\mathrm{e}^{-bu}\cosh(ab), & u > a \end{cases}$
18	$\dfrac{1-\cos(ax)}{x^2}, \quad a > 0$	$\dfrac{u}{2}\ln\left|\dfrac{u^2-a^2}{u^2}\right| + \dfrac{a}{2}\ln\left|\dfrac{u+a}{u-a}\right|$
19	$\dfrac{1}{\sqrt{x}}\cos\left(a\sqrt{x}\right)$	$\sqrt{\dfrac{\pi}{u}}\cos\left(\dfrac{a^2}{4u} + \dfrac{\pi}{4}\right)$
20	$\dfrac{1}{\sqrt{x}}\cos\left(a\sqrt{x}\right)\cos\left(b\sqrt{x}\right), a, b > 0$	$\sqrt{\dfrac{\pi}{u}}\cos\left(\dfrac{ab}{2u}\right)\cos\left(\dfrac{a^2+b^2}{4u} + \dfrac{\pi}{4}\right)$

D.7　特殊函数的正弦变换表

No.	原函数 $f(x)$	正弦变换 $F_s(u) = \int_0^\infty f(x)\sin(ux)\mathrm{d}x$
1	$\mathrm{erfc}(ax), \quad a > 0$	$\dfrac{1}{u}\left[1 - \exp\left(-\dfrac{u^2}{4a^2}\right)\right]$
2	$Ci(ax), \quad a > 0$	$-\dfrac{1}{2u}\ln\left\|1 - \dfrac{u^2}{a^2}\right\|$
3	$Si(ax), \quad a > 0$	$\begin{cases} 0, & 0 < u < a, \\ -\dfrac{1}{2}\pi u^{-1}, & a < u \end{cases}$
4	$J_0(ax), \quad a > 0$	$\begin{cases} 0, & 0 < u < a, \\ \dfrac{1}{\sqrt{u^2 - a^2}}, & a < u \end{cases}$
5	$J_v(ax), \quad a > 0, v > -2$	$\begin{cases} \dfrac{\sin[v\arcsin(u/a)]}{\sqrt{a^2 - u^2}}, & 0 < u < a, \\ \dfrac{a^v\cos(\pi v/2)}{\xi(u+\xi)^v}, & a < u, \\ \xi = \sqrt{u^2 - a^2} \end{cases}$
6	$\dfrac{1}{x}J_0(ax), \quad a > 0, v > 0$	$\begin{cases} \arcsin\left(\dfrac{u}{a}\right), & 0 < u < a, \\ \dfrac{\pi}{2}, & a < u \end{cases}$
7	$\dfrac{1}{x}J_\nu(ax), \quad a > 0, \nu > -1$	$\begin{cases} v^{-1}\sin\left[v\arcsin\left(\dfrac{u}{a}\right)\right], & 0 < u < a, \\ \dfrac{a^v\sin(\pi v/2)}{v\left(u + \sqrt{u^2 - a^2}\right)^v}, & a < u \end{cases}$
8	$x^v J_v(ax), \quad a > 0, -1 < v < \dfrac{1}{2}$	$\begin{cases} 0, & 0 < u < a, \\ \dfrac{\sqrt{\pi}(2a)^v}{\Gamma(1/2 - v)(u^2 - a^2)^{v+1/2}}, & a < u \end{cases}$
9	$x^{-1}\mathrm{e}^{-ax}J_0(bx), \quad a > 0$	$\arcsin\left(\dfrac{2u}{\sqrt{(u+b)^2 + a^2} + \sqrt{(u-b)^2 + a^2}}\right)$
10	$\dfrac{J_0(ax)}{x^2 + b^2}, \quad a, b > 0$	$\begin{cases} b^{-1}\sinh(bu)K_0(ab), & 0 < u < a, \\ 0, & a < u \end{cases}$
11	$\dfrac{xJ_0(ax)}{x^2 + b^2}, \quad a, b > 0$	$\begin{cases} 0, & 0 < u < a, \\ \dfrac{1}{2}\pi\mathrm{e}^{-bu}I_0(ab), & a < u \end{cases}$
12	$\dfrac{\sqrt{x}J_{2n+1/2}(ax)}{x^2 + b^2},$ $a, b > 0, n = 0, 1, 2, \cdots$	$\begin{cases} (-1)^n\sinh(bu)K_{2n+1/2}(ab), & 0 < u < a, \\ 0, & a < u \end{cases}$

No.	原函数 $f(x)$	正弦变换 $F_s(u) = \int_0^\infty f(x)\sin(ux)\mathrm{d}x$
13	$\dfrac{x^v J_v(ax)}{x^2+b^2}$, $a,b>0, -1<v<\dfrac{5}{2}$	$\begin{cases} b^{v-1}\sinh(bu)K_v(ab), & 0<u<a, \\ 0, & a<u \end{cases}$
14	$\dfrac{x^{1-v}J_v(ax)}{x^2+b^2}$, $a,b>0, v>-\dfrac{3}{2}$	$\begin{cases} 0, & 0<u<a, \\ \dfrac{1}{2}\pi b^{-v}\mathrm{e}^{-bu}I_v(ab), & a<u \end{cases}$
15	$J_0\left(a\sqrt{x}\right)$, $a>0$	$\dfrac{1}{u}\cos\left(\dfrac{a^2}{4u}\right)$
16	$\dfrac{1}{\sqrt{x}}J_1\left(a\sqrt{x}\right)$, $a>0$	$\dfrac{2}{a}\sin\left(\dfrac{a^2}{4u}\right)$
17	$x^{v/2}J_v\left(a\sqrt{x}\right)$, $a>0, -2<v<\dfrac{1}{2}$	$\dfrac{a^v}{2^v u^{v+1}}\cos\left(\dfrac{a^2}{4u}-\dfrac{\pi v}{2}\right)$
18	$Y_0(ax)$, $a>0$	$\begin{cases} \dfrac{2\arcsin(u/a)}{\pi\sqrt{u^2-a^2}}, & 0<u<a, \\ \dfrac{2[\ln\left(u-\sqrt{u^2-a^2}\right)-\ln a]}{\pi\sqrt{u^2-a^2}}, & a<u \end{cases}$
19	$Y_1(ax)$, $a>0$	$\begin{cases} 0, & 0<u<a, \\ -\dfrac{u}{a\sqrt{u^2-a^2}}, & a<u \end{cases}$
20	$K_0(ax)$, $a>0$	$\dfrac{\ln\left(u+\sqrt{u^2+a^2}\right)-\ln a}{\sqrt{u^2+a^2}}$
21	$xK_0(ax)$, $a>0$	$\dfrac{\pi u}{2(u^2+a^2)^{3/2}}$
22	$x^{v+1}K_v(ax)$, $a>0, v>-\dfrac{3}{2}$	$\sqrt{\pi}(2a)^v\Gamma\left(v+\dfrac{3}{2}\right)u(u^2+a^2)^{-v-3/2}$

附录 E　Mellin 积分变换表

E.1　一般公式表

No.	原函数 $f(x)$	Mellin 变换 $F(s) = \displaystyle\int_0^\infty f(x)x^{s-1}\mathrm{d}x$
1	$af_1(x) + bf_2(x)$	$aF_1(s) + bF_2(s)$
2	$f(ax), \quad a > 0$	$a^{-s}F(s)$
3	$x^a f(x)$	$F(s + a)$
4	$f\left(\dfrac{1}{x}\right)$	$F(-s)$
5	$f(x^\beta), \quad \beta > 0$	$\dfrac{1}{\beta}F\left(\dfrac{s}{\beta}\right)$
6	$f(x^{-\beta}), \quad \beta > 0$	$\dfrac{1}{\beta}F\left(-\dfrac{s}{\beta}\right)$
7	$x^\lambda f(ax^\beta), \quad a, \beta > 0$	$\dfrac{1}{\beta}\alpha^{-(s+\lambda)/\beta}F\left(\dfrac{s+\lambda}{\beta}\right)$
8	$x^\lambda f(ax^{-\beta}), \quad a, \beta > 0$	$\dfrac{1}{\beta}\alpha^{(\beta+\lambda)/\beta}F\left(-\dfrac{s+\lambda}{\beta}\right)$
9	$f'_x(x)$	$-(s-1)F(s-1)$
10	$xf'_x(x)$	$-sF(s)$
11	$f_x^{(n)}(x)$	$(-1)^n \dfrac{\Gamma(s)}{\Gamma(s-n)}F(s-n)$
12	$\left(x\dfrac{\mathrm{d}}{\mathrm{d}x}\right)^n f(x)$	$(-1)^n s^n F(s)$
13	$\left(\dfrac{\mathrm{d}}{\mathrm{d}x}x\right)^n f(x)$	$(-1)^n(s-1)^n F(s)$
14	$x^a \displaystyle\int_0^\infty t^\beta f_1(xt)f_2(t)\mathrm{d}t$	$F_1(s+a)F_2(1-s-a+\beta)$
15	$x^a \displaystyle\int_0^\infty t^\beta f_1\left(\dfrac{x}{t}\right)f_2(t)\mathrm{d}t$	$F_1(s+a)F_2(s+a+\beta+1)$

E.2　幂律函数的 Mellin 变换表

No.	原函数 $f(x)$	Mellin 变换 $F(s) = \displaystyle\int_0^\infty f(x)x^{s-1}\mathrm{d}x$
1	$\begin{cases} x, & 0 < x < 1, \\ 2-x, & 1 < x < 2, \\ 0, & 2 < x \end{cases}$	$\begin{cases} \dfrac{2(2^s-1)}{s(s+1)}, & s \neq 0, \\ 2\ln 2, & s = 0, \end{cases}$ $\quad \operatorname{Re} s > -1$
2	$\dfrac{1}{x+a}, \quad a > 0$	$\dfrac{\pi a^{s-1}}{\sin(\pi s)}, \quad 0 < \operatorname{Re} s < 1$
3	$\dfrac{1}{(x+a)(x+b)}, \quad a, b > 0$	$\dfrac{\pi(a^{s-1}-b^{s-1})}{(b-a)\sin(\pi s)}, \quad 0 < \operatorname{Re} s < 2$
4	$\dfrac{(x+a)}{(x+b)(x+c)}, \quad b, c > 0$	$\dfrac{\pi}{\sin(\pi s)}\left[\left(\dfrac{b-a}{b-c}\right)b^{s-1} + \left(\dfrac{c-a}{c-b}\right)c^{s-1}\right],$ $\quad 0 < \operatorname{Re} s < 1$
5	$\dfrac{1}{a^2+x^2}, \quad a > 0$	$\dfrac{\pi a^{s-2}}{2\sin(\pi s/2)}, \quad 0 < \operatorname{Re} s < 2$
6	$\dfrac{1}{x^2+2ax\cos(\beta+a^2)},$ $a > 0, |\beta| < \pi$	$-\dfrac{\pi a^{s-2}\sin[\beta(s-1)]}{\sin\beta\sin(\pi s)}, \quad 0 < \operatorname{Re} s < 2$
7	$\dfrac{1}{(x^2+a^2)(x^2+b^2)}, \quad a, b > 0$	$\dfrac{\pi(a^{s-2}-b^{s-2})}{2(b^2-a^2)\sin(\pi s/2)}, \quad 0 < \operatorname{Re} s < 4$
8	$\dfrac{1}{(1+ax)^{n+1}}, \quad a > 0, n = 1, 2, \cdots$	$\dfrac{(-1)^n\pi}{a^s\sin(\pi s)}\mathrm{C}_{s-1}^n, \quad 0 < \operatorname{Re} s < n+1$
9	$\dfrac{1}{x^n+a^n}, \quad a > 0, n = 1, 2, \cdots$	$\dfrac{\pi a^{s-n}}{n\sin(\pi s/n)}, \quad 0 < \operatorname{Re} s < n$
10	$\dfrac{1-x}{1-x^n}, \quad n = 2, 3, \cdots$	$\dfrac{\pi\sin(\pi/n)}{n\sin(\pi s/n)\sin(\pi(s+1)/n)} \quad 0 < \operatorname{Re} s < n-1$
11	$\begin{cases} x^v, & 0 < x < 1, \\ 0, & 1 < x \end{cases}$	$\dfrac{1}{s+v}, \quad \operatorname{Re} s > -v$
12	$\dfrac{1-x^v}{1-x^{nv}}, \quad n = 2, 3, \cdots$	$\dfrac{\pi\sin(\pi/n)}{nv\sin((\pi s)/(nv))\sin(\pi(s+v)/(nv))},$ $\quad 0 < \operatorname{Re} s < (n-1)v$

E.3　指数函数的 Mellin 变换表

No.	原函数 $f(x)$	Mellin 变换 $F(s) = \displaystyle\int_0^\infty f(x)x^{s-1}\mathrm{d}x$
1	$\mathrm{e}^{-ax}, \quad a > 0$	$a^{-s}\Gamma(s), \quad \operatorname{Re} s > 0$

No.	原函数 $f(x)$	Mellin 变换 $F(s) = \int_0^\infty f(x)x^{s-1}\mathrm{d}x$
2	$\begin{cases} \mathrm{e}^{-bx}, & 0 < x < a, \\ 0, & a < x, \end{cases} \quad b > 0$	$b^{-s}\gamma(s, ab), \quad \mathrm{Re}\, s > 0$
3	$\begin{cases} 0, & 0 < x < a, \\ \mathrm{e}^{-bx}, & a < x, \end{cases} \quad b > 0$	$b^{-s}\Gamma(s, ab)$
4	$\dfrac{\mathrm{e}^{-ax}}{x+b}, \quad a, b > 0$	$\mathrm{e}^{ab}b^{s-1}\Gamma(s)\Gamma(1-s, ab), \quad \mathrm{Re}\, s > 0$
5	$\exp(-ax^\beta), \quad a, \beta > 0$	$\beta^{-1}a^{-s/\beta}\Gamma\left(\dfrac{s}{\beta}\right), \quad \mathrm{Re}\, s > 0$
6	$\exp(-ax^{-\beta}), \quad a, \beta > 0$	$\beta^{-1}a^{s/\beta}\Gamma\left(-\dfrac{s}{\beta}\right), \quad \mathrm{Re}\, s < 0$
7	$1 - \exp(-ax^\beta), \quad a, \beta > 0$	$-\beta^{-1}a^{-s/\beta}\Gamma\left(\dfrac{s}{\beta}\right), \quad -\beta < \mathrm{Re}\, s < 0$
8	$1 - \exp(-ax^{-\beta}), \quad a, \beta > 0$	$-\beta^{-1}a^{s/\beta}\Gamma\left(-\dfrac{s}{\beta}\right), \quad 0 < \mathrm{Re}\, s < \beta$

E.4   对数函数的 Mellin 变换表

No.	原函数 $f(x)$	Mellin 变换 $F(s) = \int_0^\infty f(x)x^{s-1}\mathrm{d}x$
1	$\begin{cases} \ln x, & 0 < x < a, \\ 0, & a < x \end{cases}$	$\dfrac{s\ln a - 1}{s^2 a^s}, \quad \mathrm{Re}\, s > 0$
2	$\ln(1 + ax), \quad a > 0$	$\dfrac{\pi}{sa^s \sin(\pi s)}, \quad -1 < \mathrm{Re}\, s < 0$
3	$\ln|1 - x|$	$\dfrac{\pi}{s}\cot(\pi s), \quad -1 < \mathrm{Re}\, s < 0$
4	$\dfrac{\ln x}{x + a}, \quad a > 0$	$\dfrac{\pi a^{s-1}[\ln a - \pi\cot(\pi s)]}{\sin(\pi s)}, \quad 0 < \mathrm{Re}\, s < 1$
5	$\dfrac{\ln x}{(x+a)(x+b)}, \quad a, b > 0$	$\dfrac{\pi[a^{s-1}\ln a - b^{s-1}\ln b - \pi\cot(\pi s)(a^{s-1} - b^{s-1})]}{(b-a)\sin(\pi s)},$ $0 < \mathrm{Re}\, s < 1$
6	$\begin{cases} x^v\ln x, & 0 < x < 1, \\ 0, & 1 < x \end{cases}$	$-\dfrac{1}{(s+v)^2}, \quad \mathrm{Re}\, s > -v$
7	$\dfrac{\ln^2 x}{x+1}$	$\dfrac{\pi^3[2 - \sin^2(\pi s)]}{\sin^3(\pi s)}, \quad 0 < \mathrm{Re}\, s < 1$
9	$\ln(x^2 + 2x\cos\beta + 1),$ $|\beta| < \pi$	$\dfrac{2\pi\cos(\beta s)}{s\sin(\pi s)}, \quad -1 < \mathrm{Re}\, s < 0$

续表

No.	原函数 $f(x)$	Mellin 变换 $F(s) = \int_0^\infty f(x)x^{s-1}\mathrm{d}x$
10	$\ln\left\lvert\dfrac{1+x}{1-x}\right\rvert$	$\dfrac{\pi}{s}\tan\left(\dfrac{1}{2}\pi s\right),\quad -1 < \operatorname{Re} s < 1$
11	$\mathrm{e}^{-x}\ln^n x,\quad n = 1, 2, \cdots$	$\dfrac{\mathrm{d}^n}{\mathrm{d}s^n}\Gamma(s),\quad \operatorname{Re} s > 0$

E.5　三角函数的 Mellin 变换表

No.	原函数 $f(x)$	Mellin 变换 $F(s) = \int_0^\infty f(x)x^{s-1}\mathrm{d}x$
1		
2	$\sin^2(ax),\quad a > 0$	$-2^{-s-1}a^{-s}\Gamma(s)\cos\left[\dfrac{1}{2}\pi s\right],\quad -2 < \operatorname{Re} s < 0$
3	$\sin(ax)\sin(bx),\quad a, b > 0, a \neq b$	$\dfrac{1}{2}\Gamma(s)\cos\left[\dfrac{1}{2}\pi s\right]\left[\lvert b-a\rvert^{-s} - (b+a)^{-s}\right],$ $-2 < \operatorname{Re} s < 1$
4	$\cos(ax),\quad a > 0$	$a^{-s}\Gamma(s)\cos\left[\dfrac{1}{2}\pi s\right],\quad 0 < \operatorname{Re} s < 1$
5	$\sin(ax)\cos(bx),\quad a, b > 0$	$\dfrac{\Gamma(s)}{2}\sin\left(\dfrac{\pi s}{2}\right)\left[(a+b)^{-s}\right.$ $\left. + \lvert a-b\rvert^{-s}\operatorname{sgn}(a-b)\right],\quad -1 < \operatorname{Re} s < 1$
6	$\mathrm{e}^{-ax}\sin(bx),\quad a > 0$	$\dfrac{\Gamma(s)\sin[s\arctan(b/a)]}{(a^2+b^2)^{s/2}},\quad -1 < \operatorname{Re} s$
7	$\mathrm{e}^{-ax}\cos(bx),\quad a > 0$	$\dfrac{\Gamma(s)\cos[s\arctan(b/a)]}{(a^2+b^2)^{s/2}},\quad 0 < \operatorname{Re} s$
8	$\begin{cases} \sin(a\ln x), & 0 < x < 1, \\ 0, & 1 < x \end{cases}$	$-\dfrac{a}{s^2+a^2},\quad \operatorname{Re} s > 0$
9	$\begin{cases} \cos(a\ln x), & 0 < x < 1, \\ 0, & 1 < x \end{cases}$	$\dfrac{s}{s^2+a^2},\quad \operatorname{Re} s > 0$
10	$\arctan x$	$-\dfrac{\pi}{2s\cos[(1/2)\pi s]},\quad -1 < \operatorname{Re} s < 0$
11	$\operatorname{arccot} x$	$\dfrac{\pi}{2s\cos[(1/2)\pi s]},\quad 0 < \operatorname{Re} s < 1$

E.6　特殊函数的 Mellin 变换表

No.	原函数 $f(x)$	Mellin 变换 $F(s) = \displaystyle\int_0^\infty f(x)x^{s-1}\mathrm{d}x$
1	$\mathrm{erfc}(x)$	$\dfrac{\Gamma[(1/2)s + (1/2)]}{\sqrt{\pi}s}$, $\quad \mathrm{Re}\,s > 0$
2	$\mathrm{Ei}(-x)$	$-s^{-1}\Gamma(s)$, $\quad \mathrm{Re}\,s > 0$
3	$\mathrm{Si}(x)$	$-s^{-1}\sin\left(\dfrac{\pi s}{2}\right)\Gamma(s)$, $\quad -1 < \mathrm{Re}\,s < 0$
4	$\mathrm{si}(x)$	$-4s^{-1}\sin\left(\dfrac{\pi s}{2}\right)\Gamma(s)$, $\quad -1 < \mathrm{Re}\,s < 0$
5	$\mathrm{Ci}(x)$	$-s^{-1}\cos\left(\dfrac{\pi s}{2}\right)\Gamma(s)$, $\quad 0 < \mathrm{Re}\,s < 1$
6	$J_v(ax)$, $\quad a > 0$	$\dfrac{2^{s-1}\Gamma(v/2 + s/2)}{a^s\Gamma(v/2 - s/2 + 1)}$, $\quad -v < \mathrm{Re}\,s < \dfrac{3}{2}$
7	$Y_v(ax)$, $\quad a > 0$	$\dfrac{-2^{s-1}}{\pi a^s}\Gamma\left(\dfrac{s}{2} + \dfrac{v}{2}\right)\Gamma\left(\dfrac{s}{2} - \dfrac{v}{2}\right)$ $\cdot \cos\left[\dfrac{\pi(s-v)}{2}\right]$, $\quad |v| < \mathrm{Re}\,s < \dfrac{3}{2}$
8	$\mathrm{e}^{-ax}I_v(ax)$, $\quad a > 0$	$\dfrac{\Gamma(1/2 - s)\Gamma(s + v)}{\sqrt{\pi}(2a)^s\Gamma(1 + v - s)}$, $\quad -v < \mathrm{Re}\,s < \dfrac{1}{2}$
9	$K_v(ax)$, $\quad a > 0$	$\dfrac{2^{s-2}}{a^s}\Gamma\left(\dfrac{s}{2} + \dfrac{v}{2}\right)\Gamma\left(\dfrac{s}{2} - \dfrac{v}{2}\right)$, $\quad |v| < \mathrm{Re}\,s$
10	$\mathrm{e}^{-ax}K_v(ax)$, $\quad a > 0$	$\dfrac{\sqrt{\pi}\Gamma(s - v)\Gamma(s + v)}{(2a)^s\Gamma(s + 1/2)}$, $\quad |v| < \mathrm{Re}\,s$

附录 F　Mellin 逆变换表[①]

F.1　幂律函数的 Mellin 逆变换表

No.	Mellin 变换 $F(s)$	Mellin 逆变换 $f(x) = \dfrac{1}{2\pi\mathrm{i}}\displaystyle\int_{\sigma-\mathrm{i}\infty}^{\sigma+\mathrm{i}\infty} F(s)x^{-s}\mathrm{d}s$
1	$\dfrac{1}{s}, \quad \mathrm{Re}\,s > 0$	$\begin{cases} 1, & 0 < x < 1, \\ 0, & 1 < x \end{cases}$
2	$\dfrac{1}{s}, \quad \mathrm{Re}\,s < 0$	$\begin{cases} 0, & 0 < x < 1, \\ -1, & 1 < x \end{cases}$
3	$\dfrac{1}{s+a}, \quad \mathrm{Re}\,s > -a$	$\begin{cases} x^a, & 0 < x < 1, \\ 0, & 1 < x \end{cases}$
4	$\dfrac{1}{s+a}, \quad \mathrm{Re}\,s < -a$	$\begin{cases} 0, & 0 < x < 1, \\ -x^a, & 1 < x \end{cases}$
5	$\dfrac{1}{(s+a)^2}, \quad \mathrm{Re}\,s > -a$	$\begin{cases} -x^a\ln x, & 0 < x < 1, \\ 0, & 1 < x \end{cases}$
6	$\dfrac{1}{(s+a)^2}, \quad \mathrm{Re}\,s < -a$	$\begin{cases} 0, & 0 < x < 1, \\ x^a\ln x, & 1 < x \end{cases}$
7	$\dfrac{1}{(s+a)(s+b)}, \quad \mathrm{Re}\,s > -a, -b$	$\begin{cases} \dfrac{x^a - x^b}{b - a}, & 0 < x < 1, \\ 0, & 1 < x \end{cases}$
8	$\dfrac{1}{(s+a)(s+b)}, \quad -a < \mathrm{Re}\,s < -b$	$\begin{cases} \dfrac{x^a}{b-a}, & 0 < x < 1, \\ \dfrac{x^b}{b-a}, & 1 < x \end{cases}$
9	$\dfrac{1}{(s+a)(s+b)}, \quad \mathrm{Re}\,s < -a, -b$	$\begin{cases} 0, & 0 < x < 1, \\ \dfrac{x^b - x^a}{b-a}, & 1 < x \end{cases}$
10	$\dfrac{1}{(s+a)^2 + b^2}, \quad \mathrm{Re}\,s > -a$	$\begin{cases} \dfrac{1}{b}x^a\sin\left[b\ln\dfrac{1}{x}\right], & 0 < x < 1, \\ 0, & 1 < x \end{cases}$

---

① 相关文献有 (Bateman, Erdrelyi, 1954; Ditkin, 1965).

续表

No.	Mellin 变换 $F(s)$	Mellin 逆变换 $f(x) = \dfrac{1}{2\pi i}\displaystyle\int_{\sigma-i\infty}^{\sigma+i\infty} F(s)x^{-s}\,\mathrm{d}s$
11	$\dfrac{s+a}{(s+a)^2+b^2}, \quad \mathrm{Re}\,s > -a$	$\begin{cases} x^a\cos(b\ln x), & 0<x<1, \\ 0, & 1<x \end{cases}$
12	$\sqrt{s^2-a^2}-s, \quad \mathrm{Re}\,s > \|a\|$	$\begin{cases} -\dfrac{a}{\ln x}I_1(-a\ln x), & 0<x<1, \\ 0, & 1<x \end{cases}$
13	$\sqrt{\dfrac{s+a}{s-a}}-1, \quad \mathrm{Re}\,s > \|a\|$	$\begin{cases} aI_0(-a\ln x)+aI_1(-a\ln x), & 0<x<1, \\ 0, & 1<x \end{cases}$
14	$(s+a)^{-v}, \quad \mathrm{Re}\,s > -a, v>0$	$\begin{cases} [\Gamma(v)]^{-1}x^a(-\ln x)^{v-1}, & 0<x<1, \\ 0, & 1<x \end{cases}$
15	$s^{-1}(s+a)^{-v}, \\ \mathrm{Re}\,s > 0, \mathrm{Re}\,s > -a, v>0$	$\begin{cases} a^{-v}[\Gamma(v)]^{-1}\Gamma(v,-a\ln x), & 0<x<1, \\ 0, & 1<x \end{cases}$
16	$s^{-1}(s+a)^{-v}, \\ -a < \mathrm{Re}\,s < 0, v>0$	$\begin{cases} -a^{-v}[\Gamma(v)]^{-1}\Gamma(v,-a\ln x), & 0<x<1, \\ -a^{-v}, & 1<x \end{cases}$
17	$(s^2-a^2)^{-v}, \\ \mathrm{Re}\,s > \|a\|, v>0$	$\begin{cases} \dfrac{\sqrt{\pi}(-\ln x)^{v-1/2}I_{v-1/2}(-a\ln x)}{\Gamma(v)(2a)^{v-1/2}}, & 0<x<1, \\ 0, & 1<x \end{cases}$
18	$(a^2-s^2)^{-v}, \\ \mathrm{Re}\,s < \|a\|, v>0$	$\begin{cases} \dfrac{(-\ln x)^{v-1/2}K_{v-1/2}(-a\ln x)}{\sqrt{\pi}\,\Gamma(v)(2a)^{v-1/2}}, & 0<x<1, \\ \dfrac{(\ln x)^{v-1/2}K_{v-1/2}(a\ln x)}{\sqrt{\pi}\,\Gamma(v)(2a)^{v-1/2}}, & 1<x \end{cases}$

F.2　指数和对数函数的 Mellin 逆变换表

No.	Mellin 变换 $F(s)$	Mellin 逆变换 $f(x) = \dfrac{1}{2\pi i}\displaystyle\int_{\sigma-i\infty}^{\sigma+i\infty} F(s)x^{-s}\,\mathrm{d}s$
1	$\exp(as^2), \quad a>0$	$\dfrac{1}{2\sqrt{\pi a}}\exp\left(-\dfrac{\ln^2 x}{4a}\right)$
2	$s^{-v}\mathrm{e}^{-a/s}, \quad \mathrm{Re}\,s > 0, a,v>0$	$\begin{cases} \left\|\dfrac{a}{\ln x}\right\|^{1-v/2} J_{v-1}\left(2\sqrt{a\,\|\ln x\|}\right), & 0<x<1, \\ 0, & 1<x \end{cases}$
3	$\exp\left(-\sqrt{as}\right), \quad \mathrm{Re}\,s > 0, a>0$	$\begin{cases} \dfrac{(a/\pi)^{1/2}}{2\|\ln x\|^{3/2}}\exp\left(-\dfrac{a}{4\|\ln x\|}\right), & 0<x<1, \\ 0, & 1<x \end{cases}$

续表

No.	Mellin 变换 $F(s)$	Mellin 逆变换 $f(x) = \dfrac{1}{2\pi\mathrm{i}}\displaystyle\int_{\sigma-\mathrm{i}\infty}^{\sigma+\mathrm{i}\infty} F(s)x^{-s}\mathrm{d}s$
4	$\dfrac{1}{s}\exp(-a\sqrt{s})$, $\quad \mathrm{Re}\,s>0$	$\begin{cases} erfc\left(\dfrac{a}{2\sqrt{|\ln x|}}\right), & 0<x<1, \\ 0, & 1<x \end{cases}$
5	$\dfrac{1}{s}\left[\exp(-a\sqrt{s})-1\right]$, $\quad \mathrm{Re}\,s>0$	$\begin{cases} -erf\left(\dfrac{a}{2\sqrt{|\ln x|}}\right), & 0<x<1, \\ 0, & 1<x \end{cases}$
6	$\sqrt{s}\exp(-\sqrt{as})$, $\quad \mathrm{Re}\,s>0$	$\begin{cases} \dfrac{a-2|\ln x|}{4\sqrt{\pi|\ln x|^5}}\exp\left(-\dfrac{a}{4|\ln x|}\right), & 0<x<1, \\ 0, & 1<x \end{cases}$
7	$\dfrac{1}{\sqrt{s}}\exp(-\sqrt{as})$, $\quad \mathrm{Re}\,s>0$	$\begin{cases} \dfrac{1}{\sqrt{\pi|\ln x|}}\exp\left(-\dfrac{a}{4|\ln x|}\right), & 0<x<1, \\ 0, & 1<x \end{cases}$
8	$\ln\dfrac{s+a}{s+b}$, $\quad \mathrm{Re}\,s>-a,-b$	$\begin{cases} \dfrac{x^a-x^b}{\ln x}, & 0<x<1, \\ 0, & 1<x \end{cases}$
9	$s^{-v}\ln s$, $\quad \mathrm{Re}\,s>0, v>0$	$\begin{cases} |\ln x|^{v-1}\dfrac{\psi(v)-\ln|\ln x|}{\Gamma(v)}, & 0<x<1, \\ 0, & 1<x \end{cases}$

F.3　三角函数的 Mellin 逆变换表

No.	Mellin 变换 $F(s)$	Mellin 逆变换 $f(x) = \dfrac{1}{2\pi\mathrm{i}}\displaystyle\int_{\sigma-\mathrm{i}\infty}^{\sigma+\mathrm{i}\infty} F(s)x^{-s}\mathrm{d}s$
1	$\dfrac{\pi}{\sin(\pi s)}$, $\quad 0<\mathrm{Re}\,s<1$	$\dfrac{1}{x+1}$
2	$\dfrac{\pi}{\sin(\pi s)}$, $\quad -n<\mathrm{Re}\,s<1-n,$ $n=\cdots,-1,0,1,2,\cdots$	$(-1)^n\dfrac{x^n}{x+1}$
3	$\dfrac{\pi^2}{\sin^2(\pi s)}$, $\quad 0<\mathrm{Re}\,s<1$	$\dfrac{\ln x}{x-1}$
4	$\dfrac{\pi^2}{\sin^2(\pi s)}$, $n<\mathrm{Re}\,s<n+1,$ $n=\cdots,-1,0,1,2,\cdots$	$\dfrac{\ln x}{x^n(x-1)}$

No.	Mellin 变换 $F(s)$	Mellin 逆变换 $f(x) = \dfrac{1}{2\pi\mathrm{i}} \displaystyle\int_{\sigma-\mathrm{i}\infty}^{\sigma+\mathrm{i}\infty} F(s)x^{-s}\mathrm{d}s$
5	$\dfrac{2\pi^3}{\sin^3(\pi s)}, \quad 0 < \mathrm{Re}\,s < 1$	$\dfrac{\pi^2 + \ln^2 x}{x+1}$
6	$\dfrac{2\pi^3}{\sin^3(\pi s)},$ $n < \mathrm{Re}\,s < n+1$ $n = \cdots, -1, 0, 1, 2, \cdots$	$\dfrac{\pi^2 + \ln^2 x}{(-x)^n(x+1)}$
7	$\sin\left(\dfrac{s^2}{a}\right), \quad a > 0$	$\dfrac{1}{2}\sqrt{\dfrac{a}{\pi}} \sin\left(\dfrac{a}{4\,|\ln x|^2} - \dfrac{\pi}{4}\right)$
8	$\dfrac{\pi}{\cos(\pi s)}, \quad -\dfrac{1}{2} < \mathrm{Re}\,s < \dfrac{1}{2}$	$\dfrac{\sqrt{x}}{x+1}$
9	$\dfrac{\pi}{\cos(\pi s)},$ $n-(1/2) < \mathrm{Re}\,s < n+(1/2)$ $n = \cdots, -1, 0, 1, 2, \cdots$	$(-1)^n \dfrac{x^{1/2-n}}{x+1}$
10	$\dfrac{\cos(\beta s)}{s\cos(\pi s)},$ $-1 < \mathrm{Re}\,s < 0, |\beta| < \pi,$ $|\beta| < \pi$	$\dfrac{1}{2\pi}\ln\left(x^2 + 2x\cos\beta + 1\right)$
11	$\cos\left(\dfrac{s^2}{a}\right), \quad a > 0$	$\dfrac{1}{2}\sqrt{\dfrac{a}{\pi}} \cos\left(\dfrac{1}{4}a\,|\ln x|^2 - \dfrac{1}{4}\pi\right)$
12	$\arctan\left(\dfrac{a}{s+b}\right), \quad \mathrm{Re}\,s > -b$	$\begin{cases} \dfrac{x^b}{|\ln x|}\sin(a\,|\ln x|), & 0 < x < 1, \\ 0, & 1 < x \end{cases}$

F.4　特殊函数的 Mellin 逆变换表

No.	Mellin 变换 $F(s)$	Mellin 逆变换 $f(x) = \dfrac{1}{2\pi\mathrm{i}} \displaystyle\int_{\sigma-\mathrm{i}\infty}^{\sigma+\mathrm{i}\infty} F(s)x^{-s}\mathrm{d}s$
1	$\Gamma(s), \quad \mathrm{Re}\,s > 0$	e^{-x}
2	$\Gamma(s), \quad -1 < \mathrm{Re}\,s < 0$	$\mathrm{e}^{-x} - 1$
3	$\sin\left(\dfrac{1}{2}\pi s\right)\Gamma(s), \quad -1 < \mathrm{Re}\,s < 1$	$\sin x$
4	$\sin(as)\Gamma(s), \quad \mathrm{Re}\,s > -1, |a| < \dfrac{\pi}{2}$	$\exp\left(-x\cos a\right)\sin\left(x\sin a\right)$
5	$\cos\left(\dfrac{1}{2}\pi s\right)\Gamma(s), \quad 0 < \mathrm{Re}\,s < 1$	$\cos x$

续表

No.	Mellin 变换 $F(s)$	Mellin 逆变换 $f(x) = \dfrac{1}{2\pi\mathrm{i}} \displaystyle\int_{\sigma-\mathrm{i}\infty}^{\sigma+\mathrm{i}\infty} F(s)x^{-s}\mathrm{d}s$
6	$\cos\left(\dfrac{1}{2}\pi s\right)\Gamma(s), \quad -2 < \operatorname{Re} s < 0$	$-2\sin^2\left(\dfrac{x}{2}\right)$
7	$\cos(as)\Gamma(s), \quad \operatorname{Re} s > 0, |a| < \dfrac{\pi}{2}$	$\exp(-x\cos a)\cos(x\sin a)$
8	$\dfrac{\Gamma(s)}{\cos(\pi s)}, \quad 0 < \operatorname{Re} s < \dfrac{1}{2}$	$\mathrm{e}^x erfc\left(\sqrt{x}\right)$
9	$\Gamma(a+s)\Gamma(b-s),$ $-a < \operatorname{Re} s < b, a+b > 0$	$\Gamma(a+b)\,x^a\,(x+1)^{-a-b}$
10	$\Gamma(a+s)\Gamma(b+s),$ $\operatorname{Re} s > -a, -b$	$2x^{(a+b)/2}K_{a-b}\left(2\sqrt{x}\right)$
11	$\dfrac{\Gamma(s)}{\Gamma(s+v)}, \quad \operatorname{Re} s > 0, v > 0$	$\begin{cases} \dfrac{(1-x)^{v-1}}{\Gamma(v)}, & 0 < x < 1, \\[2mm] 0, & 1 < x \end{cases}$
12	$\dfrac{\Gamma(1-v-s)}{\Gamma(1-s)}, \quad \operatorname{Re} s < 1-v, v > 0$	$\begin{cases} 0, & 0 < x < 1, \\[2mm] \dfrac{(x-1)^{v-1}}{\Gamma(v)}, & 1 < x \end{cases}$
13	$\dfrac{\Gamma(s)}{\Gamma(v-s+1)}, \quad 0 < \operatorname{Re} s < \dfrac{v}{2} + \dfrac{3}{4}$	$x^{-v/2}J_v\left(2\sqrt{x}\right)$
14	$\dfrac{\Gamma(s+v)\Gamma(s-v)}{\Gamma(s+1/2)}, \quad \operatorname{Re} s > |v|$	$\pi^{-1/2}\mathrm{e}^{-x/2}K_v\left(\dfrac{x}{2}\right)$
15	$\dfrac{\Gamma(s+v)\Gamma(1/2-s)}{\Gamma(1+v-s)}, \quad -v < \operatorname{Re} s < \dfrac{1}{2}$	$\pi^{1/2}\mathrm{e}^{-x/2}I_v\left(\dfrac{x}{2}\right)$
16	$\psi(s+a) - \psi(s+b),$ $\operatorname{Re} s > -a, -b$	$\begin{cases} \dfrac{x^b - x^a}{1-x}, & 0 < x < 1, \\[2mm] 0, & 1 < x \end{cases}$
17	$\Gamma(s)\psi(s), \quad \operatorname{Re} s > 0$	$\mathrm{e}^{-x}\ln x$
18	$\Gamma(s,a), \quad a > 0$	$\begin{cases} 0, & 0 < x < a, \\[2mm] \mathrm{e}^{-x}, & a < x \end{cases}$
19	$\Gamma(s)\Gamma(1-s,a), \quad \operatorname{Re} s > 0, a > 0$	$(x+1)^{-1}\mathrm{e}^{-a(x+1)}$
20	$\gamma(s,a), \quad \operatorname{Re} s > 0, a > 0$	$\begin{cases} \mathrm{e}^{-x}, & 0 < x < a, \\[2mm] 0, & a < x \end{cases}$
21	$J_0\left(a\sqrt{b^2-s^2}\right), \quad a > 0$	$\begin{cases} 0, & 0 < x < \mathrm{e}^{-a}, \\[2mm] \dfrac{\cos\left(b\sqrt{a^2-\ln^2 x}\right)}{\pi\sqrt{a^2-\ln^2 x}}, & \mathrm{e}^{-a} < x < \mathrm{e}^a, \\[2mm] 0, & \mathrm{e}^a < x \end{cases}$

No.	Mellin 变换 $F(s)$	Mellin 逆变换 $f(x) = \dfrac{1}{2\pi i}\displaystyle\int_{\sigma-i\infty}^{\sigma+i\infty} F(s)x^{-s}\mathrm{d}s$
22	$s^{-1}I_0(x), \quad \mathrm{Re}\, s > 0$	$\begin{cases} 1, & 0 < x < \mathrm{e}^{-1}, \\ \pi^{-1}\arccos(\ln x), & \mathrm{e}^{-1} < x < \mathrm{e}, \\ 0, & \mathrm{e} < x \end{cases}$
23	$I_v(s), \quad \mathrm{Re}\, s > 0$	$\begin{cases} \dfrac{2^v \sin(\pi v)}{\pi F(x)\sqrt{\ln^2 x - 1}}, & 0 < x < \mathrm{e}^{-1}, \\ \dfrac{\cos[v\arccos(\ln x)]}{\pi\sqrt{1-\ln^2 x}}, & \mathrm{e}^{-1} < x < \mathrm{e}, \\ 0, & \mathrm{e} < x, \end{cases}$ $F(x) = \left(\sqrt{-1-\ln x}+\sqrt{1-\ln x}\right)^{2v}$
24	$s^{-1}I_v(s), \quad \mathrm{Re}\, s > 0$	$\begin{cases} \dfrac{2^v \sin(\pi v)}{\pi v F(x)}, & 0 < x < \mathrm{e}^{-1}, \\ \dfrac{\sin[v\arccos(\ln x)]}{\pi v}, & \mathrm{e}^{-1} < x < \mathrm{e}, \\ 0, & \mathrm{e} < x, \end{cases}$ $F(x) = \left(\sqrt{-1-\ln x}+\sqrt{1-\ln x}\right)^{2v}$
25	$s^{-v}I_v(s), \quad \mathrm{Re}\, s > -\dfrac{1}{2}$	$\begin{cases} 0, & 0 < x < \mathrm{e}^{-1}, \\ \dfrac{\left(1-\ln^2 x\right)^{v-1/2}}{\sqrt{\pi}2^v\,\Gamma(v+1/2)}, & \mathrm{e}^{-1} < x < \mathrm{e}, \\ 0, & \mathrm{e} < x \end{cases}$
26	$s^{-1}K_0(s), \quad \mathrm{Re}\, s > 0$	$\begin{cases} Ar\cosh(-\ln x), & 0 < x < \mathrm{e}^{-1}, \\ 0, & \mathrm{e}^{-1} < x \end{cases}$
27	$s^{-1}K_1(s), \quad \mathrm{Re}\, s > 0$	$\begin{cases} \sqrt{\ln^2 x - 1}, & 0 < x < \mathrm{e}^{-1}, \\ 0, & \mathrm{e}^{-1} < x \end{cases}$
28	$K_v(s), \quad \mathrm{Re}\, s > 0$	$\begin{cases} \dfrac{\cosh[v\,Ar\cosh(-\ln x)]}{\sqrt{\ln^2 x - 1}}, & 0 < x < \mathrm{e}^{-1}, \\ 0, & \mathrm{e}^{-1} < x \end{cases}$
29	$s^{-1}K_v(s), \quad \mathrm{Re}\, s > 0$	$\begin{cases} \dfrac{1}{v}\sinh[v\,Ar\cosh(-\ln x)], & 0 < x < \mathrm{e}^{-1}, \\ 0, & \mathrm{e}^{-1} < x \end{cases}$
30	$s^{-v}K_v(s), \quad \mathrm{Re}\, s > 0, v > -\dfrac{1}{2}$	$\begin{cases} \dfrac{\sqrt{\pi}\left(\ln^2 x - 1\right)^{v-1/2}}{2^v\,\Gamma(v+1/2)}, & 0 < x < \mathrm{e}^{-1}, \\ 0, & \mathrm{e}^{-1} < x \end{cases}$

《大学数学科学丛书》已出版书目